Unsere Haustiere vom Standpunkte ihrer wilden Verwandten

Th. Zell

Alpha Editions

This edition published in 2022

ISBN : 9789356894105

Design and Setting By
Alpha Editions
www.alphaedis.com
Email - info@alphaedis.com

Contents

Vorwort.

Eine bessere Kenntnis des Tierlebens ist gerade in unseren Zeiten wünschenswert, weil der Zusammenbruch unseres Vaterlandes uns zwingt, die Bearbeitung der heimischen Scholle mit allen Kräften zu fördern, und hierbei eine Vertrautheit mit den Eigentümlichkeiten unserer Haustiere von großer Wichtigkeit ist. Daher ist der Versuch gemacht worden, die Tiere in ihrem Tun und Treiben dem Herzen des Volkes und unserer Jugend dadurch näher zu bringen, daß gezeigt wird, wie manche uns befremdenden Handlungen der Tiere ganz verständlich werden, wenn man sich in ihre Lage hineinversetzt. Das Haustier hält unverbrüchlich an den Gewohnheiten seiner wilden Verwandten fest und richtet sich vielfach nach der Nase im Gegensatz zum Menschen, dessen wichtigster Sinn das Auge ist, – das ist der Schlüssel des Geheimnisses. Absichtlich ist bei der Darstellung von allem nicht unbedingt erforderlichen gelehrten Kram abgesehen worden.

Es wäre erfreulich, wenn namentlich die dem Tierleben so entfremdete Großstadtjugend sich davon überzeugte, daß die Beobachtung der Haustiere und anderer Tiere eine überreiche Quelle wahrer Freuden in sich birgt, die einen hinreichenden Ersatz für die manchmal recht zweifelhaften Genüsse der großen Städte bietet.

Die Begründung für die hier gegebenen Erklärungen findet sich in meinen Büchern. Ebenso sind dort die Dinge nachzuschlagen, die hier fortgelassen sind, weil sie nicht in den Rahmen des Buches passen, beispielsweise, weshalb die Pferde sterben, wenn sie Bucheckern fressen, die Katze Baldrian liebt, die Drohnen von den Bienen getötet werden und dergleichen.

Für die Hilfe, die mir auf pädagogischem Gebiet zuteil wurde, spreche ich dem unermüdlichen Vorkämpfer für Volksbildung, Herrn J. Tews, und Frau *Dr.* Anna Hamburger auch an dieser Stelle meinen aufrichtigen Dank aus.

Berlin W 57, September 1920.

Der Verfasser.

Der Hund

1. Warum bellt der Hund?

Durch das geöffnete Fenster schaue ich mit ein paar Knaben, die in meinem Hause wohnen und gern Näheres von unseren Haustieren wissen möchten, an einem schönen Frühlingsmorgen auf die Straße. In dem uns gegenüberliegenden Plättkeller wird die Tür geöffnet, und mit lautem Gebell stürzt sich der uns wohlbekannte Spitz »Peter« in das Freie. In diesem Augenblicke kommt gerade ein Radfahrer vorübergesaust. Auf drehende Räder scheint es Peter wie die meisten Hunde abgesehen zu haben, denn mit wahrer Wonne verfolgt er laut blaffend den Radler. Da dieser um die nächste Ecke biegt, so entschwindet auch Peter unsern Augen. Erst nach langer Zeit erscheint er wieder in unserm Gesichtskreis. Jetzt sehen wir ihn schnüffelnd überall am Boden umhersuchen. In der Zwischenzeit hat ein Vorübergehender ein Stück Unrat, anscheinend vollkommen verwestes Fleisch, auf die Straße geworfen. Mit Staunen sehen wir, daß Peter ausgerechnet dieses ekelhafte Zeug mit Wonne beriecht und dann zu fressen beginnt. Hunger kann ihn dazu nicht veranlassen, denn wir wissen seit Jahren, daß die beiden Schwestern, die im Plättkeller wohnen, große Tierfreundinnen sind. Sie darben es sich geradezu vom Munde ab, um es ihrem Lieblinge zuzuschanzen. Eigentlich hätten sie einen Hund zur Bewachung nicht mehr nötig, seitdem sich die eine Schwester verheiratet hat. Als aber vor zwei Jahren ihr damaliger Hund verunglückte, wurde freudig als Ersatz der damals sechs Wochen alte Peter gewählt, der ihnen als Geschenk aus ihrem Bekanntenkreise angeboten wurde.

Nach dem Fressen scheint Peter Durst zu bekommen, denn er läuft zum Brunnen, um aus der unten angebrachten Vertiefung seinen Durst zu löschen. Hierbei trinkt er nicht saugend wie ein Mensch, sondern lappt das Wasser schnell hintereinander mit der Zunge. Das lange Rennen scheint ihn ermüdet zu haben, denn er sucht sich in der Nähe des Plättkellers eine Stelle zum Hinlegen. Und zwar wählt er eine solche, wo die Sonne recht schön hinscheint. Während andere Hunde sich vor dem Hinlegen erst einige Male im Kreise herumzudrehen pflegen, können wir dieses Drehen bei Peter in diesem Falle nicht beobachten, denn er legt sich ohne große Umstände in die warme Sonne.

Wir wollen hier zunächst eine Pause machen, ehe wir das Tagewerk unseres Helden weiter schildern.

Alles das, was hier von dem Spitz erzählt worden ist, kann man alltäglich an zahlreichen Hunden beobachten, und selbst der Großstädter hat hierzu

Gelegenheit, wenn er nur die Augen offen hält. So allbekannt diese Vorgänge sind, so erscheinen sie jedoch in einem ganz anderen Lichte, sobald wir uns die Frage vorlegen, weshalb der Hund so handelt.

Unser Peter hat zunächst gebellt. Warum bellt der Hund? Die Katze tut es doch nicht, ebenso denken Pferde, Kühe und andere Haustiere nicht daran.

Um das zu verstehen, müssen wir etwas ausholen.

Hunde, Katzen, Pferde, Kühe usw. sind ohne Frage Haustiere. Haustiere nennen wir solche zahme Tiere, die in einem Lande des Nutzens oder des Vergnügens halber gezüchtet werden.

Was waren nun die Haustiere früher, ehe sie der Mensch in seine Gemeinschaft aufnahm? Von unseren Tauben wissen wir mit Bestimmtheit, daß alle Taubenrassen von einer einzigen Wildtaube, der Felsentaube, abstammen, die an den Küsten des Mittelländischen Meeres heimisch ist. Ebenso haben alle Kaninchenrassen ihre Vorfahren in den Wildkaninchen, die Ziegenrassen in der Bezoarziege usw.

Hiernach ist anzunehmen, daß der Hund früher als Wildhund lebte oder aus einer Kreuzung von hundeartigen Verwandten, wahrscheinlich von Wölfen und Schakalen, entstanden ist. Näheres soll hierüber am Schlusse gesagt werden.

Jedenfalls war der Hund früher ebenfalls ein Raubtier, wie es heute noch seine Verwandten, die Wölfe, Schakale und Füchse, sind.

Wie der Mensch nun das, was seine Vorfahren getrieben haben, gewöhnlich beibehält, so tut das Tier das noch in weit stärkerem Maße. Wir essen regelmäßig nur das, was bei uns üblich ist, mögen auch benachbarte Völker andere Leckerbissen haben. So schwärmt der Italiener für kleine Singvögel, der Franzose für Froschschenkel, während sich bei uns nur wenige Liebhaber dafür finden. Das Tier hält sich noch viel strenger an den Speisezettel seiner Vorfahren. Das kommt natürlich daher, weil es durch seinen Körperbau dazu gezwungen ist. Wie häufig sind in den Kriegsjahren die Hunde mit Kartoffeln gefüttert worden. Und doch bleiben sie fast unverdaut, weil der Hund ein früheres Raubtier ist, und Kartoffeln keine passende Nahrung für ein Raubtier sind.

Also der Hund war früher ein Raubtier ähnlich wie Wolf, Schakal und Fuchs. Die Lebensweise dieser Verwandten müssen wir also kennen lernen, um unsern Hund richtig zu verstehen.

Bellen nun Wölfe und Schakale? Sie denken nicht daran. Sie heulen sich wohl, wenn die Dämmerung einbricht, zusammen, um gemeinschaftlich auf Raub auszugehen. Denn sie sind Geschöpfe, die es umgekehrt machen wie der Mensch. Sie ruhen am Tage und sind in der Nacht tätig. Selbstverständlich gibt es auch bei uns in der Nacht tätige Personen, wie Nachtwächter, Verbrecher, Bummler, aber diese kommen gegenüber der großen Menge anderer Menschen nicht weiter in Betracht.

Wie Wölfe und Schakale ist der Hund ein Raubtier. Das will sagen, daß er nicht wie die Pflanzenfresser von Gräsern, Blättern, Moos, Rinde und andern Pflanzenstoffen lebt, sondern andere Tiere zu töten sucht, um sie zu fressen. Daraus können wir ihm keinen Vorwurf machen; auch der Mensch ist kein reiner Pflanzenfresser. Das trifft höchstens bei einem kleinen Kreise von Menschen zu, während die große Menge Schweine, Rinder, Gänse und andere wohlschmeckende Tiere mästet, um sie später zu verzehren. Ueberhaupt dienen fast alle unsere Haustiere unseren eigennützigen Zwecken.

Ein Raubtier, das ein anderes Geschöpf erbeuten will, muß natürlich vorsichtig zu Werke gehen. Denn der Pflanzenfresser hat durchaus keine Lust, sein Grab im Magen des Raubtiers zu finden, sondern sucht sich auf jede Weise davor zu bewahren. Würden Wölfe, die gern einen Hasen, einen Hirsch oder ein Reh fressen möchten, schon vor Beginn der Jagd bellen, so würden sich die Pflanzenfresser vorher in Sicherheit zu bringen suchen.

So ist es denn ganz selbstverständlich, daß wilde Hundearten, wie die in Indien hausenden Kolsums, nicht bellen, ebensowenig die Wölfe und Schakale. Man hat sich darüber gewundert, daß die Hunde, die Kolumbus in Amerika zurückließ, das Bellen verlernt hatten. Als man sie nach langer Zeit wiederfand, waren sie verwildert und stumm geworden. Das ist doch ganz natürlich. Sie mußten auf eigene Faust, nachdem sie von den Menschen verlassen worden waren, ihre Nahrung suchen. Bald merkten sie, daß sie um so schwerer Beute machten, je mehr sie vorher bellten. Deshalb ließen sie das Bellen sein, wie es ihre Vorfahren getan hatten.

Das Bellen ist also eine Eigenschaft des Hundes, die der Wildhund nicht besitzt. Wohl aber hat er eine Anlage hierzu, wie schon aus seinem Geheul hervorgeht. Genau so liegt es bei anderen Haustieren. Wildenten und Wildgänse hüten sich, so viel zu schnattern wie unsere Hausenten und Hausgänse. Wildenten und Wildgänse sind auf dem Lande fast immer stumm, um sich ihren zahlreichen Feinden nicht zu verraten. Auch das fortwährende Krähen hat sich der Hahn als Haustier erst angewöhnt.

Der Mensch fand bald heraus, daß das Bellen des Hundes für ihn vom Vorteil war, weil es ihm den nahenden Feind oder einen Besuch anzeigte. Deshalb bevorzugte er die Hunde, die am meisten zum Bellen geneigt waren. Da solche Eigenschaften sich zu vererben pflegen, so hat der Mensch fast allen Hunden das Bellen angezüchtet. Am meisten eignen sich hierzu die kleinen Hunderassen, die den großsprecherischen Menschen gleichen, die mit Worten Helden sind, während ihre Taten zu wünschen übrig lassen. Sie haben zu dem Sprichwort Anlaß gegeben: Die Hunde, die da bellen, beißen nicht.

Zu den bellustigsten Hunderassen gehört der Spitz, und demnach auch unser Peter. Wegen seiner Kläffreudigkeit, die alles Verdächtige anzeigt, hat man ihn gern da, wo man auf Wachsamkeit Wert legt.

Wir sehen, daß die Frage, warum der Hund bellt, gar nicht so leicht zu beantworten ist. Nicht viel leichter sind seine anderen Taten zu erklären.

2. Warum bellt der Hund sich drehende Räder an?

Peter hat wütend die Räder des vorüberfahrenden Radlers angekläfft. Was veranlaßt den sonst ziemlich harmlosen Hund zu solchem Aerger?

Hierfür müssen wir zwei Gründe annehmen. Wir wissen, daß unsere Hunde, wie die Wölfe, zu den Raubtieren gehören, die durch ihre Schnelligkeit Hasen und andere Pflanzenfresser erbeuten. Das tun andere Raubtiere, z. B. Katzen, nicht. Eine Katze rennt nicht hinter einem gesunden Hasen her, um ihn zu fangen, obwohl sie Hasenbraten mindestens ebenso gern frißt wie der Hund. Sie beschleicht den Hasen, was der Hund kaum jemals tut, weil er viel zu ungeschickt dazu ist. Der Hund ist also von Hause aus ein Hetzraubtier, die Katze dagegen ein Schleichraubtier.

Für jedes Hetzraubtier sind schnell vorüberrauschende Gegenstände von größter Bedeutung. Kann es doch ein Pflanzenfresser sein, der sich für den ewig hungrigen Magen erbeuten ließe. Darum muß sich der Hund beeilen. Denn wenn ein schnellfüßiger Pflanzenfresser erst einen gewissen Vorsprung hat, ist er schwer einzuholen. Die Katze dagegen lassen schnell sich bewegende Räder ganz kalt, denn sie weiß, daß sie schnell vorüberhuschende Gegenstände nicht einholen kann.

Es ist eine alte Erfahrung, daß ein Mensch, der vor einem fremden Hunde anfängt davon zu laufen, viel eher gebissen wird, als wenn er stehen bleibt. In dem Hunde werden eben durch die schnellen Bewegungen des Menschen die uralten Raubtierinstinkte wachgerufen.

Außer der Lebensweise der wilden Verwandten muß noch ein zweiter Punkt berücksichtigt werden, der den meisten Menschen vollkommen unbekannt ist: Die Sinne des Hundes sind durchaus verschieden von denen des Menschen.

Der Jäger weiß seit Urzeiten, daß der Hund viel besser mit seiner Nase das Wild aufspürt, als er es je mit seiner Menschennase zu tun vermöchte. Gerade deshalb hat er sich einen Hund angeschafft. Es ist selbst den meisten

Großstädtern bekannt, daß die Hundenase der menschlichen überlegen ist. Aber die wenigsten wissen, daß das Auge des Hundes bei Tageslicht wenig taugt. Dafür seien einige Beispiele angeführt.

Ein Gutsbesitzer wunderte sich darüber, daß jedesmal, wenn er mit seinem Wagen an den weidenden Kühen vorüberfuhr, die beiden Hirtenhunde mit großem Geblaff die beiden vor dem Wagen gespannten Schecken, d. h. weiß und dunkel gefärbten Pferde, verfolgten. Er sprach mit dem Kuhhirten darüber, der ihm folgende Erklärung gab. Die Hunde halten die beiden Schecken wegen ihrer ähnlichen Färbung ebenfalls für Kühe und wollen verhindern, daß sie sich von der Herde entfernen. Deshalb laufen sie mit Gebell hinterdrein.

Die Erklärung des Kuhhirten dürfte durchaus richtig sein, wie man ja überhaupt unter solchen Leuten ausgezeichnete Tierbeobachter antrifft. Wie wenig muß aber das Hundeauge fähig sein, Einzelheiten zu unterscheiden, wenn es ein Pferd mit einer Kuh verwechseln kann.

Der Schweizer Bildhauer Urs Eggenschwyler schildert eine ähnliche Verwechselung. Er hielt sich einen jungen Löwen von etwa sechs Monaten, mit dem er spazieren ging. Ein Ziehhund hielt die mächtige Katze für Seinesgleichen und wollte mit ihr raufen. Erst als er sie vorher beroch und plötzlich merkte, wen er vor sich hatte, flüchtete er mit allen Zeichen großer Angst.

Ein deutscher Forstbeamter in Rußland berichtete vor dem Weltkriege folgendes Erlebnis. Sein Dachshund wurde von einem Wolf gepackt und fortgeschleppt. Schnell schoß er nach dem Räuber, der zwar nicht getroffen wurde, aber die Beute fallen ließ. Nachdem der Hund wiederhergestellt war, flüchtete das sonst so mutige Tier vor jedem grauen Geschöpf von Wolfsgröße, z. B. vor einem Schafe.

Von eigenen Erlebnissen möchte ich hier nur folgende anführen.

Wir hatten einmal einen Hund, der sich sehr zum Raufbold entwickelt hatte, weshalb ich ihn an der Leine führte. Wie alle Hunde, suchte er mit Vorliebe Hundebekanntschaften auf der Straße zu machen. In einer ziemlich leeren Straße eines Vororts zerrte er plötzlich mächtig an der Leine, was mich wunderte, da ich keinen anderen Hund erblicken konnte. Dagegen hatte ein Arbeiter das Pflaster aufgerissen und arbeitete in der Grube, wobei sein Rücken hervorschaute und sich hin und herbewegte. Wie ich den Blick des Hundes verfolgte und die Leine nachließ, wollte er wirklich auf diesen Mann zulaufen, dessen Rücken er für einen Hund hielt.

Sehr oft habe ich erlebt, daß Hunde die auf Zäunen verkehrt aufgestülpten Geschirre für Katzen hielten und anbellten.

Noch beweisender dürfte folgender Vorfall sein. Wir, d. h. ich und etwa ein halbes Dutzend Herren, waren bei einem Freunde zu einer Hasenjagd eingeladen. Jeder führte einen prächtigen Hund bei sich. Es war im Januar und schönster Sonnenschein, aber sehr windig. Wie wir das Revier betreten hatten, sahen wir mit einem Male, daß der Wind von der etwa einige hundert Schritt entfernten Chaussee ein Stück braunes Packpapier uns zutrieb. Ein menschliches Auge konnte mit Leichtigkeit bei dem klaren Sonnenschein erkennen, was es war. Die Hunde dagegen hielten das heranrollende Papier für einen Hasen, und als wir zum Zwecke einer Prüfung sie losließen, stürzten sie alle darauf. Erst als sie kurz vor dem Papiere in die Windrichtung gekommen waren, klärte sie ihre Nase über den Irrtum auf.

Das Auge des Hundes kann also bei Tageslicht keine Einzelheiten unterscheiden. Daher rühren die groben Verwechselungen.

Was man dagegen anführt ist nicht stichhaltig. So hört man oft erwidern: Ein Hase, der ein paar hundert Schritt entfernt lief, wurde von meinem Hunde gesehen. Folglich muß er gute Augen haben.

Der Schluß ist falsch. Der Hund hat nur gesehen, daß sich etwas Braunes bewegte. Er hat vermutet, daß es ein Hase war, aber nicht gewußt. Ebenso beweist es nichts, wenn er einen im Schaufenster ausgestellten ausgestopften Fuchs wütend anbellt. Denn er würde ebenso wütend bellen, wenn man diesen Fuchs mit einem rothaarigen Dachshund vertauschte.

Dagegen sieht der Hund unzweifelhaft in der Dunkelheit besser als der Mensch. Infolge der großen Pupillen, d. h. des Schwarzen im Auge, fallen alle Lichtstrahlen in das Auge. So findet sich der Hund in der Dunkelheit leicht zurecht, beispielsweise wenn wir mit ihm zur Nachtzeit durch einen Wald wandern. Das ist auch gar nicht wunderbar, denn wie Wölfe, Schakale und Füchse, ist auch der Hund ursprünglich ein nächtliches Tier.

Gewöhnlich heißt es von der Katze, daß sie ausnahmsweise ein nächtliches Leben führe. Das ist aber nicht zutreffend. Allerdings ist die Katze noch mehr Nachttier als der Hund. Das kommt aber daher, weil ihre Beutetiere, die Mäuse und Ratten, erst in der Dunkelheit aus ihren Löchern kommen. Sie muß also aus diesem Grunde ihre Haupttätigkeit in der Nacht ausüben, während der Hund sich mehr der Lebensweise des Menschen angeschlossen hat und deshalb als Haustier mehr am Tage tätig ist.

Sodann nimmt das Auge des Hundes infolge seines Baues Bewegungen schneller wahr als das des Menschen. Das muß man daraus schließen, weil alle Tiere mit schwachen Augen allgemein auf Bewegungen furchtbar achten. Für den Jäger früherer Zeiten ist es oft eine Lebensfrage gewesen, ein Stück

Wild zu erbeuten, um seinen quälenden Hunger zu befriedigen. Er hat daher stets zu den besten Tierbeobachtern gehört. Nun ist es seit alter Zeit für den Jäger ein feststehender Grundsatz, angesichts eines Tieres, das er erbeuten will, niemals eine Bewegung zu machen. Ein Hirsch, ein Reh, ein Fuchs und andere feinnasige Tiere flüchten gewöhnlich nicht, wenn man regungslos stehen bleibt, namentlich wenn die Kleidung mit der Umgebung übereinstimmt. Deshalb trägt ja auch der Jäger ein der Waldfarbe angepaßtes Kleid. Die geringste Bewegung genügt jedoch, den Hirsch, das Reh oder den Fuchs zu einer blitzschnellen Flucht zu veranlassen.

Das Anbellen der Räder durch Hunde erscheint daher erklärlich, weil sie als frühere Hetzraubtiere gern alles, was sich schnell bewegt, verfolgen, damit es ihnen nicht entkommt, und weil das Auge der Hunde Bewegungen sehr gut sieht.

3. Das Fressen unappetitlicher Sachen.

Peter hat, wie wir zu unserm Staunen sahen, schauderhaften Unrat mit Wonne verzehrt. Auch das kann man nur verstehen, wenn man weiß, daß der Hund ein früheres Raubtier war.

Wir wissen, daß, wenn ein Mensch oder ein größeres Tier stirbt, für die Beseitigung der Leichen gesorgt werden muß. Denn ohne eine derartige Vorsorge könnten gefährliche Krankheiten ausbrechen. Namentlich in heißen Ländern würde die Gefahr sehr groß sein. Es ist nun für die Menschen in diesen Gegenden sehr bequem, daß es zahlreiche Tiere gibt, die ihm diese gerade nicht sehr angenehme Arbeit abnehmen. Namentlich Geier, Hyänen und Schakale finden sich bei jedem toten Tier ein, und in kurzer Zeit ist alles aufgefressen.

In Europa sind besonders Wolf und Fuchs, außerdem aber auch das Wildschwein neben den rabenartigen Vögeln als Aasfresser bekannt. Der Hund ist seinen Verwandten in dieser Hinsicht sehr ähnlich und hat ebenfalls eine besondere Vorliebe für verweste Dinge. Manche Hunde pflegen sogar sich mit dem Rücken auf dem Unrat zu wälzen. Das ist für den Herrn besonders unangenehm, denn das Tier verpestet später die ganze Wohnung.

Reiche Leute sind oft entsetzt, wenn ihr Köter, der in ihrer Wohnung nur die besten Sachen vorgesetzt erhält, auf der Straße allerlei Unrat verzehrt. Sie eilen gewöhnlich dann mit dem Hunde zum Tierarzt, was ganz überflüssig ist. Im allgemeinen weiß jedes Tier viel besser, was ihm zuträglich ist, als der Mensch.

Ich bin oft gefragt worden, was man bei einem Hunde machen soll, der ein sogenannter »Parfümeur« ist, d. h. sich den Rücken mit Unrat einreibt. Manche Jäger haben schon ihren Hund erschossen, nachdem alles Prügeln vergeblich war. Sie haben das schweren Herzens getan, weil gewöhnlich

Parfümeurs ausgezeichnete Hunde sind. Prügeln ist wertlos. Der Hund versteht ja gar nicht, weshalb er Strafe bekommt. Jedem Geschöpfe riecht das schön, was ihm bekömmlich ist. So riecht dem Hunde der Unrat wunderbar schön, weshalb er sich von dem Duft etwas mitnehmen möchte. Wie der Mensch sich ein Veilchen in das Knopfloch steckt, so wälzt sich der Hund mit dem Rücken im Unrat. Ich habe immer gefunden, daß die Leute es am besten machten, die ihren Hund bevor er die Wohnung betrat, erst nach einem Teich oder Graben führten und ihn etwas daraus apportieren ließen. Dann war er ohne große Umstände wieder gereinigt.

Jedenfalls darf ein Mensch, der auf Sauberkeit hält, niemals einen Hund küssen. Weil der Hund als früherer Aasfresser jeden Dreck beschnuppert, deshalb soll man namentlich Kindern aufs strengste verbieten, ein Hundemaul ihrem Gesicht zu nahe kommen zu lassen. Es wird später besprochen werden, daß hierbei noch andere Gefahren drohen.

4. Das Lappen des Wassers mit der Zunge.

Wenn wir einem Pferde oder Schafe beim Saufen zusehen, so bemerken wir, daß es die Lippen in das Wasser steckt und saugend trinkt. Hunde dagegen, wie die meisten Raubtiere, lecken das Wasser mit ihrer langen Zunge. Sie sind dadurch imstande, einen Teller mit einer Flüssigkeit ganz rein zu lecken, während der Mensch, wenn er das gleiche Ziel erreichen wollte, zu diesem Zwecke den Teller hochkippen müßte.

Die Pflanzenfresser, die den Tag über ein- oder zweimal zum Wasser laufen, um ihren Durst zu löschen, können sich eine Wasserstelle aussuchen, die tief genug ist, um das Trinken durch Saugen zu gestatten. Bei den Raubtieren aber liegt die Sache anders. Sie kommen bei der Verfolgung oft in Gegenden, wo weit und breit keine Trinkstellen anzutreffen sind, höchstens infolge eines vorhergegangenen Regens ganz flache Wasserpfützen. Trotzdem können sie mit ihrem Lappen den Durst stillen.

Unser Peter lappt also das Wasser unten am Brunnen, weil das große Hundemaul zum Saugen schlecht paßt, und weil das Schnellen mit der Zunge für Raubtiere vorteilhaft ist.

Uralter Aberglaube ist es, daß der Wolf, im Gegensatz zum Hunde, das Wasser nicht lappt, sondern wie ein Schaf säuft. Ich habe mir daraufhin im Zoologischen Garten sämtliche Wolfsarten beim Saufen angesehen und konnte feststellen, was so auch ganz selbstverständlich ist, daß sie genau wie unsere Hunde das Wasser mit der Zunge lappen. Da der Aberglaube unausrottbar ist, so sei hier das bei dieser Gelegenheit immer wieder aufgetischte Märchen erzählt.

Hiernach befänden sich unter den Jungen der Wölfe häufig solche, die aus einer Paarung mit Haushunden herrührten. Diese sogenannten Wolfshunde seien als ausgezeichnete Hunde von den Bewohnern besonders geschätzt. Deshalb warteten diese, bis die Wölfin ihre Jungen zum Wasser führte. Hierbei stellte sich nämlich der Unterschied zwischen den echten Wölfen und den Wolfshunden heraus. Jene söffen als Wölfe wie die Schafe, während die Wolfshunde, weil sie von Hunden stammten, wie diese lappten. Die Wölfin wäre über diese ungeratene Brut empört und stieße sie ins Wasser, damit sie ertränken. Die Landbewohner warteten auf diese Verstoßung der eigenen Kinder und fingen die zappelnden Wolfshunde auf, um sie großzuziehen.

Dieses Märchen ist ganz albern. Es ist nicht wahr, daß der Wolf anders trinkt als der Hund. Bei seinem großen Rachen ist das Trinken, wie das Schaf es tut, ausgeschlossen. Trotz seiner Albernheit wird dieses Märchen von ernsten Männern weiter erzählt, als wenn sie selbst ein Dutzend Wolfshunde in der geschilderten Weise aufgefangen hätten.

5. Der Platz in der Sonne und am warmen Ofen. Das Sich-herumdrehen vor dem Hinlegen.

Es ist nicht weiter wunderbar, daß unser Peter sich in die Sonne gelegt hat. Denn die Vorliebe des Hundes für einen warmen Platz ist sehr bekannt. Der Landbewohner, der das ganze Jahr über beobachten kann, mit welchem Wohlbehagen die Hunde in dem warmen Sonnenschein ihre Glieder strecken, sagt zu seinen Kindern, wenn sie ebenfalls ruhen und ihren Gliedern die bequemste Lage geben, sie sollen sich nicht »rekeln«. Rekel oder Räkel ist nämlich der Hund, und der Sinn der Worte ist natürlich der, sie sollen es nicht dem Hunde nachtun, der in der Sonnenwärme ruht.

Noch bekannter ist die Vorliebe des Hundes für den warmen Ofen, woher die Redensart stammt, »den Hund vom warmen Ofen fortlocken«. Allgemein heißt es, daß es für den Hund sehr schädlich sei, sich am warmen Ofen aufzuhalten, und daß es daher gut sei, ihn davon fortzujagen.

Wir haben schon früher darauf hingewiesen, daß ein Tier gewöhnlich weit besser versteht, was ihm frommt, als der Mensch. Der Hund gehört wie seine Vettern Wolf, Fuchs usw. eben zu den nächtlichen Tieren. Alle nächtlichen Tiere haben das Bedürfnis, zur Erhöhung ihrer Körperwärme warme Stellen aufzusuchen.

Es kommt einfach daher, daß die Katze, wenn sie sich sonnt, weit weniger auffällt, weil sie das mit Vorliebe auf Dächern tut, wo sie vom Menschen nicht gesehen wird. Füchse sind oft vom Jäger überrascht worden, wenn sie sich am Tage von den warmen Sonnenstrahlen bestrahlen ließen und hierbei die Annäherung des Jägers übersehen hatten. Die Eulen, diese ausgesprochenen Nachttiere, gehen in der Gefangenschaft zugrunde, wenn man ihnen nicht Gelegenheit gibt, sich von der warmen Sonne bescheinen zu lassen.

Wenn also ein sonst abgehärteter Hund hin und wieder am Ofen liegt, so braucht man sich darüber nicht aufzuregen. Denn im allgemeinen wird es für seine Gesundheit vorteilhaft sein.

Vor dem Hinlegen pflegen die meisten Hunde sich einige Male herumzudrehen. Der große Naturforscher Darwin erklärte diese merkwürdige Bewegung damit, daß sich die Wildhunde in der Vorzeit erst herumdrehen mußten, ehe sie in dem dichten Grase eine geeignete Stelle zum Niederlegen hatten. Diese Ansicht dürfte aus folgenden Gründen nicht richtig sein. Bei großer Hitze dreht sich der Hund überhaupt nicht vorher herum, sondern streckt alle Viere möglichst weit von sich. Auch drehen sich die Wildhunde dort, wo dichtes Gras steht, nicht vor dem Hinlegen herum. Der Hund dreht sich vielmehr immer dann herum, wenn er warm liegen und zu diesem Zwecke den Körper einen Kreis bilden lassen will, damit möglichst wenig Außenfläche vorhanden ist. Um den Kreis bei seinem ungelenken Rückgrat herauszubekommen, gibt sich der Hund vorher mehrmals einen Schwung durch Herumdrehen.

6. Das Alter des Hundes.

Wir sprachen vorhin davon, daß Peter etwa zwei Jahre alt ist. Welchem Alter des Menschen entspricht ein solches Hundealter?

Ein alter deutscher Ausspruch sagt, daß ein Menschenalter gleich drei Pferdealtern sei, und ein Pferdealter wiederum drei Hundealtern gleichkomme. Dieser Ausspruch ist recht ungenau. Setzt man ein Menschenalter auf 70 Jahre, so kämen auf das Pferd fast 25 Jahre, was etwas hoch ist. Auf den Hund kämen aber nur etwa acht Jahre, was viel zu wenig ist.

Gewöhnlich setzt man das Alter des Hundes auf 10 bis 12 Jahre fest. Manche nennen auch 15 Jahre, sogar 30 Jahre. Wie beim Menschen kommt es natürlich sehr auf die Lebensweise an. Es gibt Menschen, die hundert Jahre alt werden, während andere schon mit fünfzig Jahren verbraucht sind. Aehnliches beobachten wir bei den Hunden. Unter günstigen Verhältnissen erreichen sie ohne Frage ein Alter von etwa 18 Jahren. Das ist mir von verschiedenen Hundebesitzern bestätigt worden, und ich habe nach meinen eigenen Beobachtungen keinen Anlaß, daran zu zweifeln. So fällt mir folgendes Erlebnis ein, das sich im tiefsten Frieden vor etwa ein Dutzend Jahren ereignete. Ich war auf einer Wanderung begriffen und kehrte in dem Gasthof eines Dorfes nicht weit von Berlin ein. Die Besitzerin war eine reiche Bäuerin, die sehr viel Land und Vieh besaß. Mir fiel der Hund auf, da er anscheinend sehr bejahrt war, und ich erkundigte mich bei der Wirtin nach seinem Alter. Die Frau erzählte mir, daß er gleichzeitig mit ihrer Tochter, die jetzt achtzehn Jahre alt sei, Geburtstag feiere. Das wollte ich nicht glauben und ich fragte bei einem zweiten Besuche die Tochter nach dem Alter des Hundes. Diese machte die gleichen Angaben wie ihre Mutter und erzählte mir noch mancherlei von dem Tiere. Namentlich ist mir noch folgendes im Gedächtnis geblieben: Ihre Mutter könne sich von dem alten Tier nicht gut trennen und sei deshalb vor einiger Zeit mit ihm zum Tierarzt gegangen. Dieser habe sich den Hund angesehen und dann gesagt: »Frau Krüger, haben Sie nicht eine Schrotflinte zu Hause?« Da sei ihre Mutter furchtbar wütend geworden und mit dem Hunde fortgegangen. Seitdem wolle sie von dem Tierarzt nichts mehr wissen.

Bei gesundem Leben auf dem Lande, wo der Hund sich unter natürlichen Verhältnissen befindet, ist also ein Lebensalter von achtzehn Jahren nicht unmöglich.

Wenn ein Geschöpf kaum zwei Jahrzehnte alt wird, so muß es natürlich früher als der Mensch erwachsen sein. Das ist auch bei dem Hunde der Fall. Mit sechs Wochen entwöhnt man ihn gewöhnlich von der Milch der Hündin, und mit sechs Monaten pflegt er die volle Größe zu erreichen. Aber richtig ausgewachsen ist er erst mit zwei Jahren.

Hier liegt ein großer Unterschied zwischen Mensch und Hund vor. Der Hund erreicht seine volle Größe schon nach einem halben Jahre, während der Mensch etwa achtzehn Jahre alt werden muß. Ist der Mensch aber mit achtzehn Jahren zu seiner vollen Größe gelangt, so ist er sicherlich mit 24 Jahren vollkommen ausgewachsen. Diese Verschiedenheit muß natürlich ihren Grund haben und hat ihn auch. Die Aufklärung finden wir wieder dadurch, daß wir an die Lebensweise der wilden Verwandten denken.

Die Wölfe paaren sich im Januar oder Februar. Nach 63 Tagen, also etwas über zwei Monaten, gewöhnlich im April, wirft die Wölfin etwa drei bis zwölf, gewöhnlich vier bis sechs Junge.

Die im Frühjahr geworfenen Welpen (Wolfsjunge) können sich in der schönen Jahreszeit prächtig entwickeln. Kommt der Herbst heran, so haben sie schon die Größe eines Wolfes und müssen sie haben. Denn jetzt rudeln sich die Wölfe zusammen, um gemeinsam während der kalten Jahreszeit auf alles Getier Jagd zu machen. Wären die jungen Wölfe nicht schon so groß wie die alten, so würden sie nicht imstande sein, gemeinsam langdauernde Hetzen zu machen. Auch würden sie, wenn endlich der Elch oder der Hirsch erbeutet ist, bei den gemeinschaftlichen Mahlzeiten weggebissen, wohl gar getötet werden.

Da Hund und Wolf die gleiche Tragezeit haben, so verstehen wir, weshalb sich jeder Hundekenner einen im April oder Mai geworfenen Hund zur Aufzucht wählen wird. Genau so liegt die Sache bei der Katze. Bei dem Menschen ist es gleichgültig, ob er im Winter oder im Sommer geboren ist. Denn er kann das Versäumte nachholen. Ein Hund dagegen oder eine Katze, die im August geboren ist, kann niemals die mangelnde Entwicklung nachholen. Denn wenn der nächste Sommer kommt, sind sechs Monate schon vorüber, und die Entwicklung bereits abgeschlossen.

Die jungen Hunde können bei der Geburt weder sehen noch hören. Erst nach neun bis zwölf Tagen öffnen sich ihre Augen.

Allgemein herrscht der Glaube, daß man das vortrefflichste Junge an folgendem Merkmal erkennen kann. Man bringt die Jungen auf eine andere Stelle, dann wird es zuerst von der Mutter zum Lager zurückgetragen werden. Erfahrene Hundezüchter bestreiten jedoch, daß das richtig sei.

Warum hat nun der Mensch nur ein Kind, höchstens zwei bis vier, der Hund dagegen manchmal 15 und 18 Junge? Auch das hat natürlich seinen Grund, den wir ausfindig machen, wenn wir uns die Lebensweise der wilden Verwandten näher ansehen.

Im Winter zwingt der Hunger die Wölfe, sich an große wehrhafte Pflanzenfresser, also Wildrinder, Wildschweine, Elche usw. zu wagen. Wenn auch gewöhnlich das Rudel Wölfe siegreich bleibt, so verkaufen die Pflanzenfresser ihr Leben nicht billig. Ein paar Wölfe müssen gewöhnlich daran glauben. So sagt schon ein altes Jägersprichwort: Wer Eberköpfe haben will, muß Hundeköpfe daransetzen. Das heißt also, daß die Ueberwindung eines starken Keilers, d. h. männlichen Wildschweins, ein paar Hunde kostet, die von den Hauern des Borstentieres zuschanden geschlagen werden. Bei den anderen Wildhunden liegt die Sache ähnlich. Die Hyänenhunde in Afrika sollen den Löwen, die Kolsums in Asien den Tiger angreifen, wobei natürlich ein Rudel sehr viel Mitglieder verliert.

Der Hund muß also deshalb so viel Junge haben, weil er in jedem Jahre bei seinen Angriffen zahlreiche Kameraden verliert. Diese Lücken müssen notgedrungen ausgefüllt werden.

An mancherlei Eigentümlichkeiten ersieht man, daß der Hund, wenn er auch mit sechs Monaten bereits die volle Größe erlangt hat, doch erst mit zwei Jahren wirklich erwachsen ist. Die Jugend ist am meisten zum Spielen aufgelegt, und so sind auch junge Hunde sehr spiellustig.

Die Einflößung des Spieltriebes bei jungen Menschen und jungen Tieren dient natürlich gewissen Zwecken. Die Kinder und die Jungtiere sollen sich nämlich für ihre künftigen Lebensaufgaben die Glieder stärken.

Jetzt verstehen wir, weshalb junge Hunde regelmäßig Haschen spielen, junge Katzen aber nicht. Hunde sind Hetzraubtiere, schnelles Laufen ist demnach bei ihnen die Hauptsache. Katzen erbeuten aber ihre Nahrung nicht durch Hetzen.

Der junge Hund ist nicht nur spiellustig, sondern ihm fehlt auch noch der feste Grundzug seines Wesens, der sogenannte Charakter. Sehr oft wollen Leute ihren jungen Hund weggeben, weil er zu Fremden zu zutraulich ist, keinen Mut zeigt und überhaupt zu waschlappig ist. Da viele Hunde, die in der Jugend zu solchen Beanstandungen Anlaß gegeben haben, sich mit zwei Jahren vollkommen verändert haben, so kann man über den Grundzug eines Hundes vor Erreichung dieses Alters kein Urteil abgeben.

7. Die Rassen (Unterarten) des Hundes.

Peter ist, wie schon erwähnt wurde, ein Spitz, und zwar ein sogenannter Wolfsspitz von grauer Farbe. Die Hunde gehören zu den Säugetieren, denn sie werden von ihren Müttern gesäugt. Mit den Vögeln, Fischen, Reptilien, z. B. Schlangen, und Amphibien, z. B. Fröschen, gehören die Säugetiere zu den Wirbeltieren d. h. den Rückgrattieren, deren Körper eine Wirbelsäule durchzieht, im Gegensatz zu den andern Stämmen des Tierreichs. Zu den letztgenannten gehören z. B. die Schnecken und andere Weichtiere, die Insekten und andere Gliederfüßer, die Würmer und andere mehr.

Die Säugetiere zerfallen in zahlreiche Ordnungen, so in die Affen, die dem Menschen ähnlich sind, die Nager, z. B. die Ratten mit ihren Nagezähnen, die Huftiere, z. B. die Pferde mit ihren harten Hufen, die im Gegensatz zu denen der meisten anderen huftragenden Tieren nicht gespalten sind, und in die Raubtiere. Ein Kennzeichen für das Raubtier ist das Gebiß. Denn wenn ein Tier nicht von Pflanzen, sondern von anderen Tieren leben will, so muß es sie vorher töten. Da Tiere kein Handwerkszeug besitzen, so müssen sie hierzu geeignete Gliedmaßen haben, also entweder bewehrte Füße wie die Katzen oder ein zum Töten geeignetes Gebiß.

Hunde haben keine Wehrpfoten, ebenso auch die anderen hundeartigen Geschöpfe nicht (die sogenannten Kaniden). Wehrpfoten nennt man auch Pranken oder Branten. Es ist also falsch, wenn man von den Pranken des Wolfes spricht, denn er besitzt keine. Wölfe, Schakale, Wildhunde, Füchse usw. können mit ihren Pfoten nicht kämpfen. Sie können damit nur rennen oder graben. So kann ein Hund sehr schnell ein Mäuseloch aufbuddeln, was die Katze nicht nachmachen kann. Ebenso können sie Ställe unterwühlen, um zu den Insassen zu gelangen. Hunde haben also Renn- oder Grabpfoten.

Als Ersatz für die fehlenden Wehrpfoten, womit die Katzen außer ihrem Gebiß ausgestattet sind, haben die Hunde ein mächtiges Gebiß. Ein

Dachshund kann einen Fuchs abwürgen, was die gleichgroße Katze mit ihrem kleinen Maule nicht könnte.

Der Hund, der wie der Mensch zunächst ein Milchgebiß bekommt, hat ausgewachsen 12 Schneidezähne 4 langhervorragende Eckzähne, oben 12 und unten 14 Backenzähne. Er hat dünne Beine und vorn meist fünf, hinten vier Zehen an den Füßen. Seine Krallen sind nicht zurückziehbar. Er ist ein Zehengänger, d. h. er geht nicht wie der Mensch oder Bär auf der Fußsohle, sondern auf den Zehen. Sein Knie befindet sich daher am Bauche, nicht, wie man so häufig hört, in der Mitte des Beines. Wenn wir recht schnell fortkommen wollen, laufen wir übrigens auch auf den Zehen.

Von den Hunderassen sollen nur die in Deutschland bekanntesten angeführt werden.

Auf den ersten Blick sieht man, daß die Spitze mit den Schäferhunden große Aehnlichkeit haben. Am häufigsten dürfte jetzt der deutsche Schäferhund zu sehen sein, während es früher der Colly oder schottische Schäferhund war. Zwergform des Spitzes ist der sogenannte Zwergspitz.

Zu den Schäferhunden muß man auch die Pudel und Pinscher stellen. Den Pudel kennt jedes Kind wegen seines auffallenden Haarwuchses. Von den Pinschern sieht man jetzt sehr häufig den Dobermann-Pinscher, während der früher sehr beliebte Schnauzer seltener ist. Auch hier gibt es Zwergformen, nämlich die glatthaarigen Pinscher, z. B. Rehpinscher, und die rauhhaarigen Pinscher, die sogenannten Affenpinscher.

Ein echter deutscher und sehr schöner großer Hund ist die deutsche Dogge. Etwas kleiner ist der deutsche Boxer, der im Gegensatz zur englischen Bulldogge auf geraden Beinen steht. Die Zwergform der Doggen ist der Mops, den man jetzt selten zu Gesicht bekommt. Sehr beliebt dagegen ist jetzt die französische Zwergbulldogge mit ihren Fledermausohren. Andere hierher gehörige große Hunde sind der Neufundländer und die Bernhardiner.

Von Jagdhunden dürfte dem Großstädter der kleine krummbeinige Dachshund oder Dackel am bekanntesten sein, da er viel gehalten wird, ferner der ewig unruhige, bellustige Terrier, der in seiner Färbung an ein Meerschweinchen erinnert. Den Gegensatz zum Dachshund bildet der Windhund, dem man schon äußerlich an seinen hohen Beinen seine Schnelligkeit ansieht. Die Zwergform von ihm ist das Windspiel, das sehr zierlich, aber gegen Kälte sehr empfindlich ist. Zu den eigentlichen Jagdhunden gehört der Vorstehhund oder Hühnerhund, wobei natürlich unter Hühner nicht die Haushühner, sondern die im freien Felde hausenden Rebhühner gemeint sind. Hühnerhund ist also ein Hund, der zur Jagd auf

Rebhühner bestimmt ist, indem er nämlich dem Jäger durch seine feine Nase die Stellen anzeigt, wo sich Rebhühner aufhalten.

Von ausländischen Hunden wäre allenfalls noch zu erwähnen der als Polizeihund vielfach verwendete Airedaleterrier, der wie unser großer Pinscher aussieht, aber einen schwarzen Rücken besitzt. Sehr auffallend ist auch der Skye(ßkai)-Terrier, der an eine dicke Wurst, die stark behaart ist, erinnert.

8. Der Zeitsinn der Tiere.

Kehren wir jetzt zu unserem kleinen Helden zurück. Der Mann seiner Herrin, der jetzt auch sein Herr ist, geht zur Arbeit, und Peter pflegt ihn bis zur Haltestelle der Straßenbahn zu begleiten. Es ist merkwürdig, welchen Zeitsinn ein Tier besitzt, denn er hat sich bereits erhoben und wartet unruhig auf das Erscheinen seines Herrn. Lustig springt er an ihm hoch und apportiert zunächst ein auf den Damm geworfenes Stück Holz. Das tut er jeden Morgen, denn er apportiert sehr gern. Das weiß sein neuer Herr, und da er auch ein großer Tierfreund ist, so tut er dem Hunde den Gefallen. Hat er Zeit, läßt er das Tier mehrmals apportieren, denn Peter ist unermüdlich darin. Heute aber hat er es eilig, und so muß sich der Hund mit dem einen Male begnügen. Peter bringt seinem vorangeeilten Herrn das Stück Holz und läuft dann ein Stück voraus. Die schöne Morgensonne hat auch ein anderes Nachttier, eine große Katze, veranlaßt, sich vor dem Keller in ihren Strahlen ordentlich zu erwärmen. Peter bellt sie zwar mächtig an, aber er muß von seinem Herrn oder von ihr früher ordentliche Hiebe erhalten haben, denn er ist sehr vorsichtig. Die Katze macht zwar einen Buckel, aber sie denkt nicht daran, in den Keller zu flüchten. Ueberdies wird der Ausbruch eines Streites durch die Dazwischenkunft seines Herrn verhindert, der Peter abpfeift und ihm streng alle Angriffsgelüste verbietet.

Peter verschwindet jetzt unseren Augen, aber wir brauchen nicht lange zu warten, so taucht er wieder in unserem Gesichtskreise auf. Denn die Haltestelle ist nur wenige Schritte von der Ecke entfernt, und die Fahrgelegenheit im allgemeinen günstig. Peter bummelt jetzt heimwärts und will dabei, wie es alle Hunde tun, mit jedem ihm begegnenden Artgenossen Bekanntschaft schließen.

Höchst merkwürdig ist es nun für unsere Begriffe, daß sich zwei Hunde, die sich kennen lernen wollen, nicht wie Menschen ins Gesicht, besonders in die Augen sehen, sondern daß sie sich gegenseitig beriechen und ausgerechnet auch noch an der Verlängerung des Rückens. So tut es auch unser Peter mit einem ihm begegnenden Terrier. Die Untersuchung muß nicht zur gegenseitigen Zufriedenheit ausgefallen sein, denn beide Hunde nehmen die Stellung von Kampfhähnen an und fletschen die Zähne. Weilten wir in der Nähe, so würden wir sicherlich auch das Knurren der beiden Tiere hören. Doch auch hier kommt es nicht zu einer Beißerei, da der Besitzer des Terriers seinen Hund am Halsband packt und fortreißt. Befriedigt zieht Peter seines Weges, doch sein Selbstbewußtsein erleidet plötzlich einen starken Stoß. Eine große Dogge nähert sich ihm mit anscheinend sehr wenig freundlichen Gefühlen. Peter klemmt den Schwanz zwischen die Beine und flüchtet nach seinem Keller. Kaum ist er in seinem Bereiche angelangt, so dreht er sich um und bietet seinem Feinde mutig die Spitze. Auch die Dogge hat anscheinend vor dem fremden Eigentum Achtung, denn sie setzt ihre Verfolgung nicht fort. Nachdem sie verschwunden ist, und Peter trotz seines wiederholten Bellens nicht die Türe geöffnet wird, was sonst stets der Fall ist, scheint unserem Spitz der Gedanke zu kommen, daß seine eigentliche Herrin in der Zwischenzeit fortgegangen ist. Das ist auch in der Tat der Fall gewesen, denn wir haben sie kurz nach dem Weggange ihres Mannes den Keller verlassen sehen. Peter schnuppert jetzt vor dem Keller sorgfältig umher und sucht anscheinend die Fährte seiner Herrin. Nach mehrfachem Hin- und Herrennen folgt er schließlich einer Spur, die, wie wir wissen, richtig ist. Doch ist es leicht möglich, daß der Hund nur deshalb die richtige Spur hält, weil seine Herrin in der Frühe regelmäßig diesen Weg zu machen pflegt.

Auch hier wollen wir zunächst eine Pause machen und die Handlungsweise unseres Peter zu verstehen suchen.

Es ist seit alten Zeiten bekannt, daß Haustiere sich pünktlich zu ihren Mahlzeiten melden. Wenn sich nun jemand darüber wunderte, wodurch das Tier die Stunde der Mahlzeit wisse, da es doch keine Uhr kenne, so wurde erwidert, daß die eigentliche Uhr sein Magen sei, der ihm die rechte Zeit angebe. Auch könne beispielsweise ein Hund an den Vorbereitungen, z. B. an dem Decken des Tisches leicht erkennen, daß es bald etwas zu essen gäbe. Es ist nun gewiß richtig, daß man überall mit den einfachsten Erklärungsversuchen einer Sache auf den Grund gehen soll. Aber es gibt zu viele Fälle, die sich mit der Magenuhr beim besten Willen nicht erklären lassen.

So wohnte ich bei einem Manne, dessen großer Neufundländer täglich seinem Töchterchen um 12 Uhr entgegen lief, um ihr die Schulmappe zu tragen, wenn sie aus der Schule kam. Woher wußte nun der Hund, daß es kurz vor 12 war? Gegessen wurde erst um 1 Uhr.

Ein Kaufmann, der täglich um 5 Uhr sein Geschäft schloß, versicherte mir, daß sein Hund, der sonst unter seinem Schreibtisch ruhig lag, fast auf die Minute genau sich erhebe und seinen Herrn schwanzwedelnd anblicke, ob es nicht nach Hause gehe. Auf seinen Wunsch habe ich mir den Hund und sein Benehmen im Geschäft mit eigenen Augen angesehen. Der Vorfall spielte sich in Friedenszeiten ab, so daß der Hunger als Magenuhr nicht in

Betracht kam. Ueberdies hat der Kaufmann seinen Hund während der Geschäftszeit bis 5 Uhr reichlich gefüttert, damit ihn nicht etwa die Erwartung auf das Essen in der Wohnung veranlasse, seinen Herrn zum Aufbruch aufzufordern.

Bekannt ist es auch, daß gefangene Zugvögel in der Nacht, wo ihre Artgenossen nach dem Süden gezogen sind, höchst unruhig im Käfig umherflattern.

Bei der Jagd ist es eine allbekannte Erscheinung, daß z. B. ein Rehbock auf die Minute aus dem Walde tritt, um sich auf das Feld zu begeben, wo er fressen will. Ebenso zeigen sich die Schnepfen im März fast um dieselbe Zeit, gewöhnlich dann, wenn die Glocken geläutet werden.

Ein aufmerksamer Tierbeobachter kann oft wahrnehmen, daß Hunde sich um dieselbe Zeit treffen, um gemeinsam zu spielen oder zu jagen.

9. Der Ortssinn der Tiere.

Ebenso rätselhaft wie der Zeitsinn der Tiere ist ihr Ortssinn. Gerade bei Hunden muß man oft über ihn staunen.

Wir kennen alle die Geschichte von dem Peter in der Fremde. Er hat es endlich durchgesetzt, daß er auf Reisen gehen darf. Jetzt aber kommt er an einen Kreuzweg, und niemand ist da, der ihn zurechtweist.

Man sollte meinen, daß die Tiere erst recht in Verlegenheit wären, sobald sie an einen Kreuzweg gelangten. Wir Menschen können uns wenigstens dadurch helfen, daß wir die Straßen benennen und den Häusern Nummern geben. So können wir verhältnismäßig leicht nach Hause finden, indem wir uns die Straße und die Nummer des Hauses merken, wo wir wohnen.

Obwohl der Hund nicht lesen kann, auch wegen seines schwachen Gesichts davon keinen Gebrauch machen könnte, findet er doch die Straße regelmäßig wieder, in der sein Herr wohnt. Auch über das Haus ist er sich gewöhnlich im klaren. Niemals sieht man ihn an einer Straßenecke stehen und sich überlegen, wohin er eigentlich laufen soll, wie es doch unser zweibeiniger Peter getan hat.

Besäßen die Tiere nicht einen hervorragenden Ortssinn, so wäre es ganz ausgeschlossen, daß man das völlige Erblinden von Hunden und Pferden manchmal erst durch einen Zufall merkt. Beim Menschen ist es unmöglich, daß man nicht seine Blindheit merken sollte. Es hat noch niemand aus Versehen einen Gehilfen in Stellung genommen, der, wie sich später herausstellte, blind war. Aber sehr häufig werden Pferde gekauft, die blind sind.

Bei einem unserer Hunde, der vollkommen blind war, habe ich immer wieder darüber staunen müssen, wie leicht er sich in den gewohnten Räumen zurechtfand. Da die Blindheit äußerlich kaum erkennbar war, so merkte kein Besucher sein Leiden, zumal er sich mit großer Geschwindigkeit bewegte.

Auch wir waren uns erst darüber klar geworden, daß er gänzlich blind war, als er eines Tages mit großer Wucht gegen ein Spind, das von seiner Stelle gerückt war, rannte. Da wir uns von dem Hunde nicht trennen wollten, zumal er noch nicht sehr alt war, so haben wir ihn noch etwa zwei Jahre in diesem Zustande behalten. Allerdings haben wir während dieser Zeit die Möbel an ihrer Stelle stehen lassen müssen, denn bei jeder Ortsveränderung rannte das Tier dagegen. Er wußte es ganz genau, daß die Treppe acht Stufen hatte, denn er lief sie fabelhaft rasch hinauf. Nur in der letzten Zeit seines Lebens hat er sich geirrt und sprang häufig, wenn er bereits oben war, nochmals in die Luft. Er glaubte also, es käme noch eine Stufe.

Es ist unzählige Male vorgekommen, daß neu gekaufte Hunde ausrücken und zu ihrem alten Herrn laufen. So kaufte ein Bekannter von mir, der am Melchiorplatz wohnte, von einem Freunde in Pankow einen jungen Dackel und fuhr mit dem Tiere in einem Stadtbahnzuge nach Hause. Ich habe den kleinen Burschen, der sehr ängstlich zu sein schien, mehrere Male gesehen. Nach einiger Zeit schien sich der Dachshund mit seiner neuen Herrschaft, sehr tierfreundlichen Personen, ausgesöhnt zu haben. Eines Tages war er dem Mädchen, das ihn auf dem Platze an der Leine führte, entwischt und konnte trotz allen Suchens nicht gefunden werden. Nach stundenlangen ergebnislosen Nachforschungen kam mein Bekannter auf den Gedanken, seinen Freund in Pankow von dem Verlust telephonisch in Kenntnis zu setzen. Wie erstaunte er aber, als er hörte, sein Freund wollte ihn soeben telephonisch benachrichtigen, daß der an ihn verkaufte Hund soeben in Pankow eingetroffen sei.

Der Hund war in Pankow geboren und niemals von der Besitzung fortgekommen. In Berlin war er nur an der Leine auf dem Platze spazieren geführt worden. Der Weg von Pankow nach Berlin war im Stadtbahnzuge zurückgelegt worden. Dieses junge, ängstliche Tier hatte also den Mut gehabt, durch das Straßengewirr der Großstadt den Weg nach der Heimat zu suchen. Was uns in Staunen versetzt, ist eben die Fähigkeit, ohne Kompaß und ohne Karte den richtigen Weg zu finden.

Auf den Ortssinn der Tiere kommen wir noch an anderen Stellen zu sprechen. Der Haß des Hundes gegen die Katze wird besser da erörtert werden, wenn wir uns mit unserer Mieze beschäftigen.

10. Das Apportieren (Herbringen von Gegenständen) des Hundes.

Peter ist, wie wir sahen, ein Freund vom Apportieren. Es ist allgemein bekannt, daß die meisten Hunde gern apportieren. Für den Jäger ist diese Eigenschaft von der größten Wichtigkeit. Was nützte es ihm, daß er eine Ente geschossen hat, die im Wasser umhertreibt, wenn sich nicht sein Hektor freudig in die Fluten stürzte und sie herbeibrächte?

Auf das willige Apportieren des Hundes wird demnach von vielen Hundebesitzern mit Recht ein bedeutender Wert gelegt. Häufig kann man sie mit großem Selbstbewußtsein äußern hören: Meinem Hunde habe ich das Apportieren gründlich beigebracht.

Diese Ansicht ist nicht ganz richtig. Der Mensch liebt es, seine Leistungen zu überschätzen.

Hinge es ganz allein von uns ab, den Tieren das Apportieren beizubringen, so müßte es uns auch bei den anderen Haustieren glücken. In Wahrheit ist es schon sehr schwer, einer Katze das Apportieren zu lehren, und apportierende Kühe und Ziegen hat wohl noch niemand gesehen, obwohl Ziegen recht kluge Tiere sind.

Die Behauptung, die man allgemein hört, daß das Apportieren des Hundes ein Werk des Menschen sei, dürfte also nicht zutreffend sein.

Ein scheinbarer Grund spricht für diese Ansicht, indem man darauf hinweist, daß es widersinnig sei, wenn ein freilebendes Tier etwas schleppe, was zum Genusse eines anderen Geschöpfes bestimmt sei.

In Wirklichkeit kommt dergleichen sehr oft vor, denn auch im Tierreiche ist die Mutterliebe unendlich opferwillig. Alle Tiermütter und viele Tierväter schleppen ihren Jungen, die ihnen zu folgen nicht imstande sind, die Nahrung nach dem Lager oder Neste. Bei den Vögeln werden die im Neste hockenden Jungen von früh bis spät von den Eltern gefüttert, die den Kleinen unermüdlich passende Nahrung zutragen. Das hat gewiß schon jeder einmal beobachten können. Im Gegensatz zu den Vögeln sind es bei den Raubtieren gewöhnlich die Mütter allein, die das Heranschleppen der Beute besorgen. Alle diese Tiere apportieren also bereits in der Freiheit, da sie verzehrbare Gegenstände, die ihnen selbst gut schmecken würden, für andere tragen.

Hunden und Katzen als früheren Raubtieren liegt das Apportieren schon im Blute. Mancher junge Hund von drei Monaten nimmt bereits ein Stück Holz ins Maul und rennt damit herum. Das täte eine Katze niemals. Gewiß kann man unsere Mieze, wenn man sie sehr lobt, falls sie eine gefangene Maus bringt, dazu veranlassen, daß sie von jetzt an jede Maus, die sie erbeutet hat, ihrer Herrschaft erst zeigt, bevor sie diese verzehrt. Aber das Apportieren ist bei den Katzen immer eine Ausnahme, während es bei den Hunden die Regel ist.

Warum besteht eine solche Verschiedenheit? Um das zu verstehen, müssen wir uns an das erinnern, was vorhin über die Beine von Hunden und Katzen gesagt wurde. Der Hund hat Renn- und Grabpfoten, aber keine Pranken, wie die Katze.

Der Hund ist also in bezug auf Waffen schlechter gestellt als die Katze. Dafür hat er als Ausgleich ein mächtiges Gebiß, das viel größer ist als das der Katze. Mit seinem großen Rachen kann er natürlich viel leichter apportieren als die Katze.

Hierzu kommt noch die Verschiedenheit der Lebensweise zwischen Wildhunden und Wildkatzen. Wenn der Wolf ein Schaf abgewürgt hat oder der Fuchs eine Gans oder ein Huhn gestohlen hat, so dürfen sie es nicht an Ort und Stelle verzehren, sondern müssen es fortschleppen. Sonst würde ihnen der Hirte mit seinen Hunden, der Jäger mit seinem Gewehr oder der Landmann mit seinem Knüttel auf den Pelz rücken.

Das Tragen im Maule, das doch ohne Frage die Grundlage des Apportierens ist, kommt also bei den hundeartigen Geschöpfen, also Wölfen, Füchsen, Wildhunden alltäglich vor.

Um so seltener ereignet es sich bei der Wildkatze, da sie ihr Opfer unvermutet zu überfallen pflegt. Nur ausnahmsweise braucht sie es fortzuschleppen. Gewöhnlich kann sie ihre Beute an der verborgenen Stelle des Ueberfalls auch verzehren.

Weil den Hunden das Apportieren infolge ihres großen Rachens sehr leicht fällt, so haben bereits manche Wildhunde eine Leidenschaft dafür. In Nordamerika leben zwei Wolfsarten, nämlich der große Waldwolf und der nur fuchsgroße Coyote. Von dem letztgenannten ist es allgemein bekannt, daß er mit Vorliebe leblose Gegenstände im Maule trägt. Den Rinderhirten in diesem Lande, den sogenannten Cowboys, ist diese Erscheinung so bekannt, daß sie sich hierfür eine Erklärung nach ihrem Geschmack zurechtgemacht haben. Sie behaupten, der Coyote trage deshalb gern Sachen im Maule, weil er seine Kiefer stärken wolle.

Ja, die Apportierlust so mancher Wildhundarten kann den Reisenden höchst lästig fallen. In Südamerika lebt eine Fuchsart, der Aguarachay. Die Reisenden, die im Freien übernachten, verwünschen ihn in allen Tonarten. Wenn sie am andern Morgen aufwachen, dann fehlt ihnen ein Schnupftuch, oder ein Zaum, oder ein Steigbügel, oder ähnliche Dinge. Von den Eingeborenen hören sie, daß der Dieb der genannte Fuchs sei. Jeder Zweifel ist deswegen ausgeschlossen, weil zahlreiche bekannte Forscher übereinstimmend das gleiche berichten. Auch ein guter Bekannter von mir, der zehn Jahre in Südamerika gelebt hat, wurde oft von diesem Fuchs bestohlen.

Um ein Haar wurde der berühmte Polarforscher Nansen durch die Apportierlust der Eisfüchse in die größte Verlegenheit gebracht. Wie er in seinem bekannten Werke: »In Nacht und Eis« schildert, wurde ihm zur Nachtzeit von den Eisfüchsen ein Thermometer fortgetragen. Zum Glück besaß er noch ein anderes, sonst hätte die Aufzeichnung der Temperaturmessungen, die für den Polarforscher zu den wichtigsten Dingen gehört, unterbleiben müssen.

Das Tragen von Gegenständen im Maule ist also für alle Hundearten etwas seit Urzeiten Uebliches. Bei den Wildkatzenarten können wir dagegen ähnliches nicht beobachten. Deshalb lernt der Hund das Apportieren spielend leicht, die Katze dagegen schwer. Genau genommen lehrt der Mensch den Hund nicht das Apportieren, sondern der Hund besitzt diesen Trieb, und der Mensch nützt ihn für sich aus.

Damit der Jagdhund seinem Herrn eine Beute, die der Hund selbst gern frißt, also einen Hasen oder ein Kaninchen, willig apportiert, muß er natürlich gut gefüttert werden. Läßt man ihn hungern, so frißt er von dem Nager oder er verscharrt ihn heimlich, um später davon fressen zu können.

Peters Apportierlust ist also, wie wir aus der Lebensweise seiner wilden Verwandten erkennen, nichts Ungewöhnliches. Bei dieser Gelegenheit sei bemerkt, daß man es vermeiden soll, einen Hund Steine apportieren zu lassen, wie es Kinder so gern tun. Zwar hat der Hund, wie wir wissen, ein kräftiges Gebiß, um Knochen zu zermalmen, aber es soll nicht dazu dienen, Steine zu packen. Auch können Steine leicht verschluckt und dadurch das Leben des Tieres schwer gefährdet werden. Wer also seinen Hund lieb hat, läßt ihn keine Steine apportieren.

Aus meiner Kinderzeit ist mir noch ein Bilderbogen in Erinnerung, auf dem geschildert wurde, wie ein Mann sich vor einer schweren Erkältung durch die Apportierlust seines Hundes rettet. Er hat ein erfrischendes Bad genommen und seinen Hund zur Bewachung seiner Kleider zurückgelassen. Als er fröstelnd aus dem Wasser steigt, will ihn sein Hund nicht zu seinen Kleidern lassen, da er seinen Herrn nicht erkennt. Alle Versuche, zu seinen Kleidern zu gelangen, scheitern, bis schließlich dem frierenden Herrn der rettende Gedanke kommt, seinen Hund apportieren zu lassen, was er, wie er weiß, leidenschaftlich gern tut. Während der Hund im Wasser das Stück Holz sucht, kann sich sein Herr anziehen. Kaum steckt er in seinen Kleidern, so erkennt auch der Hund seinen Herrn wieder.

Dieser Fall scheint durchaus glaubhaft zu sein. Das Hundeauge war nicht imstande, seinen Herrn am Gesicht zu erkennen. Aber auch die Nase versagte, da der eigentümliche Geruch durch das Bad verflogen war. Erst als der Herr durch das Anziehen der Kleider wieder seinen dem Hunde bekannten Geruch hat, ist alles in schönster Ordnung.

11. Die Bedeutung des Geruchssinnes. Der Eigentumssinn der Hunde.

Die Behauptung, daß ein Hund seiner Nase mehr traut als seinen Augen, wird am überzeugendsten dadurch bewiesen, daß sich zwei Hunde, die sich begegnen, gegenseitig beriechen. So hat es auch Peter mit seinem Artgenossen getan. Würde der Hund ein scharfes Auge besitzen, so wäre dieses Beriechen ganz zwecklos. Der Mensch, der sich in erster Linie nach den Augen richtet, also ein Augentier wie die Affen und die Vögel ist, richtet sich erst dann nach dem Geruch, wenn seine Augen ihn im Stich lassen. Weiß ich beispielsweise nicht, ob eine Flasche, die mit einer hellen Flüssigkeit gefüllt ist, Essig oder Petroleum oder Spiritus enthält, so rieche ich daran. Mit den Augen allein kann ich das nicht entscheiden. So sehen wir, daß in der Apotheke der Provisor alle Augenblicke an den Flaschen riecht, weil hier nur die Nase Bescheid geben kann, woraus der Inhalt besteht. Auch für den Koch und den Parfümhändler ist es sehr wichtig, eine gute Nase zu haben.

Wir sagen gewöhnlich, daß der Geruch zu den niederen Sinnen gehöre. Ganz richtig dürfte das nicht sein. Wer seine Wohnung betritt, ohne zu riechen, daß der Gashahn aus Versehen geöffnet geblieben ist, kann leicht ums Leben kommen. Ebenso sitzt unsere Nase deshalb oberhalb des Mundes, damit wir die Speisen, die wir zu uns nehmen, vorher durch den Geruch prüfen. Viele Menschen sind schon deshalb erkrankt, weil sie verdorbene Speisen genossen haben. Hätten sie vorher ihre Nase gebraucht, so wären sie vor diesem Schaden bewahrt geblieben.

Naturvölker und Jäger werden ganz entschieden bestreiten, daß der Geruch zu den niederen Sinnen gehöre. Sie erleben jeden Tag, welche Bedeutung der Geruchsinn ihres Hundes für sie hat. Der Jäger will Enten schießen. Ob welche im Schilfe des Sees stecken, können wir mit unsern Augen nicht feststellen. Aber der Hund mit seiner Nase kann es sofort. Ebenso zeigt er uns, ob ein Fuchs- oder Dachsbau bewohnt ist oder nicht, wo die Hühner im Kartoffelkraut stecken, wohin der Hase, der Hirsch, das Reh geflüchtet ist.

Hat sich der Hase mit seinem braunen Fell auf dem Acker in einer Sasse, d. h. ausgehöhlten Stelle geduckt, was er mit Vorliebe tut, so ist er für unsere Augen unsichtbar. Wir sagen dann, er sei durch seine »Schutzfarbe« gerettet. Denn da die Färbung seines Leibes mit seiner Umgebung verschwimmt, so ist er durch die Farbe geschützt. Für den Hund gibt es keine Schutzfarbe. Mag der Hase noch so ähnlich wie seine Umgebung aussehen, so hat er doch eine andere Ausdünstung. Und diese Ausdünstung wird von der feinen Nase des Hundes wahrgenommen, und Freund Hase ist entdeckt.

So würde ein Hund nie unsere Märchen verstehen, wonach Kinder im Walde ausgesetzt werden und nicht wieder nach Hause finden. Wollte ihn jemand aussetzen, so würde er einfach die Nase auf die Erde setzen und denselben Weg zurücklaufen.

So ließe sich noch vieles anführen, woraus hervorgeht, daß der Geruch ein ungeheuer wichtiger Sinn ist. Vorläufig wollen wir es genug sein lassen. Wir werden nochmals darauf zurückkommen, wenn wir von den Polizeihunden und ihren Leistungen sprechen.

Peter hat, wie wir sahen, bei dem Terrier, mit dem er sich beroch, geknurrt und die Zähne gezeigt. Vor der großen Dogge dagegen ist er mit eingeklemmtem Schwanz geflüchtet.

Es würden sich noch vielmehr Menschen Hunde halten, wenn nicht die gegenseitige Beißerei üblich wäre. Und zwar kann man beobachten, daß die gleichen Geschlechter am meisten zum Beißen geneigt sind. Ein männlicher Hund oder Rüde wird gern mit einem andern Rüden kämpfen, aber einer Hündin wird er nichts tun, vielmehr sich bei ihr einzuschmeicheln suchen.

Wie bei den Menschen, so haben auch die Säugetiere verschiedene Geschlechter. Peter ist ein Männchen, also ein Rüde. Der Terrier, den er traf, war ebenfalls ein Rüde. Beide waren nicht abgeneigt, sich das Fell gegenseitig zu zerzausen.

Der Grund der Kampflust liegt darin, daß bei den Wildhundarten der stärkste Hund das Rudel als unbedingter Selbstherrscher leitet. Ein Auflehnen gegen seine Herrschaft gibt es nicht.

Wer der stärkste im Rudel ist, kann sich immer erst durch eine Beißerei feststellen lassen. Jeder Hund ist also bereit, dem andern zu zeigen, daß er zum Herrn, sein Gegner zum Diener berufen ist.

Bei den halbwilden Eskimohunden ist noch heute die Alleinherrschaft des stärksten Hundes im Rudel, der Baas genannt wird, üblich. Altert der Baas, so verliert er die Leitung und ein jüngerer Hund, der der kräftigste des Rudels ist, tritt an seine Stelle.

Da sich gewöhnlich nur Hunde von gleichem Geschlecht beißen, so haben Gastwirte gewöhnlich Hündinnen. Denn die Gäste halten sich regelmäßig Rüden, weil die Hündin viel Umstände verursacht, namentlich dann, wenn sie Junge hat.

Ein Glück ist es, daß große Hunde gewöhnlich das Gekläff kleiner Köter unbeachtet lassen. Aber es kommen auch Ausnahmen vor. So hat Peter schon seit Wochen durch sein andauerndes Anbellen und Herausfordern den Zorn der großen Dogge erregt. Vor ihr flüchtet er mit eingeklemmtem Schwanze.

Dieses Sinkenlassen des Schwanzes dürfte eine Eigentümlichkeit aller Hundearten sein. Von den Eskimohunden her wissen wir auch den Grund dafür. Kein Hund des Rudels darf an dem Baas, dem Leiter, vorübergehen, ohne den Schwanz sinken zu lassen. Tut er es nicht, so wird er durch Bisse gestraft.

Das Sinken des Schwanzes bei Peter ist also ein deutliches Zeichen seiner Furcht.

Trotzdem dreht er sich herum gegen seinen Feind, sobald er in dem Bereiche des Kellers ist. Denn hier macht sich sein Eigentumssinn geltend.

Von allen unseren Haustieren hat eigentlich nur der Hund wirklichen Eigentumssinn. Ein Pferd läßt sich von einem fremden Menschen stehlen, ohne sich im geringsten dagegen zu wehren.

Warum besitzt der Hund Eigentumssinn?

Wir müssen wieder bei den wilden Verwandten fragen.

Es ist klar, daß sich ein solcher Sinn bei Pflanzenfressern schwerlich entwickeln wird. Denn ein Streiten um den einzelnen Bissen findet bei ihnen nicht statt, weshalb manchmal verschiedene Tierarten friedlich nebeneinander weiden. Am bekanntesten ist das Zusammenweiden von Zebras, Gnus und Straußen in Afrika.

Wildhunde dagegen, die ein größeres Tier, einen Hirsch oder eine Antilope, erbeutet haben, kämpfen um jeden Bissen. Hieraus erklärt sich auch das für uns widerwärtige Fressen des Hundes von Erbrochenem.

Würde bei der gemeinsamen Mahlzeit ein Hund nicht schlingen, so bekäme er so gut wie gar nichts. Um recht viel zu erhalten, preßt er so viel in den Magen hinein, wie nur möglich ist. Nachher geht er abseits und gibt das Gefressene von sich. Denn alle Hundeartigen haben ihren Magen sehr in der Gewalt, weshalb es so schwer ist, Wölfe oder Füchse zu vergiften.

Weil also Wildhunde gewöhnlich jeden erhaschten Bissen verteidigen müssen, deshalb haben Hunde einen sehr ausgeprägten Eigentumssinn.

Hierzu kommt noch folgendes. Jedes Rudel bewohnt einen bestimmten Bezirk und behandelt jeden Fremden, der ihn betritt, als Feind. Auch heute noch halten die verwilderten Hunde in den türkischen Städten an bestimmten Straßen und Gassen fest. Jedes Rudel überfällt einen nicht zu ihnen gehörigen Hund und zerreißt ihn, wenn er nicht rechtzeitig flüchtet.

Jagdhunde sind gewöhnlich wenig bissig. Wenn aber ein Fremder einen von einem Jagdhunde erbeuteten Rehbock oder Hasen berühren will, dann kann er etwas erleben. Denn selbst der gutmütigste Hund wird dann gefährlich.

Es entspricht also ganz dem ausgesprochenen Eigentumssinn des Hundes, daß Peter kehrt macht gegen seinen Verfolger. Auch der Verfolger achtet das fremde Eigentum in gewissem Sinne. In Dörfern kann man das alltäglich erleben. Ein Bauer hat einen Hund, der auf der Straße jeden andern Hund anrempelt; dasselbe Tier ist sehr gesittet, wenn es der Bauer auf ein fremdes Gehöft mitnimmt. Es läßt sich auch dort von einem kleinen Köter anblaffen, der solches niemals auf der Straße wagen würde.

Kommt es zu einer wirklichen Beißerei zwischen zwei großen Hunden, so ist jedes Prügeln gewöhnlich aussichtslos und obendrein sehr gefährlich. Die Hunde sind in ihrer Wut fast gefühllos und beißen selbst ihren eigenen Herrn, wodurch schon mancher um einen Finger gekommen ist.

Nur die Nase, das empfindlichste Organ des Nasentieres, bietet auch hier Angriffspunkte. Alle Nasentiere, also Füchse, Dachse und andere, können durch einen starken Hieb über die Nase getötet werden. Handelt es sich nicht um einen Hund, dessen Nase sehr wertvoll ist, also einen Jagdhund, so kann man die Empfindlichkeit der Hundenase als Mittel zum Auseinanderbringen verbissener Hunde benutzen. In Fachzeitschriften ist wiederholentlich davon berichtet worden, daß bei Hunden, die durchaus unempfindlich schienen, das Bestreuen der Nase mit Schnupftabak oder das Vorhalten einer brennenden Zigarre die sofortige Lösung der Tiere zur Folge gehabt hat.

12. Soll man sich in der Großstadt einen Hund halten? Die Stubenreinheit des Hundes.

Wir haben unsern Peter nur kurze Zeit beobachtet und dabei gesehen, daß er in den wenigen Stunden empfindlichen Menschen recht lästig fallen konnte. Nervösen Personen ist bereits das Hundegebell etwas, was ihnen auf die Nerven fällt. Aber selbst gesunden Personen ist es durchaus nicht angenehm, wenn sie beim Radfahren ein Hund verfolgt. Manche steigen sogar ab, weil sie bei den unberechenbaren Bewegungen des Tieres einen Sturz befürchten.

Das Gebissenwerden durch Hunde kommt wohl im großen ganzen nicht so häufig vor, wie man annehmen sollte. In den Großstädten pflegt der Maulkorbzwang diese Gefahr sehr herabzumindern. Uebrigens ist der Maulkorb nur ein unvollkommenes Abwehrmittel. Man ersieht es daran, daß er beißlustige Hunde nicht hindert, anderen Hunden Wunden beizubringen.

Andere, verhältnismäßig selten auftretende Gefahren, beispielsweise durch Tollwut, sollen später noch besprochen werden.

Bisher ist noch unerwähnt geblieben, daß ein Tier, das Speise und Trank zu sich nimmt, natürlich auch Ausscheidungen von sich geben muß. Bei dem Hunde treten diese Entleerungen in besonders unangenehmer Form auf. Er beschmutzt die Ecken von Häusern und überhaupt alle Vorsprünge beim Nässen, während er seine festen Ausscheidungen, die sogen. »Losung«, mit Vorliebe auf dem Bürgersteig absetzt. Es scheint ihm keinen Augenblick Sorge zu machen, daß dabei die Stiefelsohlen der Vorübergehenden mit seiner Losung Bekanntschaft machen können.

Ein Lichtblick hierbei ist es, daß der Hund wenigstens in der Wohnung stubenrein ist oder, wie es allgemein heißt, stubenrein gemacht wird. Darauf werden wir noch näher zu sprechen kommen.

Was veranlaßt nun den Hund zu dieser Handlungsweise, die anscheinend jeder Sitte und Scham Hohn spricht?

Auch hier müssen wir wieder die Lebensweise der wilden Verwandten um Rat fragen. Von den Wölfen und Füchsen wissen wir es mit Bestimmtheit, daß sie wie unsere Hunde an den Ecken und an vorspringenden Punkten nässen.

Versetzen wir uns in die Lage eines Nasentieres, so erkennen wir, daß hierdurch die Natur in höchst einfacher Form einen Nachrichtendienst in der Tierwelt, eine sogenannte »Post«, eingerichtet hat. Kommt ein Wolf in ein fremdes Gebiet, so braucht er nur die vorspringenden Punkte und Ecken zu beriechen und weiß dann sofort, ob hier Artgenossen hausen oder nicht. Am bequemsten kann er das riechen, wenn in der Höhe seiner Nase genäßt ist.

Damit sie stets die erforderliche Flüssigkeit haben, besitzen die Hundeartigen nur sehr wenig Schweißdrüsen. Jeder hat wohl schon beobachtet, daß die Hunde, wie der Volksmund sagt, an der heraushängenden Zunge schwitzen, aber nicht am Körper. Der von der Zunge herabfließende Speichel soll ohne Frage die lange Zunge und damit mittelbar den ganzen Körper abkühlen.

Seine Losung verscharrt der Wolf regelmäßig. Denn bei den Raubtieren hat sie einen so starken Geruch, daß alle Pflanzenfresser, Hirsche, Rehe, Hasen usw. das Gebiet verlassen würden, wo sie die Anwesenheit ihres Feindes durch diesen Umstand wahrgenommen hätten.

Auch unser Hund pflegt sich an dieses frühere Verscharren häufig zu erinnern. Denn man sieht nicht selten, daß er nach der Beendigung des Vorgangs mit den Hinterbeinen scharrt, obwohl das bei dem festen Steinpflaster vollkommen wirkungslos ist. Manche Leute behaupten, daß der Hund sich dadurch die Beine reinigen wolle. Das ist ganz ausgeschlossen, denn im Sande vergräbt er seine Losung auch heute noch, wie es ja auch die Katze tut.

Zu der Zeit, wo der Hund die Aufmerksamkeit einer Hündin erregen will, liegen ihm Räubergedanken fern. Dann vergräbt er die Losung nicht, sondern setzt sie ausgerechnet auf einen Stein oder sonst in einer solchen Höhe, daß sie mit der Nase der Hündin in gleicher Linie ist.

Zum Glück können die Ausscheidungen der Hunde nicht Träger von Krankheiten sein. Niemals hat man etwas davon gehört, daß dadurch Seuchen entstanden sind. Vielmehr behandelte man die Losung im Altertum als Arzneimittel. Auch heute spielt sie bei der Handschuhfabrikation eine große Rolle.

Zuungunsten des Hundes spricht also sehr viel. Man kann es den Hundefeinden nicht verargen, wenn sie darauf dringen, daß Hunde in der Stadt überhaupt nicht gehalten werden dürfen.

Was läßt sich dagegen zugunsten des Hundes geltend machen?

Da gerade bei uns der Stimme des Auslandes eine übermäßige Bedeutung beigemessen wird, so sollte es doch den Hundefeinden zu denken geben, daß man in anderen Kulturstaaten von solcher übertriebenen Gegnerschaft kaum etwas weiß.

Hiervon abgesehen sprechen für den Hund folgende Umstände:

1. Die Verhinderung von Einbrüchen, ja von schweren Verbrechen dürfte alljährlich einen ziemlich hohen Geldbetrag ausmachen und manchem Menschen die Gesundheit, ja das Leben bewahrt haben.

2. Die Rettung von Personen durch Hunde, z. B. von Kindern, die ins Wasser gefallen waren, dürfte erheblich die Zahl der Menschenleben übersteigen, die durch Hunde verloren gegangen sind.

3. Die Leistungen als Blindenführer – von den Polizeihunden sei ganz abgesehen – zwingt uns zu einer solchen Hochachtung, daß man darüber viele Unbequemlichkeiten, die ihre Haltung mit sich bringt, übersehen muß.

4. Der Mensch lebt nicht bloß vom Brot allein. Die Kinder in der Großstadt wachsen in einem steinernen Meer auf, ohne von den Schönheiten der Natur, die das Landleben in sich birgt, etwas zu erfahren. Sie kennen die Freude nicht, wenn die Störche zurückkehren, die Schwalben eintreffen, der erste Kuckucksruf erschallt und tausend andere Dinge, deren Aufzählung zu weit führen dürfte. Und gerade das kindliche Herz hat an den Tieren die größte Freude, weil die Kinder sich unbewußt mit ihnen nahestehend fühlen. Wie oft habe ich es erlebt, daß Großstadtkinder, die sich sonst schrecklich langweilten, stundenlang mit einem Hunde, den ein Verwandter mitgebracht

hatte, spielten, ja schließlich nicht in das Bett gehen wollten, weil sie sich nicht von ihm trennen konnten. Nein, diese Freude den Großstadtkindern zu rauben, brächte ich nicht übers Herz, selbst wenn der Hund noch einige Fehler mehr besäße.

5. Selbst im Interesse der Wissenschaft müßte man die Verbannung der Hunde aus der Stadt beklagen. Wer würde es von den Städtern noch zugeben, daß der Hund ein Nasentier und nicht, wie der Mensch, ein Augentier sei, wenn er nicht täglich sähe, wie der Hund sich mit andern Hunden beröche und überall an der Erde und an den Ecken seine Nase tätig sein ließe?

Trotzdem sich also mancherlei zugunsten der Haltung eines Hundes in der Stadt sagen läßt, so wird doch jeder wirkliche Tierfreund nur unter besonderen Umständen einen Hund in der Großstadt halten. Es sind nicht bloß die Belästigungen der Mitmenschen, die er vermeiden will, sondern er verzichtet darauf, einen Hund zu halten, weil er ihm nicht die Behandlung bieten kann, die das Tier braucht.

Als Hetzraubtier ist der Hund an Bewegung gewöhnt, weshalb er vor Freude hochspringt, wenn sein Herr mit ihm ausgehen will. In der Großstadt soll man nur Hunde halten, die wenig Auslauf brauchen wie unsern krummbeinigen Dachshund. Einen Windhund an der Leine herumzuführen, wie man nicht selten sehen muß, kann fast als Tierquälerei bezeichnet werden. Denn ein Geschöpf, das zu den schnellsten Säugetieren gerechnet werden kann und das in der Freiheit gewiß täglich ein paar deutsche Meilen zurücklegen würde, soll man nicht auf ein paar Schritte beschränken.

Ueber die vorhin erwähnte Stubenreinheit der Hunde wäre noch folgendes zu bemerken.

Ich entsinne mich noch aus meiner Kindheit, wie mein Vater uns zeigte, auf welche Weise ein junger Hund stubenrein gemacht wird. Er wurde mit der Nase in den von ihm gemachten Pfuhl ordentlich gestukt, bekam dann auf die Rückseite ein paar Klapse und wurde mit einem »Schämst du dich denn gar nicht« zur Türe hinausbefördert. Da ein solches Verfahren fast immer den gewünschten Erfolg hatte, so zweifelte ich keinen Augenblick daran, daß der Hund durch die Ermahnung und die Schläge ein gewisses Verständnis für das Verwerfliche seines Treibens bekam und sich besserte.

Später, als ich Affen genau studierte, sah ich zu meinem Erstaunen, daß der Affe, trotz seiner Klugheit, für Stubenreinheit nicht das mindeste Entgegenkommen zeigte. Ich habe unzählige zahme Affen kennengelernt, aber keinen einzigen, der stubenrein ist. Weder Prügel noch Scheltworte richten bei ihnen das geringste aus.

Hieraus geht klar hervor, daß der Mensch nicht den Hund stubenrein macht, sondern, wie beim Apportieren, einen im Hunde liegenden Urtrieb zur Entwicklung bringt.

So ist es auch in der Tat. Der Hund ist, wie seine Verwandten Wolf und Fuchs, früher ein Höhlenbewohner gewesen. Die Hundehütte ist ja weiter nichts als ein Ersatz für die frühere Höhle. Wir wissen nun vom Dachs, Hamster und andern Höhlenbewohnern, daß sie für ihre Entleerungen ein besonderes Abteil, eine Art Klosett, besitzen. Sie wissen aus Instinkt – was das ist, soll später erörtert werden –, daß sie ihre Höhle mit ihrem Unrat verpesten würden, wenn sie diese Vorsicht nicht beachteten.

Der Hund hat also von Hause aus den Trieb, seine Höhle nicht zu verunreinigen. Das sieht man am besten daraus, daß er sein Lager nicht verunreinigt, wenn man ihn daran festbindet.

Der Affe, der auf Bäumen lebt, kann kein Lager verpesten, und deshalb hat er für Stubenreinheit kein Verständnis.

13. Das Grasfressen der Hunde. Schämen sich manche Hunde?

Da sich die Lebensweise des Hundes besser auf dem Lande als in der Großstadt beobachten läßt, so nehmen wir die Einladung eines Bekannten an, der ein großer Tierfreund ist und mehrere Hunde auf seinem Grundstück hält. Unterwegs fällt uns ein Hund auf, der mit Grasfressen beschäftigt ist.

Dieses Grasfressen eines Fleischfressers hat seit alter Zeit die Aufmerksamkeit der Menschen erregt und die verschiedenartigste Deutung gefunden.

Wir beobachten jetzt an dem Hunde, daß er sich übergeben muß, wobei etwas Schleim zu Tage tritt.

Da für den Landbewohner dieser Vorgang eine alltägliche Erscheinung ist, so erklärt sich hieraus die Redensart: Es bekommt einem, wie dem Hunde das Gras, nämlich übel.

Man glaubte also, daß der Hund als unvernünftiges Tier so wenig wisse, was ihm eigentlich gut tue, daß er aus reiner Dummheit das Gras fresse. Weil er vom Grase keine Speise oder Stärke erhält, da es wider seine Natur ist, so ist die Folge eben die Uebelkeit.

Nur ein oberflächlicher Tierbeobachter kann diesen Standpunkt einnehmen. Denn in Wirklichkeit ist es doch höchst wunderbar, daß die Tiere ohne Belehrung wissen, was ihnen gut tut, und schädliche Dinge meiden.

Das Grasfressen soll ferner folgende Gründe haben. Der Hund merkt, daß er Würmer hat. Um diese zu töten, frißt er scharfkantige Gräser, damit sie in seinem Leibe die Bösewichter zerschneiden.

Da viele Würmer durch Zerschneiden gar nicht getötet werden, so ist diese Annahme grundfalsch, wobei noch davon abgesehen werden soll, daß das verschlungene Gras gewiß zu dem erwähnten Zwecke ganz untauglich wäre.

Manche halten das Grasfressen für eine bloße Spielerei. Dem kann ich mich nicht anschließen, nachdem ich folgendes beobachtet habe.

Ein Hund hatte beim Apportieren von Korken ein kleines Bröckchen verschluckt. So sehr er bei größeren Stücken seinen Magen in der Gewalt hat, so suchte er vergeblich durch Erbrechen das Korkstückchen wieder von sich zu geben. Da der Hund hinaus in den Garten wollte, so kamen wir seinem Wunsche nach. Er fing sofort an Gras zu kauen und nach kurzer Zeit trat die erwünschte Wirkung ein. Hiernach muß ich das Grasfressen – wenigstens in manchen Fällen – für ein Brechmittel bei Magenverstimmungen halten.

Daß die Hunde sich auf dem Lande so viel wohler befinden als in der Stadt, führe ich zum Teil auf diesen Umstand zurück, daß der Hund in ländlichen Verhältnissen bessere Gelegenheit hat, seine natürlichen Heilmittel zu benutzen.

Wir begrüßen unseren Bekannten, Herrn Böhm, der mit seinem Pudel bereits am Eingange steht, und werden natürlich von dem Hunde, dem wir nicht bekannt sind, angeblafft.

Als Wachhunde sind Pudel gewöhnlich ebensowenig zu gebrauchen wie Jagdhunde. Mit Recht hat man vom Pudel gesagt, daß jemand seinen Herrn morden könne, ohne daß ihm der Pudel beistände. Auch der Jagdhund steht seinem Herrn nicht immer bei.

Dieses Verhalten so kluger Tiere dürfte darauf zurückzuführen sein, daß der Pudel ein zu großer Menschenfreund ist, um überhaupt Menschen zu beißen. Dem Jagdhunde steckt sein Wild so im Kopfe, daß ihm andere Menschen, wenn sie nicht auf Jagd gehen, gleichgültig sind.

Dagegen ist der Pudel ausgezeichnet zu allerlei Kunststücken geeignet, und da solche Kunststücke beim Volke sehr beliebt sind, so ist auch der Pudel ein sehr geschätzter Hund.

Mit der größten Bereitwilligkeit ist auch unser »Karo«, wie der Pudel heißt, bereit, zu zeigen was er kann. Kaum haben wir seinem Herrn gegenüber den Wunsch geäußert, einige Glanzleistungen von Karo zu sehen, so erhalten wir eine richtige Vorstellung. Erst werden die einfachen Sachen vorgeführt: Hinsetzen, Schönmachen, die Pfote geben, auf den Hinterbeinen gehen. Dann kommen die schwierigeren Sachen: über Stock und Stühle springen und tanzen. Dazwischen muß Karo zeigen, wie der Hund spricht und beweisen, daß er rechts und links unterscheiden kann. Nur einen Happen, den er von der rechten Hand seines Herrn bekommt, nimmt er, sonst läßt er ihn ganz unberücksichtigt.

Um Karo als Schwimmer und Taucher zu bewundern, gehen wir nach dem nahegelegenen See. Der Pudel schwimmt vortrefflich, fast wie eine Ente, und apportiert mit unglaublicher Ausdauer. Wenn er aus dem Wasser kommt, muß man sich natürlich vorsehen, daß man nicht beim Ausschütteln des Felles naß wird. Dieses Schütteln der Haut können wir ihm nicht nachmachen, da die unsrige nicht so beweglich ist. Wie groß die Beweglichkeit der Hundehaut ist, ersehen wir deutlich, wenn wir einen Hund am Nacken hochheben.

Karo ist ein Rüde und etwa 1½ Jahre alt. Wie Herr Böhm erzählt, hat er ihn erst seit einigen Monaten. Er ist durch einen Zufall zu ihm gekommen, da sein bisheriger Herr plötzlich verstorben war, und ihm der Hund zu einem Spottpreis angeboten wurde. Die erste Zeit sei das Tier allerdings sehr traurig gewesen und habe wenig Nahrung zu sich genommen. Jetzt aber habe er sich in die neuen Verhältnisse eingewöhnt und fühle sich augenscheinlich sehr wohl.

Es ist eigentlich recht wunderbar, daß fast alle Tiere ohne Unterricht schwimmen können. Wie lange braucht der Mensch, um ordentlich schwimmen zu können? Mancher lernt es überhaupt niemals.

Auch hier wollen wir uns bei den wilden Verwandten erkundigen, wie es mit ihrer Schwimmkunst steht.

Die Wildhundarten als Raubtiere müssen natürlich schwimmen können, denn sonst würden die Pflanzenfresser, die sie verfolgen, sich jedesmal dadurch retten, daß sie in das Wasser flüchten. Wölfe schwimmen nicht nur gut, sondern scheinen auch gern in das Wasser zu gehen. Der Fuchs kann ebenfalls schwimmen, aber man wird nicht behaupten können, daß er gern ins Wasser geht. In Jagdrevieren kann man beobachten, daß er lieber einen Umweg macht und über einen Steg geht, als daß er den Graben durchschwimmt.

Oft hat Herr Böhm gesagt, wenn der Pudel etwas falsch machte: »Aber Karo, schämst du dich gar nicht?« Wir kommen darauf zu sprechen, ob der Hund ein wirkliches Gefühl für »sich schämen« besitzt? Ich bezweifle es sehr stark, denn ich nehme an, daß der Hund aus dem Tone der Sprache heraushört, daß der Herr böse ist, und daß ihm etwas Aergerliches in

Aussicht steht. Ich glaube also, daß diese allgemein übliche Redensart eine Vermenschlichung ist, die beim Tier nicht recht paßt. Zu einem sonst braven Knaben, der eine Dummheit begangen hat, können wir mit Recht sagen: Schämst du dich nicht? Wir rufen sein Ehrgefühl an und verzichten deshalb auf eine Bestrafung. Beim Tiere aber, selbst wenn es ein kluger Pudel wäre, ein solches Ehrgefühl anzunehmen, scheint mir unbegründet zu sein. Bei jeder Erklärung muß man zunächst versuchen, mit einer möglichst einfachen auszukommen.

Mein Bekannter macht hiergegen geltend, daß ein feinfühliger Hund oft, wenn er gescholten sei, seinen Herrn links liegen lasse, also gewissermaßen schneide. Diesen Einwand habe ich schon oft gehört. Dieses Benehmen ist wohl aber mehr auf Eitelkeit als auf Ehrgefühl zurückzuführen. Ein Knabe schämt sich bei der Ermahnung seines Lehrers, weil er sich im stillen sagt: Wenn ich mich ordentlich angestrengt hätte, würde ich das aufgegebene Gedicht fließend aufsagen können. Bei einem Hunde kann man aber einen solchen Gedankengang nicht annehmen.

14. Das Laufen gegen den Wind. Warum ist die Hundenase kühl und feucht? Warum gibt es bei den Hunden Steh-, Kipp- und Hängeohren? Die Wichtigkeit des Gehörs.

Während unserer Unterhaltung hat Karo einen kleinen Privatbummel gemacht. Wir sehen an dem Rauche der Zigarren, daß der Wind aus Südwesten kommt und können feststellen, daß der Hund gegen die Windrichtung gelaufen ist. Jeder Hund, der nicht besondere Ziele verfolgt, wird bei freier Wahl die Richtung gegen den Wind bevorzugen. Das liegt allen Raubtieren im Blut. Wie Hunde und Katzen ihre Ausscheidungen verscharren, damit sie nicht von den Pflanzenfressern gewittert werden, so laufen sie aus demselben Grunde gegen den Wind. Denn ein Hirsch oder Reh mit ihren feinen Nasen würden einen Wolf schon aus sehr weiter Entfernung wittern, wenn er nicht diese Vorsichtsmaßregel gebrauchte. Der Wind trägt bekanntlich alle Düfte sehr weit. Vor vielen Jahren wohnten wir fast zwei Kilometer weit von einer chemischen Fabrik. Wehte der Wind von der Fabrik zu uns, so war es nicht zum Aushalten, während man sonst nichts davon bemerkte.

Karo, der schwarze Pudel, hat auch eine kühle und feuchte Nase. Man nimmt, und wohl mit Recht, an, daß das ein Zeichen von Gesundheit des Hundes ist. Denn ein kranker Hund pflegt eine trockene und warme Nase zu haben. Woher kommt das?

Auch in diesem Falle sieht man wiederum, daß der Hund ein Nasentier ist. Einmal ist die Nase bei den Geschöpfen, bei denen sie die Hauptrolle spielt, sehr empfindlich, wie bereits erwähnt wurde. Wenn wir Menschen einen Schlag auf die Nase bekommen, dann blutet sie wohl, aber wir empfinden keinen uns betäubenden Schmerz. Ganz anders liegt die Sache bei einem Schlag ins Auge. Dann sehen wir ordentliche Feuergarben aufblitzen. Denn bei uns ist das Auge das wichtigste Organ, weshalb wir eine uns ans Herz gewachsene Sache wie einen »Augapfel« hüten. Also die Nase ist der wichtigste Sinn des Hundes, und als solche muß sie feucht sein aus folgenden Gründen.

Nehmen wir an, wir betreten nach einem Gewitterregen unseren Garten. Dann empfinden selbst unsere stumpfen Nasen, daß alles doppelt so stark riecht. Feuchtigkeit unterstützt das Riechvermögen, wie jeder Jäger weiß. An heißen, trockenen Augusttagen finden die Jagdhunde manchmal keine Hühner, obwohl solche vorhanden sind. Die trockene Wärme und die trockene Kälte lassen die Hundenasen viel weniger leisten als sonst.

Damit die Hundenase gut wittert, muß sie also feucht sein. Um feucht zu bleiben, muß sie kühl sein.

Da die schwarze Farbe alle Duftstoffe stark anzieht, weshalb viele Aerzte gegen die schwarzen Kleider der Krankenschwestern eingenommen sind, so ist wahrscheinlich aus diesem Grunde die Nase aller Nasentiere schwarz. Selbst der Eisbär hat in seinem weißen Pelz eine schwarze Nase, die schon von weitem auffällt. Man glaubt den Eskimos, daß er beim Beschleichen der Seehunde mit einer seiner großen Pranken die Nase bedecke, damit sie ihn nicht verrate.

Jetzt wissen wir also, weshalb die Nase des Hundes empfindlich, kühl, feucht und schwarz ist.

Karo hat Hängeohren, während Schäferhunde gewöhnlich Steh- oder Kippohren besitzen. Wie können wir diesen Unterschied erklären?

Das Gehör ist ein außerordentlich wichtiger Sinn. Nach meiner Ansicht hören alle Säugetiere mindestens so gut wie der Mensch, gewöhnlich aber schärfer.

Auch hier will ich mit größtem Nachdruck die ungeheure Wichtigkeit des Gehörs hervorheben. Hoffentlich wird also die Bezeichnung Augen- und Nasentiere nicht mißverstanden und daraus der ganz irrige Schluß gezogen, daß Augen- und Nasentiere schlecht hören könnten.

Alle freilebenden Tiere müssen ihr Gehör fortwährend anstrengen. Daher kommt es, daß wir unter den freilebenden Säugetieren nur Stehohren antreffen.

Allerdings sieht man manchmal Hirsche, die in Parks gehalten werden, mit einem Schlappohr. Da aber solche Hirsche Haustieren gleichen, weil sie keine Nachstellungen von Feinden erleiden, so bestätigen sie den Satz, daß ein Säugetier unter natürlichen Verhältnissen Stehohren besitzt.

Bei unseren Hunderassen haben also diejenigen, die ihren Verwandten am ähnlichsten leben, noch Stehohren, so die deutschen Schäferhunde. Bei den schottischen Schäferhunden fangen bereits die Kippohren an, weil sie bei uns keine Schafe mehr hüten. Die reinen Haushunde wie Pudel, Möpse, ja selbst die Jagdhunde haben Schlappohren. Braucht die Katze keine Mäuse mehr zu fangen, so bekommt sie, wie von der chinesischen Katze berichtet wird, ebenfalls Schlappohren.

Ist das Abschneiden der Ohrlappen, das sogenannte Kupieren, zu billigen? Gewöhnlich wird es als große Tierquälerei getadelt. So einfach liegt die Sache jedoch nicht. Unter natürlichen Verhältnissen steht, wie wir sahen, das Ohr aufrecht. Bei unseren Haushunden sind dagegen Hängeohren die Regel. Durch den vorhängenden Ohrlappen wird namentlich bei langhaarigen Hunden manchmal eine solche Hitze erzeugt, daß die Hunde große Ohrenschmerzen leiden. Wenn man also durch das Kupieren beabsichtigt, den Hund vor Schmerzen zu bewahren, so läßt sich dagegen wenig einwenden.

15. Warum fürchtet sich der Hund vor dem leeren Wasserglase? Warum bellt er den Mond an?

Wir kehren zu unserem Karo zurück und benutzen die Gelegenheit, um über einige Streitfragen Aufklärung zu bekommen. Die meisten Hunde fürchten sich vor einem leeren Wasserglas, und man findet die Erklärung darin, daß die Hunde früher einmal mit Wasser begossen worden sind und deshalb das Wasserglas scheuen. Bei der wasserscheuen Katze wäre diese Erklärung einleuchtend, aber die Furcht des Hundes vor dem leeren Wasserglase habe ich bei Katzen nicht feststellen können. Außerdem müßte sich ein Hund dann erst recht vor einer Gießkanne fürchten, mit der man ihn begossen hat. Das habe ich wiederholentlich getan, aber niemals das Zurückweichen wie vor dem Wasserglase beobachten können.

Unser Bekannter hat inzwischen ein Wasserglas geholt und wir können bei Karo genau das beobachten, was bei Hunden üblich ist. Bringt man ihm das Glas in die Nähe des Kopfes, so ist ihm das anscheinend sehr unangenehm, und er weicht zurück.

Da der Hund ein Nasentier ist, das sich in erster Linie nach der Nase richtet, und das Glas wohl zu den wenigen Gegenständen gehört, die wenig oder gar keine Ausdünstung haben, so befindet sich der Hund in der üblen Lage, daß seine Augen etwas wahrnehmen, seine treue Nase aber nichts. Das ist ihm unangenehm und er will sich fortwenden. Das sieht man beispielsweise, wenn ein Hund von fern in einen Spiegel schaut, wie es bei Umzügen vorkommt, wo ein großer Wandspiegel auf der Straße steht. So sah ich, wie eine Dogge in einem solchen Falle die Haare sträubte und auf den Spiegel zuging, weil sie glaubte, einen Gegner anzutreffen. In der Nähe beroch sie den Spiegel und lief fort, da ihre Nase ihr berichtet hatte, daß es sich um ein Gespenst gehandelt hatte.

Augentiere dagegen, wie der Affe, haben große Vorliebe für einen Spiegel, wovon man sich in Zoologischen Gärten oft überzeugen kann.

Auch die alte Streitfrage, ob Hunde Bilder erkennen, verneint Herr Böhm aufs entschiedenste. Sein Karo und sein Hektor, ein Jagdhund, den wir gleich noch kennenlernen werden, beachten das große Bild von ihm gar nicht, obwohl sie sehr anhänglich wären. Uebrigens hat schon der große Naturforscher Alexander von Humboldt vor mehr als hundert Jahren genau das gleiche beobachtet. Er weist darauf hin, daß die klügsten Hunde ganz kalt bei Bildern bleiben, während seine zahmen Affen nach den gemalten Gegenständen griffen.

Kürzlich, so erzählt uns unser Bekannter, ging er mit seinem Hektor spazieren und kam dabei an einem großen Garten vorbei, in dem, wie es so häufig vorkommt, ein aus einer Tonmasse hergestelltes Reh im Grase ruhte. Da das Reh sehr natürlich wiedergegeben war, so erregte es die Aufmerksamkeit des Hundes, der bei der Windrichtung keine Witterung von dem Gegenstande bekommen konnte. Da der Garten einem lieben Freunde von ihm gehörte, so öffnete Herr Böhm die Gartentür, um zu sehen, was der Hund beginnen würde. Er benahm sich genau so wie die vorhin erwähnte Dogge vor dem Wandspiegel. Nachdem er das Reh berochen hatte, ließ er es links liegen.

Bei dieser Gelegenheit erwähnt Herr Böhm, daß er schon häufig in der Nachtruhe durch das Gebell der Hunde bei klarem Vollmond gestört worden sei. Diese Beobachtung ist sehr alt, denn sie hat zu der Redensart Anlaß gegeben: Die Hunde bellen den Mond an, um damit auszudrücken, daß der Mensch in diesem Falle ein Bild sinnlosen Tuns erblicken könne. Diese allgemein herrschende Ansicht, wonach sich ein verächtliches Geschöpf, wie der Hund, über einen erhabenen Himmelskörper ärgere und ihn zu begeifern trachte, ist unzweifelhaft unrichtig. Darüber bin ich mit meinen Bekannten einig. Was aber der wahre Grund der Erregung der Hunde gegen den Mond ist, läßt sich nicht leicht sagen.

Die Araber erzählen von ihren Hunden, daß sie oft die weißen Wolken am Himmel anbellen. Dann ließe sich das Unbehagen des Hundes in der gleichen Weise erklären, wie bei dem leeren Wasserglase. Seine Augen sehen etwas Glänzendes, Helles, nämlich den Mond, die Wolken, das Glas, aber sein Hauptsinn meldet nichts von der Erscheinung. Dem Hunde geht es genau so, als wenn wir Geisterstimmen hören, aber nichts entdecken können. Oder wir merken, daß es brandig riecht, können aber die Brandstelle nicht finden.

Es kann aber auch sein, daß der wahre Grund ein anderer ist. Viele Jäger behaupten, daß der Vollmond auf alles Wild und Getier eine auffallend erregende Wirkung ausübe. Dann belle also der Hund gar nicht den Mond an, wie man vermute, sondern bei ihm als früherem Raubtier werde durch den Vollmond die Erinnerung an die vergangenen Zeiten aufgefrischt, wo er beim Vollmondschein besonders eifrig jagte.

16. Warum wedelt der Hund mit dem Schwanze?

Eine der auffallendsten Erscheinungen ist das Wedeln des Hundes mit dem Schwanze. Sowohl Peter hat seinen Herrn bei seinem Erscheinen durch Schwanzwedeln begrüßt, als auch Karo läßt in Gegenwart unseres Bekannten seinen Schwanz kaum zur Ruhe gelangen. Die Erklärung dafür ist aber recht verwickelt, so daß wir sie vorläufig zurückgestellt hatten.

Auch hier können wir einen wirklichen Fingerzeig zum richtigen Wege nur dadurch erhalten, daß wir uns in die Lebensweise der wilden Verwandten unseres Hundes versetzen. Sowohl Wölfe wie Schakale wedeln mit dem Schwanze, um ein Zeichen ihrer friedlichen Gesinnung zu geben. Das Schwanzwedeln muß also in ihrer Lebensweise eine wichtige Rolle spielen.

Auffallend ist es, daß wir bei unseren anderen Haustieren eine solche Kundgebung durch den Schwanz nicht kennen. Wenn die Katze ihren Schwanz bewegt, so hat das einen ganz anderen Zweck. Pferde und Kühe bewegen zwar auch ihren Schwanz, aber um damit Fliegen abzuwehren, nicht jedoch, um uns zu zeigen, daß sie es gut mit uns meinen.

Wir erwähnten früher, daß noch heute die verwilderten Hunde in Konstantinopel jeden fremden Hund zu zerreißen suchen. Nun kommen bei Wildhunden häufig Fälle vor, wo ein Rudel durch Kämpfe so geschwächt oder durch Nachwuchs so stark geworden ist, daß sich einige von ihnen einem anderen Rudel anschließen wollen. Noch häufiger wird es vorkommen, daß ein von einem Rudel versprengter Hund erst nach einigen Tagen seine Artgenossen findet.

Wir wissen, daß alle Hunde nach Möglichkeit gegen den Wind laufen, um durch ihre Nase zu erfahren, was sich vor ihnen befindet. Kommt nun ein versprengter Wildhund zu seinem Rudel, so weiß er zwar durch seine Nase, daß er vor seinem alten Rudel steht, aber die Kameraden wissen nicht, daß es sich um einen Angehörigen von ihnen handelt. Denn der Wind weht von dem Rudel zum Ankömmling, nicht aber vom Ankömmling zum Rudel.

Bei Wildpferden und Wildrindern werden ebenfalls versprengte Mitglieder manchmal zurückkehren. Auch die Wildpferde laufen gegen den Wind und besitzen ebenfalls nur ein schwaches Auge wie der Hund. Trotzdem ist das Leben des Ankömmlings nicht gefährdet. Er erhält vielleicht einen unbedeutenden Stoß oder Huftritt, ehe die Seinen erkennen, daß es ein alter Genosse ist.

Ganz anders liegt die Sache bei den Wildhundarten. Stürzen sie sich infolge ihres schwachen Gesichts, und weil ihre Nase wegen der ungünstigen Windrichtung nichts leisten kann, auf den vermeintlichen Fremdling, so ist es um ihn geschehen. Er ist in kurzer Zeit abgewürgt.

Die ungeheure Gefahr, die einem versprengten Wildhund bei seiner Rückkehr droht, ebenso allen Ankömmlingen, die sich in bester Absicht dem Rudel nähern, machte für die Hundearten ein Signal, also ein deutliches Zeichen für Freundschaft nötig. Das erhielten sie durch das Wedeln mit dem Schwanze.

Da das Auge des Hundes, wie wir wissen, Bewegungen sehr gut sieht, so kann das Signal kaum jemals übersehen werden. Der versprengte Hund braucht bei seiner Rückkehr also nur mit dem Schwanze zu wedeln, um dasselbe zu erreichen, was die Menschen, die sich als Krieger gegenüberstehen, durch Hissen eines weißen Taschentuches bezwecken.

Allbekannt ist es, daß man einen fremden Hund dadurch in eine freundliche Stimmung versetzen kann, daß man mit der Hand auf das Knie klopft und dabei ruft: »Komm, gutes Hundchen, komm her!« Der merkwürdige Erfolg dieser Bewegung erklärt sich einfach als eine Nachahmung des Schweifwedelns. Die Bewegungen des Armes in Kniehöhe erinnern an die Bewegungen des Schwanzes. Das Klopfen ist vollkommen gleichgültig.

17. Warum gibt es kurzhaarige Hunde? Der Windhund.

Karo wird jetzt in das Haus gebracht, und uns an seiner Stelle Hektor vorgeführt, ein sehr schöner, kurzhaariger Jagdhund. Beide Hunde vertragen sich ganz gut, sind aber sehr eifersüchtig aufeinander. Jeder Hundebesitzer weiß, daß der Neid unter den Hunden sehr groß ist. Wenn ein Hund einmal nicht fressen wollte, was in Friedenszeiten nicht selten vorkam, so brauchte man nur zu rufen: »Ich werde es dem Pussel, nämlich dem Hunde des Nachbars, oder der Katze geben,« dann packte der Neid den Hund derartig, daß er alles bis auf den letzten Bissen hinunterschluckte.

Da der Wildhund, wie wir am Wolfe sehen, selbst im Sommer nicht kurzhaarig wird, so muß der Mensch den Hunden künstlich die Kurzhaarigkeit angezüchtet haben. Warum hat er das getan?

Der Jäger gebraucht den Hühnerhund, wie wir bereits wissen, besonders bei der Jagd auf Rebhühner. Diese beginnt gewöhnlich im August, wo es manchmal glühend heiß ist. Das andauernde Laufen in der brennenden Sonnenglut kann ein Wildhund nicht vertragen. Denn als nächtliches Tier ruht er zu dieser Zeit irgendwo in einem schattigen Gebüsch.

Ein kurzhaariger Jagdhund kann bei seiner geringen Behaarung der Sonnenglut viel leichter standhalten. Trotzdem macht der Jäger an heißen Augusttagen zur Mittagszeit eine Pause.

Aber nicht nur der Jäger hat von der Kurzhaarigkeit Vorteil. Jeder Hundebesitzer weiß, wie schwierig die Haarpflege bei langhaarigen Hunden ist. Auch kann man dem Ungeziefer schwer beikommen.

In der freien Natur vollzieht sich der Haarwechsel, der im Frühjahr und im Herbst eintritt, sehr schnell. Wölfe und Füchse brauchen nicht gekämmt zu werden, um die alten Winterhaare zu verlieren. Sie krauchen fast alltäglich durch Gebüsch und Dornen, die das Kämmen besser als der Mensch mit einem Kamm besorgen. So sehen freilebende Tiere immer glatt aus.

Stubenhunde dagegen, die wenig Bewegung haben, haaren so ziemlich das ganze Jahr und können dem Besitzer fortwährend Arbeit verursachen. Bei langhaarigen Hunden ist das natürlich besonders schlimm.

Kurzhaarigen Hunden im Winter bei strengem Frost eine Decke auflegen, ist also keine Verzärtlichung, wie man häufig hört. Denn wir Menschen haben den Hunden das natürliche Haarkleid, das sie bei großer Kälte brauchen, fortgezüchtet.

Wie schön wäre es doch für uns Menschen, wenn auch uns im Winter die notwendige wärmere Bekleidung von der Natur geschenkt würde, wie es bei den Tieren der Fall ist. Namentlich jetzt bei den so teuren Preisen!

Weil kurzhaarige Hunde im Winter leicht frieren, so hat man ein Mittelglied zwischen ihnen und den langhaarigen Hunden gezüchtet, nämlich stichelhaarige oder rauhhaarige.

Während die Kunststücke beim Pudel nur Unterhaltungswert besitzen, ist die Abrichtung eines Jagdhundes für den Jäger von großem Wert. Er muß stets an der linken Seite gehen, um seinem Herrn beim Schießen nicht hinderlich zu sein, er muß auf den Zuruf »nieder« oder »down (daun)!« sich fest auf die Erde legen. Dadurch erreicht man, daß man den Hund ohne Leine fest in der Hand behält, wenn er beispielsweise bei einer Hetze uns entschwinden will.

Herr Böhm zeigt uns, wie gut Hektor dressiert ist. Er apportiert mit Freuden, selbst eine tote Krähe, was Hunde sonst nicht gern mögen.

Unser Bekannter räumt ein, daß man Jagdhunde nicht zu sehr wegen ihrer Anhänglichkeit auf die Probe stellen darf. Wie groß die Jagdleidenschaft ist, erkennt man daran, daß der gierigste Fresser oft das Essen unbeachtet läßt, wenn es zur Jagd geht.

Ich habe selbst erlebt, daß in dem Jagdrevier eines Freundes, in dem ich jagen durfte, die Jagdhunde ihren alten Wärter im Stich ließen und sich mir, dem Fremden, anschlossen, nur weil ich mit dem Gewehr auf Jagd ging.

Herr Böhm erzählt uns von seinen früheren Hunden. So hat er viele Jahre einen Dachshund »Männe« gehabt. Wie alle Dachshunde war er sehr selbständig und gehorchte seinem Herrn regelmäßig nur dann, wenn es ihm paßte.

Der Unabhängigkeitssinn des Dachshundes im Verhältnis zu seinem Herrn, den man bei anderen Hunden nicht antrifft, muß natürlich seinen Grund haben und hat ihn auch. Der Dachshund wird von den Jägern dazu gebraucht, um Dachse und Füchse, die in ihre Höhle geflüchtet sind, zu stellen, möglicherweise auch zu würgen. Bei diesem unterirdischen Kampf auf Leben und Tod hat der Mensch es sehr leicht zu sagen: »Faß, mein Hundchen, faß!« Das Zufassen wäre in dem Zeitpunkte vielleicht gerade ein großer Fehler, denn es darf nur in einem günstigen Augenblicke geschehen. Der Dachshund hat sich also daran gewöhnt, das, was sein Herr sagt, nicht sonderlich zu achten.

Ganz besonders liebte es »Männe«, Knochen für eine spätere Zeit sich aufzuheben und zu diesem Zwecke zu verscharren. Der Dachshund ist zum Wiederauffinden der verscharrten Knochen ganz besonders geeignet, da seine Nase sehr fein ist und sich obendrein ganz nahe am Erdboden befindet.

Auch einen Windhund »Roland« hat mein Bekannter längere Zeit besessen, hat ihn aber wieder weggegeben, da er für ihn keine Verwendung hatte. Der Windhund nimmt noch eine größere Ausnahmestellung unter den Hunden ein als der Dachshund.

Gerade der Windhund ist ein untrüglicher Beweis dafür, daß Auge und Nase in einer gewissen Abhängigkeit voneinander stehen. Von allen Hunden sieht er am besten und muß auch am besten sehen, da er als Hetzer vorher das Wild erblicken muß, das er einholen will. Dafür ist auch sein Geruch, wie schon die kleine Nase andeutet, nicht entwickelt genug, um, wie die andern Hunde, mit ihm eine Fährte dauernd zu halten.

Auf dieses geringere Geruchsvermögen des Windhundes führt man es zurück, daß er an den Menschen so wenig anhänglich ist. Man hat nämlich bei säugenden Hunden, die durch einen Unglücksfall ihre Riechfähigkeit eingebüßt, festgestellt, eine wie ungeheure Rolle bei den Hunden die Nase spielt. Sie konnten ihre Mutter nicht mehr finden und später die verschiedenen Speisen nicht unterscheiden. Auch waren sie nicht im geringsten anhänglich an ihren Herrn.

Dieser Mangel an Anhänglichkeit bei riechunfähigen Hunden kommt einfach daher, weil sie kein Mittel haben, um ihren Herrn von anderen Menschen zu unterscheiden. Sie gleichen jungen Affen, denen man die Augen ausgestochen hat. Auch diese würden nicht anhänglich werden, weil sie ihren Herrn von andern Personen nicht unterscheiden können.

Der Windhund dagegen ist deshalb weniger anhänglich, weil er von einer Wildhundart abstammt, die, wie die Katze, gewöhnlich allein jagt. Der Windhund mit seiner ungeheuren Geschwindigkeit braucht kaum einen Mithelfer, um Beute zu erlangen. Deshalb heult er sich auch nicht mit andern Wildhunden zusammen. Aus diesem Grunde neigt der Windhund sehr wenig zum Bellen.

18. Der Schäferhund als Polizei- und Blindenhund.

Auch einen Schäferhund hat Herr Böhm besessen und will sich einen solchen wieder anschaffen, da Pudel und Jagdhunde, wie wir wissen, als Wächter für Grundstücke weniger passen.

Der Schäferhund hat nicht ganz das Auge des Windhundes, immerhin aber ist es viel besser als bei den meisten andern Hunden. Das rührt von seiner Tätigkeit beim Hüten der Schafe her.

Zum Polizeihund ausgerechnet den Schäferhund zu wählen, wird man kaum gutheißen können. Bei der Jagd hat man eigentlich den Schäferhund nur gebraucht, wenn man Wildschweine ausfindig machen wollte. Diese aber haben eine so strenge Ausdünstung, daß man sie fast mit der Menschennase finden kann.

Trotzdem hat man den deutschen Schäferhund zum Polizeihund gewählt. Das kommt sicherlich daher, weil er der willigste und diensteifrigste Hund ist. Jeder muß den Schäferhund schätzen, weil ohne seine unermüdliche Tätigkeit der Hirte machtlos wäre.

Selbstverständlich ist es nicht der Mensch gewesen, der dem Hunde das Umkreisen der Schafe beigebracht hat. Vielmehr handelt es sich um einen uralten Trieb der Wildhunde, die ein Rudel Pflanzenfresser umkreisen, um sie an Abhänge zu treiben, von denen sie abstürzen und den Feinden zur Beute werden.

Wie sehr auch heute noch in den Schäferhunden das Raubtier schlummert, beweist die Tatsache, daß manche bei großer Langeweile von der »Schafsucht« gepackt werden, indem sie nach Art ihrer Vorfahren Schafe zu würgen beginnen. –

Die Leistungen der Polizeihunde sind erst überschwenglich gelobt worden. Später hat eine wissenschaftliche Kommission Untersuchungen veranstaltet und ist zu dem Ergebnis gelangt, daß die Hunde nicht die Fähigkeit besitzen, einzelne Personen durch ihren Geruch zu unterscheiden.

Demgegenüber muß auf die uralte Tatsache hingewiesen werden, daß erlegtes Wild durch Schreckmittel vor dem Verzehren durch Nasentiere bewahrt werden muß. Hat der Jäger in Afrika eine Antilope erlegt, die er nicht nach dem Lager schleppen kann, so muß er durch ein Taschentuch oder andere Gegenstände Hyänen und Schakale abschrecken. Diese Raubtiere sind nicht schnell genug, um eine Antilope zu fangen. Sowie sie aber verwundet ist, dann folgen sie ihrer Fährte. Genau so ist es in Deutschland mit dem Hirsch und Fuchs und war es früher mit dem Bären. Ein Fuchs oder ein Bär kann keinen gesunden Hirsch einholen oder einen gesunden Rehbock. Haben Hirsch oder Reh aber die Kugel vom Jäger erhalten, so verfolgen die genannten Raubtiere die verwundeten Pflanzenfresser. Ein Nasentier unterscheidet also an der Fährte ohne Frage, ob das Geschöpf gesund oder krank ist. So sehen wir im Frühjahr die männlichen Hasen (Rammler) mit gesenkter Nase in fliegender Fahrt der Spur der Häsin folgen. Der Hase findet also durch die Nase nicht nur die Spur, sondern erkennt auch durch den Geruch, ob es ein Männchen oder Weibchen ist.

Hunde haben so häufig die Spur ihres Herrn unter zahlreichen anderen herausgefunden, daß ein Zweifel daran ausgeschlossen ist. Ich habe es oft erlebt, und es überhaupt nicht für möglich gehalten, daß man eine solche Tatsache bestreiten kann.

Der Mensch kann unzweifelhaft mit seinen Augen seine Bekannten von anderen Leuten unterscheiden. Aber in einer großen Versammlung, in einem vollbesetzten Zirkus vermag er seinen Bekannten nicht herauszufinden. So geht es dem Polizeihund auch in dem Gewirr der Spuren in einer Großstadt. In großen Städten wird die Leistung eines Polizeihundes kaum der Rede wert sein. Dagegen kann er auf dem Lande sehr wohl zur Aufdeckung eines Verbrechens beitragen.

Völlige Klarheit in die Sachlage dürfte erst die Zukunft bringen.

In Jägerkreisen zweifelt kein Mensch an den hervorragenden Leistungen der Hundenase, selbst wenn der Hund dicht an der gesuchten Beute vorbeilaufen sollte. Man sagt sich mit Recht, daß der Mensch die Nasentätigkeit eines Tieres zu schwer beurteilen kann.

Bei Hundeprüfungen, die häufig stattfinden, läßt man deshalb jedesmal zwei Hunde arbeiten, um einen besseren Maßstab für die Beurteilung zu haben.

Viel besser als zum Polizeihund eignet sich der deutsche Schäferhund zum Blindenhund. Hier ist seine Dienstwilligkeit unbezahlbar, und hier kommt ihm sein besseres Auge sehr zustatten. Mit tiefer Rührung habe ich oft zugesehen, wie tadellos er seinen blinden Herrn geführt hat. Allerdings wird nur der Blinde mit seinem Hunde gut auskommen, der etwas Hundeverständnis besitzt.

Das Publikum aber sollte dem Blinden und dem Hunde nach Möglichkeit behilflich sein. Das mindeste aber, was man verlangen kann, ist das, daß man den eigenen Hund festhält, damit er den Hund des Blinden nicht stört. Bekanntlich haben alle Hunde den unbezähmbaren Drang, sobald sie einen Artgenossen wahrnehmen, seine Bekanntschaft zu machen.

19. Die Fütterung des Hundes.

In seiner langjährigen Praxis ist Herr Böhm zu dem Ergebnis gelangt, daß eine einmalige gründliche Fütterung abends für erwachsene Hunde das Zuträglichste ist.

Das stimmt ganz damit überein, daß die Wildhunde als Nachttiere mit Einbruch der Dämmerung auf Raub ausgehen. Haben sie ein größeres Tier erbeutet, so fressen sie sich gründlich satt, was bis zum nächsten Abend vorhalten muß.

Alle Wildhundarten lieben auch pflanzliche Nahrung. Füchse sind arg nach Weintrauben, Wölfe fressen gern Kürbisse, Gurken, Brot und dergleichen. Hunde, die Früchte, ja Aepfel fraßen, habe ich wiederholentlich kennen gelernt. Die reine Fleischfütterung ist also bei dem Hunde unrichtig.

Gesalzene und gewürzte Speisen sind für den Hund nachteilig. Hundebesitzer, die aus Gastwirtschaften das Futter beziehen, pflegen wieder davon abzugehen, weil die Hunde wegen der stark gesalzenen und gewürzten Speisen nicht gedeihen. Bei Schoßhündchen soll es anders sein. Diesen sollen solche Sachen sehr gut bekommen. Aus eigener Wissenschaft weiß ich hierüber nichts.

Ueber den Salzhunger der Pflanzenfresser und die Gefährlichkeit des Salzes beim Raubtier soll noch beim Schwein näher gesprochen werden.

Röhrenknochen vom Geflügel vermeiden viele Hunde aus »Instinkt« (vergleiche Kapitel 69). Durch Zerbeißen entstehen nämlich Knochenenden mit langen scharfen Spitzen, die dem Tiere sehr gefährlich werden können.

An dem Hunde eines Konditoreibesitzers konnte ich im Frieden beobachten, daß andauernder Zuckergenuß Hunden sehr nachteilig ist. Dieser bettelte allen Besuchern durch Schönmachen den Zucker ab und starb nach kurzer Zeit.

Wie die Tiere in den Zoologischen Gärten, die meistens Nachttiere sind, durch die Besucher Tagtiere geworden sind, so hat sich der Hund durch den Verkehr mit dem Menschen daran gewöhnt, am Tage tätig zu sein. An seine alte Tätigkeit erinnert noch folgendes:

Alle Hunde, namentlich Wachhunde, sind mit Einbruch der Dämmerung besonders zu Angriffen geneigt.

Viele Hunde heulen noch heute gern, wenn es Abend wird.

Die meisten Hunde schlafen gern am Tage bei großer Hitze. Hierbei kann man bei ihnen öfter beobachten, daß sie wie die Menschen träumen.

Ihr Schlaf ist sehr unruhig und sie erwachen bei dem kleinsten Geräusch. Auch die Wildhundarten jagen ausnahmsweise auch am Tage, wenn sich eine günstige Gelegenheit bietet. Bei der Katze ist es ebenso.

Schwerlich würde der Hund ein so guter Wächter in der Nacht sein, wenn er nicht ursprünglich ein nächtliches Raubtier gewesen wäre.

Auf die feine Nase des Hundes wird von den Besitzern gewöhnlich viel zu wenig Rücksicht genommen. Zigarrenhändler, Drogisten, ja Apotheker halten in ihren Läden Hunde, obwohl hier schon den menschlichen Nasen nicht wohl ist.

Wir haben schon darauf aufmerksam gemacht, daß Menschen und Tiere nicht dieselben Gerüche lieben. Kölnisches Wasser duftet unserer Nase angenehm, aber der Hund wendet sich mit Abscheu ab.

Ebenso kann ihm die schönste Havannazigarre nicht gefallen. Die Scherze, die man mit Hunden macht, indem man ihnen brennende Tabakspfeifen ins Maul steckt, sind also nicht ohne Nachteil für das Tier.

Ist die Hütte voll Ungeziefer, so reinigen wir sie mit Karbol und reiben den Hund mit Insektenpulver ein. Und wir bilden uns noch etwas auf unsere

Tierfreundlichkeit ein, wenn wir dem armen Hunde diese Höllenqual bereitet haben.

Was machen denn Wolf und Fuchs, wenn das Ungeziefer und die Wärme in der Höhle im Sommer zu toll wird? Sie schlafen einfach im Freien und zwingen das Ungeziefer zum Auswandern, weil es in der leeren Höhle nichts zu saugen gibt.

Gegen Petroleumfässer war ich früher eingenommen, weil wir einen Hund besaßen, der große Abneigung gegen den Geruch von Petroleum zeigte. Ich schloß auf einen allgemein herrschenden Widerwillen gegen diese Flüssigkeit. Später habe ich mich davon überzeugt, daß unser Hund eine Ausnahme bildete.

Es ist die Vermutung aufgestellt worden, daß das Petroleum tierischen Ursprungs ist. Es soll von den großen Landtieren herstammen, die in Vorzeiten die Erdkugel bewohnten. Diese Vermutung würde dadurch unterstützt werden, daß unsere Hunde Petroleum gern haben, wie sie alle Tierreste lieben.

Auffallend ist es, wie schnell Wunden bei Hunden heilen. Doch kommen auch Ausnahmefälle vor. So zeigt uns unser Bekannter an seinem Hektor eine oberhalb der Nase verlaufende Narbe, die sich erst nach mehrwöchiger Bepinselung gebildet hat. Wie die meisten Praktiker, so schwört auch Herr Böhm darauf, daß die Wunde sehr schnell geheilt wäre, wenn sie der Hund hätte belecken können.

Tatsache ist es jedenfalls, daß die von der heutigen Heilwissenschaft so sehr gepriesene Freiluftbehandlung der Wunden ohne Verband von jeher bei den Tieren üblich war. Alle Hunde haben sich stets den von Menschenhänden gemachten Verband abzureißen versucht. Der Bürgermeister einer kleinen Stadt, in der ich damals wohnte, ließ, um seinen Hund an dem Abreißen des Verbandes zu hindern, eine Blechhülle um den Verband anbringen. Jetzt war der Hund machtlos, aber geheilt ist das verletzte Bein niemals.

20. Die Feinde des Hundes. Hund und Wolf.

Jedes Geschöpf, das sich auf der Erde befindet, hat Feinde. Die Pflanzenfresser haben ihre Feinde in den Raubtieren und die Raubtiere wieder untereinander. Selbst die stärksten Raubtiere haben ihren gefährlichsten Feind im Menschen, der sie an manchen Stellen bereits ausgerottet hat, weshalb man den Menschen als das allerstärkste Raubtier bezeichnet hat.

Die Hunde haben ihre Feinde zunächst in den großen Katzen, namentlich in dem Leoparden und Jaguar, wovon noch näher gesprochen werden soll, wenn wir bei der Katze von dem Haß des Hundes gegen sie sprechen. Sodann stellen ihnen in den heißen Ländern die größten Schlangenarten nach. Besonderen Appetit auf Hundebraten verspürt das Krokodil, weshalb die dort lebenden Hunde nur unter den größten Vorsichtsmaßregeln zur Tränke gehen. Die Bären schlagen wohl Hunde bei ihrer Verteidigung nieder, aber zu fressen scheinen sie ihre Feinde nicht.

Im Gebirge wird den Hunden der Lämmergeier gefährlich, da er sie, wenn sie in der Nähe von Abgründen weilen, hinabzustürzen sucht. Da Adler sich nicht besinnen, einen Fuchs anzugreifen, ebenso auch der Uhu, so werden diese Raubvögel unter Umständen auch jungen Hunden gefährlich, wenn sie von der Mutter nicht verteidigt werden.

In unserem Vaterlande spielen alle diese Feinde keine Rolle. Das einzige Tier, das ihm direkt tödlich werden könnte, ist die Kreuzotter. Trotzdem namentlich Jagdhunde überall umherstöbern, kommt es doch sehr selten vor, daß sie von Kreuzottern gebissen werden. Herr Böhm erzählt uns, daß ihm bei seinen eigenen Hunden noch nichts vorgekommen sei, obwohl die Kreuzotter in der Gegend nicht selten sei. Dagegen habe ihm ein Jagdfreund von einem solchen Fall bei seinem Hunde erzählt. Dieser Hund habe sich selbst geheilt, indem er zu einem Strom lief und die gebissene Stelle ununterbrochen vierundzwanzig Stunden darin hielt. Unmöglich wäre diese Handlungsweise nicht, da Tiere sich auch, wenn man ihnen vergiftete Brocken hinlegt, durch Gegenmittel zu retten wissen (vergl. Kapitel 69).

Der größte Feind der Hundearten ist aber die eigene Verwandtschaft, wie es bei den Menschen auch so häufig der Fall ist. Wer die Fabeln von der Freundschaft zwischen Haushund und Wolf, ebenso die zwischen Wolf und Fuchs ausgeheckt hat, war kein wirklicher Tierkenner.

Ebenso hört man die unausrottbare Ansicht, daß ein verwilderter Hund von den Wölfen zum Anführer gewählt wird. Der Gedankengang ist dabei folgender. Der Hund hat von dem klugen Menschen so viel Klugheit mitbekommen, daß die Wölfe willig seine geistige Herrschaft anerkennen und auch von der Klugheit des Hundes Nutzen ziehen wollen.

In Wirklichkeit liegt die Sache so, daß die Haushunde im Kampfe mit dem Wolfe in der lächerlichsten Weise übertölpelt werden. Schon im Altertum schilderte man ganz zutreffend, wie leicht ein paar Wölfe ein Schaf erbeuteten trotz der Anwesenheit von dem Hirten und seinem Hunde oder seinen Hunden. Ein Wolf nähert sich der Herde und wird natürlich von der wachsamen Schar der Hunde wahrgenommen und von ihr ingrimmig verfolgt. Unterdessen hat sich unbemerkt der andere Wolf an die Herde geschlichen und trägt in Gemütsruhe ein Opfer fort.

In wolfreichen Gegenden holen sich, wie mir erfahrene Jäger versichert haben, in ähnlicher Weise die Wölfe den starken Haushund, wenn sie der Hunger kühn gemacht hat. Ein Wolf nähert sich dem Tore des Gehöfts. Der Hund ist sich seiner Pflicht bewußt und verfolgt den grauen Räuber eine Strecke weit. Inzwischen hat ein anderer Wolf dem Hunde den Rückzug abgeschnitten und eilt ihm nach. Der verfolgte Wolf dreht sich plötzlich um, und beide stürzen sich auf den Hund, der in kurzer Zeit sein Grab im Wolfsmagen findet.

Trotz der großen Aehnlichkeit zwischen dem Wolfe und manchen großen Hunderassen ist der Wolf unzweifelhaft der an Kräften Ueberlegene. Der Wolf, der am Waldesrande sitzt oder durch den Forst trabt, ist nach Tschudi in Bau und Farbe dem Fleischerhunde so ähnlich, daß er mit ihm verwechselt werden könnte und von gleicher Abstammung zu sein scheint. Und doch hat man von jeher die Erfahrung gemacht, daß beide Tiere einen entschiedenen Widerwillen gegeneinander haben. Der starke Wolf vermeidet es gern, dem viel schwächeren Hunde zu begegnen. Dieser zittert und sträubt die Haare, wenn er den Wolf wittert. In der Schweiz wagen es nur jene starken und treuen Hunde, welche die Bergamasker Schafherden in den Engadiner Alpen bewachen, einzeln auf den die Herde umlauernden Räuber loszugehen und mit ihm in höchster Erbitterung auf Leben und Tod zu kämpfen. Wird der Wolf Meister, so liebt er es, den halbzerfleischten Hund aufzufressen, während der siegreiche Hund selbst den erlegten Wolf noch verabscheut.

Ein Fall aus der Schweiz, in dem zwei Männer mit ihrem Gespann durch einen Hund vor dem Ueberfall eines Wolfes bewahrt wurden, sei hier angeführt. Es war klarer Mondenschein, aber auch eine bitterkalte Winternacht, als ein Arzt mit dem abgesandten Eilboten sich auf den offenen sogenannten Reitschlitten setzte und, von seinem mächtigen Bergamasker Hunde Beloch, der ihm schon manche Probe von Klugheit, Treue und Mut gegeben, begleitet, die Fahrt zu einem Kranken begann. Rasch wurde mit dem guten Pferde auf frostharter Bahn ein Stück Weg zurückgelegt. Als das Cotza-Tobel erreicht war, hielt plötzlich der Hund, der mit dem Pferde bisher Schritt gehalten, an und sprang mit einem großen Satz auf eine hochbuschige Hecke am Wege, hinter der sich ein Tier bewegte, das von dem nächtlichen Reisenden für einen Fuchs gehalten wurde. Langsam gelangte das Fuhrwerk auf die Höhe von Quartins. Der Hund folgte längs des Buschwerks und näherte sich hier seinem Herrn wieder, sich hoch neben demselben aufrichtend und zähnefletschend, mit gesträubten Haaren, gegen einen großen Wolf knurrend, dessen Augen durch die Hecke glänzten. Unwillkürlich hielt das Pferd an. Wolf und Hund maßen sich, beide knurrend, mit wütendem Blicke. Der Arzt und sein Begleiter erkannten entsetzt die Gefahr, deren Opfer sie jeden Augenblick werden konnten, und da sie ganz waffenlos waren, suchten sie ihre Rettung in der Flucht. Sie peitschten das Pferd, und pfeilschnell schoß der leichte Schlitten dahin. Aber ebenso schnell folgten Wolf und Hund diesseit und jenseit der Hecken und Mauern, die sich des Weges entlang zogen. Mehrere Male versuchte die heißhungrige Bestie über die Verzäunung zu springen, aber überall fand der Wolf Beloch vor der Lücke, bereit, ihn mit seinem gewaltigen Gebiß zu empfangen. So ging die Hatz eine halbe Stunde lang bis zur Kirche von Lovin, wo erst der Wolf seine Beute aufgab und mit wütendem, heulendem Gebrüll sich gegen das Gebirge zurückzog. Die geretteten Männer weckten ihren Gastfreund im Dorfe, um sich eine Erfrischung und Waffen zu erbitten. Nicht ohne Rührung bemerkten sie, wie nun Beloch das ihm gereichte Stück Brot sofort aus der Stube trug und sich vor das Pferd setzte, um das Brot zu verzehren, alle Augenblicke bereit, das Pferd gegen den vielleicht zurückkehrenden Wolf zu verteidigen.

Der Gewährsmann des vorstehenden Erlebnisses ist der bekannte Naturforscher Tschudi. Folglich ist der Bericht durchaus glaubwürdig. Der zur Sommerzeit am Tage nach unseren Begriffen feige Wolf zeigt sich als nächtliches Raubtier in der Mitternachtszeit bei starker Winterkälte, wo ihn der Hunger plagt, als ein sehr gefährliches Raubtier. Wahrscheinlich war es noch ein junges Tier und gehörte zu der kleineren Wolfsart, da er zunächst für einen Fuchs gehalten wurde. Denn auch die Wölfe sind in ihrer Größe sehr verschieden.

Es wurde schon erwähnt, daß in Nordamerika der große Waldwolf und der fuchsgroße Coyote leben. Der Coyote wird natürlich wie unser Fuchs von jedem stärkeren Hunde abgewürgt. Dagegen nimmt es nach Thompson der Waldwolf mit mehreren Hunden auf. Er schildert Fälle, wo ein Dutzend Hunde es nicht wagten, einen einzelnen Waldwolf anzugreifen.

Thompson hat bei den Viehzüchtern gelebt, deren größte Feinde die Wölfe sind, und so kann man ihm Sachkunde nicht absprechen. Da die Wölfe von den Herden der Züchter lebten, so richteten sie unermeßlichen Schaden an, und alle Mittel wurden gegen sie versucht, um sie zu vernichten. Da riet ein Ausländer den Viehzüchtern, gegen die Wölfe mit den stärksten Hundearten vorzugehen.

Bald schaffte auch der Ausländer, um die Wahrheit seiner Worte zu erweisen, zwei prachtvolle dänische Doggen herbei, eine weiße und eine blaue mit schwarzen Flecken und einem eigentümlichen weißen Auge, das ihr ein besonders wildes Aussehen gab. Fast jedes von diesen Geschöpfen wog nahezu 200 Pfund. Muskeln hatten sie wie Tiger, und man glaubte dem Ausländer gern, als er erklärte, diese beiden allein nähmen es mit dem größten Wolf auf. Ihre Art zu jagen beschrieb er folgendermaßen: »Sie haben nichts weiter zu tun, als ihnen eine Fährte zu zeigen, und wenn sie auch schon einen Tag alt ist, folgen sie ihr unverzüglich und lassen sich auf keine Weise davon abbringen. Bald werden sie den Wolf finden, mag er auch noch so sehr die Spur zu verwirren und zu verstecken suchen. Dann gehen sie ihm an den Leib; er will davonrennen, aber der Blaue packt ihn in der Flanke und schleudert ihn so« – der Erzähler warf eine Brotkrume in die Luft – »und ehe er wieder auf den Boden kommt, hat ihn der Weiße am Kopf und der andere am Schwanz, und sie reißen ihn auseinander – sehen Sie, so!«

Das klang nicht schlecht, und alle brannten darauf, die Probe zu machen.

Leider fanden die Viehzüchter bei ihren Ausflügen keinen Wolf, auf den sie die Doggen hätten hetzen können. Sie kamen daher auf den Gedanken, den zahmen, einem Gastwirt gehörenden Wolf, der an der Kette lag, als »Versuchskaninchen« zu gebrauchen. Sie kauften dem Wirt das Tier ab. Die Hunde ließen sich mit Mühe zurückhalten, so kampflustig waren sie, nachdem sie einmal den Wolf gewittert hatten. Aber ein paar starke Männer hielten sie an den Riemen fest, und der Wolf wurde nicht ohne Schwierigkeiten herausgebracht. Zuerst sah er erschreckt und verwirrt aus. Als er sich frei fühlte und mit Geschrei und Hallo gescheucht wurde, machte er sich in langsamem Trott davon nach Süden zu, wo unebenes Terrain lockte. In diesem Augenblick ließ man die Hunde frei, die mit wütendem Gebell dem jungen Wolfe nachsprangen. Die Männer ritten mit lautem Hurra hinterdrein. Von vornherein schien für den Wolf keine Möglichkeit des Entkommens zu bestehen, denn die Hunde waren weit schneller als er, und der Weiße konnte rennen wie ein Windhund. Der Ausländer war außer sich vor Begeisterung, wie sein schnellster Hund über die Prärie flog und jede Sekunde dem Wolfe sichtlich näher kam. Viele wollten auf die Hunde wetten, aber kein Mensch nahm die Wette an. Jetzt griff der Wolf aus, so gut er konnte, aber nach tausend und einigen Metern war der Hund gerade hinter ihm und fuhr auf ihn los.

Im Augenblick waren die Tiere aneinander. Beide fuhren zurück, aber keiner flog, wie es der Ausländer vorausgesagt hatte, in die Luft, im Gegenteil, der Weiße überschlug sich mit einer furchtbaren Wunde in der Schulter und war kampfunfähig, wenn nicht tot.

Nach zehn Sekunden war der Blaue zur Stelle. Auch diesmal dauerte das Duell nur kurze Zeit und verlief fast ebenso unbegreiflich wie das erste. Kaum sah man, daß die Tiere sich berührten. Der Graue sprang beiseite, während sein Kopf bei einer blitzschnellen Wendung einen Augenblick unsichtbar blieb, und der Blaue taumelte und zeigte eine blutende Flanke. Von den Männern angefeuert, griff er noch einmal an, aber nur, um sich noch eine Wunde zu holen, die ihn nach keiner weiteren Verlangen tragen ließ.

Ein einjähriger Wolf, der an der Kette gelegen hat, wird also spielend mit zwei riesigen Doggen fertig. Das beweist die große Ueberlegenheit des grauen Räubers. Allerdings hatte dieser junge Wolf bereits große Erfahrung im Kampfe mit Hunden, denn man hatte zahllose Hunde auf ihn gehetzt.

Der Wolf als freilebendes Tier ist ungeheuer viel schneller und gewandter im Beißen, auch bringt er den Hunden, besonders kurzhaarigen, furchtbare Wunden wegen des mangelnden Haarschutzes bei.

21. Rätselhaftes beim Hunde.

Von einigen Rätseln, die uns der Hund aufgibt, haben wir bereits gesprochen, nämlich von seinem Zeitsinn und Ortssinn. Beide Sinne teilt er mit den meisten anderen Tieren.

Seit dem Altertum glaubt man vom Hunde, daß er Gespenster und Gottheiten wahrzunehmen vermöge. Dieser Glaube ist sehr verständlich. Der Naturmensch beobachtete täglich, daß der Hund das Vorhandensein von Dingen merkte, die ihm trotz aller Anstrengungen entgingen, man denke z. B. an die Anwesenheit eines durch Schutzfärbung unsichtbaren Wildes. Da der Naturmensch Gespenster und Gottheiten mit eigenen Augen nicht erblicken konnte, so war es naheliegend, dem Hunde auch in diesem Falle die Fähigkeiten beizulegen, die dem Menschen fehlten.

Die Ansicht, daß der Hund manchmal durch sein Geheul den bevorstehenden Tod seines Herrn anzeigt, scheint kein Aberglaube zu sein. Ich habe einen solchen Fall selbst in meiner Verwandtschaft erlebt. Die Frau eines schwer Erkrankten schickte sofort zum behandelnden Arzte, weil sie durch das plötzliche Geheul des Hundes und sein Verkriechen in eine dunkle Ecke sehr beunruhigt war. Der Arzt untersuchte den Kranken eingehend und tröstete die Frau durch den Hinweis, daß für die nächsten 24 Stunden nichts zu befürchten sei. Der Hund war jedoch der bessere Prophet, denn nach drei Stunden war sein Herr tot.

Aehnliche Fälle sind folgende: Vielen Züchtern ist es bekannt, daß die feine Nase des Hundes oft Krankheiten bei Tieren feststellt, von denen der Besitzer nichts ahnt. So behandeln manche Hunde gewisse Ferkel schlecht, denen jedoch äußerlich nichts anzusehen ist. Nach dem Schlachten zeigt es sich, daß sie an schweren inneren Krankheiten gelitten hatten. An sich ist also durchaus nicht wunderbar, daß der Hund bereits die innere Zersetzung eines Sterbenden wahrnimmt, wo wir mit unseren stumpfen Sinnen nichts feststellen können. In Uebereinstimmung hiermit wurde in einer ernsten wissenschaftlichen Zeitschrift vor einigen Jahren gemeldet, daß vor dem Tode eines Menageriebesitzers die Hyänen, Schakale und Hunde ein grauenhaftes Konzert anstimmten. Auch hier handelt es sich um lauter Nasentiere.

Es ist bereits erwähnt worden, daß Hunde gut schwimmen können. Wie überlegen sie aber darin dem Menschen sind, konnte ich im vergangenen Sommer recht deutlich erkennen. Die Netze führte sehr viel Wasser, und der Strom war so stark, daß ein mir bekannter Meisterschwimmer, ein auffallend kräftiger Mann, nicht einen Schritt dagegen vorwärtskommen konnte. Dagegen schwamm der kleine Hund eines Schiffers, eine sogenannte »Schiffertöle«, nicht nur mehrmals in einer Stunde gradlinig über den Strom, sondern schwamm auch mit Leichtigkeit gegen die Strömung. Selbst durch die Wirbel, die bei den Buhnen, d. h. den Schutzbauten der Ufer, gebildet wurden, schwamm er, als wenn er durch einen Teich schwämme, während der Meisterschwimmer durch den Wirbel in die Tiefe gerissen wurde und sich nur ganz mühsam retten konnte. Wenn ich diese Leistungen eines kleinen Hundes nicht mit eigenen Augen gesehen hätte, würde ich sie nicht glauben. Eine Erklärung für sie habe ich vorläufig nicht.

Noch eine seit Jahrtausenden bekannte Eigentümlichkeit des Hundes sei erwähnt, weil sie von großer praktischer Bedeutung ist. Vorher sei folgendes bemerkt: Der Hund soll unser Eigentum schützen und ist natürlich, je wachsamer er ist, um so mehr dem Einbrecher ein Dorn im Auge. Gegen das Vergiften des Wachhundes kann man sich einigermaßen dadurch schützen, daß man ihn vorher leidlich füttert und ihn lehrt, von fremden Personen nichts anzunehmen. Viel wirksamer ist das Verfahren der Verbrecher, den Hund durch eine Hündin seine Wächterpflichten vergessen zu lassen. Zigeuner, Hundefänger und ähnliche Gesellen führen deshalb mit Vorliebe Hündinnen bei sich. Es genügt, daß auf ihren Kleidern eine Hündin geschlafen hat, um einen Rüden als Nasentier gänzlich umzustimmen. Deshalb sind Hündinnen viel geeigneter zur Bewachung gegen durchtriebene Verbrecher als Rüden.

Im Notfalle hat der waffenlose Verbrecher selbst gegen den stärksten Hund ein Mittel, das häufig Erfolg haben soll. Er läuft auf allen Vieren und nimmt seine Mütze in den Mund. Der Hund hält dem Ankömmling nicht stand, sondern flüchtet. Es ist schade, daß man einem solchen Bericht nicht auf den Grund gehen kann, ob er auf Wahrheit beruht oder nicht.

Würden wir Herrn Böhm bitten, diesen Versuch an seinem Karo und Hektor machen zu lassen, so wäre dadurch noch nichts bewiesen, wenn er Erfolg hätte. Denn wenn ein Pudel oder ein Jagdhund flüchtet, dann braucht es nicht eine bissige Dogge zu tun.

Bereits der listenreiche Odysseus, dessen Irrfahrten Homer vor dreitausend Jahren schilderte, setzt sich hin, um von den grimmigen Wachhunden nicht zerrissen zu werden. Das gleiche Mittel empfiehlt der Deutsche Schlatter vor etwa hundert Jahren, der viele Jahre bei den Tataren gelebt hat. Er erzählt, daß die zahlreichen herrenlosen Hunde eine große Gefahr für den Fremden bilden, und daß das beste Mittel gegen sie das Sichhinsetzen sei.

Eine Bestätigung dieser Angaben kann man nicht selten bei Hundeprüfungen beobachten. Wenn ein Hund den Rehbock gefunden hat und es seinem Herrn durch Bellen meldet, dann soll das freudige Ereignis durch eine Photographie verewigt werden. Kaum nähert sich der Photograph in seinem schwarzen Gewande und mit seinem Kasten kriechend dem Hunde, so rückt dieser aus, obwohl er sonst seine Beute in der hartnäckigsten Weise verteidigt.

Herr Böhm hat ähnliche Fälle ebenfalls beobachtet, kann aber hierfür keine Erklärung geben.

Wir müssen, um die Sache zu begreifen, auf frühere Zeiten zurückgreifen. Jeder Elefantenwärter weiß, daß ein Elefant heftig trompetet, sobald er einen Schimmel erblickt. Ich habe das selbst mehrmals beobachtet. Es steht das ganz im Einklange mit den Berichten der Jäger aus heißen Ländern, wonach der Elefant ständig zuerst den Feind angreift, der auf einem hellen Pferde sitzt.

Was veranlaßt den Elefanten zu seiner Wut gegen den Schimmel? Wir wissen es nicht, wir müssen aber vermuten, daß es in Vorzeiten ein weißes, pferdeähnliches Geschöpf gab, mit dem der Elefant wütend kämpfte.

So müssen wir auch vermuten, daß in Vorzeiten ein auf allen Vieren gehender menschenähnlicher Feind der Hunde lebte, vor dem sie noch heute große Angst haben.

Wir verabschieden uns jetzt von Herrn Böhm und seinen Hunden und werden ihn gelegentlich wieder aufsuchen.

22. Allerlei Hundegeschichten. Richtige Behandlung des Hundes.

Die von Hundebesitzern erzählten Geschichten darf man nicht ohne weitere Prüfung glauben. Dagegen wollen wir wirkliche Tierkenner zu Wort kommen lassen, denn man kann aus ihren Berichten vieles lernen. So schildert ein ostpreußischer Naturforscher seine Hündin »Gretel« in folgender Weise. Zunächst leistet sie auf der Jagd Ausgezeichnetes. Auch außerhalb des regelmäßigen Jagdbetriebes, heißt es weiter, benutze ich »Gretel« zu allerhand Handlangerdiensten. Einige wenige Beispiele mögen das beweisen. Im vorigen Jahre hatte ich auf meinem Teiche junge März-, Pfeif- und Krickenten großgezogen, die nach und nach halb verwilderten, so daß es unmöglich war, die Vögel, denen ich die Flügel gestutzt hatte, im Spätherbste einzufangen. Ich wartete daher, bis die erste dünne Eisdecke gefroren war, die sich gerade stark genug zeigte, um »Gretel« zu tragen. Bei meiner Annäherung watschelten die Enten natürlich auf die Mitte des Teiches hinaus und fühlten sich dort in größter Sicherheit. Diesmal aber hatten sie ihre Rechnung ohne meine Gretel gemacht. »Gretel, hol das Entchen!« Zunächst wurde etwas zaghaft vorwärts geschritten, weil sich das dünne Eis noch bog, dann aber ging's herzhaft weiter, und bald waren die Enten, die sich auf dem glatten Eise nicht schnell vorwärtsbewegen konnten, eingeholt. Nun war es höchst interessant, das Benehmen der Hündin zu beobachten. Sie weiß genau, daß sie jeden Vogel lebendig bringen soll; wenn sie aber einen kräftigen Märzerpel fassen wollte, so schlug dieser so heftig mit den Flügeln und zappelte so sehr, daß er nur durch kräftiges Zufassen zu halten gewesen wäre. Einige Federn stoben schon, und »Gretel« äugte verlegen und unschlüssig nach mir hin, der ich zu weiterem Handeln aufforderte. Da kam ihr der rettende Gedanke. Plötzlich erfaßte sie energisch eine Flügelspitze und führte das sich sträubende Tier zu mir heran, ein Verfahren, das sie übrigens schon öfter angewendet hatte, und zwar bei angeschossenen wehrhaften Vögeln, z. B. großen Möwen. Auch die Pfeifenten wurden noch herangeführt, aber die kleinen Krickentchen ließen sich bequem im Maule herbeitragen. So hatte ich meine Entenschar bald im Korbe versammelt.

Ein andermal wurden mir mehrere junge, lebende Tüpfelsumpfhühner gebracht. Beim Einsetzen in das Vogelhäuschen huscht mir das eine über den Kopf. Eben will ich anfangen mich zu ärgern und drehe mich um, da kommt »Gretel«, die natürlich bei mir war, schon wieder mit dem Ausreißer an, der nun seinen Genossen zugesellt werden konnte. Oder ich bin mit meiner Frau auf dem Spaziergange. Wir haben uns etwas getrennt, und meine Frau winkt oder ruft mir zu, daß sie von mir vielleicht das Messer zum Blumenschneiden oder irgendeinen anderen Gegenstand haben möchte. Sofort tritt »Gretel« ihre Botendienste mit größter Promptheit an. Es ist selbstverständlich, daß sie dann jedesmal ein Blümchen oder einen Zweig als Dank zu ihrer größten Freude zurückbringen darf. Solche kleinen Liebesdienste verrichtete sie sehr gern, weil wir uns den Spaß machen, sie dafür jedesmal maßlos zu loben und uns an dem drolligen selbstgefälligen Wesen unseres Lieblings zu erfreuen. Wenn mir beim Einwickeln von erlegten Vögeln der Sturm etwa das Papier fortweht oder sonst den Hut vom Kopfe reißt, so brauche ich mich gar nicht zu bemühen, brauche nicht einmal ein Wort zu sagen: das Entschwundene wird mir von meiner Gretel prompt wieder zur Stelle gebracht. So könnte ich noch manche Beispiele erzählen, und alles das haben wir unserem Zögling nicht etwa mühsam beigebracht, sondern das hat er durch den täglichen Umgang alles von selbst gelernt.

Als Hausgenossen könnte man sich keinen liebenswürdigeren, freundlicheren und artigeren Hund wünschen wie unsere »Gretel«. Ein Lästigwerden oder Aerger über Dummheiten, woran es bei einem unerzogenen Hunde sonst nicht mangelt, gibt es nicht. Es mag das mit darin seinen Grund haben, daß das »Paudelwesen« in der Erziehung der »Gretel« eine große Rolle gespielt hat und noch spielt. Damit hat es folgende Bewandtnis. Im Hausflur steht »Gretels« Hauptpaudel, d. h. ein Korb mit Heu, in dem die Hündin während der Nacht schläft. Ferner hat sie aber auch noch in jedem Zimmer eine sogenannte »Paudel« angewiesen erhalten, das ist meist ein Fellteppich. So weiß sie stets wo sie hingehört und braucht sich nicht planlos umherzutreiben, um den Besuch etwa zu belästigen oder am Ofen, oder gar auf den Möbeln herumzuliegen. Der Befehl »In die Paudel!« bedeutet für Gretel vom Herrn weggehen, an den ihr angewiesenen Platz sich begeben und da sich ruhig und artig verhalten, bis sie gewünscht wird. So habe ich's also in der Hand, die Hündin nicht nur an mich heranzurufen, sondern stets auch von mir wegzubringen, was mir schon oft zustatten gekommen ist. Abgesehen davon, daß ich sie so von jedem Punkte des Dorfes nach Hause schicken kann, habe ich auch im Reviere draußen manchen Vorteil davon. Wenn ich dort aufs Gratewohl den Befehl »In die Paudel!« ergehen lasse, dann läuft die Hündin mit eingeklemmter Rute ein Stück von mir fort, macht dann auf Zuruf down (nieder) und verharrt daselbst, solange ich es haben will. Liegt aber etwa mein Rucksack oder irgendein anderer Gegenstand von mir in der Nähe, oder sind wir nicht weit von einem Punkte, wo ich etwa öfter zu rasten pflege, so wird nach ergangenem Befehle diese Stelle als willkommene »Paudel« aufgesucht. – Beim Essen liegt »Gretel« ruhig an ihrem Platze, nie bekommt sie etwas vom Tisch; ja, wenn nicht das Dienstmädchen trotz strengen Verbotes ihr manchmal einen Bissen zusteckte, dann wüßte sie gar nicht, was es zu bedeuten hat, wenn Menschen essen. Ein zudringliches Betteln, ja Herumhopsen um den Tisch, wie ich es von verwöhnten Stubenhunden zu meinem Entsetzen schon gesehen habe, ist ganz ausgeschlossen. So kann man auch draußen auf der Jagd beim Rasten in Ruhe sein Butterbrot verzehren und braucht nicht zu fürchten, daß einem die Hundenasen daran herumschnüffeln, oder daß einem so ein sogenannter wohlerzogener Jagdhund gegenübersitzt, einem die Bissen in den Mund zählt, während die langen Geiferfäden aus den Mundwinkeln heraushängen, wie ich es bei Hühnerjagden in den Frühstückspausen erlebt habe. »Gretel« liegt oder sitzt bei solcher Gelegenheit ruhig in ihrer »Paudel«, d. h. ein Stück von dem Essenden entfernt, und erwartet gar nicht, daß sie etwas bekommt. – Es wäre sehr schön, wenn alle Menschen ihre Hunde so erzögen, wie es hier geschildert worden ist. Dann würde es viel weniger Hundefeinde geben. Aber um einen Hund zu erziehen, muß man selbst erzogen sein. Und da hapert es eben. Nicht mit Unrecht gilt das Sprichwort: Wie der Herr, so das Gescherr.

Ueber die Bestrafung des Hundes wäre folgendes zu sagen: Ein Hund darf, wenn er wirklich Strafe verdient hat, nur auf frischer Tat und auf eine solche Weise bestraft werden, daß er wirklich weiß, wofür er die Strafe bekommt. Geschlagen darf er nur werden, wenn an eine Hilfe durch andere Mittel nicht zu denken ist; die Hiebe muß er aufs Hinterteil bekommen, während er im Genick, womöglich auf den Boden gedrückt, festgehalten wird. Bei großen Hunden, die zum Beißen neigen, muß man besondere Vorkehrungen treffen. Zausen oder treten darf man ihn nicht, ebenso nicht mit der bloßen Hand schlagen, da er sonst handscheu wird. Tückisch darf man nie zu Werke gehen. Um ihn zu gewöhnen, daß er auf den Ruf jedesmal kommt, ist es ein gutes Mittel, daß man ihm recht sowie er auf den Ruf kommt, einen Leckerbissen gibt. Auch kann man ihn auf dem Rücken gegen den Strich der Haare mit den Fingern tüchtig krabbeln, denn das liebt er sehr. Da Hunde beim Stehen leicht ermüden, so ist es eine zweckmäßige Strafe, sie hoch anzubinden, so daß sie sich nicht hinlegen können. Dagegen ist das Einsperren in eine dunkle Kammer bei einem Nachttier wirkungslos.

Ueber Eingewöhnung fremder Hunde auf dem Lande werden folgende Ratschläge erteilt:

Ist ein neugekaufter Hund angelangt, so vernichtet man ihm für zwei bis drei Monate, jedenfalls bis er ganz eingewöhnt scheint, jede Aussicht auf Entwischen, füttert und tränkt ihn wenig, damit er alles Dargebotene dankbar annimmt, und läßt ihm durch alle Mitglieder der Familie oftmals am Tage etwas darreichen; abends bekommt er womöglich einige bei Nacht zum Zeitvertreib zu benagende Knochen. Hat er erst in seiner neuen Behausung eine Knochensammlung, so gewinnt er die Heimstätte lieb. Als Streu muß er tüchtige Bündel Stroh bekommen, das aus den Betten der Hausbewohner entnommen ist. Auf diese Weise lernt er den Hausgeruch kennen.

Kommen neue Dienstleute oder sonstige Leute für längere Zeit ins Haus, wo sie bei Tag oder Nacht dem Haus- oder Hofhunde begegnen können, so werden sie diesem erst vorgestellt, nachdem sie selber erst einige Nächte in Betten geschlafen haben, die schon länger im Hause benutzt sind.

Alle diese Vorsichtsmaßregeln, die schon über hundert Jahre alt sind, werden nur begreiflich, wenn man weiß, daß der Hund ein Nasentier ist.

23. Sogenannte Unarten der Hunde und ihre Bekämpfung.

Wir Menschen reden von den Unarten der Haustiere als etwas ganz Selbstverständlichem. Wir nennen eben einfach alles, was uns nicht paßt oder Schaden zufügt, eine Unart oder Untugend, genau wie wir von schädlichen oder nützlichen Tieren sprechen. Wenn der Hund verwestes Fleisch frißt, so bezeichnen wir das als eine Unart, obwohl das Tier nur seinem Triebe folgt und eine ihm vollständig zusagende und bekömmliche Nahrung zu sich nimmt. Ob Tiere überhaupt Unarten an sich haben, bedarf noch sehr der Aufklärung. Richtiger spricht man in solchen Fällen von

Unbequemlichkeiten. Diese müssen wir Menschen, die wir von den Haustieren Nutzen ziehen, in den Kauf nehmen. Natürlich werden wir sie nach Möglichkeit zu verringern suchen.

Selbst auf dem Lande hat man mit Hunden manchmal große Unannehmlichkeiten. Der vorhin erwähnte Naturforscher, der so schön über die richtige Bestrafung der Hunde zu reden weiß, erzählt von seinen Hunden folgendes:

Als ich mir mein Haus in Thüringen gebaut hatte, hielt ich mir anfangs einen sehr wachsamen und scharfen Hühnerhund nebst zwei ganz kleinen, niedlichen Spitzchen. Der erstgenannte war den Tag über in einem eigenen Stalle, die Spitzchen steckten auf dem Hofe in einem großen Vogelbauer, worin sie, so oft ein Fremder kam, einen solchen Lärm machten und vor Bosheit so grimmig in die daumendicken Holzstäbe des Käfigs bissen, daß ich immerfort neue einziehen mußte, wenn die alten zerbissen waren. Ueber Nacht waren alle drei auf dem Hofe los, und machten, so oft sich jemand dem einsam zwischen Gärten liegenden Hause nahte, einen ungeheuren Lärm. Die feinsten Sinne hatte der Hühnerhund. Kam ich abends von der Stadt und ging um die Ecke eines 160 Schritte von meinem Hofe entfernten Stalles, so wußte er in dieser Entfernung genau meinen Tritt zu unterscheiden und winselte vor Freuden; kam aber jemand anderes um besagte Ecke oder anderswoher auf 200 bis 300 Schritte Entfernung, so schlug er laut und drohend an. Verstellte ich meinen Schritt absichtlich, so bellte er, wenn er im Oberwinde stand, auch bei mir. Weil es um meine Wohnung her über Nacht von Hasen, Rehen und Hirschen wimmeln, so durften die Hunde, weil sie sonst Hetzjagden gehalten, dabei auch wohl Menschen angefallen haben würden, nicht vom Hofe. Einstmals hatte ich vergessen, abends das Türchen zu schließen, durch welches bei Tage die Hühner ins Freie gingen. Als ich frühmorgens aufstand, fand sich's, daß es der große Hund mit seinen gewaltigen Zähnen erweitert hatte und mit den zwei Zwergen ausgerückt war. Die ganze Schar war verschwunden und mochte über Nacht eine tolle Hetze gehalten haben. Ich erließ in der Zeitung eine Anzeige und durchsuchte alle benachbarten Dörfer. Nach acht Tagen bekam ich die zwei Spitzchen wieder; man hatte sie am zweiten Tage eine Stunde von hier ganz ermattet angetroffen und in ein Haus gelockt. Den großen Hund, der sich wohl durch seine Schnelligkeit und größere Hetzbegier von den Zwergen verloren hatte, erhielt ich einige Tage später zurück. Er hatte sich etwa am sechsten Tage nach seiner Abreise abgehungert und todmüde in die Stadt Waltershausen begeben und anfangs jedem, der sich ihm nahte, die Zähne gezeigt. Endlich wurde er mit Futter in ein Haus gelockt, hatte dort aber gleich bei der Mahlzeit geknurrt und um sich gebissen, so daß die Leute, um ihm gute Sitte beizubringen, ein schweres Holzscheit ergriffen und es ihm auf Kreuz und Schenkel warfen. Er war zusammengebrochen und 14 Tage völlig lahm, aber demütig geworden. Ich erfuhr, wo er war, holte ihn zurück, er erholte sich, war aber von nun an ganz umgewandelt.

An die Bewachung des Hauses, welches er zwei Jahre lang aufs Treuste besorgt hatte, dachte er nicht im geringsten mehr, er sann nur aufs Durchbrennen und Jagen. Gleich am ersten Abend, wo ich ihn wieder auf den Hof ließ, begann er an dem Hühnertürchen zu arbeiten. Ich gab ihm ein paar Hiebe, er setzte sich mürrisch in eine Ecke, lauerte, bis ich beim Schlafengehen das Licht ausgemacht, begann nun die Arbeit von neuem, wühlte sich unter dem Geländer ein großes Loch, ging hinaus ins Freie und jagte nach Herzenslust. Den anderen Tag nahm ich ihn beim Kragen, führte ihn an seine Grube, verwies ihm das Wühlen, gab ihm einige Hiebe und brachte ihn dann wie gewöhnlich in seinen Stall. Die nächste Nacht machte er ein neues Loch, da das alte fest verrammelt war, und brach wieder durch. Er bekam Hiebe, und ich ließ nun rings inwendig am ganzen Geländer hin 5 Zentimeter dicke und 50 Zentimeter lange Pflöcke dicht nebeneinander in die Erde schlagen. Aber das half nichts. Er wühlte einen Schuh tief, packte die Pflöcke dann mit den Zähnen, zog sie heraus und wühlte dann weiter. Ich ließ eine doppelte Reihe schlagen; auch das half nichts. So hatte er sich sechs Nächte hintereinander mit gewaltiger Kraft durch den festen Tonboden und die Pfähle durchgearbeitet und jeden Tag seine Hiebe entgegengenommen, und ich sah wohl, daß die letzteren keine guten Früchte trugen. Daher ließ ich das letzte Loch offen, nagelte daneben zwei wagerecht liegende Bretter sehr fest, ließ zwischen ihnen über der Mitte der Grube 12 Zentimeter Raum und stellte unter diese Oeffnung eine starke eiserne Marderfalle. Abends lasse ich den Hund los. Er geht wie gewöhnlich mit unschuldiger Miene, ohne nach dem Loche zu gucken, auf dem Hofe herum, verzehrt sein Abendbrot mit gutem Appetit, wartet ab, bis ich das Licht lösche, eilt dann zum Loche, steckt die Tatze hinein und wup! da schlägt's unten zu und er sitzt in einer abscheulichen, furchtbar zwickenden Klemme. Unter lautem Jammergeschrei sucht er sich zu befreien, zerrt nach oben, die Bretter leisten der Falle Widerstand; er stemmt sich mit dem freien Fuß und zieht nach einer Gefangenschaft, die zehn Minuten gedauert hat, die Pfote glücklich heraus. Am folgenden Morgen hatte er ein sehr schwermütiges Gesicht und eine lahme, geschwollene, geschundene Pfote. Ich ließ ihn ruhig in seinem Stalle und dachte: »Da hast du nun genug daran!« Er hatte nun auch wirklich die Lust zum Wühlen, jedoch nicht die zum Jagen verloren. Dies mußte ich gleich in der ersten Nacht zu meinem eigenen Schaden gewahren, denn er biß in das auf dem Hofe stehende Vogelhäuschen, das er zwei Jahre lang nie angetastet hatte, ein großes Loch, ging hinein und würgte zwölf Vögel. Am folgenden Tage gab's Hiebe zum Frühstück, das Häuschen ward sogleich ausgebessert, zu den wenigen Vögeln, die er nicht hatte erhaschen können, einige neue getan und rings ein Geländer gebaut. Das tat für einige Tage gut, aber sobald seine Pfote gesund war, benutzte er sie, wühlte sich unten hinein und mordete wie zuvor. Am folgenden Morgen regnete es Hiebe, das Häuschen ward ausgebessert, neu bevölkert und die Marderfalle hineingehängt. Die folgende Nacht war mondhell, und es machte mir viel Spaß, da ich ihn, wer weiß wie lange, schüchtern um das Vogelhäuschen herumgehen und nach der verhängnisvollen Falle gucken und schnuppern sah. Die Vögel waren nun sicher, der Hund mußte aber, sobald ich seine Stelle durch einen neuen ersetzt hatte, weg.

Auch in diesem Falle sehen wir wieder, wie unausrottbar dem Jagdhund die Jagdleidenschaft im Blute steckt. Aber können wir uns über seine »Unarten« wundern? Wir Menschen haben ja erst dieser Hunderasse die Jagdleidenschaft künstlich angezüchtet.

24. Klugheit und Verstellungskunst einer deutschen Dogge.

Die deutsche Dogge gilt im allgemeinen für kein besonders kluges Geschöpf. Wir schätzen wohl ihre Stärke, aber wenn wir einen klugen Hund haben wollen, nehmen wir lieber einen Pudel oder eine andere Hunderasse.

Um so mehr wird es uns in Erstaunen versetzen, was ein durchaus wahrheitsliebender Mann von seiner Dogge erzählt. Unser Gewährsmann, der als Rektor einer Schule in nicht recht geheuerer Lage vor dem Tore einer großen Industriestadt Deutschlands lebte, hielt es für nötig, sich zum Schutze der Familie und des Hauses einen tüchtigen Hund anzuschaffen. Meine Wahl fiel, erzählt er, auf eine fünf Monate alte schwarze deutsche Dogge, deren Eltern infolge ihrer Größe, Intelligenz und Treue bei den Hundeliebhabern der ganzen Umgegend in hohem Ansehen standen, zugleich aber auch wegen ihrer Bösartigkeit gefürchtet waren. Als ich den Hund ins Haus brachte, war man über sein täppisches Wesen und seinen bösen Blick nicht sonderlich erbaut. Er hatte sein Leben bisher in einem einfachen Hofe zugebracht, selten einen fremden Menschen gesehen, niemals ein Zimmer betreten, war daher vollständig verblüfft, als ich ihn in die Wohnstube führte, und nicht von der Stelle zu bewegen, nachdem er seine Beine, um größeren Widerstand leisten zu können, wie ein Sägebock auseinandergespreizt hatte. Nach Verlauf einiger Stunden legte er sein unbeholfenes Wesen aber schon etwas ab und fühlte sich in seinen neuen Verhältnissen ziemlich heimisch und erhielt den Namen »Tom«. Trotz der armseligen Verhältnisse, in denen er aufgewachsen, hat sich Tom niemals die geringste Unreinlichkeit zuschulden kommen lassen ... Selbstverständlich wurde er mein beständiger Begleiter auf meinen täglichen Ausflügen. Hier entwickelte er eine ungeahnte Lebhaftigkeit und Regsamkeit seines Wesens. Da ich mich selbst mit ihm nur wenig beschäftigte, verschaffte er sich auf eigene Art und Weise allerlei

Kurzweil, verfolgte vorzugsweise mit unausgesetzter Aufmerksamkeit alles Tun und Treiben der Menschen und griff ohne weiteres in dasselbe ein, sobald es ihm unstatthaft erschien. Zank und Streit waren ihm z. B. höchst zuwider. Selbst wenn ziemlich weit entfernte Personen in heftigen Wortwechsel miteinander gerieten, stürzte er auf sie zu, stellte sich knurrend und zähnefletschend zwischen die Streitenden und brachte sie bald auseinander.... Am meisten ärgerte er sich, wenn Fuhrleute ihre Pferde mißhandelten. Zunächst nahm er in drohender Haltung neben den gequälten Tieren Stellung; wagte ihr Peiniger dann nur noch einen Schlag, so wurde er mit solcher Heftigkeit zu Boden geworfen, daß ihm Hören und Sehen verging. Sah er dagegen, daß jemand kaum imstande war, einen schwer beladenen Schubkarren von der Stelle zu bringen, so eilte er hilfreich hinzu, erfaßte den Bock des Fuhrwerkes mit den Zähnen und zog, mit rückwärts gerichtetem Körper, aus Leibeskräften.

Seiner gewaltigen Größe entsprach auch seine Körperkraft. Spielend trug er z. B. einen Henkelkorb von einem halben Zentner Gewicht weite Strecken. Einen wütenden, drohend auf mich zuschreitenden Ochsen, der mit einer Anzahl Kühe zur Weide getrieben wurde, hielt er so nachdrücklich am Halse fest, daß das Tier vor Schmerz laut aufbrüllte und entsetzt davonlief, als es von seinem Angreifer befreit wurde. Die Wände einer starken, aus neuen Brettern hergestellten Transportkiste, in welcher »Tom« einmal versandt werden sollte, und von welcher der Schreiner meinte, dieselbe sei für einen Tiger fest genug gearbeitet, zermalmte er schon auf der kurzen Strecke bis zum Bahnhofe zu Spänen. War er im Begriffe, sich auf einen Gegenstand zu stürzen, der ihn in Wut versetzte, vermochte ihn selbst der stärkste Mann nicht zu bändigen; er wurde wie ein Kind umgerissen und fortgeschleift.

An allen Familienerlebnissen nahm er wie ein Mensch Anteil. Wurde z. B. jemand bettlägerig, so saß er stundenlang an dem Lager des Kranken, schaute unverwandt nach dessen Angesicht und legte seine Schnauze oder Pfote leise auf die ihm entgegengestreckte Hand, um sein Mitleid auszudrücken.... Traf eine Postsendung von einem in der Ferne weilenden Kinde ein, so konnte er vor Freude kaum die Zeit erwarten, bis der Inhalt ausgepackt wurde, ergriff dann den ersten besten zum Vorschein gekommenen Gegenstand und eilte damit zu allen Familienangehörigen im Hause, die beim Auspacken nicht zugegen waren, um sie auf diese Weise von dem frohen Ereignis in Kenntnis zu setzen. Kehrte ein längere Zeit abwesendes Familienmitglied von der Reise zurück, während ich mich in der Schule befand, so eilte er sofort dahin, obgleich er es sonst nicht wagte, mir dort einen Besuch zu machen, und suchte, indem er mir Stock und Hut herbeitrug und sich vor Freude wie unsinnig gebärdete, mich zum Fortgehen mit ihm zu bewegen. Gelang ihm dieses, so stürzte er vor mir ins Haus und brachte mir irgendein Besitztum des Angekommenen entgegen, um mir anzudeuten, weshalb er mich geholt. Reiste dagegen ein ihm lieber Besuch wieder ab, so suchte er die Abfahrt zu verhindern, schleppte das Reisegepäck wieder aus dem Abteil und verfolgte den abfahrenden Zug eine weite Strecke mit Bellen und Heulen. Bei schweren, Kraft beanspruchenden Verrichtungen im Hause war er stets mit seiner Hilfe bereit; so trug er z. B. Kartoffeln und Kohlen im Henkelkorb aus dem Keller, beförderte die Waschkörbe nach der Bleiche und der Mangel usf.; besaß überhaupt das Bestreben, jedem nach eigenem Wunsch und Gefallen zu leben. Kein Wunder daher, daß er bald der Liebling der ganzen Familie, besonders der weiblichen Mitglieder des Hauses, wurde, die ihn freilich leider auch mit der Zeit verhätschelten und angenommene Unarten, die später viel Verdruß und Aerger bereiteten, anfangs als interessante Eigenheiten belachten, anstatt sie zu bestrafen. Fühlte er sich z. B. auf seinem harten Lager, einer Strohmatratze, unbehaglich, so pflegte er während meiner Abwesenheit auf meinem Sofa der Ruhe; vereitelten ihm absichtlich darüber gebreitete harte Gegenstände sein Vorhaben, so nahm er auch mit dem härteren Sofa in der Kinderstube vorlieb. Auf diesem hatte er mit Erlaubnis die bekannte Kinderkrankheit, der die meisten jungen Hunde unterworfen sind, in schwerer Weise überstanden, wurde aber nach derselben ebenfalls nicht mehr darauf geduldet. Ueberrumpelte man ihn dennoch ein oder das andere Mal auf der verbotenen Ruhestätte und rief ihm dann zu: »Tom bist du krank?« so blieb er ruhig liegen, schloß die Augen, stöhnte und ächzte laut, so daß jeder Fremde, der seine Verstellungskünste nicht kannte, annehmen mußte, er liege im Sterben. In der Regel gelang es ihm aber, sich, ehe die Tür geöffnet wurde, mit einem Satze vom Sofa zu schnellen; in diesem Falle stellte er sich mit der unschuldigsten Miene von der Welt daneben, suchte seine Verlegenheit durch lautes Gähnen und Dehnen seines Körpers zu vertuschen und war, wenn er nicht ausgescholten wurde, überzeugt, seine List sei ihm geglückt. Natürlich nahm er dann sein Ruheplätzchen von neuem ein, sobald er sich wieder allein im Zimmer befand. Gelang es ihm nicht, ein Sofa zu erobern, so begnügte er sich mit einem weichen Kopfkissen, indem er sich einen Puff von einem Sofa oder ein Paar Strümpfe aus dem Strumpfkorbe im Nebenzimmer auf sein Lager herbeiholte. Die wollene Decke, welche über das letztere gebreitet war, glättete er mit Hilfe von Nase und Pfoten mehrmals täglich so sorgfältig, daß sie nicht das geringste Fältchen zeigte; auch reinigte er sie von Zeit zu Zeit von dem auf ihr haftenden Staube, indem er sie mit den Zähnen faßte und heftig hin und her schüttelte.

Am ergötzlichsten war sein Benehmen, wenn sich ihm die Gelegenheit darbot, meinen Töchtern einen Gegenstand, mit dem sie sich gerade bei ihrer Handarbeit beschäftigten, etwa ein Paar zusammengefaltete Strümpfe, einen großen Wollenknäuel usw., heimlich, wie er sich einbildete, wegzustibitzen und in seinem großen Rachen verschwinden zu lassen. Suchten meine

Töchter dann den geraubten Gegenstand absichtlich mit auffallender Emsigkeit, so hatte er seinen Zweck erreicht; er nahm unter besonders gemessener Haltung eine möglichst einfältige Miene an, um zu zeigen, daß er keine Ahnung von dem Grunde der stattfindenden Aufregung habe, und gab das Vermißte unter schlauem Blinzeln nicht früher heraus, als bis man sich direkt an ihn mit der Frage gewandt hatte: »Tom, weißt du denn nicht, wo ... hingekommen ist?« War ich zufällig bei diesem Spiele zugegen, so kam er, ehe jene Frage an ihn gestellt, und er mit einem Blicke auf die Mädchen sich überzeugt, daß er nicht beobachtet wurde, unaufgefordert zu mir, sperrte sein Maul so weit auf, daß ich den gesuchten Gegenstand erblicken mußte, warf mir einen verständnisinnigen, schelmischen Seitenblick zu, um dann im Umdrehen das vorher gezeigte dumme Gesicht wieder anzunehmen und auf seinen Platz zurückzukehren. Unglaublich war sein schnelles Verständnis für unsere Wünsche und Befehle. Es sei mir gestattet, nur einige Tatsachen als Beleg anzuführen. Einmal hatte er mit seinen schmutzigen Füßen das frisch gescheuerte Wohnzimmer arg verunreinigt. Er wurde auf sein Vergehen aufmerksam gemacht, ausgezankt, vor die Tür gewiesen und belehrt, wie er sich auf der vor derselben liegenden Strohdecke zu reinigen habe. Seitdem hat er sich nicht wieder erlaubt, eher einzutreten, als bis er seine Füße selbst nach Möglichkeit vom Schmutze befreit hatte. Fehlte zufällig der Abtreter, so bellte er bittend so lange vor der Tür, bis jemand mit einem Lappen herauskam und ihm die Füße, die er dann der Reihe nach aufhob und zum Reinigen hinhielt, abrieb. Obgleich er die Schule aus eigenem Antriebe zu allen Tageszeiten besuchte, um die aus den Papierkörben von dem Kastellan gesammelten Brotreste in Empfang zu nehmen, wagte er es niemals, wie bereits erwähnt, mir dort einen Besuch abzustatten. Rief man ihm dagegen zu Hause zu: »Tom! lauf schnell nach der Schule und hole den Papa!« so stürmte er zunächst nach meinem Zimmer im Schulgebäude; fand er mich hier nicht, so ergriff er meinen Hut und brachte ihn nach dem Zimmer, in welchem ich mich gerade aufhielt.

Leider besaß der Hund, wie bereits mitgeteilt, neben seinen glänzenden Eigenschaften auch verschiedene üble Angewohnheiten, die schon in seiner Jugendzeit das von ihm entworfene Bild wie vereinzelte dunkle Punkte trübten, mit seinem fortschreitenden Alter zum Teil aber einen solchen unheilvollen Charakter annahmen, daß sie das Zusammenleben mit ihm immer mehr verleideten. Schon die Gier, mit welcher er trotz seiner reichlichen Fleischkost dem Aas nachstellte, das sich häufig unter dem Miste auf dem Felde befand, machte die Spaziergänge in seiner Gesellschaft oft unerträglich ..... Während seiner Jugendzeit durften die Mädchen sich unbedenklich den Scherz erlauben, in seiner Gegenwart einem beliebigen Gegenstand in recht sichtbar zur Schau getragenen Weise zu schmeicheln und ihn zu liebkosen; er knurrte und bellte wohl diesen heftig an, zeigte jedoch durch sein komisches Gebärdenspiel, daß der an den Tag gelegte

Zorn nur ein erkünstelter war; aber schon nach wenigen Jahren nahm sein Wesen bei diesem Spiele einen solchen bedrohlichen Charakter an, namentlich wenn es Menschen oder Tiere waren, die ihm bevorzugt wurden, daß man es aufgeben mußte, um nicht ein Unglück heraufzubeschwören ... Zugleich nahm er ein immer unfreundlicheres und mürrischeres Wesen gegen die Kinder an und zeigte sich selbstbewußter in seinem Auftreten erwachsenen Personen gegenüber. Während er früher z. B. den Schulkastellan durch Schmeicheleien zum Oeffnen der die Leckereien enthaltenden Schublade zu bewegen suchte, packte er ihn später, wenn er ihm nicht augenblicklich zu Willen war, mit allen Zeichen wirklichen Zornes am Arme und zog ihn mit Gewalt nach derselben. Hatte er sich in seinen ersten Lebensjahren außerordentlich feinfühlig gezeigt, so daß ihn ein unfreundliches Wort bitter kränkte, nahm er von den Meinigen jetzt Schelte und selbst Prügel mit völliger Gleichgültigkeit hin und drohte zu beißen, wenn ihm die Behandlung nicht paßte. Nur mir gehorchte er noch unbedingt und ertrug demütig die ihm wegen seines widerspenstigen Wesens erteilten Züchtigungen. Seine Anhänglichkeit und Sorge für mich schien sogar mit seinem Alter zuzunehmen.

Er stand jetzt in seinem siebenten Lebensjahre. Was bewährte Kenner der Hunderassen mir längst vorhergesagt hatten, traf ein: sein ursprüngliches bösartiges Naturell, das Erbteil seiner gefürchteten Eltern, scheinbar durch den stetigen, jahrelangen Verkehr mit Menschen ertötet, kam wieder zum Durchbruch, sobald er gereizt wurde .... Da veröffentlichten die Zeitungen in kurzer Zeit hintereinander zwei Fälle, in welchen deutsche Doggen sich wie wilde Bestien gegen ihre eigene Herrschaft benommen hatten ..... Wie ein drohendes Gespenst verfolgte von jetzt ab mich Tag und Nacht der Gedanke, welche Schuld ich auf mich laden würde, wenn durch Tom ein ähnliches Unglück herbeigeführt werden sollte. Trotzdem er mir unentbehrlich geworden, konnte ich mich der Ueberzeugung nicht verschließen, es sei unbedingt notwendig, mich von ihm zu trennen. Ihn für schnödes Geld fremden Händen zu überlassen und einer ungewissen Zukunft preiszugeben, würde mir wie ein Verrat an meinem besten Freunde erschienen sein; ich beschloß daher, ihn an eine befreundete Person, welche sichere Garantie für eine liebevolle Behandlung bot, zu verschenken.

Vorstehendes berichtet ein Schulmann, der Anspruch auf Glaubwürdigkeit hat. Trotzdem wollen mir zwei Angaben nicht in den Kopf, weil ich sie in meinem langen Leben, während dessen ich unzählige Hunde beobachten konnte, niemals von anderen Tieren gesehen, ja nicht einmal davon gehört habe. Einmal hat sich die Dogge die Füße vor der Tür gereinigt. Wie schön wäre es, wenn auch nur die klugen Hunde, wie Pudel, Schäferhunde usw., das nachmachen würden. Ferner hat die Dogge Sinn für Humor gehabt, indem sie gewissermaßen mit dem Verstecken des Knäuels einen Witz machte. Humor ist mir unter den Säugetieren nur bei den Affen bekannt, niemals bei den Hunden. Uebrigens wird auch hier das Aasfressen für eine Unart gehalten, was es gar nicht ist.

Dagegen sind die von mancher Seite angezweifelten Angaben über die Bereitwilligkeit zum Beistand und die Neigung zur Verstellung durchaus glaubhaft. Es sollen dafür noch andere Beispiele angeführt werden.

25. Verstellung und Beistand bei Hunden.

Von den Fällen, wo Hunde sich verstellten, seien hier folgende angeführt:

1. Ich besaß, schreibt ein Naturforscher, einen rauhhaarigen Hund, Pintsch genannt, der in ausgezeichnetem Grade log. Pintsch vertrieb sich die Zeit sehr gern mit »Bummeln«, wußte auch sehr wohl, daß er das nicht durfte, und kam infolgedessen nicht offen von seinen Spaziergängen nach Hause, sondern schlich sich heimlich ein. Dann aber, wenn er im Hause war, ging er meist nicht auf geradem Wege zu den Menschen, sondern machte folgendes Kunststück: er stieg, immer noch heimlich, auf den Speicher oder an eine andere versteckte Stelle, wartete, bis er unten im Hause jemand sprechen hörte und kam dann, tapp, tapp, mit unschuldigster Miene die Treppe herab. Sein späterer Besitzer bestätigte mir diese Beobachtung, ohne von mir darauf aufmerksam gemacht worden zu sein; so auffallend war die List, womit er seinem Herrn weiszumachen strebte, daß er den ganzen Tag im Hause verschlafen habe.

2. Es waren in einem Gasthause verschiedene Hunde, die sich alle Winterabende um das Kaminfeuer in dem Gastzimmer herumlagerten, doch so, daß sie den Gästen nicht im Wege waren. Einer von diesen Hunden, der sich gewöhnlich immer später als die anderen einfand, mußte mit einem entfernten Platze vorlieb nehmen. Bisher hatte er immer Geduld gehabt; an einem Abend aber, an welchem die Kälte ihm wahrscheinlich zu unerträglich war, ersann er folgenden listigen Streich, der ihm auch vollkommen gelang. Nachdem er sich einige Zeit zur Rechten und zur Linken umgesehen hatte, um ein Plätzchen in der Nähe des Feuers zu bekommen, aber seine Absicht nicht erreichen konnte, verläßt er auf einmal das Zimmer, läuft nach der Haustür und fängt an, aus allen Kräften zu bellen. Augenblicklich machen sich alle Hunde im Zimmer auf die Beine, laufen und bellen, so gut ein jeder kann. Der Hund, der das Zeichen gegeben hatte, ließ sie gehen, kam mit einer triumphierenden Miene zurück und suchte sich die beste Stelle beim Feuer aus. Seit der Zeit bediente er sich zur großen Belustigung der Gäste jedesmal, wenn er es für nötig fand, dieses Kunstgriffes und verfehlte nie seinen Endzweck.

3. Den gleichen Kunstgriff wandte ein kleiner gieriger Hund an, um dem großen Hausgenossen das Futter zu stehlen. Nachdem er seine Mahlzeit

verschlungen hatte, lief er bellend zum Tore, gefolgt von dem Bernhardiner. Heimlich ging er zurück und fraß das Futter des Großen. Am vierten Tage kam der Bernhardiner hinter den Schlich des Kleinen und hätte ihn zuschanden gebissen, wenn der Hausherr nicht dazwischengetreten wäre.

Ueber Beistand, den die Hunde einander leisten, schreibt der vorhin erwähnte Besitzer von Pintsch folgendes: Meiner Wohnung gegenüber lag der Hund eines Bierwirts, ich will ihn Boxer nennen, häufig auf der Straße und sonnte sich. Boxer war ein ungeschlacht aussehendes Vieh, von dem ich nichts kannte als die Kraft seiner Zähne; die Lastträger, welche bei seinem Herrn verkehrten, belustigten sich öfter damit, ihn in einen vorgehaltenen Strick beißen zu lassen und ihn dann an diesem herumzutragen, was er beliebig lange aushielt. Eines Tages kam ein fremder kleiner schwarzer Hund durch das Stadttor gelaufen, und wie das zu geschehen pflegt, wurde er sofort von den kleinen Kötern, denen er in den Weg lief, angebellt. Bald stellten sie ihn; gerade unter meinem Fenster blieb das schwarze Tierchen ängstlich stehen, und um ihn bildete sich ein Kreis, bestehend aus allen kleinen Hunden der Nachbarschaft, die ihn feindselig ankläfften und berochen. Er war augenscheinlich in großer Not, und schon wollte ich mit einem Wurfgeschoß zu seinen Gunsten einschreiten, da erhob sich Boxer, der auf der anderen Seite der Straße lag, aus seiner faul behaglichen Ruhe, schritt herzu, durchbrach den Kreis der Kläffer und stellte sich breitbeinig mitten über den kleinen schwarzen Hund! Boxer sagte nichts dazu, aber er warf einen Blick rings um sich, solch einen Allgemeinblick, wie ihn kein ernster Schauspieler beredter und verächtlicher loslassen kann! Die würdige Haltung stand zwar zu seinem ziemlich gemeinen Gesichtsausdruck in einem außerordentlichen Widerspruch, der zum Lachen reizte, aber sie wirkte unübertrefflich; in wenigen Sekunden war die Meute der Angreifer nach allen Richtungen zerstoben, und Boxer blieb mit seinem Schützling allein. Einige Augenblicke ließ er diesen noch unter sich stehen, dann zog er schwerfällig sein rechtes Vorderbein über dessen Rücken weg, wandte sich und suchte, ohne umzuschauen, sein früheres Lager wieder auf. Der kleine Schwarze aber lief fröhlich davon.

Aehnliche Fälle, wo Hunde dem Menschen oder anderen Hunden oder Tieren Beistand geleistet haben, kann man nicht selten beobachten. Beistand und Verstellung sind dem Hunde naturgemäß, weil sie beide ihm in seiner früheren Lebensweise angeboren waren. Von jeher mußten sich die einzelnen Glieder eines Rudels im Kampfe gegen wehrhafte Pflanzenfresser beistehen. Aber auch die Verstellung ist ihm etwas Natürliches. Noch heutigen Tages schleppen die Schakale eine Beute ins Gebüsch und sehen erst mit der harmlosesten Miene nach, ob die Luft rein ist. Es könnte ja sonst sein, daß ihnen ein Mensch oder ein großes Raubtier die Beute entrisse. Da ferner der Leiter des Rudels als unbeschränkter Herrscher diejenigen straft, die sich seinen Befehlen nicht fügen, so hat sich der Hund von jeher daran gewöhnt, seinen Gebieter durch Verstellung zu täuschen.

26. Leistungen der Hunde zum Nutzen der Menschen.

Ueber Polizei- und Blindenhunde ist schon an einer früheren Stelle gesprochen worden. Allgemein dürfte bekannt sein, daß im Weltkriege viele Soldaten durch Sanitätshunde gerettet worden sind.

Die Sanitätshunde haben ihre Vorläufer in den sogenannten Bernhardinerhunden. Das Ueberschreiten des Bernhardpasses ist wegen der Unbilden der Witterung sehr gefahrvoll. Deshalb besteht dort ein Hospiz zur Pflege und Rettung der Reisenden. Jeden Tag gehen zwei Knechte mit Hunden über die gefährlichen Stellen des Passes. Groß ist die Zahl der durch diese klugen Hunde Geretteten. Der berühmteste Hund der Rasse war Barry, das unermüdlich tätige und treue Tier, das in seinem Leben mehr denn vierzig Menschen das Leben rettete. Er ist im Museum von Bern ausgestellt.

Ueber die Leistungen der Jagdhunde soll im zweiten Bande gesprochen werden, wo die heimische Tierwelt geschildert wird.

Für den Landbewohner sind außer den Wachhunden am wichtigsten die Hunde zum Treiben des Viehs (Fleischerhunde) und die Hunde zum Bewachen des Viehs, namentlich der Rinder und Schafe (Hirtenhunde). Ueber diese Hunde wäre folgendes zu sagen:

Man hat den Fleischerhund am liebsten schwarz oder braun. Ein guter Fleischerhund ist in seiner Pflicht unermüdlich, läuft unaufhörlich hinter dem Vieh, das er vor sich hertreibt, hin und her; geht ein Ochse durch und läßt sich nicht zurücktreiben, so springt er ihm an die Schnauze und hängt sich mit den Zähnen daran fest. Schweine packt er am Ohr, was er teils von selbst tut, teils bei einiger Anleitung an kleineren Schweinen leicht lernt. Man richtet ihn auch ab, falls er dies nicht von selbst tut, daß er, sobald er das Ohr fest gepackt hat, über den Rücken des Schweines wegspringt, wodurch er auf die andere Seite kommt, das Ohr mit hinüberzieht, dem Schweine den Kopf umdreht und es auf solche Weise leicht zum Stehen bringt.

Der Hund des Kuhhirten muß immerfort seinen Herrn beobachten und aufmerken, ob dieser ihm etwas befiehlt, was er dann augenblicklich ausführt. Er muß volle Spitzzähne haben. Kühe, welche nicht sogleich gehorchen, muß er wirklich beißen, sonst haben sie keine Achtung vor ihm. Treibt er die Kuh vor sich her, so darf er nur nach den Hinterfüßen beißen, und zwar, um nicht geschlagen zu werden, von der Seite, nie nach dem Schwanze oder den Seiten, am allerwenigsten nach dem Euter. Schlägt die Kuh nach ihm, so muß er sich gut in acht nehmen, aber dennoch beißen. Will er die Kuh wenden, so muß er nach dem Kopfe beißen. Widersetzt sich ihm eine Kuh oder ein Ochse geradezu mit den Hörnern, so trägt er, wenn er seinem Amte ganz gewachsen ist, dennoch den Sieg davon, indem er das Vieh ohne Umstände in die Schnauze beißt und sich daran festhängt. Ist ein Ochse nur einmal von dem Hunde in dieser Art gebissen worden, so hat er vor einem solchen Schnauzenbiß entsetzliche Angst. So hatte vor vielen Jahren der Waltershäuser Hirt einen trefflichen Hund von Größe und Farbe eines Fuchses. Der Hauptbulle der großen Herde war zu jener Zeit ein lebensgefährliches Tier, wagte aber, nachdem ihm der Hund einmal fest, schwer und lange an der Nase gehangen, gegen diesen nicht die geringste Widersetzlichkeit. Einstmals hatte sich der Hund in der Stadt mit Beitreiben von Kühen verspätet, der Bulle glaubte sich sicher, achtete nicht auf den Hirten, bis dieser laut nach dem Hunde pfiff; da sah sich der Bulle ängstlich um und rannte, anscheinend vom bösen Gewissen getrieben, wie der Hund gesaust kam, geradeaus auf einen hinter dem Burgberge gelegenen Teich los, sprang ohne Zaudern in diesen hinein, eilte bis zu einer Stelle, wo nur noch sein Kopf hervorragte, machte dort Halt, schwenkte und sah den Hund und den Hirten erwartungsvoll und schweigend an. Der Hirt rief den Hund ab, trieb die Herde, denn es war Abend, heimwärts und der Bulle folgte von fern wie ein demütiger Sünder. Von dieser Zeit an war das Betragen des Bullen immer tadellos.

Die außerordentliche Wirkung des Schnauzenbisses ist ganz einleuchtend. Denn auch der Bulle ist ein Nasentier, dessen Nase ungeheuer empfindlich ist. Deshalb zieht man ihm häufig zu seiner Bändigung einen Ring durch die Nase.

Der Schäferhund muß ebenfalls nach den Hinterfüßen und beim Wenden nach Kopf und Hals beißen. Ist ein Saat- oder Kleefeld in der Nähe, das er schützen soll, so läuft er entweder rastlos an ihm auf und nieder oder er legt sich lauernd hin und springt plötzlich zu, wenn ein Schaf zu naschen wagt. Ueber die Klugheit mancher Schäferhunde beim Hüten der Schafe soll noch später bei dem Schafe gesprochen werden.

Die Rattenplage und ihre Bekämpfung durch Hunde und Katzen soll bei der Katze geschildert werden.

Die körperliche Leistungsfähigkeit der Hunde ist ganz erstaunlich. Was ein Fleischerhund oder ein Schäferhund den Tag über zusammenläuft, läßt sich schwer berechnen, aber es ist jedenfalls eine riesige Strecke. Bei den schnellen und ausdauernden Hühnerhundrassen hat man berechnet, daß sie in sechs bis sieben Stunden eine Strecke von mehr als 100 Kilometern im Galopp durchmessen. Von einem russischen Windhund wird berichtet, daß er an einem Tage 140 Kilometer auf der Landstraße zurücklegte, ohne wunde Ballen zu erhalten.

27. Gefahren durch Hunde.

Wo viel Licht ist, da ist auch viel Schatten. Von den Schmutzereien, durch welche die Hunde lästig fallen, ist schon früher die Rede gewesen. Die Kellerbewohner suchen sich den unerwünschten Besuch von Hunden durch Bestreuen mit einem scharfriechenden Pulver fernzuhalten. Dieses Verfahren ist bei einem Nasentier ganz zweckmäßig.

Bei der ungeheuren Anzahl von Hunden, die in unserem Vaterlande gehalten werden, sind erhebliche Verletzungen durch Bisse verhältnismäßig selten. Immerhin kommen sie vor und mahnen daher zur Vorsicht.

Das müssen selbst begeisterte Hundefreunde zugeben. So schreibt einer zum Lobe der Hunde folgendes: Ich habe kluge Hunde gekannt, die fast jedes Wort und jeden Wink ihres Herrn zu verstehen schienen, auf seinen Befehl die Tür öffneten oder verschlossen, den Stuhl, den Tisch oder die Bank herbeibrachten, ihm den Hut abnahmen oder holten, ein verstecktes Schnupftuch u. dgl. aufsuchten und brachten, den Hut eines ihnen bezeichneten Fremden unter anderen Hüten durch den Geruch hervorsuchten usw. Es ist auch eine Lust zu sehen, wie entzückt ein Hund ist, wenn er seinen Herrn ins Freie begleiten darf, wie jämmerlich dagegen sein Gesicht, wenn er zu Hause bleiben muß.

Derselbe Hundefreund muß aber auch folgendes einräumen: Sehr große Hunde sind, wenn sie in Wut geraten, selbst ihrem Herrn und ihren Freunden gefährlich. Ich füge hier einige Fälle bei, die sich ganz in meiner Nähe ereignet haben. Als Student wohnte ich nicht weit von dem Hause eines Gerbers. Ueber Nacht kam in dessen Nähe Feuer aus; der Mann sprang rasch in ungewöhnlicher Kleidung auf den Hof und wurde da sogleich von seinen zwei Fleischerhunden angefallen und totgebissen.

Als ich einen in Oesterreich wohnenden Freund besuchte, hatte dieser einen parkartigen Garten, der mit dem Hofe in Verbindung stand, mit einer Mauer umgeben, aber so oft es etwas Gutes darin gab, kamen bei Nacht Diebe über die Mauer. Er versuchte allerlei Gegenmittel vergeblich und ließ dann aus Ungarn mit großen Kosten drei große bösartige Wolfshunde samt einem Wärter kommen, der dann auch gleich als Tagelöhner diente. Jede der drei Bestien lag an einer starken, zugleich als Halsband dienenden eisernen Kette und war mit dieser auf einem mit Stroh ausgepolsterten Wagen gefesselt. Dort machten die Fesselträger von Zeit zu Zeit einen Höllenlärm, waren zuletzt, wie sie abgeladen waren, seelenvergnügt, und jeder wurde an ein schönes, bequemes Häuschen gelegt, vor welchem eine Empfangsmahlzeit bereit stand. Nach einigen Monaten waren sie eingewohnt, der Ungar ließ sie für die Nacht los, sie tobten vor Freude in allen Ecken und Enden, taten mehr Schaden als früherhin die Diebe und leisteten dem Ungar, als er sie am nächsten Morgen wieder anlegen wollte, solchen Widerstand, daß sogleich der Beschluß reifte, sie für immer an der Kette zu lassen. – Dergleichen könnte ich aus meiner Erfahrung noch viel beifügen. Es möge jedoch noch bemerkt sein, daß drei meiner Freunde, deren jeder einen Neufundländer besaß, den er für ausgezeichnet fromm erklärte, von diesen bei geringer und ganz verschiedener Gelegenheit erbosten Bestien mordgierig überfallen, stark verwundet und nur durch schnelle Hilfe gerettet worden sind. Ueber dem einen der Herren mußte der Hund, der ihn niedergeworfen, rasch erschossen werden. – Große Ziehhunde haben schon oft Unheil angerichtet.

Die hier geschilderten Unglücksfälle hätten sich wohl zum Teil vermeiden lassen, so z. B. wenn der Gerber seine Hunde vorher angerufen hätte. Jeder erfahrene Tierkenner, der einen Stall oder Zwinger betritt, ruft die Tiere zunächst an, damit sie merken, daß es ihr Herr oder eine ihnen bekannte Persönlichkeit ist. Aufgeregte Nasentiere haben keine Zeit, vorher den sich Nähernden zu beschnüffeln. Die Nase ist insofern ein sehr viel langsamer arbeitendes Sinnesorgan als das Auge. Es braucht wohl nicht erst hervorgehoben zu werden, daß selbstverständlich auch das Auge bei Nasentieren wichtig ist. Denn zwecklos verleiht die Natur keine Gaben.

Vor Ziehhunden soll man sich stets in acht nehmen, weil sie wegen ihrer anstrengenden Tätigkeit gewöhnlich schlechter Stimmung sind. Ob man Hunde überhaupt zum Ziehen verwenden soll, wird beim Esel besprochen werden.

Es wurde schon erwähnt, daß man Hunde nicht küssen soll, da sie als frühere Raubtiere Aas fressen. Es kommt aber noch ein anderer Grund hinzu. Der Hund beherbergt mehrere Bandwürmer, von denen der Hülsenbandwurm (*taenia echinococcus*) der für den Menschen gefährlichste ist. Da der Hund Kot beschnüffelt, so kann er die Eier dieses Bandwurms an die Schnauze bekommen und durch Belecken – am leichtesten durch Küssen – auf den Menschen übertragen. Im Innern des Menschen, der die Eier in den Mund bekommen hat, bilden sich kohlkopfgroße Blasen, die tödlich werden können. Zur Beruhigung sei mitgeteilt, daß seit Jahrzehnten nur zwei Personen daran erkrankt sind.

Häufiger tritt die berüchtigte Tollwut auf. In Deutschland wurden im Jahre 1912 durch tolle oder tollwutverdächtige Tiere 240 Personen gebissen. Hiervon wurden 232 Personen geimpft. Sehr zugunsten der Schutzimpfung spricht, daß nur drei Personen starben, von denen obendrein sich zwei zu spät hatten impfen lassen.

Der Volksglaube, daß man einen tollen Hund am eingeklemmten Schwanz und an der Wasserscheu erkennt, ist irrig. Wohl aber zeichnet er sich durch verändertes Benehmen, namentlich durch große Beißlust aus.

Die Tollwut endet immer tödlich. Eine bestimmte Räudekrankheit, die Acarusräude, pflegt ebenfalls unheilbar zu sein. Sonst werden junge Hunde namentlich im Alter von vier bis zu neun Monaten gewöhnlich von der Staupe befallen, die in einer ansteckenden Entzündung der Schleimhäute besteht. Die Gelehrten stehen dieser Seuche, die fast die Hälfte aller Junghunde dahinrafft, ziemlich machtlos gegenüber. Auf dem Lande hat man die seltsamsten Kuren dagegen und häufig mit Erfolg.

Ein Glück ist es, daß die Flöhe, die der Hund besitzt, nicht dauernd auf den Menschen übergehen. Nach kurzer Zeit verlassen sie ihn wieder. Der Ausspruch: Wer sich mit Hunden niederlegt, steht mit Flöhen auf, ist also nicht ganz richtig.

Man könnte nun sagen, daß schon allein die Tollwut der Hunde Grund genug wäre, alle Hunde abzuschaffen, da ein einziges Menschenleben unendlich wertvoller als das zahlreicher Tiere ist. Dagegen muß man darauf hinweisen, daß man überall im Leben Vorteile und Nachteile abwägen und danach seinen Entschluß fassen soll. Heute las ich in den Zeitungen, daß allein in Berlin fünf Personen durch unbeaufsichtigt gelassene Gashähne getötet worden sind. Werden wir deshalb die Gasbenutzung aufgeben? Nein, ebensowenig wie auf das Baden, Schwimmen, Schlittschuhlaufen verzichtet wird, obwohl alljährlich eine Menge blühende Menschenleben dieser von der Jugend so beliebten Betätigung zum Opfer gebracht werden.

Dagegen wird man zweckmäßig handeln, wenn man sich die Gefahren vergegenwärtigt, und doppelte Vorsicht anwendet.

Eigentümlichkeiten des Hundes, die bisher noch nicht erörtert worden sind, werden an einer späteren Stelle besprochen werden (vgl. das Sachregister).

28. Geschichtliches vom Hunde.

In welcher Weise der Haushund gezähmt worden ist, wissen wir nicht. Da viele Hundeartige (Kaniden), beispielsweise die Schakale, den Löwen und Tigern folgen, um an ihrer Beute teilzunehmen, so werden sie sich auch dem Urmenschen angeschlossen haben, um etwas von den Abfällen seiner Mahlzeiten zu ergattern. Der Mensch wird bald bemerkt haben, daß die Nachbarschaft dieser Tiere für ihn von größtem Vorteil war. Sie machten Lärm, sobald sich etwas Ungewöhnliches zeigte, und sie fanden durch ihre feine Nase dort Wild, wo er achtlos vorübergegangen war. Wie heute in der Türkei noch die Straßenhunde leben, die keinen eigentlichen Herrn haben, also halbwild sind, so haben sich wahrscheinlich schon in früheren Zeiten halbwilde Hunde dem Menschen angeschlossen. Wir machen eine ähnliche Beobachtung bei andern Tieren. Der Hausstorch, der Hausrotschwanz, die Hausschwalbe, der Haussperling, der Haus- oder Steinmarder, die Hausmaus und andere Tiere haben sich ebenfalls mit dem Menschen angefreundet und sehen jetzt ganz anders aus als ihre ganz wilden Verwandten. Der Hausstorch sieht schwarz-weiß-rot aus, der im Walde lebende Waldstorch ist dagegen fast schwarz. Der in der Scheune lebende Hausmarder hat eine weiße, der im Walde lebende Edelmarder eine gelbe Kehle usw. Halbwilde Hunde, ähnlich dem Straßenhunde in der Türkei, sind wahrscheinlich die Vorfahren unserer Haushunde, die durch Kreuzung mit Wölfen und Schakalen im Laufe der Zeiten entstanden sind.

29. Der Hund in Sprichwörtern und Redensarten.

Einige Sprichwörter und Redensarten, die sich mit dem Hunde beschäftigen, sind bereits erklärt worden (über Bellen und Beißen der Hunde, sich rekeln, Eberköpfe und Hundeköpfe, Grasfressen, Anbellen des Mondes sowie über Hund und Ofen und Hund und Flöhe). Hier sollen noch weitere angeführt werden.

Der Hund wurde einerseits wegen der bereits erwähnten Eigenschaften, die uns Menschen widerwärtig sind, sehr verachtet, andererseits wegen seines Nutzens für uns sehr geschätzt.

Für die Verachtung spricht die Strafe des Hundetragens, womit man andeuten wollte, daß jemand wert sei, wie ein Hund erschlagen und aufgehängt zu werden.

Hiermit bringt man die Redensart in Verbindung:

Auf den Hund kommen, d. h. also in eine solche Lage kommen, wie einer, der Hunde tragen muß. Damit will man andeuten, daß jemand in verächtliche oder schlimme äußere Verhältnisse geraten ist, oder daß es mit seiner Gesundheit schlecht steht.

Jemanden auf den Hund bringen heißt also, ihn in solche schlechte Verhältnisse bringen.

Ueber den Hund kommen heißt hiernach, jene Strafe überstehen. Vervollständigt wird der Gedanke in der Redensart:

Komm ich über den Hund, komm ich auch über den Schwanz, d. h. also, überstehe ich die Strafe, so werde ich auch die Nachklänge hieraus überstehen.

Einer ist so verachtet, daß nicht einmal die Hunde ein Stück Brot von ihm nehmen. Es ist das natürlich eine Uebertreibung, um zu sagen, daß das verächtlichste und gierigste Tier von diesem Menschen nichts annehmen würde.

Etwas geht vor oder für die Hunde, d. h. es geht dahin, wo sich die verächtlichsten Geschöpfe befinden, also es geht zugrunde.

Hunde und Flöhe gehören zusammen. Je magerer der Hund, desto größer die Flöhe. Das bezieht sich auf die Menge Ungeziefer, das auf den meisten Hunden haust.

Er ist bekannt wie ein bunter Hund. Diese Redensart würde heute nicht entstehen, denn bei uns gibt es jetzt eine Menge mehrfarbige Hunde, z. B. Terriers, Tigerdoggen usw. Früher muß es fast nur Hunde mit einfarbigem Fell gegeben haben.

Die enge Zusammengehörigkeit des Hundes mit dem Menschen geht daraus hervor, daß man in Tirol sagt statt gar niemand:

Kein Hund und kein Seel.

Auch bei uns heißt es deshalb:

Da kräht weder Hund noch Hahn danach, denn zum Haushalte gehören Hund und Hahn.

Mit allen Hunden gehetzt sein. Das sind manche Stücke Wild, z. B. manche Hasen, die durch Zurücklaufen auf ihrer Spur die Hunde in die Irre führen.

Viele Hunde sind des Hasen Tod. Das soll im nächsten Bande, der die heimische Tierwelt enthält, erklärt werden.

Wenn die Hunde schlafen, hat der Wolf gut Schafe stehlen.

Trotz des Nutzens, den der Hund dem Menschen bringt, hat er wenig Dank dafür. Schlechte Behandlung und wenig Futter sind sein Lohn. Daher die Redensarten:

Es haben wie ein Hund. – Leben wie ein Hund. – Arbeiten wie ein Hund. – Müde sein wie ein Hund oder hundemüde sein. – Hunzen = schelten wie einen Hund. – Der Hund ist launischer Behandlung ausgesetzt, weshalb man sagt:

Wer einen Hund will werfen, findet bald einen Prügel.

Der Knüttel liegt beim Hunde, d. h. daß der Hund so handeln muß, wie der Herr will, weil der sonst allzeit bereite Knüttel zur Anwendung gelangt.

Wegen seiner Gefräßigkeit sagt man:

Er wird halten, wie der Hund die Fasten, das heißt gar nicht.

Aus seiner Unverträglichkeit mit der Katze erklärt sich:

Wie Hund und Katze leben.

Weil der Hund der geborene Wächter ist, so nennt man auch die Schlösser, die den Dieb vom Stehlen des Schatzes abhalten Hunde. In Bayern heißt der Schatz selbst so. Hieraus stammen die Redensarten:

Hunt hint haben, d. h. einen heimlichen Schatz haben.

Den Hunt schmecken wissen, d. h. wissen, wo Vermögen und etwas zu erhaschen ist.

Da liegt der Hund begraben. Manche meinen, daß hier mit Hund der Schatz bezeichnet werde. Das paßt aber schlecht in vielen Fällen.

Wahrscheinlich stammt die Redensart aus dem alltäglichen Kampfe zwischen Jäger und Landwirt. Der Bauer läßt seinen Hund wildern, und der Förster greift zur Selbsthilfe. Wenn er annimmt, daß niemand es sieht, erschießt er den Hund und vergräbt ihn. Manchmal hat aber doch ein Knecht oder sonst ein Mensch die Tat gesehen, der nun weiß, wo der Hund begraben liegt. Er ist froh darüber, denn entweder muß ihm der Förster, der natürlich dem Bauern gegenüber alles bestreitet, Schweigegeld geben oder der Bauer muß ihm das Geld geben, damit er ihm zeigt, wo der Hund begraben liegt.

Sehr hoch schätzt die Treue des Hundes der Ausspruch:

An fremden Hunden und Kindern ist das Brot verloren, d. h. die Hunde lassen sich dadurch nicht verleiten wegen ihrer Hundetreue.

Nur bei einem sehr hundefreundlichen Volke konnte der Vers entstehen:

Einen Mann hungerte manche Stund,

Er ging und kaufte sich einen Hund.

Hundehaare auflegen kommt von dem Glauben, daß, wer Schaden zufügt, auch die Kraft zum Heilen besitzt. Auf eine von einem Hund verursachte Wunde soll man also Hundehaare legen. In übertragenem Sinne spricht man davon, wenn man die durch den Alkohol entstandene Magenverstimmung durch weiteren Alkohol beseitigen will.

Deutsche Dogge

Wachtelhund

Schäferhunde

Schnauzer

Drahthaariger Foxterrier

Die Katze

30. Hund und Katze waren beide früher Raubtiere. Warum sehen sie trotzdem so verschieden aus?

Peter hatte, wie wir sahen, ein kleines Geplänkel mit des Nachbars Katze. Wir wollen uns diese einmal etwas näher betrachten.

Wie damals sitzt sie in dem Kellereingang und läßt sich die warme Morgensonne auf den Pelz scheinen. Schlecht scheint es ihr wirklich nicht zu gehen, denn sie ist kräftig und sieht ganz wohlgenährt aus. Das ist auch nicht weiter wunderbar, denn in einem Kohlenkeller pflegt es stets Mäuse zu geben. Der Kohlenhändler hält sie wohl auch deswegen. Uebrigens ist uns die Katze schon seit längerer Zeit bekannt. Sie ist etwa ebenso alt wie Peter und in Wirklichkeit ein Männchen, also ein Kater, der »August« genannt wird.

Fassen wir das Tier ins Auge, so fällt uns namentlich folgendes auf. Erstens: der kleine Kopf mit den Schnurrhaaren. Zweitens: die zierliche, kräftige und runde Form des Rumpfes. Drittens: Füße und Schwanz fügen sich übereinstimmend in dieses Bild. Die Füße sind fast bedeckt und der Schwanz geht im Bogen nach vorn. Viertens: bewundernswert ist bei der Gesamterscheinung die unerschütterliche Ruhe, da am Körper sich nicht das geringste bewegt. Ein aus Erz gegossenes Kunstwerk könnte sich kaum regungsloser verhalten.

Doch diese Leblosigkeit ist nur Schein, denn sie beruht auf einer außerordentlichen Beherrschung aller Muskeln. Jetzt kommt Leben in August, denn seine Herrin, deren Liebling er ist, kehrt von einem Gange zurück. Das Schmeicheln der Katzen ist, wie wir jetzt sehen, ganz anders wie das der Hunde. Ein Hund, der sich bei seinem Herrn beliebt machen will, springt an ihm herauf und sucht beide Vorderpfoten auf seine Beine zu legen. Der Kater dagegen läuft hin und her und reibt sich dabei an den Kleidern seiner Herrin, wobei er den Schweif hochgestellt hält. Ständen wir ganz dicht dabei, so würden wir August auch schnurren hören.

Doch seine fleißige Herrin hat nicht lange Zeit, sich mit August weiter zu beschäftigen. Sie hat aber ihrem Lieblinge einen Leckerbissen mitgebracht, den der Kater jetzt frißt. Hierbei fällt uns der merkwürdige Unterschied des Fressens beim Hund und der Katze auf. Einen solchen Happen, anscheinend ein kleines Stück von einem größeren Fisch, würde ein Hund im Nu verschlungen haben. Der Kater dagegen braucht eine ganze Weile, ehe er den Happen bewältigt hat. Nach unseren Begriffen ißt die Katze gesittet, während der Hund ein roher Schlinger ist. Wir müssen an das Sprichwort denken: »Iß wie eine Katze und trink' wie ein Hund.« Nach dem Essen putzt sich August, indem er sich gewissermaßen »wäscht«. Nach dem

Volksglauben bedeutet es bekanntlich, daß Besuch eintrifft, wenn die Katze sich wäscht.

Dieses Waschen bewerkstelligt August in folgender Weise, wie wir beobachten können. Er macht eine Pfote mit der Zunge feucht und benutzt diese angefeuchtete Pfote als Schwamm, um seinen Kopf und andere Körperteile, soweit er reicht, damit zu reinigen.

Nachdem August so sein Aeußeres wieder in Ordnung gebracht hat, betrachtet er zunächst die Welt anscheinend mit der Ruhe eines Weltweisen.

Da August ein kräftiges Tier ist, so hat er vor Durchschnittshunden keine Furcht. Er hat seinen Nachbarn Peter längst durchschaut und weiß, daß dieser wohl im Blaffen groß, aber kein furchtloser Draufgänger ist. Für gewöhnlich macht er bei der Annäherung von Hunden kaum einen Buckel. Dagegen zieht er sich vor einem ausnehmend scharfen Dachshunde, der mit Schmarren bedeckt ist und um die Ecke wohnt, regelmäßig zurück. Da August jetzt seiner Herrin in den Keller gefolgt ist, so wollen wir zunächst uns das, was wir bei ihm erschaut haben, zu erklären suchen.

Hund und Katze sind beide Raubtiere, wie wir wissen. Aber sie wenden ganz verschiedene Mittel an, um zu ihrem Ziele zu gelangen. Der Hund spürt mittels seiner feinen Nase einen Pflanzenfresser auf, wie noch jetzt seine wilden Verwandten, die Wölfe und andere hundeartige Tiere, und sucht ihn durch seine Schnelligkeit zu erbeuten. Er ist, wie wir schon sagten, ein Hetzraubtier.

Ganz anders verfährt die Katze. Ueber ihre Abstammung soll später gesprochen werden. Jedenfalls gleicht sie heute noch ihrer nahen Verwandten, der europäischen Wildkatze, fast in allen Stücken. Gleich dieser hat sie erstens keine feine Nase, um eine Hasenspur zu verfolgen, wie ein Hund. Sähe sie aber wirklich im Felde einen Lampe, wie man den Hasen nennt, so denkt sie nicht daran, wie ein Hund hinterher zu laufen. Dazu ist sie nicht schnell genug. Sie kann zwar sehr schnell einige Sprünge machen, aber ein Dauerläufer ist sie nicht.

Während also der Hund den Weg der offenen Gewalt einschlägt, verabscheut die Katze diese Fangart und bekennt sich zur Anwendung der List. Sie sagt sich: warum soll ich dem Hasen nachlaufen, den ich doch nicht einhole? Viel einfacher ist es, wenn ich mir den Hasen kommen lasse.

Und unsere Mieze hat mit ihrer Fangart außerordentlichen Erfolg. Das weiß jeder Jäger, wie gefährlich gerade wildernde Katzen dem Wildstande sind.

Man sollte meinen, daß Hasen, Rebhühner und anderes Wild nur die Stellen zu meiden brauchten, wo eine Katze sitzt. Aber die Katze ist eine solche Meisterin in ihrer Fangart, daß sie selten ohne Erfolg bleibt.

Bricht die Dämmerung herein, so verspürt der Hase, der auch ein nächtliches Tier ist, Hunger im Magen. Er will sich deshalb auf das Feld begeben, um sich an dem saftigen Klee und anderen Gewächsen zu laben. Zu diesem Zwecke läuft er gewisse Steige, sogenannte Pässe, entlang, wie ja auch der Mensch mit Vorliebe Straßen benutzt. Vorsichtig prüft er erst mit der Nase, ob er nicht irgendeinen Räuber entdecken kann. Aber seine Nase kann nichts Feindliches feststellen. Noch mehr verläßt sich der Hase auf sein feines Gehör. Nicht umsonst hat er die langen Löffel (Ohren). Aber auch die Ohren können ihm keine Gefahr melden. Nicht das geringste Geräusch ist zu vernehmen.

So hoppelt denn unser Lampe mit Seelenruhe seinen Paß entlang. Trotzdem ist es sein letzter Weg. Denn hinter einer bewachsenen Erhöhung überfällt ihn blitzschnell eine verwilderte Katze und trotz seines wie Kindergeschrei klingenden Quäkens endet er bald sein Leben unter ihrem Gebiß und ihren Prankenschlägen.

Vergegenwärtigen wir uns diese Räubertätigkeit der Katze als vollendeter Schleicherin, so wird uns ihre Gestalt und ihr Verhalten vollkommen klar.

Eine Schleicherin muß scharf sehen können, ob sich das Opfer nähert. Die Katze ist daher ein Augentier, das ein scharfes Sehvermögen, aber nur einen mäßigen Geruchssinn besitzt. Die Nase braucht daher nicht so ausgebildet zu sein wie beim Hunde. Infolgedessen erscheint der Kopf rund. Das ist für eine im Gebüsch harrende Schleicherin von Vorteil, denn ein langer Kopf wäre schwerer zu verbergen.

Wer sich ferner nicht verraten will, der muß ganz geräuschlos auftreten und darf kein Zappelphilipp sein. Die Katze versteht das. Ihr Auftreten ist so geräuschlos, daß man selbst im Zimmer bei schärfster Aufmerksamkeit das Gehen einer Katze nicht hört.

Jetzt verstehen wir ihren runden Rücken, der dem Erdboden ganz nahe ist. Eine solche Körperform verschwimmt mit der Umgebung. Auch ihre Ruhe ist uns jetzt ganz einleuchtend. Denn Nasentiere sind für Bewegungen besonders empfindlich.

Eine im Gebüsch oder im Versteck lauernde Schleicherin muß sich mit dem geringsten Raum begnügen. Folglich ist für ihren langen Schweif kein Platz da. Demnach muß sie ihn, um ihn unterzubringen, nach vorn krümmen. An dieses Krümmen des Schwanzes nach vorn ist die Katze seit Urzeiten so gewöhnt, daß sie den Schweif auch dann so trägt, wenn sie den weitesten Raum zur Verfügung hat.

Der Hund dagegen, der krumme Wege im allgemeinen nicht liebt und deshalb auch nicht in engen Verstecken lauert, läßt seinen Schweif beim Hinsetzen in gerader Linie liegen.

Von der Bedeutung des Schweifes in der Tierwelt werden wir noch sprechen.

Der Hase war also der Schleicherin zum Opfer gefallen, weil seine Schutzmittel ihn nicht retten konnten. Seine Schnelligkeit, sein größter Vorzug, war wertlos wegen des plötzlichen Ueberfalls. Auch seine feine Nase konnte ihm die Feindin nicht anzeigen, weil diese sich wohlweislich hinter einer bewachsenen Erhöhung geduckt hatte. So konnte der Hase sie nicht riechen. Der Hase ist wie der Hund ein Nasentier. Auch das vielgerühmte Hasenohr konnte die geräuschlose und unbewegliche Räuberin nicht wahrnehmen.

Trotz ihres Nagergebisses beißen die Hasen nur ausnahmsweise. Aber selbst wenn sich der Hase gegen die Katze wehren wollte, so war er gegen die auf dem Rücken festgekrallte und festgebissene Feindin machtlos.

31. Welchen Zwecken dienen die Schnurrhaare der Katze?

August besitzt, wie uns aufgefallen war, auf der Oberlippe wagerecht stehende Borsten, sogen. Schnurrhaare. Beim Hunde können wir nur einige zerstreute Haare dieser Art an dem gleichen Orte entdecken. Es ist anzunehmen, daß die Schnurrhaare für August bei seinem Räuberhandwerk irgendeinen Zweck haben. Worin dürfte dieser Zweck bestehen?

Würden wir einer Katze die Schnurrhaare abschneiden, so könnten wir die Beobachtung machen, daß sie von einer merkwürdigen Unsicherheit befallen wird. Und das mit Recht. Denn sie, die Schleicherin, liebt es, alle engen Gänge, alle Höhlungen zu untersuchen, ob nicht irgendwie etwas Beute für sie abfällt. Das Durchkriechen enger Wege kann aber leicht gefährlich werden; man kann manchmal weder vorwärts noch rückwärts. So sind kleine Affen, die in Zoologischen Gärten ausbrechen und zu diesem Zwecke sich durch enge Röhren durchzwängen wollten, steckengeblieben und elendiglich verhungert. Das kann einer Katze wie allen Tieren, die Schnurrhaare tragen, nicht gut passieren. Wird ihr Weg so eng, daß die Gefahr des Festsitzens droht, so stößt sie mit den Schnurrhaaren an. Sie fühlt das gleich und weiß: Bis hierhin und nicht weiter!

Die Schnurrhaare sind also für das Leben der Katze von der größten Wichtigkeit. Sowohl Männchen als auch Weibchen haben sie. Selbst junge Katzen besitzen sie schon, denn auch sie könnten in ihrer Neugierde in ein Loch hineinkriechen und darin steckenbleiben. Wir ersehen hieraus, daß die Schnurrhaare, die manche als Schnurrbart bezeichnen, mit unserem Schnurrbart nicht das mindeste zu tun haben. Unser Schnurrbart ziert nur

Männer, fehlt also den Frauen und allen Jugendlichen. Sodann hat er nicht die elastische Eigentümlichkeit der Katzenschnurrhaare, sofort in die alte Stellung zurückzukehren.

Manche nennen diese Schnurrhaare Tasthaare. Das ist keine Verbesserung. Betrachtet man genau den Kopf einer Katze, so erblickt man oberhalb der Augen einzelne lange Haare. Das sind reine Tasthaare. Wenn eine Katze in eine dunkle Höhlung kriecht, so zeigen ihr diese Haare an, daß die Höhle zu Ende ist. Ohne diese Tasthaare würde also die Katze Gefahr laufen, mit ihrem Kopfe gegen den Hintergrund anzustoßen. Da der Kopf aller Katzen sehr fest gebaut ist, so wäre das weiter kein Unglück.

Der Hund kriecht in keine Höhlen von Brettern, Bäumen und dergleichen, sondern höchstens in Erdhöhlen. Hier kann ihm aber keine Lebensgefahr drohen. Denn sollte er wirklich einmal festsitzen, so kann er mit Hilfe seiner Grabpfoten sich leicht wieder befreien, indem er die Höhle erweitert. Der Hund braucht also keine Schnurrhaare wie die Katze und besitzt sie deshalb nicht.

Bereits bei Peter (Kapitel 7) wurde erzählt, daß der Hund Grab- und Rennpfoten hat. Im Gegensatz hierzu hat August als Katze einziehbare Krallen an seiner Pranke, d. h. seiner bewehrten Pfote. Das Einziehen der Krallen hat zwar den Vorzug, den Tritt unhörbar zu machen, aber zum Graben in einem harten Boden sind einziehbare Krallen nicht geeignet.

Obwohl also Hund und Katze beide früher Raubtiere waren, sehen sie deshalb sehr verschieden aus, weil sie sich auf ganz verschiedene Art ihren Nahrungserwerb suchen. Der Hund mit seiner offenen Gewalt erinnert an einen mit dröhnenden Schritten auftretenden Kürassier, während uns bei der formgefälligen Katze die Gestalt eines Tanzmeisters einfällt. Auch bei Pferden und Rindern finden wir einen ähnlichen Unterschied, obwohl beide Geschöpfe friedliche Pflanzenfresser sind und oft zusammen weiden.

32. Das Schmeicheln der Katze. Ist die Katze falsch?

»Schmeichelkätzchen« ist eine sehr bekannte Bezeichnung für einen Menschen, der sich wie eine schmeichelnde Katze bei einem anderen in Gunst setzen will. Bei August haben wir dieses Schmeicheln als Reiben an den Kleidern seiner Herrin beobachtet.

Ohne Zweifel ist das eine Art der Katzen, sich beliebt zu machen. Im Zoologischen Garten können wir das gegenseitige Reiben zwischen Löwe und Löwin oft wahrnehmen, wenn sie aneinander vorüberschreiten. Da Raubtiere sich mit ihrem großen Rachen nicht küssen können, so entspräche dieses gegenseitige Reiben einem Kusse. Das merkwürdig feine Haar der Katzen scheint für solche Zärtlichkeiten besonders geeignet zu sein.

Der Hund besitzt dagegen dieses feine Katzenhaar nicht. Er wählt daher einen anderen Weg. Er springt an uns empor. Das ist, wenn der Hund schmutzige Pfoten besitzt, und der Mensch eine saubere Hose angezogen hat, was in der Stadt sehr häufig vorkommt, für uns nicht gerade sehr angenehm. Was bezweckt der Hund mit dem Anspringen? Man geht wohl nicht fehl, wenn man annimmt, daß der Hund uns noch näher kommen will. Der eigentliche Mensch sitzt wohl nach seiner Auffassung im Kopfe, denn dem nähert er sich mit Vorliebe und sucht uns zu belecken. Darin bestärkt wird er wohl dadurch, daß gerade aus dem Kopfe unsere Stimme ertönt.

Bekannt ist es, daß eine Katze, die einem Menschen ihre Zuneigung durch Schmeicheln bewiesen hat, wie es August vor unseren Augen getan hat, nicht selten kurze Zeit darauf denselben Menschen kratzt, wenn dieser sie neckt. Weil das ein alter Erfahrungssatz ist, so gilt die Katze allgemein als falsch. Ist das richtig?

Allerdings kann man manchen Hund nach Belieben prügeln, und er wird trotzdem seinem Herrn anhänglich und treu sein. Man spricht daher von einer Hundedemut, weil es unseren sonstigen Erfahrungen widerspricht, daß ein Geschöpf für tägliche Prügel sich noch unterwürfig und ergeben zeigt. Wer ebenso mit einer Katze verfahren will, der kommt an die unrichtige Stelle. Der Hund ist allerdings eine Sklavennatur, die Katze dagegen eine Herrennatur. Sich von dem Menschen prügeln zu lassen, weil dieser grade schlechter Stimmung ist, fällt der Katze nicht ein. Sie wehrt sich dagegen und kratzt den Angreifer. Der ist höchlichst erstaunt, weil er denkt: Was sich ein Hund gefallen läßt, muß sich doch auch eine Katze bieten lassen. Da das nicht der Fall ist, so schilt er die Katze als falsch.

Warum ist nun der Hund demütig wie ein Sklave, die Katze dagegen stolz wie ein Herrenmensch?

Wir wissen schon, daß wir wieder bei den wilden Verwandten nachforschen müssen, wenn wir Auskunft hierüber haben wollen. Schon früher (vgl. Kap. 11) wurde davon erzählt, eine wie strenge Zucht der Leiter eines Rudels bei den Eskimohunden hält. Dieser Leiter, der sogenannte Baas, straft umgehend durch Bisse jeden, der sich irgendeine Unregelmäßigkeit zuschulden kommen läßt. Von Wolfsrudeln hören wir genau das gleiche. Als Beispiel sei folgendes angeführt. Wenn die Wölfe wandern, so tritt jeder einzelne Wolf jedesmal in die Spuren des Vordermanns, damit es den Eindruck erweckt, als sei nur ein einzelner Wolf den Weg entlanggelaufen. Wehe dem Wolfe, der aus Sorglosigkeit oder Unachtsamkeit daneben tritt. Er wird nach den übereinstimmenden Berichten von dem Leiter des Rudels, dem stärksten Wolfe, zerrissen.

Der Hund hat also seit Urzeiten einen unbeschränkten Herrn über sich gehabt, gegen den es keinen Richterspruch gab, und von dem er widerstandslos alles erdulden mußte. Nur die Gewalt, die Stärke, vermochte etwas gegen seinen Vorgesetzten anzurichten. So kennt der Hund es nicht anders, als sich alles von dem Stärkeren gefallen zu lassen.

Die Wildkatze dagegen lebt nicht in Rudeln, sondern allein. Auch unsere Katze ist daher eine Einzelgängerin geblieben. Eine Unterordnung unter einem Vorgesetzten hat sie niemals kennengelernt. Deshalb ist sie eine Herrennatur geblieben.

Falsch kann also nur der die Katze nennen, der auf dem Standpunkt steht, daß die Katze sich alles wie ein Hund gefallen lassen müsse.

33. Warum schlingt der Hund, während die Katze gesittet frißt?

Von Peter sahen wir, daß er ein Stück verwestes Fleisch im Nu hinunterschlang, während August langsam wie ein gut erzogener Mensch kaut. Für uns Menschen ist es ein naheliegender Gedanke, diese Verschiedenheit darauf zurückzuführen, daß die Katze das gesittete Essen dem Menschen abgesehen hat, während der Hund darin ein unbelehrbarer Tropf geblieben ist.

Diese Ansicht ist schon aus dem Grunde nicht wahrscheinlich, weil die Katze im Vergleich zu dem Hunde erst ein sehr junges Haustier ist. Auch hier ist die Lebensweise der Verwandten ausschlaggebend gewesen.

Wer, wie die Wildkatze, einzeln lebt, braucht sich bei der Mahlzeit nicht zu sputen. Es wird ihm deshalb kein Happen fortgenommen, und die Beute schmeckt desto besser. Wer dagegen im Rudel schmaust, wie die Wildhunde, der muß sich sputen. Sonst geht er leer aus.

Hierzu kommt noch die Verschiedenheit des Gebisses. Die Katze mit ihrem kleinen Gebiß kann gar nicht so schnell schlingen, wie der Hund mit seinem großen Rachen. Wenn wir nach dem Zoologischen Garten gehen und uns die Fütterung der Raubvögel ansehen, so können wir bei ihnen den gleichen Unterschied wahrnehmen. Die Geier mit ihren großen Schnäbeln schlingen, weil sie in der Freiheit gemeinsam an demselben toten Tiere sich zu sättigen suchen, dagegen fressen die Falken und Adler gesittet, weil sie einzeln jagen, wie die Katze, auch nicht den mächtigen Schnabel der Geier besitzen.

Das vorhin erwähnte Sprichwort: Iß wie eine Katze und trink' wie ein Hund ist nicht ganz genau. Denn auch die Katze lappt das Wasser genau wie der Hund. Jedenfalls ist sie keine Säuferin, so daß es einfacher wäre zu sagen: Nimm dir beim Essen und Trinken die Katze zum Vorbild.

34. Die Katzenwäsche. Sind Katzenhaare giftig?

August hat sich nach dem Essen geputzt. Die Katze gilt als ein sehr reinliches Tier. Mit dieser Reinlichkeit ist es allerdings schwer zu vereinigen, daß das Waschen nur mit der beleckten Pfote geschieht. Von einem Kinde, das sich aus Abneigung gegen das Wasser ganz oberflächlich reinigt, sagen wir daher, daß es »Katzenwäsche« liebe.

Vergleichen wir damit das Benehmen unserer Sperlinge. Es hat vor einiger Zeit geregnet, und es sind noch einige Pfützen auf der Straße. An einer von Menschen nicht begangenen Stelle sehen wir die Sperlinge sich zu einem Bade drängen. Sie tauchen ordentlich in das Wasser ein und machen sich manchmal so gründlich naß, daß ihnen das Fliegen schwer fällt.

Warum nimmt sich August die Sperlinge nicht als Vorbild oder geht wie der Hund in das Wasser hinein, um ein erquickendes Bad zu nehmen?

Abneigung gegen die Reinlichkeit kann es nicht sein, denn das Putzen ist bei der Katze so auffällig, daß man einen Menschen, der sehr viel auf sein Aeußeres verwendet hat, als »geleckten Kater« bezeichnet.

Auch sonst ist die Katze nicht pimplig, was man im Winter, wenn Schnee und Kälte herrschen, oft genug auf den Feldern beobachten kann. Stundenlang kann sie trotz starken Frostes regungslos sitzen, so daß sie gegen Kälte ziemlich unempfindlich sein muß.

Der Grund für das Waschen mit der feuchten Pfote muß also anderswo liegen. Er dürfte in dem Bau ihrer Haare zu suchen sein. Diese sind so fein, daß nicht einmal eine Fliege auf ihnen sitzen kann.

Den Landleuten ist es längst aufgefallen, daß Fliegen, die den Hund furchtbar belästigen, der Katze fast aus dem Wege gehen. Natürlich versucht auch eine Fliege, sich auf einer Katze niederzulassen. Aber bald kommt sie dahinter, daß ihr das nicht gelingt, und sie fliegt weiter.

Bei Landleuten hört man auf Grund dieser auffallenden Erscheinung vielfach die Ansicht, daß Katzenhaare giftig seien. Das ist entschieden ein Irrtum. Denn Hunde, die beim Raufen mit Katzen das ganze Maul voll Katzenhaare bekommen, erleiden keinen Nachteil davon. Auch werden Katzenfelle in Unmenge getragen, ohne daß man von einem gesundheitlichen Schaden hört. Im Gegenteil: Katzenfelle gelten als vortreffliches Mittel gegen allerlei Krankheiten.

Uebrigens sind die Fliegen auch ganz verschieden zudringlich zu zwei anderen Haustieren, nämlich Kühen und Ziegen. Der Kuhstall wimmelt von Fliegen, während sich im Ziegenstalle nur wenige aufhalten.

Wegen der Feinheit ihrer Haare scheint das Wasser sehr schnell auf die Haut der Katzen zu gelangen. Der Hund dagegen, der sein Naturhaar besitzt, kann stundenlang im Regen weilen, ohne im gleichen Grade durchnäßt zu werden, da ihn die Unterwolle schützt.

Hiermit steht im Einklang, daß alle Katzen es vermeiden, bei Regenwetter ins Freie zu gehen. Während ein abgehärteter Hund sich nicht durch einen strömenden Regen abhalten läßt, seinen Herrn zu begleiten, sucht die Katze ein schützendes Obdach. Auch unser August ist wie alle Katzen kein Freund von Regen.

Die Katze kann wohl schwimmen, aber sie tut es nur im Notfalle, denn sobald sie aus dem Wasser kommt, sieht sie wirklich wie eine »gebadete Katze« aus.

Von den vielen Beobachtungen auf diesem Gebiete fällt mir gerade folgende ein. Im Schilfe eines Sees zeterte und verfolgte sich ein Vogelpärchen. Die Katze von einem benachbarten Besitzer hörte das und dachte sich: Halt, hier kannst du dir wohl einen leckeren Braten holen.

Mieze kam also ganz leise angeschlichen und wartete, bis die Vögel nahe genug geflogen waren. Dann sauste sie mit einem Sprunge durch die Luft. Doch die Vögel hatten im letzten Augenblick die drohende Gefahr erkannt und sich eiligst davongemacht. Mieze konnte mit ihren Pranken keinen von ihnen fassen und fiel in den See, der ihre Jagdleidenschaft etwas abkühlte. Der Anblick der zurückkehrenden Katze mit ihrem betrübten Gesicht wegen des fehlgeschlagenen Unternehmens und mit dem pitschenassen Felle ist mir heute noch gewärtig.

Einen untrüglichen Beweis, daß Dauerregen sehr nachteilig auf Katzen wirkt, liefern uns Länder, die wie Paraguay andauernde Regenzeiten haben. Es ist in diesen Ländern bekannt, daß verwilderte Katzen während dieser Zeit sterben.

Uebrigens gibt es auch bei andern Völkern Haustiere, die sehr empfindlich gegen Nässe sind, z. B. das Kamel. Ein Freund von mir, der während des Weltkrieges im Orient tätig war, erzählte mir, daß man von dieser Eigentümlichkeit der Kamele keine Ahnung gehabt hat und sie deshalb in bester Absicht in die Schwemme getrieben habe. Die Wirkung sei verheerend gewesen, denn etwa die Hälfte der Kamele sei daran gestorben.

Das Kamel stammt aus Gegenden, wo es fast niemals regnet. Wasser am Körper ist ihm deshalb sehr nachteilig.

Aehnlich liegt die Sache bei dem Esel, von dem wir noch später sprechen werden. Pferde reitet man in die Schwemme, aber Esel nirgends.

Ein Knabe, der sich aus Pimpligkeit nicht waschen will, darf sich also niemals auf die Katze berufen. Die Katze wäscht sich deshalb nur mit der feuchten Pfote, weil Nässe ihrem Körper nachteilig ist.

Wenn man bedenkt, daß der Hund ein vortrefflicher Schwimmer ist, der gern ins Wasser geht, so scheint die Katze mit ihren feinen Haaren als Raubtier sehr benachteiligt zu sein. Warum hat die Katze nicht auch ein so vortrefflich schützendes Fell wie der Hund?

Das hat zwei Gründe. Wir haben vorhin geschildert, wie die Katze am Passe des Hasen auf ihr Opfer wartet und es erbeutet. Besäße die Katze ein Hundefell, so würde sie wie ein Hund von Fliegen belästigt werden. Sie könnte unmöglich regungslos bleiben, sondern würde, wie der Hund es tut, von Zeit zu Zeit nach den Plagegeistern schnappen oder nach Katzenart sie mit den Pranken zu verjagen suchen. Diese Bewegungen würden jedoch Geräusche verursachen, die von dem feinohrigen Lampe schon von weitem wahrgenommen werden würden. Selbst seinem schwachen Gesicht würden übrigens diese Bewegungen auffallen, da alle Nasentiere, wie wir wissen, für Bewegungen besonders empfänglich sind. Die lauernde Katze würde also um ihre Beute kommen.

Der zweite Vorteil, den die Katze von ihrem feinen Haar hat, besteht darin, daß sie in Dornendickichte eindringen kann, die dem Hund unzugänglich sind. Die Dornen halten wohl den Hund fest, weil seine Haare so widerstandsfähig sind, aber nicht die weichen Katzenhaare.

Wir sehen also, daß auch in diesem Falle, wie so häufig im Leben, Nachteile durch Vorteile auf anderem Gebiete aufgewogen werden. Für die Nässe sind die Katzenhaare ungeeignet, aber für andere Dinge passen sie besser als Hundehaare.

Mit dem besonderen Bau der Katzenhaare dürfte es zusammenhängen, daß sie sich gut zu Versuchen auf dem Gebiete der Elektrizität eignen. Es dürfte aber übertrieben sein, daß man durch Reibung eines Katzenfells elektrische Funken hervorrufen kann, wie es in manchen Büchern heißt. Wenigstens habe ich solche Funkenerzeugung noch nicht beobachten können.

35. Warum hat die Katze eine rauhe Zunge?

Gewöhnlich heißt es, daß die Katze deshalb eine rauhe Zunge besitzt, um als Raubtier besser das Fleisch zerkleinern zu können. Ob die Stacheln auf der Zunge wirklich in einem solchen Falle von großem Nutzen sind, erscheint doch sehr zweifelhaft zu sein.

Sieht man, mit welcher Sorgfalt die Katze ihr Fell leckt, so scheint es doch wahrscheinlicher zu sein, daß die Katze, da sie Regen wie überhaupt Wasser meidet, das Fell wenigstens zu kämmen sucht. Die Stacheln würden hiernach als Ersatz für einen Kamm dienen. Gerade die Katzen in kalten Ländern brauchen einen reichlichen Haarwuchs, und dieser muß, wenn schon das Wasser von ihm ferngehalten wird, in irgendeiner Weise in Ordnung gehalten werden.

Nach unseren Begriffen kann uns das Belecken der Pfote, um damit die Haut zu bearbeiten, wie es August macht, sehr wenig gefallen. Aber wir müssen natürlich die Tiere mit einem anderen Maßstab messen als den Menschen. Wir tauchen unsere Hand in eine Schüssel Wasser und reinigen die beschmutzte Stelle oder wir nehmen zu diesem Zwecke einen Schwamm. Der Katze fehlen diese Dinge, und daher wählt sie ihre Zunge als Ersatz.

So halten auch Hundemütter und Katzenmütter ihre Jungen durch Belecken sauber. Was würde es für Umstände machen, wenn ein Hund oder eine Katze für jedes Junge – es sollen nur sechs angenommen werden – ein besonderes Bad anrichtete?

Die Zunge hat also, wie wir sahen, bei den Tieren, namentlich bei Hunden und Katzen eine ganz andere Bedeutung wie beim Menschen. Sie ersetzt dem Tier häufig die Hand. Wenn ein Hund uns seinen Dank ausdrücken will, so kann er uns nicht die Hand geben, weil er keine hat, sondern sucht uns die Hand zu belecken.

36. Das Vorgefühl der Tiere für kommendes Wetter.

Da wir gesehen haben, wie sorgfältig August sein Fell in Ordnung gebracht hat, so wollen wir bei dieser Gelegenheit etwas näher auf den Volksglauben eingehen, wonach Besuch zu erwarten ist, wenn die Katze sich putzt.

Es ist natürlich sehr bequem zu sagen: Das ist ja fürchterlicher Unsinn. Wie kann ein aufgeklärter Mensch so etwas glauben?

So einfach liegt die Sache nicht. Ich will hier erzählen, was ich mit eigenen Augen gesehen habe.

Auf einem Jagdrevier gab es eine Unmenge wildernder Katzen, die großen Schaden anrichteten. Der Jagdaufseher, der ein hervorragender Schütze war, gab sich alle Mühe, ihre Anzahl zu verringern.

Das ist aber nicht leicht auszuführen. Die Katze merkt sehr bald, daß man ihr nachstellt, und als nächtliches Tier geht sie dann nur in der Dunkelheit auf Raub aus. Was nützt dem vortrefflichsten Schützen seine Kunst? Um zu treffen, muß man sehen können, und in der Dunkelheit ist nichts zu sehen.

Diese Verhältnisse waren mir genau bekannt. Ich war daher aufs äußerste erstaunt, als ich am hellen Nachmittage etwa gegen 4 Uhr erst eine und dann später noch zwei andere Katzen aus dem Dorfe wandern sah, um ihrer Jagdlust zu frönen. So etwas hatte ich noch nicht erlebt.

Mir ging die Sache nicht aus dem Kopfe, und ich grübelte darüber nach, was wohl die Katzen veranlaßt haben mochte, sich einer so augenscheinlichen Gefahr auszusetzen. Es war ein wunderschöner Tag, und kein Wölkchen am Himmel sichtbar. Gegen Abend änderte sich plötzlich das Bild. Es zog ein schweres Gewitter auf, und in der Nacht regnete es in Strömen.

Jetzt wurde mir das Verhalten der Katzen klar. Sie hatten den Wetterumschlag bereits gefühlt und, da sie bei Regen nicht auf Jagd ausgehen, sich entschlossen, sich lieber am hellen Tage der Gefahr auszusetzen, als auf die Jagd zu verzichten. Aehnliche Fälle habe ich noch mehrfach erlebt, so daß für mich kein Zweifel besteht, daß manche Tiere ein Vorgefühl für einen Wetterumschlag besitzen, der dem Durchschnittsmenschen abgeht.

Ein solches Vorgefühl treffen wir namentlich bei den Tieren an, denen das bevorstehende Wetter gesundheitlichen oder sonstigen Schaden bringen kann. So ist es bekannt, daß, wenn Kaninchen am Tage eifrig auf Nahrungssuche ausgehen, baldiger Regen zu vermuten ist. Denn auch das Kaninchen ist sonst ein nächtliches Tier. Ferner ist es wie die Katze empfindlich gegen Regen.

Ein besonders feines Vorgefühl finden wir bei den Vögeln, namentlich den Raubvögeln. Für den Raubvogel ist es eine Lebensfrage, rechtzeitig den eintretenden Wetterumschlag zu kennen, denn mit Flügeln, die mit Wasser beschwert sind, kann er nichts fangen, auch sind dann wenige Friedvögel zu erblicken. Es ist daher kein Wunder, daß es im Altertum, wo man die Tiere weit eifriger beobachtete als zu unseren Zeiten, eine besondere Kaste der Vogelflugdeuter, die sogenannten Auguren, gab.

Die an sich ganz richtige Beobachtung, daß gewisse Tiere einen Wetterumschlag im voraus fühlen, ist den Gebildeten dadurch unglaubwürdig geworden, weil man durch ganz haltlose Zusätze den wahren Kern verdunkelt hat. Nebenbei bemerkt wollen Leute, die an Migräne und ähnlichen Krankheiten leiden, einen solchen Wetterumschlag ebenfalls im voraus empfinden.

Das Vorgefühl kann sich natürlich nur auf die nächsten vierundzwanzig Stunden erstrecken. Es ist daher geradezu albern, wenn man alljährlich in vielen Zeitungen lesen kann: Da die Zugvögel uns sehr zeitig verlassen, so steht uns ein strenger Winter bevor. Oder das Bevorstehen von starkem Frost wird damit begründet, daß die Bienen ihre Wohnung besonders stark gegen Kälte abschließen.

Noch größer aber war die Torheit, daß man bei vielen Völkern den Schluß zog: Wenn das Tier weiß, wie das zukünftige Wetter ausschaut, so kann es überhaupt in die Zukunft sehen. Ehe man etwas Wichtiges unternahm, schaute man daher auf die Vögel, ob sie sich dem Unternehmen durch ihr Benehmen günstig oder ungünstig erwiesen.

Diesen Schluß hat man auch für das Benehmen der Katze gezogen, was natürlich Aberglauben ist. Wahr dagegen ist folgendes:

Die Katze fühlt voraus, daß für die nächsten vierundzwanzig Stunden das Wetter schön bleibt oder wenigstens kein Regen eintritt. Sie beabsichtigt daher, einen Ausflug zu machen und putzt sich daher vorher zu diesem Zwecke. Tatsächlich bleibt das Wetter an diesem Tage schön, und die in der Nähe wohnenden Lehmanns sagen daher: »Bei dem schönen Wetter wollen wir heute Schulzes besuchen.« Diesen Schulzes gehört die sich putzende Katze. Beim Eintritt der Familie Lehmann sagen sie: »Wir wußten, daß heute Besuch kommt, denn unsere Mieze hat sich so sorgfältig geputzt.« Richtig wäre es, wenn Schulzes sagten: »Unsere Mieze hat sich heute sorgfältig geputzt und ist in die Felder gegangen. Da Katzen aus Furcht vor Regen nur dann einen größeren Ausflug machen, wenn das Wetter in den nächsten Stunden schön bleibt, so war das also vorläufig anzunehmen. Bei schönem Wetter kommt leicht Besuch. Daher wundern wir uns nicht, daß ihr uns heute besucht!« Ein Kern von Berechtigung ist also in dem alten Glauben enthalten. Natürlich hätten Schulzes auch auf das Benehmen anderer Tiere hinweisen können. Wenn Bienen schwärmen oder Spinnen ihr Netz erneuern, kann man ebenfalls annehmen, daß vorläufig das Wetter schön bleibt.

Bei dem feinen Gefühl der Katze ist es sehr wahrscheinlich, daß sie die einem Erdbeben voraufgehenden schwächeren Stöße, die uns Menschen entgehen, wahrnimmt und Todesangst bekundet. In Italien hat man ja reichlich Erfahrungen mit Erdbeben. Dabei wird häufig erwähnt, daß Katzen – auch Hunde – bereits vorher mit allen Zeichen der Angst die Häuser verließen.

37. Der Haß des Hundes gegen die Katze. Warum macht die Katze einen Buckel? Ist sie tapfer?

Wir hatten beobachtet, daß der Spitz Peter zu den Katzenfeinden gehört, aber von August nicht für voll angesehen wurde. Sie machte kaum einen Buckel. Wir fragen uns zunächst, woher der fast allgemeine Haß der Hunde gegen die Katzen stammt.

In der Tierwelt sind Abneigungen und Zuneigungen verschiedener Tierarten durchaus keine Seltenheit. Der Jäger benutzt den Uhu, unsere größte Eule, dazu, um damit die Krähen anzulocken. Sie sind sehr vorsichtig, aber in ihrem Haß gegen die Eule sind sie fast blind und können leicht geschossen werden. Auch Rinder haben, wie wir später sehen werden, eine ausgesprochene Abneigung gegen Hunde, ebenso Schweine.

Die Wut der Krähen ist begreiflich, denn in der Nacht geht der Uhu auf Raub aus und frißt mit Vorliebe Krähen. Merkwürdigerweise haben aber die schwarzen Vögel auch großen Haß gegen kleine Eulen, die ihnen selbst in der Nacht nicht das Geringste zuleide tun.

Hieraus erkennen wir deutlich, daß Tiere nicht nur ihre Feinde hassen, sondern auch die Verwandten ihrer Feinde. Genau so schreibt bei vielen Völkern die Blutrache vor, nicht nur den Feind, sondern auch seine Verwandten zu töten. Schweine und auch Rinder hassen ebenfalls den Hund nur seiner Verwandten wegen. Er selbst hat ihnen nichts getan, aber sein Vetter Wolf ist ihr schlimmster Feind.

Hat nun die Katze Verwandte, die dem Hunde gefährlich werden? Gewiß, Leopard und Jaguar sind die schlimmsten Hundefeinde. Kein Deutscher kann in Afrika sich längere Zeit einen deutschen Hund halten, denn es dauert nicht lange, und der Leopard raubt ihn.

In Deutschland war der jetzt ausgerottete Luchs, der wie eine große Wildkatze aussieht, ein großer Hundefeind. Ein deutscher Forstbeamter berichtete vor dem Kriege aus Rußland, daß sein prächtiger Jagdhund von einem Luchs überfallen und jämmerlich zerrissen wurde.

Der Hund haßt also die Katze genau wie die Krähen die kleinen Eulen. Die Katze hat ihm nichts getan, aber die großen Katzen sind seine gefährlichsten Feinde, genau wie die kleinen Eulen die Krähen in Ruhe lassen, dagegen der Uhu besonderes Verlangen nach Krähenfleisch besitzt.

Scheint einer Katze ein Hund bedenklich, so macht sie einen Buckel, faucht und hebt eine Pranke hoch. Fauchen, ebenso Speien als Vorboten der Abwehr sind verständlich, ebenso das Hochheben der Pranke, um sofort bereit zu sein, dem Gegner eins auszuwischen. Aber wozu soll der Buckel nützen?

Der große Naturforscher Darwin sieht den Zweck dieses Buckels darin, daß die Katze ihrem Feinde dadurch größer und so auch gefährlicher erscheinen soll. Da alle Hundeartigen (Kaniden) mit Vorliebe Tiere angreifen, die viel größer sind als sie selbst – z. B. Wölfe ein Pferd, einen Hirsch usw. – so kann der Buckel keinen Eindruck auf den Gegner machen, zumal er von den schwachen Augen des Gegners kaum wahrgenommen wird.

Vielmehr dürfte die Katze deshalb einen Buckel machen, um ihre schwächste Stelle zu schützen. Ein Hund, der Erfahrungen im Würgen von Katzen besitzt, packt die Katze stets am Nacken. Das weiß die Katze sehr wohl, daß der Nacken ihr gefährdetster Körperteil ist, und deshalb macht sie zu seinem Schutz einen Buckel. Deshalb flüchtet auch eine Katze nur in den seltensten Fällen. Sie weiß, daß ihr Feind sie in Kürze einholt und beim Nacken packt. Also kämpft sie lieber bis zum äußersten gegen den größten Hund. Sind mehrere Hunde vorhanden, so wirft sie sich auf den Rücken und kämpft mit allen vier Pranken.

Wir ersehen daraus, daß der Mut der Katze in Wirklichkeit nicht so außerordentlich ist, wie es den Anschein hat. Sie hat gar keine andere Wahl als mutig zu sein. Ferner fällt uns auf, daß die Katze im Kampfe gegen den Hund sich auf ihre Pranken, fast niemals auf ihr Gebiß verläßt. Blitzschnell schlägt sie mit den Pranken, namentlich nach der Nase, die, wie wir wissen, höchst empfindlich ist. Mit ihrem kleinen Gebiß könnte sie gegen den großen Rachen des Hundes wenig ausrichten.

Unter den Hunden gibt es Draufgänger, die durch Wunden nur noch wütender werden. Solchen geht auch eine starke Katze aus dem Wege, während sie weiß, daß die große Mehrzahl ihrer Feinde nur blafft, aber sich ihren Prankenhieben nicht aussetzt.

Zu den Draufgängern unter den Hunden gehören Dachshunde, Terriers, insbesondere Bullterriers, Bulldoggen und überhaupt manche Doggen, sowie zahlreiche rasselose Dorfhunde. Den Hund ganz allgemein als feige zu bezeichnen, dürfte irrig sein.

Die Kraft der Katze erkennt man daran, daß sie einen schweren Hasen über einen Zaun schleppen kann.

38. Warum begleitet die Katze ihren Herrn nicht wie ein Hund? Warum geht sie nicht mit ihm auf die Jagd?

Die Frage, warum August seine Herrin, die er so gern hat, nicht beim Einholen begleitet hat, wie es doch alle Hunde so gern tun, will ich dadurch beantworten, daß ich von meinem Erlebnis mit dem »Katzenmann« erzähle.

Vor dem Kriege konnte man in Berlin in der Nähe der Potsdamer Brücke häufig einen Herrn sehen, der mit einer Katze spazieren ging und deshalb Katzenmann genannt wurde. Ich habe ihn oft getroffen, hatte aber jedesmal wichtige Dinge eiligst zu erledigen, so daß ich seine Bekanntschaft nicht machen konnte. Endlich traf ich ihn in einer vegetarischen Speiseanstalt, wo er häufiger Mittagsgast war. Ich habe mich mit ihm bekanntgemacht und mich nach seinen Katzen und seinen Erfahrungen, die er mit ihnen gemacht hat, erkundigt.

Seine Augen glänzten, als er mir von seinen Lieblingen erzählte. Selbstverständlich besaßen sie alle hervorragende Eigenschaften.

Ich freue mich sehr, wenn ich einen wirklichen Tierfreund kennen lerne. Aber man darf doch nicht alles bei den Tieren nur in rosarotem Lichte erblicken.

Ich habe den Katzenmann mehrfach heimlich beobachtet und wurde in meiner Ansicht bestärkt, daß selbst der größte Katzenfreund es niemals durchsetzen wird, mit einer Katze genau wie mit einem Hunde spazieren zu gehen. Der Katzenmann hatte seine Katze an einer Strippe. Das war natürlich nötig, weil ihm sonst die Katze einfach fortgeklettert wäre. So suchte sie nun das Klettern im Bereiche der Strippe auszuüben. Die Katze die Treppe hinunterzubringen, war ein wahres Kunststück, was lange Zeit in Anspruch nahm. Auf der Straße verbarg sich das Tier hinter jedem geeigneten Gegenstand, namentlich hinter jedem Kellerhals. Mit großer Mühe konnte sie erst jedesmal von ihrem Herrn losgebracht werden. So nahm die kleine Strecke von der Potsdamer Brücke bis zur Matthäikirchstraße wohl eine halbe Stunde in Anspruch. Hinter der Kirche steht auf der Rasenfläche ein Gebüsch. Hierhinein verkroch sich die Katze und konnte trotz aller Anstrengungen ihres Herrn nicht wieder herausgebracht werden. Ich habe sehr lange Zeit gewartet, mußte aber schließlich gehen, um übernommene Verpflichtungen zu erfüllen. Jedenfalls war ich mir klar darüber, daß das Spazierengehen mit Katzen nur für solche Leute in Betracht kommt, die furchtbar viel Zeit übrig haben. Denn es ist stets eine Reise mit Hindernissen.

Viel schlimmer aber ist es, daß der Katzenfreund glaubt, seinem Lieblinge eine große Freude zu bereiten, während es in Wirklichkeit schon an Tierquälerei grenzt.

Die Katze fühlt sich nur dort wohl, wo sie sich durch Klettern vor den ihr drohenden Gefahren schützen kann. Wenn auch die meisten Großstadthunde keinen ernstlichen Kampf mit einer starken Katze wagen, so gibt es auch hier Ausnahmen. Die Katze, die der Katzenmann bei sich führte, war nun noch ein junges, und eher schwächliches als kräftiges Tier. Es war daher kein Wunder, daß sie sich auf der Straße vor Hunden fürchtete. Jede Katze hat den natürlichen Wunsch, ihre schwache Seite, den Nacken mit dem Rücken, zu schützen, und stellt sich ihrem Feinde stets so, daß der Rücken gedeckt ist. Deshalb flüchtete sie hinter jeden Kellerhals. Viel willkommener war ihr natürlich noch das hohe Gebüsch. Hier hätte ihr kein Hund etwas anhaben können. Deshalb wollte sie durchaus nicht davon fort. Vielleicht ließ sich auch noch dort ein Vögelchen fangen. Es war da ein Grund mehr, sich von dem Gebüsch nicht zu trennen.

»Warum hat aber die Katze Furcht? Ihr Herr steht ihr doch zur Seite?« wird mancher fragen. Wer Katzen kennt, stellt diese Frage nicht. Ein Tier, das seit Urzeiten selbständig handelt, kann sich gar nicht in die Lage versetzen, auf Schutz und Beistand eines anderen zu rechnen. Das tut wohl der Hund, aber nicht deswegen, weil er klüger ist, sondern weil er den Schutz durch seine Artgenossen als ein in Rudeln lebendes Geschöpf für selbstverständlich hält.

Will man eine Katze durchaus im Freien bei sich haben, so soll man sie auf seine Schulter setzen, wo Katzen überhaupt furchtbar gern sitzen. Freiwillig wird uns eine Katze nur begleiten, wo sie jederzeit eine Zuflucht hat, also im Walde, an Zäunen, Gebüschen und anderen Deckungen entlang.

Es gibt verwilderte Katzen, die so stark sind, daß sie sich vor keinem Hunde fürchten. Diese denken aber nicht daran, den Menschen bei seinen Ausflügen zu begleiten.

Hiervon abgesehen will die Katze das selbst dann nicht tun, wenn er auf die Jagd geht, während Hunde dann vor Freude außer Rand und Band sind. Wir sind der Katze zu laut, zu tolpatschig und reden zu viel. Bedenken wir, wie lautlos die Katze auftritt, welche federnde Bewegungen sie besitzt und wie schweigsam sie sich verhält, so können wir ihr nicht Unrecht geben.

39. Warum fällt die Katze immer auf die Füße? Warum leuchten ihre Augen?

Wir wollen jetzt von August, dem Kater im Kohlenkeller, Abschied nehmen und ein befreundetes Katzenfräulein aufsuchen, um die Eigenarten der Katze weiter zu beobachten. Fräulein Bachmann – das ist der Name des Katzenfräuleins – ist wie der »Katzenmann« eine große Tierfreundin und namentlich eine Verehrerin von Katzen. Selbst jetzt in den schlechten Zeiten hat sie sich von ihrem Kater Hans nicht trennen können. Allerdings muß jetzt Hans ebenfalls arbeiten, was aber kein Nachteil für ihn ist – im Gegenteil, ihm außerordentlich gut bekommt. In der Nachbarschaft ist nämlich ein Holz- und Kohlenplatz. Dort wird Hans abends hingebracht, damit er während der Nachtzeit Mäuse fängt.

Fräulein Bachmann, der bei ihrer auffallenden Rüstigkeit niemand ansieht, daß sie bald 60 Jahre alt wird, stellt uns das Wundertier Hans vor, und wir müssen zunächst geduldig und in Ergebenheit alle seine ans Märchenhafte grenzenden hervorragenden Eigenschaften mit anhören. Natürlich ist er von vorbildlicher Reinlichkeit, und alles an ihm ist schön.

Wir können auf Hans keinen abstoßenden Eindruck gemacht haben, denn nach nicht langer Zeit beginnt er, während er bequem auf dem Schoße seiner Herrin liegt, behaglich zu schnurren.

Dieses Schnurren entsteht nach den Angaben naturgeschichtlicher Werke durch Falten im Kehlkopf.

Der Zweck des Schnurrens wäre nicht zu verstehen, wenn die Katzen ständig allein lebten. Aber auch sie haben Zeiten, wo sie paarweise hausen. Dann ist es wichtig, daß der andere Teil weiß, sein Genosse ist in guter Stimmung. An den Mienen des regungslosen Gesichts kann er es nicht ablesen. Noch wichtiger aber ist das Schnurren für die Katze als Mutter. Sie deutet damit ihren Kindern an: Seid unbesorgt – es droht keine Gefahr! Da bei den größten Katzen von einer solchen Gefahr keine Rede sein kann, so schnurren Löwe und Tiger wahrscheinlich aus diesem Grunde nicht.

Besonders auffallend ist es, daß die Katze uns Fremde in keiner Weise beschnuppert oder zu beschnuppern versucht hat, wie es doch die beiden Hunde von Herrn Böhm, Karo und Hektor, getan haben. Hieraus sieht man wieder, daß die Katze im Gegensatz zum Hunde ein Augentier ist. Wie der Mensch es nicht nötig hat, einen Fremden erst zu beriechen, so verzichtet auch die Katze darauf. Bei dem Hunde mit seinem schwachen Gesicht ist es etwas anderes.

Sehen wir unsere eigene Katze im Freien, so brauchen wir ihr nicht zu pfeifen, denn gewöhnlich hat sie uns bereits bemerkt. Dem Hunde dagegen muß man pfeifen, weil er bei seinem schwachen Gesicht seinen Herrn aus einiger Entfernung nicht erkennen kann. Auch ergibt sich das schlechte Sehvermögen des Hundes daraus, daß er seinen verlorenen Herrn meistens mit der Nase sucht. Das tut eine Katze niemals.

Unsere Bitte, den Kater einmal aus der Rückenlage fallen zu lassen, um aus eigener Wahrnehmung die allbekannte Erscheinung festzustellen, daß Katzen stets auf die Füße fallen, stößt zunächst bei Fräulein Bachmann auf heftigen Widerstand. Sie hält das geradezu für eine Tierquälerei und eine Versündigung an ihrem Liebling. Erst als ich es für ganz selbstverständlich erkläre, daß der Versuch auf dem Sopha gemacht werden soll, so daß Hans schlimmstenfalls ganz weich fällt, läßt der Widerstand von Fräulein Bachmann nach. Um zum Ziele zu gelangen, lasse ich durchblicken, daß wahrscheinlich der Versuch, wenn er geglückt ist, photographiert werden soll. Der Gedanke, daß sie und ihr Liebling für immer der Nachwelt in einer so wichtigen Angelegenheit erhalten bleiben sollen, läßt schließlich jedes Bedenken schwinden.

Wie ich es an meinen eigenen Katzen oft erprobt habe, so geschieht es auch hier. Die auf dem Rücken liegende Katze, die das Fräulein auf dem Arm hält, wird plötzlich losgelassen. Mit der größten Seelenruhe sieht man sie gleich darauf auf dem Sopha auf den Füßen stehen. Das alles geschieht so schnell, daß man den Vorgang nicht in seinen Einzelheiten mit den Augen verfolgen kann, selbst wenn man ihn mehrfach wiederholen läßt. Belehrender sind daher die Momentaufnahmen. Auf ihnen sieht man, wie die Katze es versteht, durch Einziehen des Kopfes und der Vorderbeine und seitliche Krümmung des Rückgrates ihren Schwerpunkt nach hinten zu verlegen und dann durch verschiedenartige Beugung der Beine die Drehung nach der einen oder anderen Seite zuerst vorn, dann hinten zu bewerkstelligen.

Die Beobachtung dieser Fähigkeit der Katze ist sehr alt, denn es gibt das Sprichwort: Katzen und Herren fallen immer auf die Füße.

Ein Irrtum dürfte es sein, daß die Katze mit dieser Fähigkeit ganz einzig in der Tierwelt dasteht. Noch niemals hat man einen totgefallenen Affen, Marder, Eichhörnchen u. dgl. gefunden, so daß also wahrscheinlich alle Baumkletterer bei einem Absturze, wie die Katze, auf die Füße fallen. Aehnlich liegt die Sache mit der Schwindelfreiheit der Gebirgstiere. Steinböcke, Wildziegen, Gemsen und andere Bewohner des Gebirges können in die schrecklichsten Tiefen sehen, ohne daß sie es rührt, während wir Menschen leicht vom Schwindel gepackt werden.

Jetzt soll Hans in einen dunklen Raum gebracht werden, damit wir seine Augen leuchten sehen. Augenblicklich sind bei ziemlich heller Beleuchtung seine Pupillen bis auf einen Spalt zusammengezogen, so daß fast die ganze gelbe Iris oder Regenbogenhaut sichtbar ist. Das Augenleuchten ist übrigens nicht nur eine Eigentümlichkeit der Katzen, sondern auch anderer Tiere, der Hunde, Pferde, Kühe usw. Es beruht zum Teil auf dem feineren Bau des Auges, zum Teil auf dem im Hintergrunde des Auges befindlichen *tapetum lucidum*, d. h. Stellen, welche die Fähigkeit besitzen, stark Licht zurückzuwerfen. Die Augen leuchten, sobald sie in der Dunkelheit von einem Lichtstrahl getroffen werden.

Leider befindet sich in der Wohnung keine ganz dunkle Kammer. Wir müssen uns damit begnügen, daß Hans von seiner Herrin in den dunklen Korridor gebracht wird. Hier kann man sich deutlich davon überzeugen, daß die Augen der Katzen im Dunkeln, wenn gewisse Voraussetzungen fehlen, nicht leuchten. Es ist also ein Irrtum, wenn Eulen auf Bildern mit leuchtenden Augen dargestellt sind. Das ist nur der Fall, wenn ein Lichtstrahl in sie hineinfällt, wovon man sich im Zoologischen Garten überzeugen kann.

Der Versuch mit dem Oeffnen der Tür, um durch einen Spalt Licht in Hansens Augen fallen zu lassen, gelingt nur mäßig. Ueberhaupt ist für unsere Zwecke der sehr helle Frühlingstag recht ungünstig. Nur in dem Augenblicke, wo das Licht die Augen trifft, leuchten sie auf.

Das Augenleuchten der Tiere hat den Anlaß zu der höchst wichtigen Entdeckung des Augenspiegels gegeben.

40. Wie fängt die Katze Mäuse? Die Katze als Vogelfeindin.

Ein Rotschwänzchen, das sich auf dem Balkon niedergelassen hat, veranlaßt Hans zu einem sehnsüchtigen Blicke nach dem schmucken Tierchen. Zwar besteht keine Gefahr für den zutraulichen Vogel, denn die Tür ist fest geschlossen. Auch erhält er von seiner Herrin eine ernste Verwarnung. Ob sie helfen wird, muß man allerdings bezweifeln.

Der Katze ist von der Natur die Nahrung von Vogel- und Nagerfleisch bestimmt. Es ist uns natürlich sehr angenehm, daß sie Mäuse und Ratten frißt. Im Gegenteil; sie kann uns auf diesem Gebiete gar nicht genug leisten. Es will uns aber gar nicht gefallen, daß sie auch gern Hasen und Kaninchen verzehrt. Am schlimmsten aber ist es, daß sie durch ihre Vorliebe für die Singvögel zu ihrer Ausrottung beiträgt. Wie manche brütende Nachtigall, deren Nest durch den Gesang des Männchens verraten wurde, hat in dem Magen einer Katze ihr Ende gefunden!

Die Katze ist wie geschaffen, den auf dem Erdboden oder Baume weilenden Vogel zu haschen. Ich beobachtete einmal auf dem Lande, wie eine Katze einen ausgewachsenen Sperling fing. Und gerade unser Sperling pflegt kein Dummkopf zu sein.

Alle Vögel kennen ihren grausamen Feind und machen oft den Menschen auf eine Katze aufmerksam. Beispielsweise kann man mit Sicherheit darauf rechnen, daß, wenn im Frühjahr das anhaltende Zetern der Amseln aus einem Garten ertönt, sich eine Katze hereingeschlichen hat und die Jungen gefährdet. Sie ist auch wie geschaffen zur Verzehrerin eines Vogels, da sie mit ihren Pranken den Vogel meisterhaft rupft. Man versteht, wenn man ihr zuschaut, weshalb ein Hund niemals so gierig auf Vogelfleisch sein wird. Ihm fehlt das Werkzeug, um die Federn schnell zu entfernen.

Um ihren Hans in ein besseres Licht zu rücken, erzählt uns Fräulein Bachmann von seinen vortrefflichen Leistungen als Mäusefänger. Leider können wir bei dieser Tätigkeit nicht zugegen sein, denn in der Wohnung sind keine Mäuse. Er wird, wie schon erwähnt wurde, abends nach dem Kohlenplatz gebracht. Nach den Angaben des Kohlenhändlers hat er sehr unter den Mäusen aufgeräumt, was wir schon glauben können.

Auf Bildern werden mäusefangende Katzen nicht selten so dargestellt, daß sie vor dem Mäuseloch sitzen und gewissermaßen hineinsehen. Das dürfte nicht richtig sein. Ich stimme nach meinen Beobachtungen den Schilderungen eines bekannten Naturforschers bei, von denen hier folgende Stelle ihren Platz finden möge.

Ich habe sie, schreibt er, öfters beobachtet, wenn sie so auf der Lauer sitzt, daß sie mehrere zusammenhängende Mauselöcher um sich hat. Sie könnte sich gerade vor ein am Rande des Ganzen stehendes hinsetzen und so alle leicht überschauen. Das tut sie aber nicht. Setzte sie sich vor das Loch, so würde das Mäuschen sie leichter bemerken und entweder gar nicht herausgehen oder doch schnell zurückzucken. Sie setzt sich also mitten zwischen die Eingänge und wendet Auge und Ohr dem zu, in dessen Nähe sich unter der Erde etwas rührt, wobei sie so sitzt, daß das herauskommende Geschöpf ihr den Rücken zukehren muß und desto sicherer gepackt wird. Sie sitzt so unbeweglich, daß selbst die sonst so regsame Schwanzspitze sich nicht rührt; es könnten sonst durch ihre Bewegung die Mäuschen, welche nach hinten heraus wollen, eingeschüchtert werden. Kommt vor der Katze ein Mäuschen zutage, so ist es im Augenblick gepackt; kommt eins hinter ihr heraus, wo sie es nicht sehen kann, so ist es ebenso schnell gepackt. Sie hat nicht bloß gehört, daß es heraus ist, sondern auch so genau, als ob sie es sähe, wo es ist; sie wirft sich blitzschnell herum und hat es, nie fehlend, unter den Krallen. Uebrigens vermag sie weit mehr zu leisten. Ich hatte mich bei warmer, stiller Luft in meinem Hofe auf einer Bank im Schatten der Bäume niedergelassen und wollte lesen. Da kam eins von meinen Kätzchen schnurrend und schmeichelnd heran und kletterte mir nach alter Gewohnheit auf Schulter und Kopf. Beim Lesen war das störend, ich legte also ein zu solchem Zweck bestimmtes Kissen auf meinen Schoß, das Kätzchen darauf, drückte es sanft nieder, und nach zehn Minuten schien es fest zu schlafen, während ich ruhig las und um uns her Vögel sangen. Das Kätzchen hatte den Kopf, also auch die Ohren, südwärts gerichtet. Plötzlich sprang es mit ungeheurer Schnelligkeit rückwärts. Ich sah ihm erstaunt nach; da lief nordwärts von uns ein Mäuschen von einem Busch zum andern über ein glattes Steinpflaster, wo es natürlich gar kein Geräusch machen konnte. Ich maß die Entfernung, in welcher das Kätzchen die Maus hinter sich gehört hatte; sie betrug 13,5 Meter.

Das Gehör der Katze ist, wie wir aus eigener Beobachtung bestätigen können, ungeheuer fein. Sie macht uns auf die Ankunft einer Person aufmerksam, deren Schritte wir überhört hatten.

Auch der Hund hört sehr fein, wie schon früher aus der Schilderung des Jagdhundes und der beiden Spitze hervorging (Kapitel 23). Man kann das oft daran erkennen, daß er plötzlich anscheinend grundlos bellt. Trotz angestrengten Horchens kann ein Mensch nicht das geringste Geräusch hören. Endlich kommt man hinter den Grund seiner Erregung. Jeder Hund hat regelmäßig einen Feind. Dieser nähert sich unserem Hause. Es ist erstaunlich, aus welcher Entfernung der Hund die Annäherung seines Feindes wahrnimmt. Der Mensch, der z. B. einen Vogelruf wahrnimmt, weiß häufig nicht, wo der Vogel sitzt und sieht sich vergeblich nach dem Tier um.

Die Katze hört nicht nur, daß eine Maus kommt, sondern sie weiß auch sofort, von welcher Stelle sie kommt.

Man hat sich häufig darüber gewundert, daß die Katzen und die meisten Hunde von der Musik nichts wissen wollen. Für ihre feinen Ohren ist eben unsere Musik viel zu grell.

41. Warum schüttelt die Katze beim Fressen den Kopf?

Um mich bei Hans und seiner Herrin beliebt zu machen, habe ich für ihn ein paar Bücklingsköpfe mitgebracht. Sie werden dankbar in Empfang genommen. Während des Fressens schüttelt Hans häufig den Kopf, was man bei fressenden Katzen nicht selten sieht. Zu schütteln ist eigentlich an dem toten Bücklingskopf nichts.

Ich erkläre mir das so. Wildkatzen fressen mit Vorliebe knochenloses Fleisch. Es ist seit Jahrtausenden bekannt, daß der Löwe, also die größte Katze, zunächst die Eingeweide frißt. Um zu den Eingeweiden zu gelangen, muß die Katze den Kopf in den Leib ihrer Beute stecken. Da ihr Fell, wie wir wissen, sehr empfindlich gegen Nässe ist, so muß sie ihren Kopf gegen die Beschmutzung mit Blut und dergleichen zu schützen suchen. Um das zu erreichen, schüttelt sie mit dem Kopfe.

Bücklinge, wie Fische überhaupt, frißt die Katze deshalb gern, weil die Wildkatzen trotz ihrer Abneigung gegen das Wasser sehr geschickte Fischfänger sind. Sie lauern regungslos am Wasser und wissen den arglosen Fisch durch einen blitzschnellen Prankenschlag aufs Land zu werfen. Hierbei machen sie sich so gut wie gar nicht naß.

Eine in der Großstadt geborene Katze zeigte mir einmal, wie festgewurzelt das Fischefangen in ihrem Triebleben haftet. Ich hatte einen Strumpf zum Baden benutzt, und, um die Seife auszuwässern, ihn in eine Wanne gelegt. Bei meiner Arbeit am Schreibtische hatte ich das schon längst vergessen, als ein Geräusch meine Aufmerksamkeit auf die Wanne lenkte. Eine meiner Katzen saß mit gespanntester Aufmerksamkeit am Rande der Wanne und suchte durch einen Prankenschlag den Strumpf hinauszuschlagen. Der dunkle Strumpf im klaren Wasser hatte also genügt, ihre von den Vorfahren ererbte Erinnerung an den Fischfang wachzurufen.

Bei dieser Gelegenheit können wir zugleich das natürliche Futter der Katze feststellen. Das vor dem Kriege in der Großstadt übliche Füttern mit Pferdefleisch kann man nicht als naturgemäß bezeichnen. Ich habe selbst erlebt, daß dauernd mit Pferdefleisch gefütterte Katzen sich wie tollwütig benahmen. Wunderbar ist das auch nicht weiter, denn das Fleisch der Mäuse und Vögel ist nicht annähernd so gehaltreich wie das Pferdefleisch.

Weil Pferdefleisch die übliche Nahrung in den Zoologischen Gärten ist, deshalb sterben auch alle Raubtiere sehr schnell, die in der Freiheit keine Pferde oder ähnliche Tiere, wie Zebras, Esel und andere Einhufer fressen. Obwohl Luchse in Deutschland heimisch waren, und die Wildkatze es noch heute ist, können sie die Fütterung mit Pferdefleisch auf die Dauer nicht vertragen. Ebenso sterben Habichte, Wanderfalken, Sperber und andere Raubvögel sehr bald, wenn sie mit Pferdefleisch gefüttert werden, obwohl diese Vögel unsere Heimat bewohnen.

Die praktischen Amerikaner sollen, wie ich gelesen habe, ihre Katzen mit Eingeweiden füttern. Das wäre sehr klug, denn die Katze hat eine ausgesprochene Vorliebe für die Eingeweide. Sollten wir also wieder einmal eine solche Nahrungsfülle haben, wie es vor dem Kriege der Fall war, dann wäre es zweckmäßig, einer Großstadtkatze, der man keine Nager oder Vögel vorsetzen kann, Fische zu geben und vom Pferde die Eingeweide.

Von den Naturforschern wird das scharfe Gebiß der Katzen sehr gepriesen, weil die Zähne infolge ihres Baues eine furchtbare Wirkung ausüben. In Wirklichkeit sieht die Sache ganz anders aus. Keine Katze verteidigt sich gegen einen Hund mit dem Gebiß. Keine Katze kann, wie schon erwähnt wurde, einen Fuchs abwürgen, was doch der nicht größere Dachshund oft tut. Keine Katze befreit sich aus einer Holzkiste, wenngleich ihre Wände dünn sind. Der Hund dagegen zerbeißt, wie wir von der Dogge Tom hörten, Kisten, die für bedeutend stärkere Raubtiere berechnet sind.

Bei den großen Katzenarten können wir genau das Gleiche beobachten. Der Löwe überläßt doch nicht den Hyänen und Schakalen die Reste seiner Beute, weil er großmütig ist, sondern weil er die starken Beinknochen nicht zerbeißen kann.

Auch unsere Hauskatze denkt nicht daran, sich mit einer anderen Katze wegen eines Knochens zu balgen, wie es doch der Hund gewohnheitsmäßig tut. Das kommt eben daher, weil der Hund mit seinem starken Gebiß spielend kräftige Knochen zerbeißt, während die Katze ihm das nicht nachmachen kann.

Gerade dadurch ist die Katze so recht in den Ruf der Naschhaftigkeit gekommen. Sie will keine Knochensammlung haben wie der Hund, sondern bevorzugt reines Fleisch, insbesondere Eingeweide. So eine zarte Rehleber ist ganz nach ihrem Geschmack. Natürlich sind wir wütend, daß uns die Katze bestiehlt und obendrein noch das nimmt, was für den Hausherrn bestimmt war.

Rehlebern sind nicht bloß für uns Menschen wohlschmeckend, sondern auch ein naturgemäßes Futter der Wildkatze. Die Katze ist also eigentlich nicht naschhaft, sondern ihre naturgemäße Nahrung umfaßt wegen ihres kleinen Gebisses Dinge, die uns besonders gut schmecken.

Gegen Salz hat die Katze eine noch größere Abneigung als der Hund.

Mäusefleisch kann nicht sehr gehaltreich sein, denn sonst könnten nicht Katzen und Eulen eine so ungeheure Anzahl davon verzehren.

Die Aehnlichkeit zwischen Katzen und Eulen besteht übrigens nicht nur in ihrer Vorliebe für Nagerfleisch. Man hat mit Recht die Eule als geflügelte Katze bezeichnet. Wie diese ist sie eine nächtliche Räuberin und gleicht ihr auch vollkommen an Lautlosigkeit.

An Ratten wagt sich nicht jede Katze. Aber die Anwesenheit einer Katze ist auch den Ratten nicht angenehm und veranlaßt sie manchmal, das ungemütlich gewordene Heim zu verlassen.

Zeigen sie sich in einem Gehöft in großer Anzahl, so bekämpft man sie erfolgreicher mit Rattenfängern, also schnellen, bissigen Hunden, wie Pinschern und Terriern, als mit Katzen.

Es mag übertrieben sein, wenn man in England und in anderen Ländern in den Katzen die größten Wohltäterinnen für die Menschheit, insbesondere für die Landwirtschaft erblickt. Aber das läßt sich nicht leugnen, daß unsere Ernten zum größten Teil von den Nagern aufgefressen werden würden, wenn wir nicht in den Katzen erfolgreiche Bundesgenossen besäßen.

Sonst macht sich die Katze noch dadurch nützlich, daß sie Schlangen tötet und Maikäfer und andere Insekten frißt. Spitzmäuse frißt sie nicht, tötet sie aber. Das muß ihr als Nachteil angerechnet werden, denn die Spitzmaus ist als ein insektenfressendes Geschöpf ein nach unseren Begriffen nützliches Tier. Wahrscheinlich frißt sie die Spitzmaus wegen ihres Moschusduftes nicht. Umgekehrt fällt es auf, daß sie Baldrian sehr liebt und sich wie berauscht auf ihm wälzt.

Wegen ihrer großen Nützlichkeit wird man ihr manche Unart oder, genauer ausgedrückt, manche uns unangenehme Eigenschaft verzeihen, so ihre angeborene Sucht, den Vögeln, insbesondere den Singvögeln, nachzustellen.

Auch hier gilt das vom Hund Gesagte: Der Mensch lebt nicht von Brot allein. Berühmte Männer haben erklärt, daß sie die Erinnerung an manche Katze im Elternhause nicht um vieles hergeben möchten.

42. Die Rassen der Katze. Alter und sogenannte Erziehung.

Hans ist eine weiß und braunrötlich gefärbte Katze, wie man sie häufig sieht. Auch die Katze gehört zu den Säugetieren. Ihr Raubtiergebiß besteht aus zwölf kleinen Schneidezähnen, vier starken Eckzähnen und oben acht, unten sechs Backzähnen. Die Katze ist ebenfalls wie der Hund ein Zehengänger. Die Beine sind mäßig hoch und sind mit zurückziehbaren Krallen versehen. An den Vorderfüßen bemerken wir fünf, an den Hinterfüßen vier Zehen. Besonders auffallend ist der kugelrunde Kopf, die schon besprochenen Schnurrhaare, der lange Schwanz und das biegsame Rückgrat.

Von Rassen der Katze ist wenig zu sagen, da für uns in Deutschland nur noch die Angorakatze zu erwähnen ist. Sie zeichnet sich durch ein langes, seidenweiches Haar aus. Auch sind ihre Lippen und Fußsohlen fleischfarben.

Es besteht Streit darüber, ob unsere Hauskatze von der ägyptischen Falbkatze oder unserer heimischen Wildkatze abstammt. Jedenfalls ist die Hauskatze, verglichen mit Pferden, Hunden und anderen Haustieren, ein junges Haustier, da sie in Europa den alten Kulturvölkern, also den Griechen und Römern, unbekannt war.

Der Hund erreicht mit einem halben Jahre seine volle Größe, ebenso die Katze. Ueberhaupt dürften sie beide das gleiche Alter erleben.

Die Paarung der Katzen findet zweimal im Jahre statt, und zwar das erstemal im Januar oder Februar. Die sonst so schweigsamen Tiere stimmen jetzt ein Geschrei an, um sich gegenseitig zu finden. Für unsere Ohren klingt dieses Geschrei abscheulich, weshalb wir von diesem »Lied« der Katzen behaupten, daß es »Steine erweichen und Menschen rasend machen kann«. Ueberhaupt nennen wir eine Musik, die unsere Ohren zur Verzweiflung bringt, eine Katzenmusik.

Die Tragezeit der Katze ist um eine Woche kürzer als beim Hunde. Die Anzahl der Kleinen beträgt etwa fünf bis sechs. Hieraus ersehen wir, daß die Katze ziemlich viel Feinde haben muß. Das trifft auch zu, wie in dem Abschnitt über die Feinde der Katze geschildert werden soll. Auch die Katzenjungen können nicht gleich sehen, sondern erst in neun Tagen.

Wie die Hündin, so ist auch die weibliche Katze eine ausgezeichnete Mutter. Ihre Liebe zu ihren Kleinen ist so groß, daß sie unbedenklich das größte Opfer bringt. Für die Mutterliebe der Hündin sei hier folgender Fall angeführt. Eine Jagdhündin war von ihrem Herrn, einem Rittergutsbesitzer an der Saale, in hochträchtigem Zustande mit auf ein zwei Stunden entferntes, am anderen Ufer der Saale gelegenes Gut genommen worden und warf hier acht Junge. Der Besitzer, der wußte, daß sie bei seinem Freunde gut aufgehoben sei, fuhr ohne das Tier nach Hause, war aber auf das Aeußerste erstaunt, als bereits anderen Morgens vier Uhr die Hündin mit ihren acht Jungen sich bei ihm einstellte. Der Hund mußte hiernach fünfzehnmal die Saale durchschwommen haben, um seine Lieblinge nach Hause zu bringen – abgesehen von dem dabei zurückgelegten Landweg.

Solche Fälle wie der eben geschilderte sind sehr häufig vorgekommen. Auch Katzenmütter haben Aehnliches geleistet.

Einen reizenden Anblick gewährt es, eine Katzenmutter inmitten des Kreises der Ihrigen zu beobachten. Keine Menschenmutter, schreibt ein bekannter Naturforscher, kann mit größerer Zärtlichkeit und Hingebung der Pflege ihrer Kinderchen sich widmen als die Katze. In jeder Bewegung, in jedem Laute der Stimme, in dem ganzen Gebaren gibt sich Innigkeit, Sorgsamkeit, Liebe und Rücksichtnahme nicht allein auf die Bedürfnisse, sondern auch auf die Wünsche der Kinderchen kund. Solange diese klein und unbehilflich sind, beschäftigt sich die Alte hauptsächlich nur mit ihrer Ernährung und Reinigung. Behutsam nähert sie sich dem Lager, vorsichtig setzt sie ihre Füße zwischen die krabbelnde Gesellschaft, leckend holt sie eines der Kätzchen nach dem anderen herbei, um es an das Gesäuge zu bringen, ununterbrochen bestrebt sie sich, jedes Härchen glatt zu legen, Augen und Ohren, selbst den After reinzuhalten. Noch äußert sich ihre Liebe ohne Laute: sie liegt stumm neben den Kleinen, spinnt höchstens dann und wann, gleichsam um sich die Zeit, welche sie den Kinderchen widmen muß, zu kürzen. Scheint es ihr nötig zu sein, das Lager zu wechseln, so faßt sie eines der Kätzchen mit zartester Behutsamkeit an dem faltigen Felle der Genickgegend, mehr mit den Lippen als mit den scharfen Zähnen zugreifend, und trägt es, ohne daß ihm auch nur Unbehagen erwächst, einem ihr sicherer dünkenden Orte zu, die Geschwister eilig nachholend. Ist sie sich der Freundlichkeit ihres Herrn bewußt, so läßt sie es gern geschehen, wenn dieser sie bei solcher Umlegung der Jungen unterstützt, fügt sich seinem Ermessen oder geht, bittend miauend, ihm voraus, um das ihr erwünschte Plätzchen zu zeigen. Die Jungen wachsen heran, und die Mutter ändert im vollsten Einklange mit dem fortschreitenden Wachstume allgemach ihr Benehmen gegen sie. Sobald die Aeuglein der Kleinen sich geöffnet haben, beginnt der Unterricht. Noch starren diese Aeuglein blöde ins Weite; bald aber richten sie sich entschieden auf einen Gegenstand: die ernährende Mutter. Sie beginnt jetzt, mit ihren Sprößlingen zu reden. Ihre sonst nicht eben angenehm ins Ohr fallende Stimme gewinnt einen Wohlklang, welchen man ihr nie zugetraut hätte; das »Miau« verwandelt sich in ein »Mie«, in welchem alle Zärtlichkeit, alle Hingebung, alle Liebe einer Mutter liegt; aus dem sonst Zufriedenheit und Wohlbehagen oder auch Bitte ausdrückenden »Murr« wird ein Laut, so sanft, so sprechend, daß man ihn verstehen muß als den Ausdruck der innigsten Herzensliebe zu der Kinderschar. Bald auch lernt diese begreifen, was der sanfte Anruf sagen will: sie lauscht, sie achtet auf denselben und kommt schwerfällig, mehr humpelnd als gehend, herbeigekrochen, wenn die Mutter ihn vernehmen läßt. Die ungefügen Glieder werden gelenker, Muskeln, Sehnen und Knochen fügen sich allgemach dem erwachenden und rasch erstarkenden Willen: ein dritter Abschnitt des Kinderlebens, die Spielzeit der Katze, beginnt. Diese Spielseligkeit der Katze macht sich schon in frühester Jugend bemerklich, und die Alte tut ihrerseits alles, sie zu unterstützen. Sie wird zum Kinde mit den Kindern, aus Liebe zu ihnen, genau ebenso, wie die Menschenmutter sich herbeiläßt, mit ihren Sprößlingen zu tändeln. Mit scheinbarem Ernst sitzt sie mitten unter den Kätzchen, bewegt aber bedeutsam den Schwanz. Die Kleinen verstehen zwar diese Sprache ohne Worte noch nicht, werden aber gereizt durch die Bewegung. Ihre Aeuglein gewinnen Ausdruck, ihre Ohren strecken sich. Plump täppisch häkelt das eine und andere nach der sich bewegenden Schwanzspitze; dieses kommt von vorn, jenes von hinten herbei, eines versucht über den Rücken wegzuklettern und schlägt einen Purzelbaum, ein anderes hat eine Bewegung der Ohren der Mutter erspäht und macht sich damit zu schaffen, ein fünftes liegt noch unachtsam am Gesäuge. Die gefällige Alte läßt, mit mancher Menschenmutter zu empfehlender Seelenruhe, alles über sich ergehen. Kein Laut des Unwillens, höchstens gemütliches Spinnen macht sich hörbar. Solange noch eines der Jungen saugt, wird es verständnisvoll bevorzugt; sobald aber auch dieses sich genügt hat, sucht sie selbst die kindischen Possen, zu denen bisher nur die sich bewegende Schwanzspitze aufforderte, nach Kräften zu unterstützen. Bald liegt sie auf dem Rücken und spielt mit Vorder- und Hinterfüßen, die Jungen wie Fangbälle umherwerfend; bald sitzt sie mitten unter der sich balgenden Gesellschaft, stürzt mit einem Tatzenschlage das eine Junge um, häkelt das andere zu sich heran und lehrt durch unfehlbare Griffe der trotz aller Unruhe achtsamen Kinderschar sachgemäßen Gebrauch der krallenbewehrten Pranken; bald wieder erhebt sie sich, rennt eiligen Laufes eine Strecke weit weg und lockt dadurch das Völkchen nach sich, offenbar in der Absicht, ihm Gelenkigkeit und Behendigkeit beizubringen. Nach wenigen Lehrstunden haben die Kätzchen überraschende Fortschritte gemacht. Von ihren gespreizten Stellungen, ihrem wankenden Gange, ihren täppischen Bewegungen ist wenig mehr zu bemerken. Im Häkeln mit den Pfötchen, im Fangen sich bewegender Gegenstände bekunden sie bereits merkliches Geschick. Nur das Klettern verursacht noch Mühe, wird jedoch in fortgesetztem Spiele binnen kurzem ebenfalls erlernt. Nunmehr scheint der Alten die Zeit gekommen zu sein, auch das in den Kinderchen noch schlummernde Raubtier zu wecken. Anstatt des Spielzeuges, zu welchem jeder leicht bewegliche Gegenstand dienen muß, anstatt der Steinchen, Kugeln, Wollflecken, Papierfetzen und dergleichen, bringt sie eine von ihr gefangene, noch lebende und möglich wenig verletzte Maus oder ein erbeutetes, mit derselben Vorsicht behandeltes Vögelchen, nötigenfalls eine

Heuschrecke in das Kinderzimmer. Allgemeines Erstaunen der kleinen Gesellschaft, doch nur einen Augenblick. Bald regt sich die Spiellust mächtig, kurz darauf auch die Raublust. Solcher Gegenstand ist denn doch zu verlockend für das bereits wohlgeübte Raubzeug. Er bewegt sich nicht bloß, sondern leistet auch Widerstand. Hier muß derb zugegriffen und festgehalten werden; soviel ergibt sich schon bei den ersten Versuchen, denn die Maus entschlüpfte dem jungen Kätzchen, das sie doch sicher gefaßt zu haben vermeinte, überraschend schnell und konnte nur durch die achtsame Mutter an ihrer Flucht gehindert werden. Der nächste Fangversuch fällt schon besser aus, bringt aber einen empfindlichen Biß ein: Miezchen schüttelt bedenklich das verletzte Pfötchen. Doch schon hat Hänschen die Unbill gerächt und den Nager so fest gepackt, daß kein Entrinnen mehr möglich ist. So bildet sich das Kätzchen allmählich zur vollendeten Mäusefängerin heraus.

Zu der vorstehenden naturwahren Schilderung möchte ich bemerken, daß es ganz irrig wäre, den Unterricht der Menschen und den der Tiere gleichzustellen. Der Unterricht bei den Tieren hat immer Erfolg. Er kann auch ganz fehlen und bezweckt demnach nur eine Beschleunigung des Lernens. Von dem Unterricht der Menschen läßt sich nicht das gleiche behaupten. Unser Unterricht steht vielmehr der Dressur der Tiere gleich, die häufig genug erfolglos ist.

43. Die Feinde der Katze.

Wie uns Fräulein Bachmann erzählt, hat ihr Hans wiederholentlich Kämpfe mit Hunden ausgefochten. Namentlich ist es zu Zusammenstößen gekommen, wenn sie ihn nach dem Kohlenplatz brachte. Einmal habe sie rettend eingreifen und ihren Liebling flink in einen Korb stecken müssen. Sonst aber habe er sich seinen Gegnern überlegen gezeigt.

Außer den Hunden hat die Katze in allen Hundeartigen Feinde. Der Wolf zerreißt sie sicherlich, denn der viel schwächere Fuchs macht Jagd auf Katzen. Erfahrene Förster haben mir immer wieder versichert, daß man eine Fuchsfalle mit keinem besseren Leckerbissen versehen könne als mit einem Stück Katzenfleisch. Zwei Füchse überwältigen jede Katze, wenn sie sich nicht schnell auf einen Baum rettet. Die einzelne Katze ist vor dem Fuchs nur sicher, wenn sie sehr stark ist.

Noch schlimmere Feinde drohen der Katze in ihrer eigenen Verwandtschaft. Wie der starke Wolf nicht der Freund des Fuchses ist, sondern ihn verzehrt, wenn er ihn packen kann, so sind die größeren Katzenarten die gefährlichsten Feinde der kleineren. Ein Naturforscher, der einen gezähmten Luchs besaß, berichtet, daß er gegen nichts größeren Haß besaß als gegen Hauskatzen. Alle auf seinem Besitztum befindlichen Katzen wurden von ihm zerrissen, ebenso die Katzen in der Nachbarschaft.

Jede Katze weiß auch, daß ihr Gefahr von einer größeren Katzenart droht. Der Bildhauer Urs Eggenschwyler, von dem wir früher erzählten, daß ein Ziehhund mit seinem zahmen Löwen raufen wollte, hat das oft beobachtet. Während der Ziehhund infolge seines schwachen Gesichts den jungen Löwen gar nicht als Löwen erkannte, flüchteten alle Katzen schon von weitem, sobald sie den gefährlichen Verwandten zu Gesicht bekamen.

Auch hier kann man wiederum beobachten, daß die Katze ein ausgezeichnetes Sehvermögen besitzt, ganz im Gegensatz zum Hunde. Uebrigens ist dem Volk das längst aufgefallen, wie wir aus dem später angeführten Sprichwort ersehen.

Die kleinen Raubtiere unserer Heimat, wie das Wiesel, tötet die Hauskatze. Mit dem Marder gerät sie manchmal in Streit, der für eine schwache Katze gefährlich wird.

Schlimme Feinde besitzt die Katze auch unter den großen Raubvögeln. Wenn der Adler und der Uhu nicht fast gänzlich ausgerottet wären, so würde es lange nicht so viele wildernde Katzen geben. Heute kommt unter den Raubvögeln eigentlich nur noch der Habicht in Betracht. Ein starker Habicht ist ein gefährlicher Gegner für eine schwache Katze. Junge Katzen raubt er ohne weiteres.

Die starke Katze macht sich sofort kampfbereit, wenn sie einen Habicht erblickt hat, während schwächere flüchten.

44. Die Katze als angebliche Nachahmerin unserer Reinlichkeitsbestrebungen.

Bereits beim Hunde haben wir erwähnt, daß man alle Geschichten von Hundebesitzern erst vorsichtig prüfen soll. Selbst durchaus wahrheitsliebende Menschen ziehen aus ihren Beobachtungen ganz falsche Schlüsse, weil sie immer vom menschlichen Standpunkte ausgehen.

Als Kind auf dem Lande hat man oft Gelegenheit zu sehen, daß Hunde ihren Unrat vergraben. Fragte man einen Erwachsenen nach dem Grunde, so bekam man die Antwort, daß der Hund das aus Reinlichkeitsgründen besorge.

Zunächst hat man das geglaubt. Als man aber später sah, daß derselbe Hund, der angeblich für Reinlichkeit schwärmt, sich mit Wonne auf Unrat wälzt, da erkannte man, daß die herrschende Erklärung unmöglich richtig sein könnte.

Ein vortreffliches Beispiel hierfür ist auch unser Hans von Fräulein Bachmann. Die Dame ist eine vollständig wahrheitsliebende Persönlichkeit. Nur läßt sie ihre Liebe zu den Tieren häufig falsche Schlüsse ziehen.

So wollte ich mich durch meinen Besuch mit eigenen Augen davon überzeugen, was an der Geschichte wahr sei, die mir als größte Merkwürdigkeit von Hans mitgeteilt worden war. Er sollte von Hause aus ein so reinliches Tier sein, daß er ohne jeden Unterricht seine Bedürfnisse in dem Abguß der Wasserleitung erledige.

Wir konnten uns alle persönlich davon überzeugen, daß diese Angabe durchaus auf Wahrheit beruht. Der Kater setzt tatsächlich an dieser Stelle seinen Unrat ab.

Wie ich bereits vermutet hatte, ist die Lösung des Rätsels furchtbar einfach. Die Katze hat wie der Hund den uralten Trieb, ihren Unrat zu vergraben. Das tun sie nicht aus Sauberkeit, sondern weil sie wissen, daß alle Pflanzenfresser die Gegend meiden, wo ihnen ihre feine Nase mitteilt, daß gefährliche Feinde in der Nähe weilen. Gerade die Katze hat zum Vergraben besondere Gründe, weil ihr Unrat besonders stark riecht.

Auch der junge Hans wollte es wie die anderen Katzen machen, aber es gab in der Wohnung seiner damaligen Herrin keinen Sand. Hat das Raubtier keine Möglichkeit, den Abgang zu vergraben, so sucht es wenigstens eine Höhlung für ihn auf.

Da in der Wohnung die einzige Höhlung, die für die Katze in Betracht kam, der Ausguß der Wasserleitung war, so sprang sie in diesen hinein.

Hans hat nur den Gedanken der Beseitigung gehabt. Das konnte man ganz unzweifelhaft daran erkennen, daß er nach der Beendigung mit den Pranken zu scharren anfing, obwohl doch in dem eisernen Behälter seine Hin- und Herbewegungen mit den Pfoten ebenso nutzlos waren wie das Scharren der Hunde mit den Hinterfüßen auf dem steinharten Bürgersteig.

Wie wird nun von einfachen Leuten ein so vollständig einleuchtender Vorgang ausgeschmückt.

Hiernach hat Hans folgenden Gedankengang gehabt. Wir müssen uns die klugen Menschen zum Vorbilde nehmen. Diese wissen dadurch die größte Reinlichkeit zu wahren, daß sie einen mit Wasserspülung versehenen Trichter benutzen. Leider kann ich mit meiner Katzengestalt ihnen das nicht nachmachen. Aber ich will den Menschen wenigstens darin nacheifern, daß auch bei mir Wasserspülung für die größte Reinlichkeit sorgt. Deshalb springe ich in den Abguß der Wasserleitung.

Dieser Gedankengang entspricht etwa den Anschauungen der meisten Tierfreunde. Sie werden hierin durch folgende Erwägung bestärkt. Der Großstädter ist klüger als die andere Bevölkerung. Die Tiere sehen dem Menschen kluge Maßregeln ab. Warum soll nun nicht eine Großstadtkatze, die in der Wohnung Klosetts mit Wasserspülung sieht, den Menschen nachzuahmen suchen.

In Wirklichkeit ist das eine vermenschlichende Anschauung, die dem Tiere vollkommen fernliegt. Der klügste Affe ist, wie ich schon erwähnt habe, nicht zur Stubenreinheit zu bewegen. Reinlichkeit in unserem Sinne kennt überhaupt das Tier nicht. Reinlichkeit ist eine Vorbedingung für die Gesundheit. Wir halten uns Unrat, verweste Dinge, tote Tiere und dergleichen fern, weil sie unserer Gesundheit schädlich sind. Da sie der Gesundheit des Hundes nichts schaden, so kann der Hund nicht denselben Reinlichkeitssinn besitzen wie wir.

Bei der Katze liegt die Sache ähnlich. Wie oft habe ich gesehen, daß meine Katzen sich auf schmutziger Wäsche mit Wonne sielten. Wo sitzt denn da die Reinlichkeit nach unseren Begriffen?

Zum Schlusse unseres Besuches zeigt uns Hans noch eine Glanzleistung. Er ist in der Küche, wo wir uns befinden, auf ein Brett gesprungen, wo zahlreiche kleine Gläser stehen. Man muß immer wieder die ungeheure Geschicklichkeit einer Katze bewundern, wie sie ihre vier Füße zu setzen weiß, ohne im geringsten anzustoßen. So wandert auch Hans durch die Gläser, ohne den geringsten Schaden anzurichten.

Bei der Jagd kann man oft die gleiche Geschicklichkeit der Katze beobachten. Wildernde Katzen wissen, daß der Jäger ihnen eifrig nachstellt. Sie verbergen sich deshalb sofort in der Saat oder im Klee oder einer anderen Deckung. Man sollte meinen, daß die Pflanzen sich bewegen müßten, wenn eine Katze hindurchgeht. Aber wenn man oben auf die Saat oder den Klee schaut, so kann man niemals eine Bewegung feststellen. So rettet die Katze durch ihre Geschicklichkeit ihr Leben, da der Jäger nicht weiß, wohin sie geflüchtet ist.

Eine andere Eigentümlichkeit der Katzen besteht darin, daß sie darauf erpicht sind, in jede Höhlung zu kriechen. Es ist daher nicht unbedingt notwendig, daß die Katzenfallen mit einem Köder versehen sind. Die Katze kriecht auch in einen Kasten, wenn kein Leckerbissen darin ist. Aus meiner Studentenzeit ist mir noch folgender Vorfall in der Erinnerung geblieben, der den Beweis hierfür liefert. Ich wohnte bei Leuten, die sehr große Tierfreunde waren und eine schwarze Katze besaßen. Die Katze war mehr bei mir als bei ihnen. Eines Tages war es sehr kalt und es sollte deshalb geheizt werden. Als Feuer angemacht war, fiel es mir auf, daß ich die Katze nicht sah. Auch war es mir so vorgekommen, als wenn ich ganz leise Laute aus dem Ofenloche vernommen hätte. Meine Wirtin bestritt zwar, daß die Katze im Ofenloch sitzen könne, sah aber doch nach und gewahrte zu ihrem Schrecken die Katze hinter dem Feuer. Rasch entschlossen riß sie das Feuer aus dem Ofen und zog die Katze heraus, die glücklicherweise nur einige versengte Stellen am Pelze aufwies. In dem Ofen war nur Asche, und zwar nicht einmal warme Asche, da ich in diesen Jahren nur ganz ausnahmsweise heizen ließ. Nur die Höhlung hatte es der Katze angetan, hier sich aufzuhalten. Wahrscheinlich tauchte vor dem Ofenloch die Erinnerung an die Felsenhöhlen ihrer Vorfahren in ihr auf.

45. Geschichten von Katzen.

Der Naturforscher, der von der Jagdleidenschaft seiner Hunde so schön plauderte, hat auch mit seinen Katzen mancherlei erlebt. Eine Katze, die er sich angeschafft hatte, mit Namen Ripp, war ungeheuer scheu. Erst im Laufe des Sommers, erzählte er, da ich mit meiner Familie sehr viel vor dem Hause war, gelang es uns, Ripp so zutraulich und zahm zu machen, daß sie immer am liebsten in unserer Gesellschaft verweilte, sich streicheln und tragen ließ, uns weit weg begleitete, wenn wir fortgingen, und uns weithin und voller Seligkeit entgegenkam, wenn wir zurückkehrten. Ripp war kohlpechrabenschwarz mit einem prächtigen weißen Stern auf ihrer treuen Brust, und da die Welt damals gerade voller Mäuse war, so hatte ich auch noch einen einfarbig blaugrauen Kater angeschafft, dem die Kinder den Namen Hänschen gaben. Nach Jahr und Tag fand ich Gelegenheit, von einem Freunde ein schönes Kätzchen zu beziehen, dessen Großvater ein schöner Angorakater war. Jetzt ward der Entschluß, das liebe alte Pärchen wegzuschaffen, gefaßt. Zuerst ward Hänschen im Käfig gefangen, und während er mit schwermütigem Blicke, als ob er dem Wetter nicht recht traute, in ihm auf und ab ging, fuhr ein kleiner Korbwagen vor, der Käfig ward hineingestellt, mit einem Tuche gut bedeckt, dies rings dicht mit Stroh umbanst, und nun Glück auf, da zog der neue Besitzer des schönen blaugrauen Katers wohlgemut den Wagen, listig allerlei Umwege durch den Wald wählend, seiner Heimat zu, die auf geradem Wege ein halbes Stündchen von uns entfernt ist. Dort angelangt, wurde der Wagen ins Haus gezogen, die Türen wurden hinten und vorn verriegelt, der Käfig behutsam herausgehoben, enthüllt, – aber, ach, der war ganz leer und keine Spur vom Kater zu sehen, obgleich der Wagenlenker ihn doch mit eigenen Augen beim Einpacken im Käfig gesehen hatte und sorgfältig verwahrt zu haben glaubte. Genaue Prüfung des Tatbestandes ergab, daß man im Vertrauen auf die Decke die Tür des Käfigs zuzubinden versäumt hatte und daß der reisende Kater inmitten der Reise unbemerkt die Türe geöffnet und Reißaus genommen haben mußte. Als der Wagen zurück und die Trauerbotschaft an mich kam, da erschrak ich, hielt gleich Haussuchung und fand Hänschen auf dem Heuboden, wo er ganz ruhig in seinem gewöhnlichen Bettchen lag, mir freundlich grüßend entgegenkam und mit dem Ergebnis seiner Waldpartie ganz zufrieden schien. Er ging auch gleich am folgenden Tage wieder getrost in den Käfig, ward wieder eingesperrt, zu Wagen gebracht, aufs Allersorgfältigste verpackt, gelangte auf neu ersonnenen Umwegen richtig an den Ort seiner Bestimmung, begrüßte mich aber doch am nächsten Morgen schon wieder ganz unbefangen in der lieben Heimat, weil er von dem Dachboden, wohin man ihn gesperrt, durch ein Loch entwichen war, das er selber entdeckt hatte und das der Hausbesitzer hinterdrein auch noch bei dieser Gelegenheit zu sehen bekam. Das nächste Mal ward Hänschen in entgegengesetzter Himmelsrichtung nach einem Orte, der eine Stunde weit entfernt und durch Berg und Tal, Wiese, Wasser und Wald von hier getrennt ist, zu befreundeten Seelen kutschiert, kehrte aber nach Verlauf zweier auf Reisen zugebrachter Wochen heim ins Vaterhaus und saß an einem schönen Morgen im Strahle der aufgehenden Sonne, reicher an Welt- und Menschenkenntnis, aber ärmer an Fett, in Hungersnot sanft quäksend und freundlich winkend unter meinem Fenster. – Auch die gute Ripp war während aller dieser merkwürdigen Ereignisse schon zweimal in die Welt hinein kutschiert und beidemal erfahrungsreicher heimgegangen. – Nun aber wurde zum dritten- und letztenmal Anstalt zur Auswanderung getroffen. Das liebe Pärchen mußte auf einem ganz neuen Wege eine gute geographische Meile weit zu Leuten fahren, die den ernstlichen Willen kundgegeben hatten, die zwei Auswanderer wenigstens zwei Wochen lang hinter Schloß und Riegel gut zu verpflegen. Nach drei Wochen kam die Nachricht, daß sich der Kater Hänschen zwar aus dem ihm angewiesenen Hause weggeschlichen, aber bei einem Nachbar festes Quartier genommen, daß Ripp dagegen geblieben, ganz einheimisch, zufrieden und sehr beliebt sei.

Unser Gewährsmann schildert weiter, daß auch Ripp nach einiger Zeit wieder zu ihm zurückgekehrt ist.

Der wunderbare Ortssinn der Tiere, von dem schon die Rede war (Kap. 9), zeigt sich auch bei der Katze stark ausgebildet.

46. Redensarten und Sprichwörter von der Katze.

Geldkatze ist ein hohler Gurt, der als Geldbeutel dient und gewöhnlich von Katzenfell hergestellt wird.

- Katzenmusik, Katzenkonzert,
- Katzenwäsche,
- Katzenbuckel,
- Schmeichelkätzchen,
- Katzen und Herren fallen immer auf die Füße,

Willst du lange leben gesund,
Iß wie die Katze, trink' wie der Hund

sind schon besprochen worden. Ein Beweis der im Volke herrschenden Ansicht von der Falschheit der Katzen ist der Vers:

Hüte dich vor den Katzen,

die vorn lecken und hinten kratzen.

Die Katze sorgt vorsichtig, daß ihr keine Schmerzen zugefügt werden. Daher die Redensart:

Drum herumgehen, wie die Katze um den heißen Brei.

Richtiger heißt es wohl:

Gleichwie die Katzen um den Herd,

tätens sich umherreiben.

Die Katze als Nachttier wünscht am warmen Herd ihren Körper zu erwärmen.

Der Katze die Schellen umhängen.

Nach einer Fabel wollten sich die Mäuse dadurch vor der Katze schützen, daß sie ihr Schellen umhängten. Dieser Plan scheiterte jedoch daran, daß sich niemand zu seiner Ausführung meldete.

Wenn die Katze aus dem Hause ist, springen die Mäuse über Stuhl und Bänke.

Ist der gebietende Teil nicht anwesend, also z. B. Lehrer, Eltern, dann erlauben sich Kinder manche Freiheiten.

Die Katze im Sack kaufen.

Nach Grimm heißt es: Die Katze im Sacke kaufen statt eines Hasen. Andere verstehen darunter: etwas unbesehen kaufen.

Bei Nacht sind alle Katzen grau.

Die Dunkelheit verwischt die Unterschiede, so daß man dann auch eine weniger gute Sache anziehen kann.

Die Katze erhält die Abfälle der Mahlzeiten. Daher sagt man für Wertloses:

Das ist für die Katz!

Nach anderen erklärt sich die Redensart damit, weil die Katze ein verachtetes Geschöpf ist. Man gebraucht also die Redensart dann, wenn man für eine Handlung auf Undank rechnen muß.

Katzenjammer

soll die bekannte Magenverstimmung deshalb heißen, weil sie der Stimmung beim Anhören eines Katzenkonzerts gleicht.

Uebrigens hat man schon in früheren Zeiten erkannt, daß die Katze im Gegensatz zum Hunde ein ausgezeichnetes Sehvermögen besitzt. Das geht aus dem Vers hervor:

Nimm die Augen in die Hand und die Katz aufs Knie,

was du nicht siehst, das sieht sie.

Der Glaube, daß Hexen sich in Katzen verwandeln, rührt von dem nächtlichen Leben der Tiere her und ihren im Dunkeln leuchtenden Augen, sowie ihrem lautlosen Schleichen.

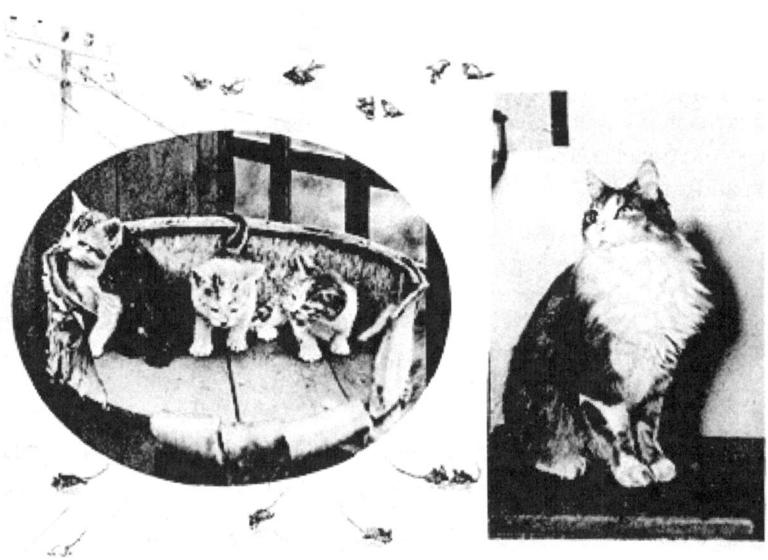

Junge Katzen Halbangora-Katze

Silberfarbige Cypernkatze mit Jungen

Das Pferd

47. Warum gibt es so viele braune Pferde?

In der Großstadt werden jetzt die Pferde vielfach durch andere Kräfte ersetzt. Manche sind der Ansicht, daß in nicht zu ferner Zeit das Pferd gänzlich von den Straßen verschwinden werde. Das ist wenig wahrscheinlich, weil manche Genüsse, beispielsweise das Reiten, durch keine Maschinentätigkeit ersetzt werden können.

Immerhin müssen wir jetzt schon, um uns ein paar Omnibuspferde anzusehen, auf die Suche gehen, denn es wird nur noch eine Strecke mit dem Pferdeomnibus befahren. Bequemer ist es daher, wenn wir bei einem Droschkenpferde haltmachen und es uns etwas besehen, da der Kutscher sich in dem benachbarten Lokal gerade stärkt. Er hat aber auch seinen treuen Gehilfen nicht vergessen, sondern ihm vorher den gefüllten Futterkübel umgehängt.

Aus meiner Jugendzeit fallen mir verschiedene schlechte Witze ein, die damals über das Berliner Droschkenpferd üblich waren. Einer von ihnen lautete: Was ist schneller als ein Gedanke? Die Antwort war: Das Droschkenpferd, denn, wenn man denkt, es fällt, dann liegt es schon.

Wie so viele Pferde ist unser Droschkenpferd von brauner Farbe mit schwarzer Mähne und schwarzem Schwanz. Auffallend ist die Beweglichkeit seiner Ohren, die sich sofort nach der Seite öffnen, von der aus ein Geräusch ertönt. Die Augen des Pferdes stehen nicht wie beim Menschen vorn, sondern mehr auf der Seite. Die Fliegen müssen dem Tiere ziemlich zusetzen, denn alle Augenblicke schlägt es mit dem Schwanze nach ihnen. Von Zeit zu Zeit tritt es auch mit den Hufen stark auf, um sie zu verscheuchen. In der Zwischenzeit zuckt es mit dem Felle, um die Plagegeister zu vertreiben. Vielen Erfolg scheinen die Abwehrmittel nicht zu haben, da die Fliegen wohl fortfliegen, aber ebenso sicher auch zurückkehren.

Von seinen Hufen, die ungespalten sind, hat das Pferd den Namen Einhufer erhalten. Wir staunen, daß ein so großer Körper so sicher auf den kleinen Hufen steht.

Ebenso wundern wir uns über den außerordentlich langen und starken Hals, wenn wir ihn mit dem Halse des Menschen vergleichen. Im Verhältnis zur Länge des Halses ist wiederum der Kopf nur klein. Während unser Kopf rund ist, hat das Pferd einen länglichen Kopf.

Inzwischen ist beim Fressen durch das Schnauben des Pferdes eine ganze Menge Häcksel aus dem Kübel geflogen. Dieses Fortpusten des Häcksels betrachten viele als ein Zeichen dafür, daß das Pferd ein sehr kluges Tier ist. Der Häcksel, den ihm sein Herr vorsetzt, paßt ihm nicht, und deshalb pustet es einfach eine Menge davon fort.

Mit der Zeit scheint das Futter sich seinem Ende zu nähern, denn das Pferd schüttelt den Kübel hin und her, um sich ja nicht etwas von dem Futter entgehen zu lassen. Hieraus dürfen wir wohl den Schluß ziehen, daß es ihm nicht gerade schlecht schmecken kann.

Wir wissen, daß wir, um das Benehmen des Pferdes und sein Aussehen zu verstehen, seine wilden Verwandten uns näher ansehen müssen. Früher waren die Vorfahren unseres Hauspferdes unbekannt. Seit Anfang dieses Jahrhunderts sind sie jedoch entdeckt, und von den gefangenen Fohlen sind ein Männchen und ein Weibchen, also ein Hengst und eine Stute, nach dem Zoologischen Garten von Berlin gekommen. Leider ist die Stute vor einigen Jahren gestorben. Der Hengst aber lebt zurzeit noch, wenngleich er schon einen recht alten Eindruck macht. Anscheinend ist er auch schon erblindet, wenigstens auf einem Auge dürfte er ganz blind sein.

Der Wildhengst ist kleiner als unser Droschkenpferd, da er nicht größer als ein Zebra ist. Ueberhaupt sehen wir, daß alle Einhufer des Zoologischen Gartens nach unseren Begriffen klein sind. Das kommt daher, weil wir unsere Pferde absichtlich auf Größe gezüchtet haben, so daß unser Auge an große Pferde gewöhnt ist.

Auch das Wildpferd ist braun mit schwarzer Mähne und schwarzem Schwanz. Ueberdies läuft noch ein schwarzer Streifen auf dem Rücken entlang. Auch bei unseren Hauspferden kommt er manchmal vor und wird als Aalstrich bezeichnet.

Diese Zeichnung des Wildpferdes ist natürlich seinen Lebensgewohnheiten angepaßt. Es lebt noch heute in Mittelasien. Und zwar ist das Wildpferd ein Bewohner der Steppe, wo es in Rudeln angetroffen wird. Diese Rudel werden von einem Hengste geleitet, der fortwährend achtgibt, ob irgendwo Gefahr droht. Naht sich ein größeres Raubtier, so ergreift das Rudel eiligst die Flucht. Gegen kleinere Raubtiere kämpft der Hengst mutig, und zwar schlägt er mit seinen Vorderhufen und packt sie mit dem Gebiß.

Jetzt verstehen wir, weshalb es heute noch bissige Pferde gibt. Das Beißen ist eine ursprüngliche Waffe der Pferde. Wir haben absichtlich alle Pferde, die sich durch Beißen auszeichneten, von der Zucht ausgeschlossen, so daß unsere heutigen Pferde nur ausnahmsweise beißen.

Das Ausschlagen ist an sich ebenfalls eine natürliche Waffe des Pferdes. Niemals soll man sich einem fremden Pferde von hinten nähern. Das Pferd, das im allgemeinen ängstlich ist, hört ein Geräusch hinter sich und schlägt naturgemäß nach hinten aus. Dadurch sind schon unzählige Unglücksfälle verursacht worden.

Wie die braune Lerche sich von der Erde kaum abhebt und deshalb leicht übersehen wird, ebenso der braune Hase, so verschwimmt auch das Wildpferd mit seiner braunen Farbe in der endlosen braunen Steppe. Wäre jedoch das Wildpferd nur braun, so würde ein so großer brauner Fleck in der Natur auffallen. Deshalb ist durch die schwarze Mähne, den Aalstrich und den schwarzen Schweif der braune Fleck geteilt und nicht mehr so auffällig groß.

48. Warum hat das Pferd eine Mähne? Die Fabel von dem Kreisbilden der Pferde.

Die Frage, weshalb das Pferd eine Mähne besitzt, scheint sehr leicht zu beantworten zu sein. Einfach zu dem Zwecke, damit der Reiter sich daran festhält, wenn er sich auf das Pferd schwingt.

Jetzt betrachten wir daraufhin das Wildpferd und sehen, daß es oben auf dem Halse nur kurze Borsten wie ein Zebra hat. Die Mähne unserer Hauspferde, die sehr bequem für den Reiter ist, hat also bei dem Wildpferde gar nicht die Länge, um als geeigneter Handgriff zu dienen.

Die Mähne hat also bei dem Wildpferde andere Zwecke zu erfüllen. Der große und starke Pferdehals sieht wie ein großes Viereck aus und muß in der weiten Steppe sehr auffallen. Durch die schwarze Mähne oben auf dem Halse wird dieses Viereck weniger auffallend. Die Hauptfeinde der Wildpferde sind in Asien der Tiger und der Mensch. Beide sind Augentiere, denen gegenüber die Schutzfärbung von großer Bedeutung ist. Weniger kommt sie in Betracht bei den Wölfen, da diese sich wie die Hunde in erster Linie nach ihrer Nase richten.

Immer wieder taucht die Fabel auf, daß die Pferde sich gegen die Wölfe dadurch verteidigen, daß sie einen Kreis bilden mit den Köpfen nach innen, während die nach außen gerichteten Hinterbeine den Angreifer niederschmettern. In der Mitte des Kreises sollen sich die Fohlen aufhalten.

Naturforscher und Reisende, die Gelegenheit hatten, die Angriffe der Wölfe auf Pferdeherden zu beobachten, haben aber nicht das geringste von diesem Kreisbilden wahrnehmen können. Der Wolf sucht sich vielmehr an die Pferdeherden anzuschleichen, um ein Füllen zu packen, manchmal auch ein einzelnes Pferd. Merken die Pferde den Wolf, so gehen sie auf ihn los und bearbeiten ihn mit den Vorderhufen, die Hengste auch mit den Zähnen.

Ein amerikanischer Reisender schildert folgenden Kampf zwischen Wölfen und Pferden: Als ich mich am Spokanfluß aufhielt, ging ich nach der Pferdeprärie, um die Manöver zu beobachten, welche die Wölfe bei ihren vereinten Angriffen auf die Pferde anwenden. Ihre erste Ankündigung bestand in einem gellenden, hundeähnlichen Gebell, das sie von Zeit zu Zeit hören ließen, gleich dem Abfeuern der Gewehre der verschiedenen Vorposten bei kleinen Gefechten. Dieses Gebell wurde von der entgegengesetzten Seite durch ein ähnliches erwidert, bis sich die Töne immer mehr näherten, und endlich aufhörten, als die Parteien sich vereinigten. Wir setzten unsere Flinten in Stand und verbargen uns hinter einem dicken Gebüsch. Indes scharrten die Pferde, welche die Gefahr merkten, mit den Hufen auf dem Boden auf, schnaubten, hoben die Köpfe in die Höhe, sahen wild um sich und gaben alle Zeichen von Furcht. Ein paar Hengste erwarteten mit anscheinender Ruhe den Feind. Endlich erschienen die Verbündeten in einem Halbkreis, dessen Enden sie ausdehnten, um ihre Beute einzuschließen. Es waren zwischen 300 bis 400 an der Zahl. Die Pferde schienen ihre Absicht zu erraten, und da sie sich fürchteten, einer solchen Anzahl entgegenzutreten, galoppierten sie nach der entgegengesetzten Seite; die Wölfe stürzten nach, ohne ihre Stellung im Halbkreis zu verlieren. Die Pferde, welche nicht im besten Stande waren, wurden schnell eingeholt und fingen an, nach ihren Verfolgern auszuschlagen, wovon manche heftige Schläge erhielten. Doch würden sie bald über die Pferde Herr geworden sein, wären wir nicht zur rechten Zeit aus unserm Hinterhalte hervorgetreten, und hätten des Feindes Zentrum eine tüchtige Ladung Kugeln zugeschickt, die mehrere davon töteten. Sogleich schwenkte sich das ganze Bataillon und lief in der größten Eile und Unordnung den Bergen zu, während die Pferde, sowie sie die Schüsse hörten, ihren Lauf änderten, und auf uns zu galoppierten. Unser Erscheinen rettete einige aus den Zähnen der Wölfe, und sie schienen durch ihr Wiehern ihre Freude und Dankbarkeit ausdrücken zu wollen.

Auch in dem vorstehenden Falle ist von einem Kreisbilden der Pferde keine Rede. Wohl aber haben ihre Feinde, die Wölfe, einen Halbkreis mit verlängerten Enden um sie gebildet, damit kein Pferd entweichen konnte.

49. Warum kann das Pferd nur durch die Nase atmen?

An kalten Wintertagen, wo der Atem sichtbar wird, kann man deutlich erkennen, daß das Pferd nur durch die Nase atmet. Aus den Nüstern kommen fortwährend Wolken wie Dampf, aber aus dem Maule nicht.

Auch hier gibt die Lebensweise der Wildpferde Aufschluß über die Eigentümlichkeit. In der Steppe herrschen in der Winterzeit furchtbare

Schneestürme. Diese würden für die Pferde besonders nachteilig sein, da sie die Gewohnheit haben, stets gegen den Wind zu laufen. Sie tun das natürlich nicht aus Vergnügen, sondern um ihre Feinde rechtzeitig wahrzunehmen. Denn wie der Hund, so ist das Pferd ein Nasentier, das eine sehr feine Nase, aber am Tage nur ein schwaches Sehvermögen besitzt. Lauern nun vor ihnen irgendwo Feinde, so wird das hervorragende Geruchsvermögen sie dem Pferde verraten.

Das Laufen gegen eisige Winterstürme würde aber der Gesundheit der Pferde nachteilig sein, falls das Atmen durch das Maul erfolgte. Deshalb kann das Pferd nur durch die Nase atmen, damit es stets angewärmte Luft einatmet.

Die Furcht vor seinen Feinden spielt also beim Pferde die größte Rolle. Immer sind deshalb die Ohren in Bewegung, damit es ja nicht etwas Gefährliches überhört. Kipp- und Hängeohren wird man bei den Pferden kaum jemals antreffen, obwohl sie bei Hunden und anderen Haustieren häufig sind. Die Angst läßt die Ohren immer gespitzt halten.

Das Fortpusten des Häcksels aus dem Futterkübel geschieht also nicht deshalb, weil das Pferd sehr klug ist, sondern wegen seiner Nasenatmung. In der Freiheit fliegt dadurch kein Futter fort, weil die Gräser festgewachsen sind.

Kinder spielen gern Pferd und ahmen ihrem Vorbild durch Schnauben und Prusten nach. Auch dieses Prusten beruht nur auf der Nasenatmung, weshalb beispielsweise Kühe und Schafe nicht Prusten.

50. Warum scheuen die Pferde und gehen durch?

Ein scheuendes Droschkenpferd wird man nicht häufig zu sehen bekommen. Einmal hat sich ein Großstadtpferd mit der Zeit an die tollsten Geräusche gewöhnt. Sodann wird ein Pferd um so ruhiger, je älter es wird. Und die meisten Droschkenpferde haben eine ganze Anzahl von Jahren auf dem Rücken. Immerhin habe ich erst im vorigen Jahre ein durchgehendes Droschkenpferd beobachten können. Aus welchem Grunde es gescheut hatte, konnte ich nicht ermitteln. Es raste die Straßen entlang, und der alte Kutscher suchte nach Möglichkeit einen Zusammenstoß zu vermeiden. Zum Glück war die Straße fast leer, und zum weiteren Glück stürzte das Pferd zu Boden. Die Wucht, mit der es gerast war, zeigte sich darin, daß das gestürzte Tier eine große Strecke auf dem Asphaltpflaster dahingeschleudert wurde. Die menschliche Haut würde eine solche Rutschpartie nicht aushalten, aber die Pferdehaut vertrug sie ohne Schaden.

Durch den Sturz und das Gleiten auf dem Asphalt war das Pferd wieder einigermaßen ruhig geworden und blieb stehen, als es aufgerichtet war.

Ein großer Verlust wäre es für den Droschkenkutscher gewesen, wenn das Pferd sich ein Bein gebrochen hätte. Denn obwohl solche Brüche bei anderen Haustieren, z. B. Schweinen, sehr gut heilen, kann ein Pferd nach einem Bruch trotz aller ärztlichen Kunst nicht mehr zum Ziehen oder Reiten, sondern nur zur Zucht verwendet werden.

Was veranlaßte nun das Droschkenpferd zu einer so sinnlosen Raserei? Wahrscheinlich ein nach unseren Begriffen ganz harmloser Vorfall. Beispielsweise schwenkt jemand plötzlich eine Fahne – und schon ist das Unglück geschehen.

Wir müssen bei der Beurteilung eines solchen Falles gerecht sein und uns klar darüber werden, daß, wenn alle Wildpferde vorher eine gründliche Untersuchung anstellen wollten, wie die Sache eigentlich liegt, kein einziges mehr lebte. Vergegenwärtigen wir uns das Leben eines Wildpferdrudels in der Steppe. Trotz der Schutzfärbung hat es ein Tiger wahrgenommen. Unter Beobachtung der Windrichtung hat er sich nach Katzenart ganz leise herangeschlichen. Stundenlang hat es gedauert, bis er in Sprungweite war. Jetzt schnellt er wie ein Ball auf das ihm zunächst stehende Tier.

Die einzige Rettung für das Pferd besteht jetzt darin, ohne jedes Besinnen davonzujagen. Wie der Hund, so hat auch das Pferd ein Auge, das Bewegungen sehr leicht wahrnimmt. Den anspringenden Tiger hat es durch seine Bewegung erkannt, oder vielmehr erkannt, daß ein großer bunter Ball urplötzlich hinter ihm flog.

Hätte das Pferd erst überlegt, was der bunte Ball eigentlich sei, so war ihm der Tod durch die große Katze sicher. Es war sein Heil, daß es noch im letzten Augenblick davonraste. Denn der Tiger sprang infolgedessen zu kurz. Und ein flüchtiges Wildpferd kann er nicht einholen.

Für das Scheuen des Pferdes bestehen also folgende Ursachen:

1. Das schwache Sehvermögen des Pferdes vermag wirkliche und scheinbare Gefahren nicht zu unterscheiden.

2. Unter natürlichen Verhältnissen läuft deshalb das Pferd gegen den Wind, um zu wissen, ob Gefahr besteht. Dieses Laufen gegen den Wind kann aber der Mensch bei der Benutzung der Pferde nicht immer durchführen. So kommt es, daß das Pferd vor ganz harmlosen Sachen scheut, einem Stück Papier, einem weißen Stein und dergleichen.

Das Durchgehen, das dem Scheuen häufig folgt, hat die Ursache, daß es die natürliche Rettung des Pferdes in der Steppe ist.

In der Steppe gibt es keine Häuser oder Bäume, gegen die ein Pferderudel stürzen kann. Deshalb kann das sinnlose Laufen in der Steppe auch keinen Schaden anrichten.

Bei uns kann natürlich ein durchgehendes Pferd das größte Unheil verursachen. Die Insassen des Wagens werden häufig herausgeschleudert, fremde Personen überfahren usw. Auch das Pferd selbst geht oft zugrunde, weil es gegen einen Baum oder anderen festen Gegenstand gerannt ist. Durch Gewalt ist bei einem durchgehenden Pferde wenig auszurichten, da die Kraft des Tieres in diesem Zustande ganz außerordentlich ist.

Bei einem Ochsengespann wird ein Scheuen und Durchgehen der Tiere nur selten vorkommen. Das rührt daher, weil das Rind im Gegensatz zum Pferd eine Rettung nicht in der Flucht sucht, sondern mutig auf den Gegner einstürmt. Das Pferd ist also, wie Hirsche, Rehe, Hasen ein sogenannter fliehender Pflanzenfresser, während das Rind mit den Elchen, Büffeln, den größten Affenarten zu den wehrhaften Pflanzenfressern gehört. Die wehrhaften Pflanzenfresser flüchten nur ausnahmsweise vor einem sehr starken Raubtiere, und zwar die Weibchen leichter als die viel stärkeren Männchen.

51. Die Bodenscheu.

Ein Berliner Droschkenpferd wird selten zur Bodenscheu neigen. Das kommt daher, weil es nicht aus Gegenden stammt, wo noch Wölfe heimisch sind. Deshalb findet man unter den ungarischen und russischen Pferden am häufigsten Bodenscheu.

Unter Bodenscheu versteht man die unbegründete Furcht eines Pferdes vor dunklen Stellen auf dem Erdboden.

Bereits von dem berühmten Pferde Alexanders des Großen, das Bukephalus hieß, wird uns erzählt, daß es sich vor seinem eigenen Schatten gefürchtet habe. Das heißt mit anderen Worten, daß es bodenscheu war. Man sieht daraus, daß ein hervorragend tüchtiges Pferd auch diese Eigentümlichkeit besitzen kann.

Mit Klugheit oder Dummheit hat das gar nichts zu tun, während gerade Kutscher mit Vorliebe auf die Bodenscheu hinweisen, als Beweis dafür, daß das Pferd ein furchtbar dummes Geschöpf ist. Wie oft habe ich Gespräche etwa folgenden Inhalts anhören müssen: »Wenn irgend jemand daran zweifelt, daß das Pferd zu den dümmsten Tieren gehört, so soll er sich meinen Gaul ansehen. Was ist mir erst heute wieder mit ihm passiert? Hat da jemand auf dem Asphalt einen Eimer Wasser ausgegossen. Denken Sie, ich bekomme das dumme Tier an dem nassen Fleck vorbei? So hat man häufig seinen Aerger wegen der furchtbaren Dummheit des Pferdes. Kann es etwas Dümmeres geben, als sich vor einer nassen Stelle zu fürchten?«

So einfach liegt die Sache nicht, wie der Kutscher meint. Dummheit liegt nicht vor, wenn die Schwäche eines Sinnes zu sonst üblichen Leistungen unfähig macht. So ist der Knabe nicht dumm, der nicht angeben kann, wieviel die Turmuhr zeigt, weil er kurzsichtig ist.

Umgekehrt ist das Pferd nicht klüger als der Mensch, weil es sich in der Dunkelheit besser zurechtfindet, als wir es vermögen. Unzählige Reiter oder Wageninsassen sind durch ihre Pferde gerettet worden. Die Menschen konnten in der Dunkelheit nicht mehr die Hand vor den Augen sehen. Trotzdem fanden sich die Pferde zurecht und brachten ihre Herren glücklich nach Hause.

Wie würde es uns Menschen gefallen, wenn man uns diese Unfähigkeit, uns in der Dunkelheit zurechtzufinden, als Dummheit anrechnen würde?

Das Auge des Pferdes kann bei Tageslicht nicht gut sehen. Deshalb kann es nicht genau erkennen, was der dunkle Fleck eigentlich bedeutet. In wolfreichen Gegenden haben die Pferde es oft erlebt, daß dieser an der Erde befindliche Fleck ein sich auf den Boden drückender Wolf war, der ihnen plötzlich an die Kehle sprang. So unbegründet ist also die Furcht des Pferdes vor den dunklen Stellen am Boden durchaus nicht.

Weil in England seit Jahrhunderten im Grase lauernde Wölfe unbekannt sind, ebenso auch bei uns in dem weitaus größten Teil unserer Heimat, deshalb neigen englische und deutsche Pferde wenig zur Bodenscheu, dagegen mehr die russischen und ungarischen Pferde.

Etwas anderes ist es natürlich, wenn ein Pferd in moorigen Gegenden nasse oder dunkle Stellen meidet, weil es einzusinken fürchtet.

52. Einem geschenkten Gaul schaut man nicht ins Maul. Warum trägt ein Pferd Hufeisen?

Da Droschkenpferde, wie schon erwähnt wurde, meistens bejahrte Tiere sind, so werden wir uns hüten, den Droschkenkutscher zu bitten, uns das Gebiß seiner »Liese« oder wie sie sonst heißt, zu zeigen. Er würde uns in seiner Urwüchsigkeit mit einer Antwort dienen, die sich gewaschen hat, und wegen der Seltsamkeit des Ansinnens gewiß glauben, daß wir aus dem Irrenhause entsprungen sind.

So müssen wir uns ohne ihn behelfen. Die allbekannte Redensart »Einem geschenkten Gaul sieht man nicht ins Maul« erklärt sich in folgender Weise.

Was verschenkt der Mensch am liebsten?

Es ist traurig, aber wahr, daß er am liebsten wertlose Gegenstände verschenkt. Man kann sogar behaupten, daß viele erst auf den Gedanken, etwas zu verschenken, kommen, weil sie einen wertlosen Gegenstand los sein wollen. Sie wissen, daß sie kaum etwas dafür erhalten, und sagen sich, daß es doch einen guten Eindruck macht, wenn man etwas verschenkt.

Es ist also eine alte Erfahrung, daß verschenkte Pferde meistens alte Pferde sind.

Nun gehört das Pferd zu den Tieren, dessen Alter man mit einer leidlichen Genauigkeit an den Zähnen erkennen kann.

Es ist leicht verständlich, daß Zähne durch den Gebrauch abgenützt werden. Da die Zähne des Pferdes Vertiefungen, sogenannte Kunden haben, so ist klar, daß, je weniger die Kunden abgenützt sind, desto jünger das Pferd, je mehr, desto älter es sein muß.

Man soll also einem geschenkten Gaul deshalb nicht in das Maul sehen, weil man dann an den Zähnen erkennen würde, daß man ein recht bejahrtes Tier von dem Schenker erhalten hat. –

Unser Droschkenpferd trägt Hufeisen, und zwar an jedem Hufe eins. Wildpferde besitzen natürlich keine Hufeisen. Es fragt sich, weshalb der Mensch dem Tiere diese Eisen aufgenagelt hat.

Im Altertum waren, wie wir wissen, die Pferde unbeschlagen. Auch bei uns läßt man auf dem Lande, namentlich in sandigen Gegenden, die Pferde häufig unbeschlagen.

Das läßt sich deshalb durchführen, weil die Abnutzung des Hufes auf sandigem Boden nicht groß ist und durch Nachwachsen wieder ersetzt wird. Anders liegt aber die Sache in den Städten mit Steinpflaster. Pferde, die auf solchem Pflaster schwere Lasten zu ziehen haben, müssen deshalb beschlagen werden, um die vorzeitige Abnutzung der Hufe zu verhindern.

Das richtige Aufnageln der Hufe will natürlich verstanden sein. Deshalb sind tüchtige Hufschmiede mit Recht auf ihre Fertigkeit stolz.

Bei Glätte und Eis können die Pferde mit ihren eisernen Schuhen besonders leicht ausgleiten. Um das zu verhindern, gibt es allerlei Vorkehrungen, beispielsweise das Einschrauben von Stollen.

53. Der Schweif des Pferdes verglichen mit dem Schwanz von Hund und Katze.

Wir sahen, daß das Droschkenpferd durch Schlagen mit dem Schweif sich die Fliegen abwehrt. Vergleichen wir den Schwanz unserer Hauspferde mit dem der Wildpferde, so können wir feststellen, daß die Behaarung bei unseren Pferden reichlicher geworden ist.

Diese Beobachtung können wir überall machen. So behaarte Geschöpfe wie der Pudel und der Kolly, die Angorakatze, die Hausschafe, kommen in der freien Natur nicht vor.

Immerhin muß uns folgendes auffallen. Das Pferd benutzt den Schwanz, um Fliegen abzuwehren. Warum tun nicht Hund und Katze das gleiche? Beide haben doch einen schönen langen Schwanz. Warum schlagen sie niemals damit nach Fliegen? Wiederum schlägt die Kuh mit ihrem Schwanz nach Fliegen. Warum hat sie einen so viel längeren Schwanz als das Pferd?

Wenn wir uns die Tierwelt daraufhin näher ansehen, welche Bedeutung bei ihnen der Schwanz hat, so finden wir darunter zahlreiche, bei denen er ein lebenswichtiges Organ ist. Ein Känguruh ohne Schwanz ist kein Känguruh mehr, weil es den Schwanz als drittes Bein eines Schusterschemels benutzt. Ebenso ist es bei den Klammeraffen. Krokodile, Walfische, ferner alle Fische sind ohne Schwanz Todeskandidaten.

Umgekehrt gibt es Tiere, bei denen der Schwanz gleichgültig ist, so bei Hasen, Hirschen, Rehen, Ziegen u. dgl. Wird einem Hirsch sein kurzer Schwanz, der »Wedel« genannt wird, abgeschossen, so stört ihn das nicht weiter in seinem Befinden.

In der Mitte stehen die Tiere, bei denen der Schwanz auf ihre Lebensweise von mehr oder minder wichtigem Einfluß ist. So sehen wir beispielsweise im Zoologischen Garten, daß der Löwe vor einem Sprunge seinen Schwanz schnell dreht. Sehr richtig sagt unser Dichter Schiller in dem Gedicht: »Der Handschuh« von dem grollenden Tiger, den man auch als Waldlöwen bezeichnen kann:

schlägt mit dem Schweif

einen furchtbaren Reif.

Wir können auch verstehen, weshalb der Löwe seinen Schweif so eilig dreht. Er will einen ganz genauen Sprung machen, um sein Opfer zu packen. Selbstverständlich will das bedrohte Geschöpf der Gefahr entrinnen und sucht nach der einen oder anderen Seite zu entkommen. Nach welcher es sich wenden wird, kann der Löwe vorher nicht wissen. Das entscheidet sich erst im letzten Augenblick. Darum tut der Löwe am klügsten, wenn er den Schweif im Kreise dreht. Mag das bedrohte Tier springen, nach welcher Seite es auch will, stets wird der Löwe durch die Kreisdrehung imstande sein, richtig zu steuern.

Weil es auf die richtige Steuerung beim Sprunge sehr ankommt, deshalb haben alle Katzenarten einen langen Schwanz. Die alten Griechen haben also sehr fein beobachtet, als sie die Katze »Ailurus«, d. h. Drehschwanz, nannten. Ausnahmsweise haben einige Katzen nur einen kurzen Schwanz, nämlich solche, die, wie z. B. der Luchs, hauptsächlich auf Bäumen lauern, wo für das Drehen des Schwanzes kein Platz ist. Auf der Insel Man lebt eine Katze, die hauptsächlich von Vögeln lebt und deshalb auf Bäumen heimisch ist. Auch sie hat keinen Schwanz.

Die Hundearten brauchen zwar zum Springen keinen langen Schwanz, wohl aber zum schnellen Umkehren. Der Hase sucht sich vor dem schnelleren Hund durch Hakenschlagen zu retten, indem er ganz plötzlich die Richtung ändert. Der Hund, der in rasender Eile dem Hasen folgt, ist dermaßen in Schwung, daß er noch eine ganze Strecke fortschießt, nachdem der Verfolgte seinen Haken geschlagen hat. Dadurch erhält der Hase einen Vorsprung, bis der Hund ihm wieder bedenklich auf das Fell rückt. Dann kann das Spiel von neuem beginnen.

Um seinen Körper plötzlich herumzuwerfen, bedarf der Hund wie alle Hetzraubtiere, also Wölfe, Wildhunde u. dgl., eines langen Schwanzes. Besonders wichtig ist er für den Windhund, da dieser der eifrigste Hasenhetzer ist. Ein Windhund ohne Schwanz ist undenkbar. Vielmehr zeichnet sich gerade diese Hunderasse durch einen langen Schwanz aus.

Für alle Katzenarten ist also ein langer Schwanz zum richtigen Steuern und für alle Hundearten zum schnellen Herumwerfen ihres Körpers von Wichtigkeit. Ebenso sehen wir bei Raubvögeln lange Schwänze, damit sie bei der Verfolgung schnell die Richtung ändern können. Außerdem erleichtert der ausgebreitete lange Schwanz ihnen das Tragen der Beute.

Hasen, Hirsche, Rehe, Elche usw. brauchen dagegen keine Schwänze, weil sie keine anderen Tiere verfolgen. Das Hakenschlagen kann der Hase ohne Schwanz sehr gut machen, da er ja vorher die Absicht hat, die Richtung zu ändern. Würde auch der Hund vorher diese Absicht haben, so käme er auch ohne Schwanz aus.

Gegen die Insektenplage helfen sich die Pflanzenfresser dadurch, daß sie Oertlichkeiten aufsuchen, wo weniger Insekten vorhanden sind.

Nur den Pferden und den Rindern nützen die Wanderungen nicht viel. Das Pferd ist auf seine Heimat, die Steppe, angewiesen. Viel schlimmer ist das Rind daran. Es ist gerade in üppig bewachsenen Niederungen heimisch, wo es sehr viel Insekten gibt. Deshalb hat auch das Rind den längsten Schwanz zum Vertreiben der Fliegen, während das Pferd, weil es in der Steppe nicht so schlimm ist, sich mit einem erheblich kürzeren Schweif begnügen muß.

Der Schwanz dient also bei Pferd, Rind, Hund und Katze ganz verschiedenen Zwecken. Bei den beiden erstgenannten ist er

Fliegenabwehrer, bei dem Hunde soll er den Körper herumwerfen helfen, und bei der Katze soll er das richtige Steuern beim Sprunge besorgen. Ein Hund ohne Schwanz kann keinen Hasen mehr einholen. Gegen Fliegen braucht die Katze ihren Schwanz nicht als Abwehrmittel, da sie von ihnen gemieden wird. Die Hundearten liegen am Tage in einem dichten Gebüsch und ruhen. Hier ist von einer großen Belästigung durch Fliegen nicht die Rede, weshalb der Hund nach ihnen nur mit dem Maule schnappt, aber nicht mit dem Schwanze danach schlägt.

54. Sieht das Pferd alles größer?

Ein unausrottbarer Aberglaube ist es, daß das Pferd alles doppelt sieht. Wie schön wäre es für unsern Droschkenkutscher, wenn das der Fall sein würde. Er brauchte seiner Liese nur das halbe Futter zu geben, und sie glaubte, das ganze zu erhalten.

Die Größe eines Gegenstandes bemessen wir nach dem Gesichtswinkel und der Entfernung. Ist uns die Entfernung unbekannt, so schwanken wir in den Angaben der Größe. So sagt mancher Landbewohner, der Mond sähe so aus wie ein früherer Taler. Ein anderer sagt wiederum, er erscheine ihm so groß wie ein Heuwagen. Sehen wir ganz in der Ferne einen Vogel fliegen, so ist oft der beste Tierkenner im Zweifel, wie groß der Vogel eigentlich ist. Bei unbekannten Entfernungen kann es also vorkommen, daß man etwas für größer hält als es ist.

Das meint das Volk aber gar nicht, sondern es ist der Ueberzeugung, daß das Pferd alle Gegenstände um sich, wo es sich also um ganz bekannte Entfernungen handelt, doppelt so groß sieht. Namentlich soll der Mensch in den Augen des Pferdes doppelt so groß, wie er ist, erscheinen.

Es ist klar, daß diese Vorstellung vollkommen unhaltbar ist. Sehe ich alles doppelt so groß, so sehe ich mich selbst ebenfalls doppelt so groß, und dann hat das Größersehen nicht den geringsten Erfolg.

Nichts deutet darauf hin, daß das Pferd, falls man die Größenverhältnisse in Betracht zieht, anders sieht als der Mensch. Es hält einen großen Hund nicht für ein Pferd, es verwechselt eine Hütte nicht mit seinem Stall, es mißt die Weite eines Grabens und die Höhe eines Hindernisses vortrefflich ab. Der Aberglaube, daß das Pferd alles doppelt sieht, ist nur aus folgendem Gedankengange entstanden. Der einfache Mann legt sich folgende Frage vor: Wie ist es möglich, daß ein so großes und starkes Tier, wie es das Pferd ist, sich von einem Schwächling, wie es der Mensch ist, beherrschen läßt? Um das zu erklären, verfiel man auf den anscheinend klugen Gedanken: Es wird den Menschen doppelt so groß sehen, wie er ist.

Hierbei haben die Leute aber ganz übersehen, daß in der Tierwelt häufig ein David einen Riesen Goliath in Schrecken versetzt. Die großen und starken Rinder flüchten, wenn die kleinen Rinderbremsen kommen (vgl. Kap. 86), und andere große Tiere sowie auch Menschen ergreifen die Flucht vor kleinen Giftschlangen oder gewissen Arten von Ameisen.

Alle Tage können wir erleben, daß sich große Pferde vor dem Gekläff kleiner Hunde fürchten. Es ist daher nicht im mindesten auffallend, daß es sich dem Menschen unterordnet.

Die seitliche Stellung der Augen hat für das Pferd große Vorteile. Kürzlich sah ich ein Bild, auf dem der Künstler die Stellung seiner Meinung nach verbessert hatte. Das Pferd hatte nämlich, fast wie ein Mensch, die Augen vorn.

Wir wollen uns einmal vorstellen, daß sich ein Pferd gegen einen von hinten anschleichenden Wolf verteidigen will. Das kann in seiner Heimat alltäglich oder allnächtlich vorkommen. Bei der Stellung der Menschenaugen könnte das Pferd den anschleichenden Räuber nicht sehen. Es würde wahrscheinlich daneben hauen, und der unverletzte Wolf sich in sein Opfer verbeißen.

Man erkennt daraus, daß die Natur doch etwas besser versteht, wie die einzelnen Gaben beschaffen sein müssen, die sie den Tieren verliehen hat.

Durch die Stellung der Augen hat das Pferd den Vorteil, die Peitsche des Kutschers zu sehen oder wenigstens die Bewegungen, die er macht, wenn er schlagen will. Denn auch das Pferdeauge kann wie das Hundeauge Bewegungen sehr gut wahrnehmen. Weil nun manche Pferde aus Furcht vor dem Schlage plötzlich schnell anzogen und dadurch eine gleichmäßige Fahrt erschwerten, so war dies einer der Gründe, weshalb man Scheuklappen anbrachte. Durch die Scheuklappen wurden die Pferde verhindert, nach hinten zu sehen.

Ueber die Scheuklappen ist sehr viel geschrieben worden, weil sie den Augen des Pferdes sehr nachteilig sein sollten. Man sieht sie auch jetzt viel weniger als früher. Immerhin hat man sich um eine Sache mehr aufgeregt, als sie wert war. Denn das Auge hat für das Pferd nicht die Bedeutung wie für den Menschen.

Ganz unerklärlich ist es uns, daß ein durchgehendes Pferd nicht die Häuser und Bäume, gegen die es gerannt ist, vorher gesehen hat. Aber wir müssen uns in die Lage des Pferdes hineinversetzen, dann wird der Zusammenstoß viel leichter verständlich. Das Pferd glaubt, daß von hinten ein Feind droht, weshalb es davonstürmt. Hierbei schaut es stets nach hinten, nicht nach vorn. In diesem Zustande kommt es leicht zu einem Zusammenprall mit vor ihm befindlichen Gegenständen, weil der Blick nach hinten gerichtet ist. Ueberhaupt kann das Pferd wegen der Stellung seiner Augen nicht so bequem nach vorn sehen wie der Mensch.

55. Ist der Futterkübel praktisch?

In der Zwischenzeit hat sich der Droschkenkutscher gestärkt und will sich wieder auf seinen Bock schwingen. Liese hat an dem gewichtigen Schritt gehört, daß ihr Lenker naht, und macht sich reisefertig. Der Futterkübel wird ihr abgenommen und verstaut, ferner das Gebiß in die sogenannte Lade, d. h. den zahnlosen Raum zwischen Vorderzähnen und Backzähnen gelegt. Eine Decke war nicht abzunehmen. Vielleicht hat der Kutscher nur kurze Zeit fortbleiben wollen. Auch ist es warm, und das Pferd hat anscheinend vorher keine größere Anstrengung leisten müssen. Peitschenhiebe sind nicht nötig. Liese setzt sich in Bewegung, und wir nehmen von ihr Abschied.

Ein dem Pferde angehängter Freßnapf hat natürlich seine Nachteile. Das Wildpferd frißt regelmäßig vom Boden und nur ausnahmsweise von Bäumen. Daher ist die Fütterung aus Futterkübeln immer noch naturgemäßer als die aus Raufen, wie sie in den Ställen üblich sind. Das fortwährende Hochheben des Kopfes wirkt auf die Pferde nachteilig ein und ist besonders für Fohlen (junge Pferde) geradezu gesundheitsschädlich.

Durch das Atmen durch die Nase pustet das Pferd oft Futter aus dem Kübel hinaus. Es ist daher vorteilhaft, Wasser zu dem Futter zuzugießen Dann kann kein Häcksel fortfliegen. Aber für die Pferde hat diese Naßfütterung Nachteile. Denn das Wildpferd frißt seine Nahrung trocken. Erst wenn es sein Trockenfutter genossen hat, läuft es nach einer Tränkstelle.

Sehr oft habe ich Ansprachen des Kutschers an sein Pferd gehört, die geradezu komisch waren. Der Kutscher wollte sein Pferd füttern, aber es sollte vorher trinken. Das Pferd weigerte sich aber hartnäckig zu trinken. Immer wieder nahm es den Kopf fort. Der Kutscher glaubte, diese Weigerung durch gute Lehren zu bekämpfen, und sagte etwa folgendes: »Aber, du dummer Peter, willst du denn gar nicht trinken? Weißt du denn gar nicht, wie schön das Essen schmeckt, wenn man vorher getrunken hat?«

Es ist richtig, daß man ein Haustier vor manchem Schaden behüten muß. Ein freilebendes Tier weiß sich allein zu helfen, aber ein Haustier hat diese Fähigkeit verloren. So überfressen sich Hauspferde, wenn sie an die Haferkiste gelangen. Da das Pferd im Verhältnis zu seiner Größe nur einen kleinen Magen hat, der obendrein noch eine Klappe hat, so sind schon viele Pferde am Ueberfressen gestorben.

Solche Dinge jedoch, ob ein Pferd vor dem Fressen trinken soll oder nicht, weiß das Pferd besser als der Mensch. Der Deutsche schwärmt für eine Flüssigkeit vor dem Essen. Deshalb wird bei uns das Essen mit einer Suppe eingeleitet. Auch im Zoologischen Garten müssen Tiger und Löwen vor dem Fraße Wasser trinken, obwohl alle naturgeschichtlichen Werke darüber einig sind, daß sie erst nach ihrer Mahlzeit ihren Durst löschen.

Erhitzten Tieren müssen wir, wenn sie stehen bleiben, eine Decke auflegen, um gesundheitliche Schäden abzuwehren. Ein Wildpferd braucht eine solche Decke nicht. Zunächst ist es abgehärteter als das Hauspferd, das in der Nacht geschützt im Stalle steht. Sodann ist es jederzeit in der Lage, durch Laufen die etwa erforderliche Wärme sich zu beschaffen.

56. Die Rassen oder Stämme des Pferdes.

Kaum ist unser Droschkenkutscher entschwunden, so erhalten wir Ersatz. Ein schwerbeladener Rollwagen kommt auf uns zu. Hu, was müssen die Pferde ziehen und wie oft erhalten sie Peitschenhiebe. Ein Glück ist es, daß sie jetzt am Ziele sind und sich ausruhen dürfen. Wir können uns also in Ruhe die beiden Gäule ansehen.

Zunächst fällt uns die Größe und der Bau der Glieder auf. Das Droschkenpferd Liese war fast klein und zart gegen diese beiden ungeschlachten Riesen. Auch waren Lieses Hufe klein und hatten oberhalb kaum oder wenig Haare, während die beiden Frachtpferde Riesenhufe mit mächtigen Haarbüscheln besitzen.

Diese ganz verschiedenen Formen des Pferdes erklären sich folgendermaßen. Als die schönsten Pferde werden von Kennern die arabischen bezeichnet. Das arabische Pferd hat in seiner Heimat einen trockenen und steinigen Boden, ferner sehr wenig Wasser. Diese Unfruchtbarkeit hat auf das arabische Pferd großen Einfluß ausgeübt, denn es ist sehr genügsam. Kein Lot Fleisch ist an ihm zuviel, die Knochen sind hart, die Hufe klein und fest. Die orientalische oder morgenländische Rasse, zu der das arabische Pferd in erster Linie gehört, erinnert also sehr an den dürren, behenden und bedürfnislosen Beduinen.

Im Vergleich hierzu ist das abendländische Pferd das gerade Gegenteil. In den wasserreichen und fruchtbaren Gegenden Westeuropas bildete sich eine Pferderasse, die etwa an einen übermäßig viel Bier trinkenden Menschen erinnert. Riesig groß und umfangreich sowie mächtige Glieder, aber wegen der Aufgedunsenheit weniger schön. Die Hufe wurden auf dem nassen Boden weich und groß. Zum Schutze gegen die Schneemassen im Winter bildete sich ein starker Haarschutz.

Die Rollwagenpferde sind richtige Abendländer, wie es die belgischen, dänischen Pferde und die Percherons sind. Sie sind Riesen mit gewaltiger Kraft. Sie gehören dem sogenannten kaltblütigen Schlage an, weil sie gelassen und ruhig sind. Von der ewigen Unruhe des Arabers haben sie keine Spur.

So fromme Tiere sind natürlich dem Landwirt und der Industrie viel willkommener als die schwer zu behandelnden Orientalen. Die Riesen sind so schwer und unbeholfen geworden, daß sie kaum noch durchgehen können, selbst wenn sie es wollen.

Woher kommt es nun, daß wir in Deutschland nicht lauter abendländische Pferde haben?

Die Antwort ist sehr einfach. Ein Reiter will schnell vorwärts kommen, ebenso sollen Kutschpferde rasch eine Strecke zurücklegen, sonst könnte man lieber selbst gehen. Man braucht also zu vielen Zwecken ein Pferd mit raschen Bewegungen.

Nun haben die Engländer seit vielen Jahrhunderten ihre heimischen Tiere mit arabischen gekreuzt. Hieraus ist allmählich das Vollblut entstanden, das äußerst beweglich ist. Mit englischen Pferden haben wir wiederum unsere heimischen Pferde gekreuzt, so daß wir ein Mittelding zwischen morgenländischer und abendländischer Rasse besitzen, wie es z. B. des Droschkenkutschers Liese war.

Ueber die Farben der Pferde wäre bei dieser Gelegenheit folgendes zu sagen. Braune haben, wie wir bei der Liese sahen, eine schwarze Mähne und schwarzen Schweif. Auch die Füße sind gewöhnlich schwarz. Füchse sind braunrötlich, und zwar sind Mähne und Schweif ebenfalls braunrötlich, wodurch sich eben der Fuchs vom Braunen unterscheidet. Falbe haben gelbliche Färbung und zerfallen in eine Reihe von Unterarten. Pferde mit kohlschwarzem Haar heißen Rappen. Im Gegensatz hierzu heißen Pferde mit weißem Haar Schimmel. Doch werden Schimmel nur ausnahmsweise gleich weiß geboren, wie auch die Rappen zunächst grau sind. Schimmel mit schwarzen Punkten heißen Fliegenschimmel, solche mit apfelgroßen dunklen Flecken Apfelschimmel. Pferde, die weiß und dunkel gefärbt sind, heißen Schecken. Manche Schecken haben ein oder zwei Glasaugen. Während sonst nämlich alle Pferde ein dunkelbraunes Auge besitzen, sieht die Iris oder Regenbogenhaut bei den Glasaugen hell aus.

Es ist schwer festzustellen, wie die Sehkraft des Glasauges beschaffen ist. Möglicherweise sieht ein Pferd mit dem Glasauge gar nichts. Da man sich vorsehen muß, daß man nicht ein blindes Pferd kauft, so kann ein Pferd zwei Glasaugen besitzen und trotzdem zur Arbeit verwendbar sein. Auch beim Hunde ist, wie schon erwähnt wurde (Kap. 9), Blindheit nicht leicht festzustellen.

Das Alter des Pferdes kann höchstens auf vierzig Jahre angegeben werden. Gewöhnlich ist es schon viel früher verbraucht, bei Warmblut mit 20, bei Kaltblut mit 15 Jahren. Die Tragezeit der Stute beträgt 11 Monate. Zwillinge sind bei Pferden selten und nicht erwünscht. Das Fohlen läßt man gewöhnlich erst mit drei Jahren arbeiten.

Wie den Huftieren überhaupt, so fehlt auch den Pferden das Schlüsselbein.

Das Gebiß des männlichen Pferdes besteht aus 40 Zähnen, das des weiblichen aus 36 Zähnen. Den weiblichen fehlen gewöhnlich 4 Hakenzähne. Beide haben 12 Schneidezähne und 24 Backenzähne.

Die Größe der Pferderassen ist sehr verschieden. Das englische Brauerpferd wird über 2 Meter groß, wobei die Höhe des Widerristes, der höchsten Stelle des Rückens, gemessen wird. Der Shetlandpony dagegen wird nur 60 Zentimeter hoch. Schwere Pferde wiegen bis zu 15 Zentnern, mittlere 7 bis 9 Zentner.

Die Zugfähigkeit des Pferdes ist größer als seine Tragfähigkeit. Die höchste Rennleistung eines Pferdes ist die Zurücklegung eines Kilometers in einer Minute.

Ein Irrtum ist es, daß der Mensch den Pferden die Schnelligkeit angezüchtet hat. Es ist richtig, daß die Zebras keine Dauerrenner sind. Es fehlen in Afrika die Hetzraubtiere. Aber die asiatischen Wildpferde werden von Wölfen gehetzt und sind deshalb von Hause aus Dauerrenner.

57. Warum fährt man lieber zweispännig als einspännig?

Ein Rollwagen, wie wir ihn vor uns haben, braucht natürlich zur Beförderung seiner schweren Lasten zwei Pferde. Hiervon abgesehen, muß es aber auffallen, daß zwei Pferde vor dem Wagen weit häufiger sind als ein einzelnes. Woran liegt das?

Auch hier gibt uns wieder das Leben der Wildpferde Auskunft. Sie leben in Rudeln und niemals einzeln. Ein einzelnes Pferd findet sich auch heute nicht annähernd so wohl wie in Gesellschaft.

Den Reitern ist diese Eigentümlichkeit des Pferdes, lieber in Gesellschaft anderer zu sein, manchmal sehr unerwünscht. Sie wollen sich z. B. von ihren Bekannten, mit denen sie zusammen geritten sind, trennen. Aber das Pferd will nicht. Es gefällt ihm in Gesellschaft der anderen Pferde viel besser. Es »klebt«, wie man es nennt. Der Reiter hat oft große Mühe, einen solchen Kleber zu seiner Ansicht zu zwingen.

Bei Rennen ist es schon vorgekommen, daß ein führendes Pferd eine falsche Richtung einschlug, und die nachfolgenden Pferde aus Geselligkeitstrieb ebenfalls nachfolgten. Selbstverständlich gingen dadurch die auf die Pferde gesetzten Beträge verloren, wodurch ärgerliche Auftritte entstanden.

Pferde, die nicht allein sein können, vermögen ihren Besitzer zur Verzweiflung zu bringen. So hatte beispielsweise ein Forstwart ein ausrangiertes Militärpferd gekauft. Dieses wollte durchaus nicht im Stalle sein und schlug alles kurz und klein. Erst als sein Herr ihm eine Ziege als Gesellschafterin gab, beruhigte es sich und war zufrieden. Nach zwei Jahren wollte der Forstwart die Ziege verkaufen. Er mußte jedoch darauf verzichten, da sein Pferd wiederum zu rasen begann.

Die Javaner zeigen sich als gute Tierbeobachter dadurch, daß sie Affen in Pferdeställen halten, damit die Pferde Gesellschaft haben.

Nebeneinanderstehende Pferde schaben sich gern. Hierauf werden wir beim Putzen der Pferde zu sprechen kommen.

58. Warum schreien Pferde nicht? Das Wiehern der Pferde.

Wir haben gesehen, daß die beiden Pferde trotz der heftigsten Peitschenhiebe nicht schrien. Dagegen heulen geprügelte Hunde manchmal derartig, daß das ganze Haus zusammenläuft. Wie erklären sich diese Unterschiede?

Es wäre für das Pferd sehr vorteilhaft, wenn es schrie, sobald es Schmerz empfindet. Dann würden die zahllosen Tierquälereien, namentlich die Pferdeschindereien bei Neubauten, nicht so häufig vorkommen. Der Grundsatz: Schreien hilft, gilt nicht nur für die Menschen, sondern auch für die Tiere.

Wir wissen von den Zebras und andern Wildpferden, daß sie nicht aufschreien, wenn sie von der Kugel des Forschungsreisenden getroffen sind. Das Schreien und Brüllen sowie Heulen finden wir überhaupt nur bei den Tieren, die sich gegenseitig beistehen. Deshalb schreit die Katze nicht, da sie allein lebt. Umgekehrt heult der Hund, damit ihm die anderen Hunde beistehen. Man kann auch oft erleben, daß Hunde in einem kleinen Orte sehr unruhig werden, falls ein Kamerad von ihnen andauernd geprügelt wird.

Die Kuh brüllt, wenn ihr das Kalb genommen wird, denn wilde Rinder stehen sich bei. Dagegen schreit die Stute nicht, falls ihr das Fohlen geraubt wird. Denn Wildpferde flüchten, stehen sich aber nicht bei.

Nur ganz ausnahmsweise schreien Pferde. Aber es kommt so selten vor, daß selbst große Pferdekenner es noch niemals gehört haben.

Seine Freude dagegen drückt das Pferd durch Wiehern aus. Ueberhaupt deutet das Wiehern an, daß das Pferd einen Wunsch hat.

Das Pferd besitzt keine Schnurrhaare wie die Katze, da es niemals in Löcher kriecht. Dagegen sehen wir am Kinn Tasthaare. Welchen Zwecken mögen diese dienen?

Die Wildpferde sind wie die Wildhunde in der Nacht tätig. Im Gegensatz zu den rein nächtlichen Tieren, wie den Katzenarten, sieht man Zebras auch am Tage. Aber selbst wenn sie wollten, können sie in der Nacht nicht schlafen. Zur Nachtzeit geht ihr gefährlichster Feind, der Löwe, auf Raub aus.

Die Menschen können sich vor dem Löwen schützen, indem sie sich in Höhlen zurückziehen und diese verschließen oder auf Bäume klettern, wie die Affen es tun. Aber die Wildpferde können weder in Höhlen flüchten noch auf Bäume klettern.

Wann schlafen denn die Wildpferde, wenn sie in der Nacht auf ihre Feinde aufpassen müssen und am Tage tätig sind?

Ein Schlafen, wie es den Menschen eigentümlich ist, finden wir nicht bei allen Tierarten. Jeder weiß, daß Pferde, die wenig zu arbeiten haben, z. B. auf der Weide sind, sehr wenig schlafen. Kommt man zur Nachtzeit in den Pferdestall, so wundert man sich, daß so viele Pferde wach sind.

Die Zebras schlafen in Wirklichkeit nur in den Mittagsstunden, wo sie regungslos unter den Bäumen stehen. Daraus erklärt sich auch die Zeichnung ihrer Haut, die mit den Schatten der Baumäste übereinstimmt.

Wildpferde weiden viel in der Dunkelheit. Da das Pferd infolge der Stellung der Augen das vor seinem Maule Befindliche nicht besonders gut erkennen kann, so haben die Kinnhaare eine große praktische Bedeutung. Wenn es den Kopf senkt, um zu weiden, so zeigen ihm die Kinnhaare an, daß es auf Gräser gestoßen ist.

Kinnhaare soll man also bei Pferden nicht abschneiden.

Ebenso ist es nicht ratsam, einem abendländischen Pferde die Kötenschöpfe abzuschneiden, damit die Leute denken sollen, es sei ein morgenländisches. Unter Köte versteht man die hintere Seite der Zehe, und die an den Köten befindlichen Haare werden als Kötenschöpfe bezeichnet, wie wir sie an den Rollkutscherpferden sehen können, wo sie sehr üppig wachsen. Jedenfalls soll man sie nicht im Winter abschneiden, da sie gegen

Schnee und Schneewasser einen vortrefflichen Schutz bilden und dadurch die Mauke, die Entzündung der Köten, verhindern.

Unterdessen ist die Sonne ziemlich hochgestiegen und scheint den Tieren ordentlich auf den Leib. Ist es nun nicht eine Tierquälerei, die Pferde in der prallen Sonne stehen zu lassen?

Selbstverständlich wird man sie bei glühender Sonnenhitze in den Schatten bringen, wenn man eine schattige Stelle in der Nähe hat. Im übrigen vertragen unsere Haustiere die Hitze ganz verschieden. Ein Schwein kann schon daran sterben, wenn man es an einem glühend heißen Sommertage auf den Wagen befördert.

Dagegen können Pferde furchtbar viel Hitze vertragen. Das kommt daher, weil ihre Vorfahren seit Urzeiten den erbarmungslosen Strahlen der Sonne in der Steppe standhalten müssen.

Niemals wird es daher vorkommen, daß Wettrennen deswegen abgesagt werden, weil es an dem Tage zu heiß ist. Dabei müssen sich die Pferde bei den Rennen aufs äußerste anstrengen. Würde ihnen die Hitze nachteilig sein, so ließe kein Rennstallbesitzer seine Pferde laufen. Denn er würde sich hüten, sich großen Verlusten auszusetzen.

Es war von den Tierschutzvereinen sehr gut gemeint, als sie vor etwa zehn Jahren den Omnibuspferden Strohhüte aufsetzten. Aber sie waren, wie wir sahen, ganz überflüssig und sind deshalb auch nach kurzer Zeit verschwunden.

Uebrigens nennt man bei einem Zweigespann das vom Kutschersitz rechts befindliche Pferd Handpferd, das linke dagegen Sattelpferd. Denn bei ziehenden Pferden wird der Reiter stets links sitzen. Das linke Pferd trägt also Sattel und Reiter, der mit der Hand das rechts befindliche Pferd lenkt. So erklären sich die Bezeichnungen Sattelpferd und Handpferd.

59. Andere Eigentümlichkeiten des Pferdes.

Die Rollwagenpferde werden jetzt getränkt, wobei wir sehen, daß etwas Neid oder wenigstens Mißgunst der Seele des Pferdes nicht ganz fremd ist. Das dem Brunnen zunächststehende Sattelpferd wird zuerst getränkt, aber das Handpferd sucht fortwährend seinen Kopf ebenfalls in den Tränkeimer zu stecken, wozu der Platz nicht ausreicht.

Es ist merkwürdig, welchen Wert Pferde auf gutes Wasser legen.

Das kommt daher, weil die Wildpferde täglich in der Steppe zur Quelle laufen und dort sehr gutes und klares Wasser trinken.

Ein Gestüt, das kein gutes Wasser besitzt, wird niemals auf die Dauer große Erfolge erzielen.

Der Hund als früheres Raubtier muß dagegen aus jeder Pfütze trinken können und wird deshalb nicht krank, wie ein Pferd, wenn er dauernd schlechtes Wasser bekommt.

Jeder Kutscher weiß übrigens, daß die Pferde gewisse Brunnen bevorzugen und das Wasser von manchen Brunnen nicht saufen mögen.

Während wir noch stehen und zuschauen, kommt eine Kutsche vorbei, deren Pferde Aufsatzzügel tragen. Durch den Aufsatzzügel wird den Pferden die Möglichkeit genommen, den Kopf nach unten zu senken und wieder nach oben zu bringen, wie es alle Pferde tun. Dieses »Tunken« mit dem Kopfe finden manche Leute nicht schön. Sie bringen deshalb durch den Aufsatzzügel den Kopf des Pferdes dauernd hoch. Das soll nach der Ansicht dieser Pferdekenner einen vortrefflichen Eindruck machen.

Jeder Mensch, der sich eingehend mit dem Tierleben beschäftigt, wird zu einem ganz anderen Ergebnis gelangen. Das Tunken mit dem Kopf beim Pferde hat natürlich einen Zweck, und zwar einen sehr wichtigen. Wir sprachen früher davon, daß wilde Pferde stets gegen den Wind laufen, um vorher einen etwaigen Feind zu wittern. Dieses Mittel ist ohne Frage ausgezeichnet. Denn das Riechvermögen des Pferdes ist so gut wie das eines Hundes, obwohl es den wenigsten Menschen bekannt ist. Trotzdem kann es vorkommen, daß ein auf dem Boden lauerndes Raubtier nicht gerochen wird. Wie wir das nicht sehen können, was hinter unserem Rücken ist, so kann das Pferd das nicht riechen, was am Boden sich an Gerüchen entlangzieht. Weht also der Wind die Ausdünstung des am Boden liegenden Wolfes der Pferdenase entgegen, so kann diese leicht nichts davon merken, wenn sie stets in Kopfhöhe bleibt. Dann geht die Raubtierausdünstung durch die Beine durch.

Um das zu verhindern, tunkt das Pferd. Es senkt den Kopf, um rechtzeitig die Anwesenheit eines am Boden lauernden Feindes wahrzunehmen.

Selbstverständlich ist es eine große Tierquälerei, einem Haustiere die seit Urzeiten geübten Vorsichtsmaßregeln unmöglich zu machen. Es ist kein Wunder, daß Pferde mit Aufsatzzügeln erst recht zum Scheuen neigen.

Was würden wir Menschen sagen, wenn wir durch einen Kopfhalter gezwungen wären, stets geradeaus zu sehen, ohne uns nach rechts oder links umschauen zu können, wie wir es doch von jeher gewöhnt sind!

Der Aufsatzzügel muß also als Tierquälerei bezeichnet werden. Hier können Tierschutzvereine segensreich wirken, wenn sie für seine Abschaffung eintreten.

Aus dem Leben der Wildpferde erklärt sich ferner der Satz: Hüte dich vor den Vorderbeinen des Hengstes und vor den Hinterbeinen der Stute.

Der Hengst als Beschützer seines Rudels greift eben den Feind, namentlich den Wolf, mit den Vorderbeinen an. Auch packt er ihn mit den Zähnen, weshalb gerade Hengste bissig zu sein pflegen. Die Stute dagegen verteidigt sich und ihr Fohlen durch Auskeilen nach hinten.

Es erklärt sich hieraus ferner, daß bösartige Pferde die Ohren zurückziehen. Wollen nämlich zwei Pferde miteinander kämpfen, so suchen sie zu verhindern, daß der Gegner sie mit den Zähnen an den Ohren packt. Aus diesem Grunde ziehen sie die Ohren zurück.

Sieht man also, daß ein Pferd die Ohren zurücknimmt, so ist immer Vorsicht am Platze. Das ist z. B. bei manchen Pferden der Fall, wenn sie fressen. Alle Tiere sind bei ihrer Mahlzeit mehr oder weniger angriffslustig. Katzen fauchen, wenn sie gerade einen besonders schönen Bissen fressen, Hunde können ihren eigenen Herrn beißen, falls er ihnen einen Knochen fortnehmen will, und selbst sonst fromme Pferde sind nicht immer beim Fressen zuverlässig.

60. Kummet- und Sielengeschirr. Warum ist das Fahren älter als das Reiten?

Die Rollwagenpferde haben, wie wir sahen, ein Kummetgeschirr, also ein Geschirr, das um den Hals läuft. Die Kutschpferde dagegen, auch die Droschkenkutschpferde, haben gewöhnlich ein solches Kummetgeschirr nicht. Hier ziehen die Pferde nur mit der Brust, da sie ein Sielengeschirr haben.

Es ist augenscheinlich, daß ein Pferd im Kummetgeschirr viel besser ziehen kann als im Sielengeschirr. Wenn man trotzdem Kummetgeschirre nur bei schweren Lastwagen sieht, so liegt das daran, daß ein Kummetgeschirr nichts taugt, wenn es nicht gut paßt. Gerade damit hapert es aber gewöhnlich.

Während wir uns die Rollwagenpferde ansehen, kommt ein Reiter vorbei, und wir können uns so recht den Unterschied zwischen einem schweren Pferde des abendländischen Schlages und einem leichten Pferde des morgenländischen Schlages vergegenwärtigen. Die gewaltigen Formen der Wagenpferde mit ihren plumpen dicken Beinen stehen im Gegensatz zu den schlanken Beinen des geschmeidigen Reitpferdes.

Man sollte meinen, daß der Mensch, der zuerst das Pferd gezähmt hat, es zunächst als Reittier und erst später als Zugtier verwendet hat. So wird es auch vielfach geschildert, obwohl es mit den Tatsachen nicht übereinstimmt. Wir haben eine genaue Kunde von den Wagenkämpfen der alten Griechen, die vor etwa drei Jahrtausenden stattfanden. Aber niemand reitet dort, obwohl die Kunst des Wettfahrens in hoher Blüte stand.

Der Grund liegt darin, daß jeder Pflanzenfresser den Druck auf dem Rücken sehr unangenehm empfindet. Denn er muß sofort an ein Raubtier denken, das ihm auf den Rücken springt. Deshalb muß auch heute noch ein Pferd erst zugeritten werden, obwohl es sich seit Jahrtausenden als Haustier endlich daran gewöhnt haben müßte. Das Ziehen dagegen ist dem Tiere viel weniger unangenehm, da es seit Urzeiten daran gewöhnt ist, die vor seiner Brust befindlichen Hemmnisse fortzuschieben, also Gebüsche u. dgl.

Alle Tiere lassen sich daher viel leichter zum Fahren abrichten als zum Reiten, so Elche, Renntiere, Wildrinder usw. Deshalb ist auch das Fahren viel älter als das Reiten.

61. Warum läuft das Pferd gerade und der Hund schräg?

Während wir dem Reiter nachschauen, fällt uns auf, daß sein Pferd ganz anders die Beine setzt wie ein daneben laufender Hund. Wie alle Pferde, die gesunde Beine haben, setzt es die Beine so, daß eine unter dem Bauche der Länge nach befindliche gerade Linie von den Beinen nicht berührt werden würde. Die rechts befindlichen Beine bleiben eben rechts und die links befindlichen links. Bei dem Hunde aber könnten wir eine solche gerade Linie nicht ziehen, ohne daß sie von den Zehen berührt würde. Woher kommt diese Verschiedenheit im Laufen?

Wie das Pferd die Beine setzt, erscheint uns naturgemäß. Dagegen ist das Durcheinanderwirbeln der Beine beim Hunde nach unsern Begriffen höchst merkwürdig.

Nebenbei sei folgendes bemerkt. Hat man ein Pferd künstlich dazu abgerichtet, die Beine derselben Seite gleichzeitig vorzusetzen – im natürlichen Zustande geschieht es abwechselnd – so spricht man von einem Paßgange. Diese Gangart ist manchen Tieren natürlich, z. B. der Giraffe, was sich aus dem Bau ihres Körpers ergibt. Pferde mit Paßgang nennt man Zelter. Sie werden wegen ihres gleichmäßigen Ganges sehr von den Damen bevorzugt.

Das schräge Laufen des Hundes ist, wie wir uns schon denken können, ein Erbteil aus der Zeit seines früheren Räuberlebens. Noch heute setzt der

Fuchs seine Spur in eine Linie. Der Jäger sagt recht treffend: der Fuchs schnürt. Im Schnee sehen seine Fußstapfen wie eine Schnur aus.

Das Schnüren ist für das Raubtier eine Lebensfrage. Es will sich seinem Opfer nähern, ohne vorher gesehen oder gewittert zu werden. Zu diesem Zwecke sucht beispielsweise der Fuchs stets die tiefsten Stellen auf. Er geht über einen Acker, indem er die Ackerfurchen benutzt. Kommt er an einen Graben, so springt er hinein und läuft auf der Sohle des Grabens weiter. Ja, auf Fahrwegen läuft er aus Vorsicht regelmäßig die Wagenspuren entlang, weil diese die tiefsten Stellen der Straße ausmachen. Der Hund ist früher ebenfalls in der gleichen Weise gelaufen. Obwohl er jetzt nicht mehr auf Raub ausgeht, so läuft er doch noch auf dem Bürgersteig schräg. Man ersieht daraus, wie unausrottbar die dem Haustiere überkommenen Gewohnheiten haften.

Manche Hunde laufen noch heute mit Vorliebe in einer Wagenspur. Es ist sogar anzunehmen, daß das sogenannte Hinken der Hunde hiermit im Zusammenhang steht. Früher haben die Menschen die Tiere weit aufmerksamer beobachtet. Es gibt sogar einen Vers, in dem es heißt, daß sich niemand an das Hinken der Hunde kehren soll. Unsere Vorfahren hielten also das Hinken der Hunde für eine Heuchelei. – Heute kann man zahlreiche Kulturmenschen fragen und wird hören müssen, daß ihnen niemals das Schräglaufen der Hunde, noch weniger aber das Hinken – und zwar das grundlose Hinken – aufgefallen ist.

Obwohl das Bein ganz gesund ist, hebt es der Hund beim Laufen hoch und läuft auf drei Beinen weiter. Regelmäßig ist es ein Hinterbein.

Wir wissen, daß der Hund seiner alten Raubtiernatur gemäß gern in einer geraden Linie, womöglich in einem Gleise, laufen möchte. Ist er nun durch gute Pflege, wie es vor dem Weltkriege üblich war, gut im Stande, so ist das Laufen in der geraden Linie für ihn nicht leicht. Um es dennoch durchzuführen, hebt er einen Hinterfuß hoch.

Das Pferd als friedlicher und harmloser Pflanzenfresser hat sich an keine Opfer anzuschleichen. Es hat auch auf der Steppe stets genügenden Platz und braucht nicht wie ein Gebirgstier häufig auf einem schmalen Pfade zu wandeln. Das Pferd hat also im Gegensatz zum Hunde seinen natürlichen Gang beibehalten.

62. Die naturgemäße Fütterung der Pferde. Das Koppen.

Der Droschkenkutscher hatte sein Pferd mit Hafer und Häcksel gefüttert. Warum füttert man das Pferd ausgerechnet mit Hafer und nicht mit Weizen oder Gerste?

Selbst die reichsten Leute werden ihre wertvollsten Pferde, beispielsweise erfolgreiche Rennpferde, nicht mit Gerste, geschweige denn mit Weizen füttern. Zwar lese ich bei einem sehr angesehenen Naturforscher, daß ein Bauer, dem der Hafer mißraten war, seine Pferde mit Gerste gefüttert hätte. Ich will nicht bezweifeln, daß das für ein Jahr ohne Nachteil abgelaufen ist. Im allgemeinen wird man aber auf die Dauer keine Freude an dieser Futterart haben.

Der Grund hierfür ist folgender: Tiere, die aus einer armen Gegend stammen, sind für die Gewächse dieser Gegend passend gebaut. Hierhin gehören beispielsweise unser Pferd, das Schaf, das Kamel usw. Man könnte sie als Magerfresser bezeichnen im Gegensatz zu dem in den fruchtbaren Niederungen heimischen Schwein. Es ist bekannt, daß Kamele, die man in fruchtbare Länder versetzt, dort nicht etwa Prachtkamele werden, wie die Durchschnittsmenschen meinen, sondern sterben.

Das Pferd stammt aus der Steppe, also einer Hungerleidergegend. An sich dürfte es nur mit Gräsern und nur im Herbste mit Körnern gefüttert werden. Das ist aber deshalb ganz unmöglich, weil wir dem Pferde künstlich eine Größe angezüchtet haben, die das Wildpferd nicht besitzt. Diese Größe muß erhalten werden, und das kann nur durch reichliches Futter geschehen.

Sodann lassen wir das Pferd viel und schwer arbeiten, während das Wildpferd nach unseren Begriffen den Tag über bummelt. Auch dieses schwere Arbeiten erfordert eine entsprechend bessere Fütterung.

Hafer ist das Gewächs eines kärglichen Bodens, und deshalb ist Hafer das bekömmlichste Futter für Pferde.

Weil Pferde ursprünglich Gräserfresser waren, deshalb fehlt ihnen bei ausgesprochenem Körnerfutter die zur Füllung des Magens erforderliche Menge. Um dieses Unbehagen zu beseitigen, sind die Pferde auf ein ganz merkwürdiges Auskunftsmittel verfallen. Sie pumpen sich Luft in den Magen ein, was wir als »Koppen« bezeichnen. Hiergegen sind unzählige Mittel angewendet worden, doch wird man nicht behaupten können, daß sie großen Erfolg gehabt haben. Das Koppen ist einfach eine Folge der nicht naturgemäßen Fütterung. Den Russen war es schon längst bekannt, daß ihre an Gräser gewöhnten Steppenpferde zu koppen begannen, sowie sie Körnerfutter erhielten.

Sehr häufig hört man Tierfreunde jammern, daß ein Pferd nicht in Ruhe fressen kann, wenn ein Fahrgast in eine Droschke einsteigt, während das Pferd noch nicht mit Fressen fertig ist. Diese Klage ist grundlos. Das Pferd als Pflanzenfresser muß fortwährend auf der Hut sein, ob ein Feind es nicht überfällt. Sein Leben zerfällt also in folgender Weise: Etwas fressen, dann plötzlich laufen, wieder etwas fressen, dann wieder laufen und so weiter.

Eine Störung beim Fressen schadet also einem Pflanzenfresser wenig, ganz besonders wenig aber einem Pferde. Wir verstehen jetzt, daß das Pferd einen auffallend kleinen Magen hat. Es ist ganz verfehlt, wenn der Landwirt klagt: »Wie konnte der liebe Herrgott einem so großen Tiere einen so kleinen Magen geben!« Hätte das Pferd ein schneller Renner sein können, wenn es einen großen Magen besäße, der bis oben heran voll gefüllt war? Gewiß nicht. Wir wissen ja, daß ein voller Bauch nicht gern studiert. Würde der Mensch sich nach der Lebensweise der Wildpferde richten, so würde er zwei Fliegen mit einer Klappe schlagen, nämlich folgende zwei:

Erstens würde er durch möglichst häufiges Füttern – wie es bereits die gewitzigten Pferdehändler tun – weniger Futter brauchen. Wie Versuche an Militärpferden ergeben haben, leistet ein Pferd dieselben Dienste wie früher bei weniger Futter, wenn es nur häufiger gefüttert wird.

Sodann würde die Kolik, dieser ewige Alp der Pferdebesitzer, ebenso andere Krankheiten, die auf Ueberfütterung beruhen, ganz gewaltig zurückgehen.

Im Gegensatz zu den Pflanzenfressern wollen alle Raubtiere ihre Beute in Ruhe verzehren, da sie es so in der Natur gewöhnt sind. Sie sind deshalb sehr empfindlich gegen Störung. Auch Wiederkäuer wollen beim Wiederkäuen nicht gestört sein, da sie in diesem Zustande als wilde Tiere irgendwo in einem Gebüsch oder an einer verborgenen Stelle liegen.

63. Geht es auch ohne Peitsche?

Die Rollwagenpferde müssen jetzt wieder anziehen und erhalten einige kräftige Hiebe mit der Peitsche. Wie wir schon aus der Ladung vermuten konnten, geht die Fahrt nicht weit. Bereits nach einigen Häusern wird halt gemacht. Die Pferde müssen hier das Abladen gewöhnt sein, denn sie halten aus eigenem Antriebe an.

Da bei manchen tierfreundlichen Völkern des Morgenlandes Peitsche und Sporen nicht zur Anwendung gelangen, so ist die Frage naheliegend, ob wir nicht auch ohne diese Werkzeuge auskommen könnten.

Es wäre das in der Tat sehr schön, aber bei unseren deutschen Pferden ist mit bloßen Worten nichts zu erreichen. Ich habe verschiedene tierfreundliche Landwirte kennengelernt, die ohne Peitsche das Pferd ziehen lassen wollten. Aber auf die Dauer geht es nicht. Das Pferd bleibt plötzlich stehen und scheint zu sagen: »Ich habe heute genug!« Auch wenn man keine Sporen am Stiefel hat, ist man machtlos.

Also Peitsche und Sporen sind tatsächlich bei unseren Pferden, soweit man sich darüber ein Urteil erlauben darf, erforderlich. Damit ist aber das grundlose rohe Peitschen nicht entschuldigt, ebenso ist damit nicht gesagt, daß nicht allmählich auf diesem Gebiete eine Besserung möglich wäre.

Das Anhalten der Pferde aus eigenem Antriebe an Stellen, wo ihr Herr zu rasten pflegt, ist eine allbekannte Erscheinung. Merkwürdigerweise legt man hierbei wiederum den Pferden Absichten unter, die ihnen ganz fern liegen. So kann man mit ernster Miene erzählen hören, daß ein Pferd seinen Reiter zur Wohltätigkeit zwang. Das kam nämlich folgendermaßen. Es lieh sich jemand ein Pferd von einem Manne, der wegen seiner Wohltätigkeit bekannt war. Der Reiter, der es sehr eilig hatte, war sehr bestürzt darüber, daß das Pferd vor jedem Bettler, der den Hut zog, stehen blieb und nicht eher weiterging, bis er dem Bettler eine Kleinigkeit gegeben hatte. Richtig ist folgender Tatbestand. Das Pferd bleibt vor einem den Hut ziehenden Menschen stehen und geht nicht eher weiter, als bis sein Herr eine Münze gegeben oder wenigstens eine Handbewegung gemacht hat, die hierauf schließen läßt. Mit Wohltätigkeit hat das nicht das mindeste zu tun. Das Pferd will lediglich stehen bleiben, und zwar möglichst lange stehen bleiben. Denn wenn es auch seine Arbeit verrichtet, so ist ihm Ruhe noch lieber.

Das Pferd hält also nicht an, damit der Mensch ein Vergnügen hat, etwa in das Wirtshaus geht oder seinen Freund besucht, sondern lediglich seinetwegen, damit es eine Ruhepause hat. Das ist eigentlich auch ganz selbstverständlich.

Wiederum ziehen die Rollpferde an und entschwinden unsern Augen, als sie um die Ecke wenden. Etwas haben wir doch von ihnen gelernt.

64. Die Feinde des Pferdes.

Schon früher haben wir erwähnt, daß für die Wildpferde außer dem Menschen der schlimmste Feind der Tiger ist. Ebenso ist bereits der Angriff der Wölfe auf eine Pferdeherde geschildert worden. Auch der Bär tritt in einzelnen Gegenden, z. B. am Ural als gefährlicher Feind der Pferde auf.

Den großen Katzen gegenüber ist das Pferd regelmäßig verloren. Zebras wagen gegen den Löwen, der sie überfallen hat, gar keinen Kampf. Nur einmal habe ich davon gelesen, daß ein Zebra durch einen glücklichen Hufschlag den König der Tiere getötet hatte. Da der Löwenschädel mit dem eingeschlagenen Stirnbein gefunden wurde, ist an der Wahrheit des Vorganges nicht zu zweifeln. Man kann daraus die ungeheure Kraft der Hinterfüße der Einhufer erkennen. Denn der Löwenschädel ist besonders hart.

Nach den Schilderungen mancher Reisenden sollen die Hengste gegen den Bären aufgerichtet losgehen und ihn mit den Vorderhufen niedertrommeln. Das werden jedenfalls nur Ausnahmefälle sein.

Der Durchschnittswolf wird ein Durchschnittspferd wohl überwältigen, namentlich wenn es angespannt ist und sich nicht verteidigen kann. Immerhin gibt es Pferde, die jeden Wolf in die Flucht schlagen. Ein glaubwürdiger Bericht meldet sogar von einem Pferde, das gegen mehrere Wölfe siegreich blieb. Er soll hier eine Stelle finden:

Wegen der Unsicherheit der Reisenden und der Fuhrleute während der Zeit des ganz Deutschland verheerenden Dreißigjährigen Krieges pflegten die Frachtfahrenden sich zahlreich zu vereinigen, um durch gemeinschaftliche Wehr sich besser verteidigen zu können. Einer von diesen Fuhrleuten hatte ein Pferd, das in allen Ställen Händel anfing, um sich schlug und biß. Sein Herr selbst war nicht sicher dabei, und hatte oft mit seinen Kameraden deshalb Ungelegenheit. Als einst dieser vereinigt mit andern Fuhrleuten gegen Abend an einem Gebirge und hohlen Wege von drei heißhungrigen Wölfen angefallen wurde, mit denen sie lange zu streiten hatten, und die sich nicht ohne Beute abweisen lassen wollten, wurden die Fuhrleute einig, dem erwähnten Fuhrmanne sein Pferd zu bezahlen, um es den Wölfen preiszugeben. Dieser spannte es auch nach dem Vergleich sofort aus. Die hungrigen Wölfe machten sich sogleich an diese Beute, das Pferd aber schlug um sich, riß aus und ging waldein. Die Fuhrleute eilten indes in Sicherheit und freuten sich, bei dieser Gelegenheit ein unbändiges Roß aus ihrer Mitte entfernt zu sehen.

Abends, da sie in dem Wirtshaus zu Tische sitzen, klopft etwas an, und da die Magd die Obertür aufmacht, reckt das Pferd den Kopf hinein. Die Magd erschrickt, schreit überlaut und ruft die Fuhrleute herbei; diese freuten sich sehr, den heldenmütigen Ueberwinder dreier Wölfe, zwar sehr verletzt, aber doch seinem Herrn getreu zu erblicken. Sie vergaben ihm von dieser Zeit an gern seine übrigen bisher verübten Unarten.

Die vorstehende Erzählung scheint deshalb glaubhaft zu sein, weil gerade ein bissiges, unbändiges Pferd sich am besten gegen Raubtiere verteidigen wird.

Als Feind der Pferde ist noch die Panik zu erwähnen, die angeblich grundlos manche Herden halbwilder Pferde in Südamerika überfällt und sie zu einer rasenden Flucht veranlaßt, wobei viele in Abgründe stürzen. Wahrscheinlich ist diese Panik nur ein gemeinsames Durchgehen der Herden und hat ihren Grund in Dingen, die unsern stumpfen Sinnen entgehen.

65. Warum können Fohlen gleich auf den Beinen stehen?

Ein guter Bekannter hat uns die Erlaubnis erteilt, uns sein einige Tage altes Fohlen anzusehen. Diese Gelegenheit wollen wir uns nicht entgehen lassen.

Ein neugeborenes Fohlen ist, wie die meisten jungen Tiere, ein allerliebstes Geschöpf. Es schaut noch so vertrauensvoll in die Welt und ahnt noch nicht, was ihm alles droht. Es fällt uns besonders auf, daß es schon laufen kann, sodann, daß es so lange Beine besitzt, und schließlich sein wolliges Haar.

Warum liegen junge Hunde und Katzen wochenlang, ehe sie ordentlich laufen können, während junge Pflanzenfresser, also Fohlen, Kälber, Zicklein und Lämmer gleich auf den Beinen stehen können? Junge Hunde und Katzen entwöhnt man gewöhnlich erst nach sechs Wochen.

Auch hier gibt uns wieder die Lebensweise der wilden Verwandten Aufschluß.

Hunde und Katzen sind früher Raubtiere gewesen. Wer soll der Wildhündin, die mit ihren Jungen in einer Höhle liegt, etwas Böses antun? Aehnlich liegt die Sache bei der Wildkatze. Die Anzahl der Feinde ist sehr klein, und die Gefahr, falls die Mutter anwesend ist, sehr gering.

Ganz anders liegt die Sache bei den Pflanzenfressern. Zwar können sich die meisten gegen schwache Feinde verteidigen, aber gegen große Feinde sind sie machtlos. Gegen einen Löwen kann beispielsweise eine Zebraherde nichts ausrichten.

Würden die Fohlen, Kälber und andere junge Pflanzenfresser ebenso unbeholfen sein wie junge Hunde und Katzen, dann wären sie längst ausgerottet.

Da die Pferde viel leichter flüchten als die wehrhaften Rinder, so müssen die Fohlen bald nach der Geburt mit der Herde bereits wandern können.

Jetzt verstehen wir die unverhältnismäßig langen Beine des Fohlens und seine Fähigkeit, schon so jung laufen zu können.

Unser Bekannter, Herr Glänisch, erzählt uns noch allerlei von seinen Pferden. So erfahren wir, daß die Stute 7 Jahre alt ist, wer der Vater des Fohlens ist u. dgl.

Die Frage liegt nahe, weshalb bei den meisten Haustieren der Vater sich nicht um die Aufzucht der Jungen kümmert.

Wir sehen in der Tierwelt, daß manche Väter sich aufopfern. So schleppen manche Vogelmännchen von früh bis spät Futter für die Jungen zu. Beispielsweise ist auch der Schwan ein guter Vater. Aber Hahn, Erpel, Hund, Kater usw. denken wenig daran, sich um ihre Nachkommenschaft zu kümmern.

Da bei den freilebenden Tieren, z. B. den so häßlichen Affen, die Männchen außerordentlich gute Väter sind, so können wir nur folgendes sagen: Die Natur arbeitet überall mit den einfachsten Mitteln. Wenn der Vater nicht nötig ist, um die Jungen groß zu ziehen, so kümmert er sich nicht um sie.

Bei uns Menschen ist die Hilfe des Vaters unbedingt erforderlich, um die Kinder groß zu ziehen. Aber was bei den Menschen der Fall ist, braucht noch nicht bei den Tieren zuzutreffen.

Herr Glänisch erzählt uns noch mancherlei von seinen Erlebnissen mit Pferden. Er hält sie nicht für besonders klug. Beweisend ist für ihn folgendes. Er war bei dem Brande eines Stalles zugegen und half, die Pferde retten. Da geschah nun das Unglaubliche, daß die geretteten Pferde in den Stall zurücklaufen wollten.

Wir wollen Herrn Glänisch nicht widersprechen, zumal wir uns verabschieden müssen und keine Zeit zu einer Auseinandersetzung haben. Aber die Sache liegt doch noch etwas anders. Wenn die klugen Menschen, sobald ein Boot zu kippen beginnt, alle aufspringen und dadurch erst das Boot zum Umschlagen bringen, dann fällt es niemand ein, den Insassen wegen ihrer unbegreiflichen Dummheit Vorwürfe zu machen. Der Mensch rettet sich bei Gefahr durch Aufspringen und Flüchten. Das ist auf dem Lande richtig, aber grundverkehrt im Boote.

So begeht auch das Pferd genau dasselbe wie der Mensch. Es will sich in Gefahr nicht trennen von seinen Kameraden, wie es das seit Urzeiten getan hat. Das ist für uns sehr ärgerlich, aber vom Standpunkte des Pferdes aus begreiflich.

66. Geschichten von Pferden.

Die Araber, die als die besten Pferdekenner gelten, haben eigentlich nur Lobsprüche für das Pferd. Die Unterhaltung der Männer am Lagerfeuer dreht sich fast ausschließlich um das Pferd, was nach unsern Anschauungen etwas einseitig ist. Von den Lobeserhebungen der Araber seien hier einige angeführt: »Sage mir nicht, daß dieses Tier mein Pferd ist, sage, daß es mein Sohn ist. Es läuft schneller als der Sturmwind, schneller noch als der Blick über die Ebene schweift. Es versteht alles wie ein Sohn Adams, nur daß ihm die Sprache fehlt.«

Das sind natürlich unglaubliche Uebertreibungen, aber sie sind vom Standpunkte eines Wüstenvolkes aus verständlich. Die arabische Wüste wäre ohne das Pferd unbewohnbar. Ein arabisches Pferd kann ohne Wasser zwei bis drei Tage laufen und begnügt sich erforderlichen Falls mit Wüstengräsern.

Wie behandelt aber auch der Araber sein Pferd? Er schlägt es niemals und bindet es niemals kurz an.

Alexander der Große ließ zu Ehren seines schon erwähnten Pferdes für die ihm geleisteten treuen Dienste eine Stadt gründen. Er muß also sehr hoch vom Pferde gedacht haben.

Bei uns nennt man einen dummen Menschen ein »Roß«. Vielfach hört man die Ansicht: Das Pferd ist ein furchtbar dummes Geschöpf, nur hat es ein vortreffliches Gedächtnis.

Es ist merkwürdig, daß ausgerechnet eine Dame, eine vortreffliche Pferdekennerin, sehr vernünftige Ansichten über das Pferd geäußert hat. Sie liebt die Pferde, aber sie beschönigt nicht, wie es andere Pferdeliebhaber tun. Von ihren Schilderungen sei hier folgende angeführt:

Eines meiner ersten Pferde war ein russischer Doppelpony, namens Sascha, das ungezogenste Geschöpf, das man sich vorstellen kann. Da er aber gleichzeitig bildschön und hervorragend klug war, konnte man dem kleinen Kerl nicht böse sein. Im Stall hatte er so ziemlich alle Untugenden, die bei Pferden vorkommen. Vorn biß er, hinten schlug er aus; Anhängen war bei ihm ganz vergeblich, da er jedes Halfter abstreifen konnte. Hatte man ihn in einem Laufstand untergebracht, so war es für ihn ein Kinderspiel, die Türe zu öffnen. Ich beobachtete ihn einmal, wie er den Riegel seiner Boxtür mit dem Maul zurückschob. Darauf ging er zur Haferkiste. Diese öffnete er, indem er den Deckel mit der Stirn hob und zurückwarf. Den Hafer ließ er sich dann recht gut schmecken!

Beim Reiten versuchte Sascha so ziemlich alles, um seine eigenen Wege gehen zu können. Sporenstiche wurden regelmäßig mit einem Biß in die Füße beantwortet. Im Wagen war es seine Stärke umzudrehen, sobald er genug hatte, und das war leider recht oft der Fall. Da er natürlich bei solchen Gelegenheiten ordentliche Prügel bekam, so machte er diese Versuche in der Folge immer an solchen Plätzen, wo man sich in einen Kampf mit ihm nicht einlassen konnte. Mit wirklich teuflischer Bosheit blieb er z. B. mitten im Trabe am Rande eines steilen Abhangs stehen und war nicht mehr zu bewegen, einen Schritt vorwärts zu gehen. Er stieg kerzengerade in die Höhe, bewegte sich nur mehr rückwärts und brachte den Lenker damit in Gefahr, mitsamt dem Wagen in den Graben zu stürzen. Einmal überschlug er sich nach rückwärts und fiel auf mich in den Wagen. Sehr beliebt war auch das Stehenbleiben mitten am Marktplatz oder sonst an einem belebten Ort, weil er wußte, daß man ihn der Leute wegen nicht so streng bestrafen würde und er mich dadurch besonders ärgern konnte. Es bedurfte eines Studiums, Sascha bei solchen Gelegenheiten wieder in Bewegung zu setzen. Ich hatte mir mit der Zeit seinen Tücken gegenüber eine solche Festigkeit angeeignet, daß Sascha diese Witze nur mehr selten mit mir versuchte. Der Kutscher hingegen brachte ihn oft nicht zwei Kilometer weit. Bei mir genügte es später, daß ich ihm vor jeder Fahrt einen Stock zeigte, der mitgenommen wurde. Dieser Stock mußte aber wirklich mit sein, sonst wurde er wieder frech.

Sascha war bei weitem das gescheiteste Pferd, das ich je gekannt. Nicht nur, daß ich ihm Zirkuskunststücke, wie niederknieen, steigen, auf den Hinterbeinen gehen im Handumdrehen beibringen konnte, er zeigte auch seinen Verstand mehr als einmal in hinterlistigen, vollkommen überlegten Handlungen. Zweimal versuchte Sascha sich durch Verstellung vom Dienste zu befreien. Diese beiden Fälle sind durchaus wahr und mehreren Zeugen bekannt.

Er sollte eines Tages für mich gesattelt werden; da kam der Reitknecht und meldete, Sascha könne auf keinem Bein stehen, da er vollständig lahm sei. Wir stürzten in den Stall und sahen den armen Sascha ganz traurig und hilflos in seiner Box stehen, abwechselnd jedes Bein schonend. Mit vieler Mühe zogen wir ihn heraus und brachten ihn in die Reitbahn. Hier fiel er beinahe um. Wir schickten zum Tierarzt und ließen den Pony, der sich anscheinend überhaupt nicht bewegen konnte, allein in der Bahn zurück.

Nach einiger Zeit ging ich voll Sorge nach dem guten Sascha sehen. Innerlich machte ich mir die bittersten Vorwürfe über die strenge Behandlung, die ich ihm manchmal zuteil hatte werden lassen, und bat ihm im stillen alles ab. Wer beschreibt aber mein Erstaunen, als ich mit wehmütigen Gefühlen die Bahntür öffnend, den todkranken Sascha ganz fidel herumspringen sah! Nicht die leiseste Spur von einer Lahmheit war mehr zu bemerken. Das Einfangen gestaltete sich zur wilden Jagd; er schlug vorn und hinten aus und vier Personen arbeiteten im Schweiße ihres Angesichts, um seiner habhaft zu werden. Die Absicht, sich durch Vorschützen von Lahmheit dem Dienste zu entziehen, lag hier ganz klar zutage. Ein späteres Vorkommnis bewies, daß wir uns in dieser Annahme nicht getäuscht hatten.

Ich hatte mit meiner Gesellschafterin eine Schlittenfahrt unternommen. Sascha schien übler Laune zu sein und nach etwa einer Stunde benützte er die Gelegenheit, uns beim Passieren einer hohen Schneewehe umzuwerfen. Nachdem ich mich aus den verschiedenen Decken, Kissen und Fußsäcken herausgearbeitet hatte, sah ich den lieben Sascha im vollen Galopp um die nächste Straßenecke verschwinden. Ich überließ die wehklagende

Gesellschafterin, der natürlich gerade so wenig zugestoßen war wie mir, ihrem Schicksal und machte mich an die Verfolgung Saschas.

Es dauerte gar nicht lange, bis ich den Ausreißer wieder fand. Bei einer scharfen Wegbiegung war Sascha offenbar gegen einen Alleebaum angerannt und lag nun, alle Viere nach oben gestreckt, im Straßengraben. Er rührte kein Glied, und ich befürchtete wirklich, daß er tot sei. Als ich noch überlegte, was zu tun sei, kam Hilfe in Gestalt eines Gendarmen, der zwei Handwerksburschen transportierte. Freundlicher Weise stellte er sich und seine Gefangenen gleich zu meiner Verfügung. Bei näherer Betrachtung Saschas meinte aber auch der Gendarm, da sei nichts zu machen, denn das Tier habe sich das Genick gebrochen. So ohne weiteres wollte ich das nach den bereits mit Sascha gemachten Erfahrungen nicht glauben, und wir gingen daran, den Pony von Geschirr und Schlitten zu befreien. Er rührte sich noch immer nicht, hielt die Augen halb geschlossen; wenn man ihm ein Bein bewegte, fiel es schlaff in die alte Lage zurück. Gendarm und »Schwerverbrecher« ergingen sich in Mitleidsäußerungen über das »schöne tote Pferderl«. Als ich die Vermutung aussprach, daß es sich um Verstellung handeln könne, wurde das als gänzlich ausgeschlossen bezeichnet. Ich ließ mich aber nicht irremachen, nahm Sascha beim Zügel, die beiden Gefangenen – die sich edler Weise während der ganzen Zeit eifrig am Rettungswerk beteiligt hatten, statt, wie ich es an ihrer Stelle getan hätte, die Gelegenheit zur Flucht zu benützen –, wurden angewiesen, den Pony am Schwanz zu fassen. Der Gendarm zog an der Mähne und so mit vereinten Kräften brachten wir den »Toten« wieder auf die Beine! Kaum zum Leben erweckt, wollte Sascha sich schleunigst empfehlen. Dafür hatte ich aber schon vorgesorgt und hielt den Zügel ordentlich fest. Es stellte sich heraus, daß der Pony nicht die geringste Verletzung erlitten und sich offenbar verstellt hatte. Er wollte, daß wir ihn von Geschirr und Schlitten befreit liegen lassen sollten, worauf er dann den Heimweg, auf eigene Faust angetreten hätte. Wie würde er sich über uns belustigt haben!

Wer zuletzt lacht, lacht am besten, und das war in diesem Falle nicht der schlaue Sascha. So gut es mit den beschädigten Sachen ging, spannte ich wieder ein.

Die Gesellschafterin war inzwischen keuchend und jammernd eingetroffen. Sie erklärte, sich dieser »lebensgefährlichen Bestie« nicht mehr anvertrauen zu können, was mir weiter gar nicht viel Eindruck machte. Ich stellte ihr anheim, entweder zwölf Kilometer im tiefen Schnee zu Fuß zu gehen oder es noch einmal mit mir zu wagen. Sie wählte schließlich das Zweite, und so fuhren wir heimwärts.

Der kleine Sascha war trotz seiner zahlreichen Untugenden zehn Jahre lang mein besonderer Liebling. Auch der Umstand, daß er mich im Laufe dieser Zeit elfmal biß, konnte ihm meine Zuneigung nicht rauben. Er war ein so verständiges und kluges Tier und dabei äußerlich so hübsch, daß ich ihm alles verzieh. Wer Sascha in seiner Box besuchte, ohne seine Eigenart zu kennen, wurde rettungslos von ihm »apportiert«. Er ließ solch einen ahnungslosen Besucher erst nahe kommen, dann stieg er auf, schlug mit den Vorderhufen nach ihm und drängte ihn in eine Ecke der Box. Hatte er ihn soweit, dann faßte er ihn mit den Zähnen und schleppte ihn herum. Auch in der Schmiede war der kleine Kerl gefürchtet, seit er eines Tages den Schmied beim Beschlagen hoch hob.

Sascha, der im allgemeinen durchaus kein scheues Pferd war, hatte merkwürdiger Weise eine unüberwindliche Angst vor Schlittengeläute. Als ich ihm das erstemal Schellen anlegte, gebärdete er sich ganz verrückt. Nach verschiedenen vergeblichen Versuchen, im Stall sowohl wie im Freien, wendete ich keine weitere Gewalt an, weil ich das an und für sich schon sehr reizbare Tier nicht noch verrückter machen wollte. Da kam mein Bruder zu Besuch und meinte als Reiteroffizier, es sei lächerlich, mit so einem kleinen Kerl nicht fertig zu werden, er würde ihm die Schellen schon anziehen. Ich sagte ihm, er könne einen Versuch machen, wenn er für den dabei entstehenden Schaden aufkommen wolle.

Sascha wurde mit verbundenen Augen an die Leine genommen und das Geschirr mit den Glocken, denen man zuerst die Schwengel festgebunden hatte, damit sie nicht läuten konnten, wurde ihm aufgelegt. Als das getan war, befreite man Sascha von der Blende und ließ die Glocken klingen. Wie wahnsinnig lief der Pony nun an der Leine im Kreise herum. Wohl eine Stunde jagte er vollkommen toll dahin, bis man ihn schaumbedeckt und atemlos endlich zum Stehen brachte. Nun dachte man, er sei genügend erschöpft, um ihn an den Schlitten bringen zu können. Sechs Mann spannten ihn ein, nachdem man vorsichtshalber das Geläute abermals mit Tüchern umwickelt hatte, um den Schall zu dämpfen. Auf jeder Seite hielten ihn zwei Mann, weitere zwei Mann waren zur etwaigen Hilfeleistung bereit. Kaum hatte man das Geläute erklingen lassen, schob Sascha mit unverminderter Vehemenz ab; es gab kein Halten. Der Schlitten wurde total zertrümmert, vier Mann lagen am Boden und wurden geschleift, und schließlich war man froh, als man durch schleuniges Abnehmen des Geschirres der gefährlichen Geschichte ein Ende bereiten konnte.

Sascha hat diese Scheu niemals überwunden, und dieses Ereignis blieb unauslöschlich seinem Gedächtnis eingeprägt. In der Folge hatte er nicht nur Angst vor Glockengeläute sondern auch jeder blaue Gegenstand flößte ihm eine unbeschreibliche Furcht ein. Das Schlittengeläute war nämlich mit zwei blauen Federbüschen verziert gewesen, und in Saschas Gehirn waren offenbar die Begriffe der Gefährlichkeit von Glocken und blauer Farbe jetzt vereinigt. Eine blaue Wagendecke durfte er nie zu Gesicht bekommen, wollte man Unglücksfälle vermeiden; mit einem blauen Kleid ließ er mich unter gar keinen Umständen in seine Box; noch viel weniger konnte ich ihn mit einem Reitkleid dieser Farbe besteigen. Da Schellengeläute im Winter polizeiliche Vorschrift ist, nahm ich stets eine Glocke mit in den Schlitten und ließ sie nur, wenn durchaus nötig, z. B. wenn ein Schutzmann in Sicht war, ertönen. Dies trieb Sascha dann zwar zu sehr beschleunigten Gangarten, Unfälle konnten aber auf diese Weise doch vermieden werden.

Ich glaube, daß Sascha, der einerseits ein außergewöhnlich gescheites Tier war, doch in gewisser Hinsicht einen seelischen Mangel hatte. Es war nicht alles Ungezogenheit bei ihm, manchmal schien er wirklich im Gehirn nicht ganz in Ordnung zu sein. Besonders an sehr heißen Tagen blieb er z. B. beim Reiten oder Fahren plötzlich stehen, schüttelte mit dem Kopf und zeigte alle Zeichen von Dummkoller. Da er sich gern verstellte, so war es schwer, eine etwaige Gehirnkrankheit von einer Ungezogenheit zu unterscheiden. Mir war er gerade wegen dieser Abweichung vom Standpunkte der Tierseelenkunde aus wertvoll. Ich rechnete stets mit seiner Veranlagung und verzieh ihm aus diesem Grunde viel.

Seine krankhafte Abneigung gegen blaue Farben und Glocken hat er in den zehn Jahren seines Hierseins nie abgelegt, obwohl er sonst in seinen alten Tagen braver und ruhiger geworden war. Auch meine Versuche, ihn im Stall an diese Gegenstände zu gewöhnen, blieben erfolglos. Er hungerte lieber drei Tage, als daß er an die Krippe, vor welcher ein Geläute oder ein blaues Tuch befestigt war, heranging. Bei einem Pferd, das weder Eisenbahn noch Dampfstraßenbahn, noch Militärmusik, noch Schießen fürchtete, kann eine derartig unüberwindliche Angst vor an sich harmlosen Scheugegenständen wohl nur auf ungewöhnlicher Veranlagung beruhen.

Als Beispiel von Saschas Klugheit möchte ich noch erwähnen, daß er entgegenkommenden Fuhrwerken immer von selbst richtig auswich, und dies ist hier an der österreichischen Grenze keine Kleinigkeit. In Oesterreich wird links, hier in Deutschland rechts ausgewichen; die Salachbrücke bildet die Grenze. Sascha irrte sich nie und wechselte regelmäßig in der Mitte der Brücke das Ausweichsystem. Ich konnte ihm ganz ruhig die Zügel auf den Rücken legen, er hielt stets die richtige Straßenseite ein. Die Salzburger Droschkenkutscher, die mit Vorliebe in Bayern falsch ausweichen, hätten sich ein Beispiel an Sascha nehmen können. Begegnete Sascha einem falsch ausweichenden Wagen, so ließ er sich durchaus nicht irremachen, und wartete auf der richtigen Straßenseite ruhig ab, bis ihm Platz gemacht war. Man sollte glauben, daß gerade hier, wo ein Pferd sehr viel in Bayern, dann wieder häufig in Oesterreich gefahren wird, es durch die verschiedenen Ausweichsysteme verwirrt gemacht werden müßte. Bei Sascha war dies nicht der Fall, und ich gewann von ungläubigen Bekannten mehrere Wetten in dieser Angelegenheit. –

Die vorstehende Schilderung der vortrefflichen Pferdekennerin bestätigt das früher Gesagte, daß männliche Pferde mit dem Gebiß und den Vorderhufen kämpfen im Gegensatz zu den Stuten.

Höchst unwahrscheinlich klingt die Geschichte von dem richtigen Ausweichen des Pferdes. In der Lebensgeschichte berühmter Gelehrter lesen wir, daß sie als Freiwillige niemals rechts- und linksum unterscheiden lernten. Hier wird von einem Pferde berichtet, daß es in Deutschland und Oesterreich stets richtig auswich, obwohl das Ausweichen in beiden Ländern verschieden ist. Ich kann mir kein Urteil darüber erlauben, ob das wahr ist. Es ist hierbei selbstverständliche Voraussetzung, daß stets über dieselbe Brücke gefahren wurde. Da die Dame in ihrem Buche einen in jeder Hinsicht glaubwürdigen Eindruck macht, so finde ich als einzigen Ausweg die Tatsache, daß die Tiere zum Raume in einem ganz anderen Verhältnis stehen als der Mensch. Tiere finden sich im Raume leichter zurecht als wir, wie ihr Ortssinn beweist.

Selbst diese vortreffliche Tierkennerin hält ein Pferd für geisteskrank, weil es nicht mit Schellengeläut laufen will. Kann es denn nicht begründete Ursache zu seinem Verhalten haben? Man nehme einmal an, daß Sascha früher in Rußland bei einer Schlittenfahrt einen Ueberfall durch eine Räuberbande oder durch Wölfe erlebte. Hierbei wurde sein Herr oder der Kutscher oder ein Nebenpferd getötet, und er selbst nur durch Zufall gerettet. Ist es nun nicht ganz natürlich, daß ein Pferd bei seinem guten Gedächtnis ein solches Erlebnis nicht wieder vergißt?

Schaffen wir Menschen nicht alle Gegenstände fort, die uns an höchst unangenehme Vorkommnisse erinnern? Die meisten Menschen werden überhaupt sofort verstimmt, sobald das Gespräch auf Dinge stößt, die ihnen verdrießliche Sachen ins Gedächtnis zurückrufen.

Man hat dem Pferde mit Gewalt seine Abneigung gegen das Schellengeläute austreiben wollen. Hierbei hat es stundenlang in seinem verzweifelten Widerstand die blaue Farbe vor Augen gehabt. In der Folgezeit erinnerte es die blaue Farbe an das Schellengeläute, und das Schellengeläute wiederum an das furchtbare Ereignis. Auch das kann man nicht unbegreiflich finden.

Sascha hat sich durch Verstellung und Widerstand von der Arbeit gedrückt, wenn sie ihm nicht mehr paßte. Wir Menschen haben unsere menschlichen Interessen wahrzunehmen gegenüber den Haustieren, die wir füttern. Deshalb halten wir uns für berechtigt, ihren Widerstand zur Arbeit durch uns zugängliche Mittel zu brechen, also durch Peitsche und Sporen bei Pferden. Das ist alles ganz klar.

Eine ganz andere Frage ist es, ob ich ein Haustier, das sich der Arbeit entziehen will, deshalb für dumm halten muß. Da ich noch keinen Menschen angetroffen habe, der das Sichdrücken von der Arbeit für ein Zeichen von Dummheit angesehen hat – eher das Gegenteil –, so kann ich also ein Tier nicht deshalb für töricht halten, weil sein Verhalten uns Unannehmlichkeiten bereitet.

Aus dem Vorstehenden ist ersichtlich, daß gute Tierkenner sehr leicht zu einem ganz verschiedenen Urteil gelangen. Die Dame, die sich ihr Leben lang mit Pferden beschäftigt hat, hält ihren Liebling für teilweise geisteskrank und gibt die Gründe hierfür an. Ich glaube, daß meine Bücher gezeigt haben, daß ich auch eine Kleinigkeit von Tieren verstehe. Ich muß gestehen, daß ich keine Spur von Geisteskrankheit entdecken kann und Sascha für ein ungewöhnlich kluges Tier halte.

67. Ueber richtige Behandlung der Pferde.

Es ist betrübend, daß erst eine Dame kommen und uns Männern so verständige Worte über die richtige Behandlung der Pferde sagen mußte.

Die im vorigen Kapitel erwähnte vortreffliche Pferdekennerin gehört zu den wenigen, die den äußerst feinen Geruch der Pferde oft hervorheben. Als große Tierfreundin hielt sie sich allerlei Getier, darunter auch eine zahme Löwin. Hierbei konnte sie täglich beobachten, daß die Löwen wie alle Katzen ausgezeichnet sehen, Pferde dagegen vortrefflich riechen können.

Mit Vorliebe kaufte sie solche Pferde, die andere Menschen für vollkommen unbrauchbar erklärten und deshalb los sein wollten. Sie sagte sich mit Recht, daß die Pferde schon ihren Grund zu ihrem Verhalten haben werden. Sobald sie diesen Grund herausgefunden hatte, konnte sie das Tier wie jedes andere gebrauchen. Nur mußte sie auf die bestimmte Eigenart Rücksicht nehmen.

Ihre Erfahrungen auf diesem Gebiete sind sehr lehrreich und so sollen einige hier ihre Stelle finden:

Als ich eine neugekaufte Stute das erstemal ritt, machte sie, neben anderen Unarten, auch ganz plötzlich kehrt in der Nähe eines Wirtshauses. Da dort ein Planwagen stand, so glaubte ich, dieser sei die Ursache ihrer Furcht gewesen. In der Folge bemerkte ich aber, daß ihr derartige Wagen, die ihr auf der Straße begegneten, ganz gleichgültig waren, während sie sich einzelnen Häusern, besonders Gasthäusern, mit allen Anzeichen der Furcht näherte, auch wenn keinerlei Gegenstände, vor denen Pferde scheuen, dort zu sehen waren. Sie machte plötzlich Kehrt und warf sich mit solcher Schnelligkeit auf den Hinterfüßen herum, daß ich mich sehr in acht nehmen mußte nicht herunterzufliegen. Nur nach langem Kampf konnte man sie an einzelnen Stellen vorbeibringen.

Es bedurfte einer längeren Untersuchung, um herauszufinden, was die eigentliche Ursache ihrer Furcht und der damit verbundenen Widersetzlichkeit war. Schließlich stellte ich fest, daß die Stute eine wahnsinnige Angst vor Blutgeruch hatte. Auf dem Land wird in den meisten Gasthäusern geschlachtet, und diesen näherte sich die Stute stets mit allen Anzeichen der Furcht. Schon von weitem begann sie zu schnauben und zu pusten und fing mit ihrer Widersetzlichkeit an, um sich, wenn irgend möglich, das Vorbeigehen am Wirtshaus zu ersparen. Als ich sie einmal in einem solchen einstellte, wollte mir der Hausknecht beim Absatteln behilflich sein. Die Stute wurde ganz toll vor Angst, als der Mann, der, wie er mir dann sagte, kurz vorher beim Schlachten beschäftigt gewesen war, sich ihr näherte. Sie wäre mir bei dieser Gelegenheit fast davongelaufen; ich hatte alle Mühe sie zu halten.

Ich wollte nun feststellen, warum dieses Pferd eine derartig außergewöhnliche Angst vor Schlachthäusern hatte, und schließlich konnte ich den Grund herausfinden. Der Stute war seinerzeit bei einem Metzger der Schwanz gekürzt worden, und die Erinnerung an die Verstümmelung blieb für sie unauslöschlich mit Schlachthausgeruch verbunden. Erinnerungsvermögen und Geruchssinn sind beim Pferde hochentwickelt.

Der Widerstand dieser Stute beruhte also keineswegs auf Bosheit, sondern lediglich auf Furcht. Menschen, die der Sache nicht auf den Grund gegangen wären, hätten das arme Tier natürlich als vollkommen störrisch betrachtet, wenn es ohne anscheinende Ursache sich weigerte, an gewissen Stellen vorbeizugehen. Tiere tun selten etwas ohne Grund; bemüht man sich ein wenig sie zu verstehen, ihnen zu folgen, so wird man meist einen, von ihrem Standpunkte aus gesehen, triftigen Grund für ihre Handlungsweise feststellen. Viele Menschen finden dies aber nicht der Mühe wert, sie fertigen derartige Tiere nur mit den Worten ab: »Der dumme Bock scheut vor allem.« Dumm braucht das Tier deshalb noch nicht zu sein. Wenn es mit einem Gegenstand einmal schlechte Erfahrungen gemacht hat, so ist es ganz natürlich, daß es sich auch in Zukunft vor demselben fürchtet, denn die Fähigkeit, logisch zu denken, geht ihnen ab. Sache des Menschen ist es, das Tier in solchen Fällen durch geeignete Mittel von der Grundlosigkeit seiner Furcht zu überzeugen, ihm Vertrauen und Mut einzuflößen.

Bei dieser Stute schien die Nase ganz besonders entwickelt gewesen zu sein. Alle Ursache ihres Scheuens konnte man auf irgendwelche Witterung zurückführen.

Einmal machte sie mir mitten auf der Landstraße ohne jeden Anlaß kurz kehrt, und da ich genau wußte, daß in der ganzen Gegend kein Gasthaus und keine Metzgerei vorhanden waren, mußte diese scheinbare Ungezogenheit auf anderen Gründen beruhen. Weit und breit war nichts zu sehen; ich zweifelte aber trotzdem nicht, daß meine Stute irgend etwas bemerkt hatte, was menschlichen Sinnen eben nicht wahrnehmbar ist. Ich zwang sie weiter zu gehen. Durch ein Nachgeben in solchen Fällen würde das Pferd selbstverständlich verdorben werden. Es würde später im Gefühle seiner Macht auch aus anderen Gründen als dem der Furcht kehrtmachen. Das Tier muß sich also stets bewußt sein, daß es eine Auflehnung gegen den Willen seines Herrn nicht gibt. Hat man in einem solchen Kampf einmal den Kürzeren gezogen, so kann die Mühe von Wochen umsonst sein, und die Dressur muß von neuem beginnen. Es gilt dies nicht bloß vom Umgang mit Pferden, sondern von allen Tieren.

Ich war also etwa 300 Meter weiter geritten, als ich bei einer Wegbiegung am Rande eines Waldes eine Zigeunergesellschaft mit Bären und Kamelen lagern sah. Nun war das Benehmen meiner Stute schon erklärt.

Die Furcht vor Raubtieren ist dem Pferde gleich allen anderen Geschöpfen eigen, und die Natur hat ihm die feine Nase und die Schnelligkeit verliehen, um diese Gefahren zu wittern und ihnen zu entfliehen. Es lag also auch in diesem Fall eine von seinem Standpunkt aus ganz verständliche Handlungsweise vor.

Dic Scheu vor Raubtieren konnte ich ja bei meinen Pferden am besten beobachten. Ging ich in den Stall, nachdem ich kurz vorher meine zahme Löwin gestreichelt hatte, so nahmen meine Pferde keinen Zucker aus meiner Hand. Unter Schnauben und Pusten zogen sie sich in die entfernteste Ecke ihrer Box zurück.

Alles, was die Dame hier von der Behandlung der Pferde gesagt hat, kann man nur unterschreiben. Zur Bestätigung ihrer Angaben von dem feinen Geruch der Pferde und ihrer Furcht vor Blut und Raubtieren sei folgendes angeführt.

In heißen Ländern sind Reiter oft durch ihr Pferd vor dem Tode des Verdurstens gerettet worden. Es fand nämlich durch seinen feinen Geruch verborgenes Wasser, das der stumpfen menschlichen Nase vollkommen entgangen war.

Ein Bekannter von mir, ein vorzüglicher Reiter, kommt nach Hause geritten und wird von dem sonst ruhigen Pferde um ein Haar aus dem Sattel geschleudert, da es urplötzlich davonstürmt. Er geht der Sache auf den Grund und stellt fest, daß in seiner Abwesenheit eine Zigeunerbande mit einem Bären auf dem Gehöft geweilt hatte.

Etwas Aehnliches ereignete sich vor vielen Jahren auf einer Fähre. Ein sonst frommes Pferd will plötzlich auf der Fähre mit dem Wagen und seinen

Insassen in den breiten Strom springen. Nur mit Mühe kann ein gräßliches Unglück vermieden werden. Auch hier wird festgestellt, daß eine Zigeunerbande mit Bären und Kamel vorher die Fähre benutzt hatte.

Man ersieht hieraus, wie notwendig es ist, daß die Fähre, wenn sie Raubtiere übergesetzt hat, gereinigt oder doch mit Wasser übergossen wird. Wenigstens muß es an den Stellen geschehen, wo die Tiere gelegen haben.

68. Die geistigen Fähigkeiten der Tiere.

Wir haben jetzt eingesehen, wie außerordentlich schwierig es ist, die geistigen Fähigkeiten der Tiere zu beurteilen. Die Tierliebhaber erheben sie in den Himmel, während die Gegner die Tiere nur als Maschinen betrachten. Als im Jahre 1904 der sogenannte »kluge Hans« vorgeführt wurde, glaubten viele Berliner, die sich das Pferd des Herrn von Osten angesehen hatten, daß ein Pferd sich durch geeigneten Unterricht, wie ihn Herr von Osten erteilt hatte, die Kenntnisse eines zwölfjährigen Knaben, namentlich aber Lesen und Rechnen, aneignen kann.

Nehmen wir einen Fall, wie er sich in Wirklichkeit unzählige Male ereignet hat. Wir haben uns vollständig verirrt. Der Kutscher weiß nicht mehr, wo der richtige Weg ist. Es wird dunkel, und wir fangen an zu frieren. Niemand ist weit und breit, den wir nach dem Wege fragen könnten. Da macht der Kutscher es, wie es so oft schon geschehen ist, – er überläßt dem Pferde die Führung. Und das Pferd schlägt ohne Besinnen einen Weg ein, der uns in stockdunkler Nacht nach unserm Ziele bringt.

Oder wir wollen an den vorher erwähnten Reiter denken, der, von Durst gemartert, schon zu phantasieren beginnt und die Zügel nicht mehr halten kann. Da fängt sein Pferd plötzlich an, im Sande zu scharren, und nach kurzer Zeit ist eine unterirdische Quelle freigelegt.

Oder ein Jäger hat bei Eintritt der Dämmerung einen Rehbock geschossen. Er hat keine Zeit, den nächsten Morgen abzuwarten. Deshalb holt er seinen Hund und wartet zunächst die Zeit ab, die nach solchen Schüssen üblich ist. Inzwischen ist es so dunkel geworden, daß man nicht mehr die Hand vor Augen sehen kann. Der Jäger braucht also eine Laterne, um überhaupt die Stelle wiederzufinden, wo der Rehbock gestanden hat. Auf diese Anschußstelle führt er den Hund. Dieser läuft mit gesenkter Nase der Fährte nach. Es dauert nicht lange, so hört der Jäger das Gebell seines Hundes, das ihm anzeigt, daß er den Bock gefunden hat. Wo der Mensch nichts sah, findet der Hund einen geschossenen Rehbock.

Kann man es im Ernste einfachen Leuten verdenken, daß sie, wenn sie solche Sachen erlebt haben oder täglich erleben, von der Klugheit der Tiere schwärmen? Die Gegner haben ja natürlich darin durchaus recht, daß die Tiere diese Leistungen nicht auf Grund geistiger Gaben verrichten. Der Hund findet den Rehbock in der dunklen Nacht, weil seine Augen in der Dunkelheit viel besser sehen können als die des Menschen, und weil sein Geruchssinn ganz unabhängig davon ist, ob es hell oder dunkel ist. Das Pferd findet das unterirdische Wasser ebenfalls durch die feine Nase und den Weg nach dem Ziele durch seinen Ortssinn. Ebenso ist das Pferd nicht deshalb sehr klug, weil es sich von einer Fata morgana, dem Spiegelbilde einer Oase, in der Wüste nicht täuschen läßt, wie es den Menschen passiert. Das Pferd als Nasentier traut seinen Augen überhaupt nicht, und für die Nase ist das Spiegelbild gleichgültig.

Führen wir noch weitere Fälle an, die hierhin gehören:

Ich nehme ein junges Kätzchen und setze es auf eine Tischplatte. Ich kann ganz unbesorgt sein – das erst einige Wochen alte Tier fällt nicht hinunter.

Oder ich nehme es an das offene Fenster. Es wird ebenfalls nicht hinunterfallen, während man Kindern fortwährend zurufen muß: Nehmt euch in acht, damit ihr nicht hinunterfallt!

Jetzt setze ich das Kätzchen auf eine Holzplatte und stelle die Platte schräg. Sofort bringt es seine Krallen zum Vorschein und hält sich fest.

Wie oft fliegen Vögel, wenn sie ein böser Bube ausnehmen will, sofort ohne jeden Unterricht aus dem Neste! Ich zog einmal einen jungen Kuckuck groß, der in einem Bauer stak. Er hatte noch niemals Flugversuche gemacht. Eines Tages flog er vom Tische in dem Garten, wo ich ihn fütterte, tadellos nach dem nächsten Baum und setzte sich auf einen Ast.

Wenn man sich die Schwierigkeit des Fliegens vorstellt, dann muß man staunen, daß ein Tier ohne jede Anleitung sofort alles richtig macht. Abfliegen, Fliegen, Anhalten, Sichsetzen auf den Ast. Niemand konnte dem Kuckuck ansehen, daß er das alles zum ersten Male macht.

Solche äußerst zweckmäßigen Handlungen sehen wir bei den Tieren in zahlloser Menge. Sie erkennen ihre Feinde, wissen die passende Nahrung, vermeiden giftige Stoffe, suchen Heilpflanzen auf, wandern zur rechten Zeit, wissen den Gefahren der Witterung zu entgehen usw. So nahmen Krähen, die der Jäger durch Phosphorpillen vernichten wollte, als Gegenmittel Ebereschenbeeren und wurden dadurch wieder gesund. Wo der Mensch Unterricht und Belehrung braucht, Aerzte aufsuchen muß und tausend andere Schwierigkeiten überwinden muß, um sein Leben durchzuführen, können wir bei den Tieren nichts Derartiges beobachten. Und trotzdem leben sie doch. Ja, die Tiere in der Freiheit leben sogar viel gesünder als unsere Haustiere.

Wie sollen wir uns das, was sich alltäglich vor unseren Augen abspielt, erklären?

69. Was verstehen wir unter »Instinkt« bei den Tieren?

Weil wir für die zuletzt genannten Handlungen keine Erklärung finden können, so haben wir uns darüber geeinigt, daß wir als Grund für diese unbewußt zweckmäßige Handlungsweise den »Instinkt« angeben.

Der große Naturforscher Darwin hat den Instinkt in folgender Weise zu erklären versucht. Er behauptet, daß die zweckmäßige Handlungsweise vor Urzeiten von einem Vorfahren zufälligerweise angewendet wurde. Da sich die Handlungsweise als zweckmäßig erwies, so kam das Tier dadurch in einen Vorteil vor seinen Artgenossen. Es vererbte seine zweckmäßige Handlungsweise auf seine Nachkommen.

Diese Erklärung ist sehr gelehrt, ist aber mit den Tatsachen durchaus unvereinbar. Elefantenherden überschreiten die Gebirge an den günstigsten Stellen, so daß sie seit Urzeiten für die Menschen als Lehrmeister im Wegebau dienen. Genau so ist der Eisbär in unwegsamen Polarländern der Wegweiser für Polarreisende. Wir können uns keine Vorstellung davon machen, woran ein Elefant bei einem riesigen Gebirge den zum Ueberschreiten günstigsten Paß erkennt. Sein Auge ist obendrein auffallend schwach, und sein feiner Geruch kann ihm am Fuße eines Gebirgsstocks ebenfalls nichts nützen.

Elefanten bleiben stets in Herden. Es ist also ausgeschlossen, daß ein einzelner Elefant durch Zufall die Uebergangsstelle gefunden hat.

Wäre der Instinkt eine vererbte Fähigkeit, so müßte sie versagen, sobald neue, ungewohnte Verhältnisse vorliegen. Ist das der Fall?

In der Wirklichkeit ist davon nichts zu merken. Im achtzehnten Jahrhundert hat ein Sonderling in der Nähe von Kassel eine Affenkolonie gegründet. Diese Tiere bewegten sich vollkommen frei und gediehen trotz unserer kalten Winter prächtig.

Wir müssen unsere Kinder immer wieder warnen, daß sie keine unbekannten Früchte oder Beeren essen. Trotzdem kommen alljährlich Vergiftungsfälle vor. Woher wußten nun die Affen, welche Beeren und Früchte für sie bekömmlich waren oder nicht? Sie stammten aus Afrika, und ihr vererbtes Wissen konnte ihnen in Deutschland doch nichts nützen.

Früher gab es kein Saccharin und keine Kunstwaben. Wenn der Instinkt auf Vererbung beruht, so müßten die Bienen dem Saccharin und den

Kunstwaben ratlos gegenüberstehen. Das Gegenteil ist eingetreten, wie die Bienenzüchter übereinstimmend bekunden. Alle Bienen haben das Saccharin abgelehnt, und alle haben die Kunstwaben benützt. Die Sache mit dem Saccharin können wir uns zur Not erklären. Der Süßstoff hat den feinriechenden Bienen übel gerochen. Aber weshalb alle Bienen die Kunstwaben angenommen haben, bleibt ein vollkommenes Rätsel.

Wir müssen uns also bescheiden und offen zugeben, daß wir vorläufig für den Instinkt keine zufriedenstellende Erklärung geben können.

Auch bei uns Menschen spielt der Instinkt eine weit größere Rolle, als man gewöhnlich annimmt. Insbesondere lassen sich Frauen von ihren Instinkten in vielen Fällen leiten. Es kommt oft vor, daß eine Frau erklärt, wenn ihr Mann einen Bekannten einführt: »Schaffe mir diesen Menschen aus den Augen – ich kann ihn nicht leiden!« Einen Grund für diese Abneigung kann sie nicht angeben, aber sie verläßt sich auf ihren Instinkt.

Vielleicht ist unser Erstaunen über die durch den Instinkt veranlaßten zweckmäßigen Handlungen ganz unbegründet. Denn das Leben wäre kein Leben, wenn ein freilebendes Tier nicht seine Feinde und seine Nahrung kennen würde, schwimmen könnte usw. Diese Fähigkeiten gehören also zum Begriffe des Lebens. Sie verschwinden da, wo sie zum Leben nicht mehr erforderlich sind, beispielsweise bei den Haustieren und Menschen. Der Mensch kann durch sein Gehirn die meisten Instinkte ersetzen.

Hiernach müßten wir uns nicht über die Instinkte der Tiere wundern, sondern darüber, daß wir als Menschen so wenige haben.

70. Das Gedächtnis des Pferdes.

Jeder Kutscher wird uns bestätigen, daß Pferde ein ausgezeichnetes Gedächtnis besitzen. Selbst in der Großstadt kann man solche Leistungen bewundern. So war vor dem Weltkriege unser Brotkutscher einmal erkrankt und hatte nach Art dieser Leute kein Verzeichnis seiner Kunden. Da riet er, einen Mann auf den Bock zu setzen und in jedem Hause, wo das Pferd anhielt, nach dem Kunden zu fragen. So erhielten sämtliche Kunden ihr Brot.

Das Gedächtnis der Tiere ist vielfach besser als das des Menschen. Schon im Altertum hat man das gewußt. Denn der Held Odysseus, der nach 20 Jahren in seine Heimat zurückkehrt, wird von keinem Menschen wiedererkannt, nur von seinem treuen Hunde. Wenn man auf einem langgestreckten Jagdrevier die geschossenen Hasen nicht alle mitschleppen will, sondern in ein Gebüsch steckt, um sie bei der Rückkehr mitzunehmen, so ist der Jäger abends oft im Zweifel, ob und wo er morgens einen Hasen versteckt hat. Der Hund dagegen weiß immer Bescheid. Das Gedächtnis kann also keine geistige Gabe sein, sonst könnte sie beim Tiere nicht stärker entwickelt sein als beim Menschen. Da auch Kinder ein besseres Gedächtnis haben als der Erwachsene, so geht auch hieraus hervor, daß es sich um keine geistige Fähigkeit handelt.

Das Tier hat aber ein hervorragendes Gedächtnis nur für Dinge, die es interessieren. Die rechnenden Pferde in Berlin und Elberfeld waren insofern Ausnahmeerscheinungen, als sie sich für Sachen interessierten, die einem Pferde sonst ganz fernliegen, nämlich Lesen, Schreiben und Rechnen. Von einem wirklichen Verstehen unserer Sprache, sowie von einem wirklichen Rechnen kann natürlich keine Rede sein. Vielmehr hatten sich die Pferde vermittels ihres vortrefflichen Gedächtnisses gemerkt, was sie auf gewisse Laute für Hufbewegungen zu machen hatten. Der sogenannte kluge Hans in Berlin klopfte also neunmal mit dem Hufe auf, wenn sein Lehrmeister, Herr von Osten, ihn fragte: Wieviel ist 7 und 2? Er hatte die richtige Antwort in mehrjährigem Unterricht so oft gehört, daß er die Frage spielend leicht beantworten konnte.

Neuerdings sind in Stuttgart Versuche über die geistigen Fähigkeiten der Hunde angestellt worden, woraus sich ergibt, daß Hunde trotz ihres schwachen Gesichts die Anzahl von Gegenständen schneller erfassen als der Mensch. Das halte ich für durchaus möglich. Es ist für den Wolf, den Fuchs und andere hundeartige Tiere von großer Bedeutung, die Anzahl der Pflanzenfresser, also die Zahl der zu einem Rudel gehörigen Hirsche, die Zahl der Küchlein bei einer Wildente und in ähnlichen Fällen genau zu wissen. Was dagegen sonst von den Aussprüchen der ihre Ansicht klopfenden Hunde mitgeteilt wird, steht in völligstem Widerspruch mit unseren bisherigen Anschauungen über die geistigen Fähigkeiten der Tiere. Man wird daher erst abwarten müssen, um die Ergebnisse nachzuprüfen. Vorher kann man zu ihnen keine Stellung nehmen.

Es ist klar, daß ein Pferd, das neunmal klopft, auf die Frage 7 und 2, deshalb noch nicht rechnen kann. Denn die Zahlen 7 und 2 sind abstrakte, d. h. gedachte Begriffe. Es ist schon zweifelhaft, ob ein Tier anschauliche Begriffe versteht, z. B. den Begriff Hund, Pferd usw. Diese Frage wird man wohl bejahen können. Dagegen haben wir nirgends den geringsten Anlaß, um anzunehmen, daß ein Tier für gedachte Begriffe Verständnis besitzt.

Das Tier kann also die Zahlen klopfen, wie ein Kind ein Wort nachplappert. Aber von einem Verständnis hierfür sind beide weit entfernt.

Menschen, die über solche Sachen nicht nachgedacht haben, verfallen leicht in die merkwürdigsten Irrtümer.

71. Das Verständnis des Pferdes für Kommandoworte.

Ein lehrreicher Versuch wurde vor dem Kriege mit Militärpferden angestellt. Jeder Kavallerist schwört darauf, daß die Pferde die Signale verstehen. Weiß er doch, daß sie die nötigen Bewegungen viel richtiger ausführen, wenn er das Tier sich allein überläßt, als wenn er es lenkt.

Da von Gelehrten diese Angaben bezweifelt wurden, so sollte durch eine Prüfung Klarheit in die Angelegenheit gebracht werden. Den Reitern wurde aufs strengste befohlen, sich jeder Einwirkung auf das Pferd zu enthalten. – Die Signale erklangen, und die Pferde rührten sich nicht von der Stelle. Folglich, so schlossen die Gelehrten, verstehen die Pferde nichts von den Signalen.

Die Sache liegt in Wirklichkeit etwas anders. Sowohl der Kavallerist irrt, als auch der Gelehrte irrt.

Das Pferd weiß, daß, wenn ein bestimmtes Signal ertönt und sein Reiter gewisse Einwirkungen ausübt, es bestimmte Bewegungen machen soll. Bleibt jedoch bei dem ihm bekannten Signal der Reiter wie ein Mehlsack sitzen, so wird das Pferd irre und weiß nicht, was es tun soll.

Der Kavallerist irrt also insofern, als er glaubt, das Pferd verstünde das Signal als solches oder überhaupt einen Zuruf als solchen. Der Hund versteht doch auch die Worte nicht als solche. Wenn ich ihm zurufe »Komm!«, so kommt er nicht, weil er das Wort »Kommen« versteht. Er weiß nur, daß, wenn er einen ganz bestimmten Laut hört, so soll er kommen. Was das Wort bedeutet, weiß er nicht. Man kann deshalb einen deutschen Hund mit französischen und englischen Wörtern dressieren und tut es auch. Man denke an Apport, down (daun) usw. Ein Irrtum aber ist es zu sagen, es genügen die Vokale des Befehls für den Hund. Die Sachlage ist folgende. Der Hund in einer Familie hört einen Befehl, beispielsweise »Peter, mach' schön!« von den einzelnen Familienmitgliedern ganz verschieden ausgesprochen. Deshalb genügen die Vokale, um ihn zur Ausführung des Befehls zu veranlassen. Hat der Hund jedoch nur einen einzigen Herrn, so sind die Vokale gewöhnlich nicht ausreichend.

Weil das Pferd von der Bedeutung des Signals ebenfalls keine Ahnung hat, so glaubt es, daß es auf Signal und Einwirkung des Reiters sich bewegen müßte.

Die Gelehrten irren, wenn sie glauben, daß das Pferd gar kein Verständnis für das Signal besäße. Wo kein Reiter oder Kutscher ist, versteht das Pferd die Signale ausgezeichnet. Dafür kann man unzählige Beweise anführen. Hierfür dürfte nachstehender genügen. Alltäglich kann man auf dem Lande sehen, daß ein Landmann Dung ausbreitet. Hat er die genügende Menge auf eine bestimmte Stelle gebracht, so ruft er dem Pferde zu, daß es vorwärts gehen solle. Noch niemals habe ich erlebt, das ein Pferd das nicht verstanden hätte. Hier weiß das Pferd, daß es allein auf den Zuruf ziehen soll, denn der Lenker steht ja fern vom Wagen. Den Inhalt des Zurufes versteht es natürlich nicht.

Wir sehen also, daß es ungeheuer schwierig ist, über die geistigen Gaben der Tiere ein Urteil abzugeben. Die Tiere sind uns durch manche Sinne und ihre Instinkte überlegen. Hieraus erklärt es sich, daß die einfachen Leute zu den Tieren, als zu ihren Lehrmeistern, emporsehen. Dagegen sind solche zweckmäßige Handlungen, die auf Grund einer wirklichen Ueberlegung erfolgen, bei Tieren sehr selten anzutreffen. Ja, man möchte bezweifeln, ob sie überhaupt vorkommen.

Das im Kampf ums Dasein stehende Tier hat ja auch keine Zeit zur Ueberlegung, wie schon beim Scheuen erwähnt wurde. Bei Gefahren überlegt der Mensch auch nicht erst lange. Sieht er in der Nähe einen Löwen oder Tiger auftauchen, so verfällt der Mensch nicht erst in ein längeres Grübeln und überlegt sich die Sache nach allen Seiten. Er richtet sich vielmehr nach seinen Instinkten. Genau so ist es, wenn er durch einen Brand geweckt wird. Angesichts der eindringenden Flammen denkt er auch nicht daran, erst lange zu überlegen.

Die Tiere haben also weniger Gehirn oder weniger Furchen im Gehirn und mehr Instinkte, weil sie, die mitten unter Gefahren stehen, mit einem Menschengehirn nichts anfangen könnten. Sie erreichen aber mit ihren Instinkten mehr, als man denken sollte. Die menschenähnlichen Affen werden in heißen Gegenden, wo die schrecklichsten Ungeheuer hausen, alt und grau ohne Waffen, ohne Arzt und ohne alle anderen Hilfsmittel des Europäers.

Es ist also richtig, daß das Tier nicht die geistigen Gaben besitzt wie der Mensch. Es ist aber der Schluß falsch, daß es deshalb weniger als der Mensch leisten könne. Mit seinen schärferen Sinnen und seinen Instinkten ist es vielmehr dem Menschen in vielen Sachen überlegen.

72. Warum müssen wir das Pferd putzen?

Die Wildpferde werden nicht geputzt – warum müssen wir Menschen es bei unseren Hauspferden tun? Hierauf wäre folgendes zu antworten:

Alle Einhufer haben die Gewohnheit, sich zu wälzen, was jedenfalls zur Anregung ihrer Hauttätigkeit geeignet ist. Demselben Zwecke dient wohl auch das gegenseitige Schaben der Pferde, das man bei Zweispännern oft beobachten kann.

Dadurch, daß wir das Pferd größer gezüchtet haben, ist seine Gelenkigkeit beeinträchtigt worden, und ein Sichwälzen findet nicht mehr so häufig statt wie früher.

Beim Esel dagegen ist das Sichwälzen sehr beliebt. Hiermit hängt die Redensart zusammen: Wo der Esel sich wälzt, da muß er Haare lassen. Das heißt: Der Verbrecher soll von dem Gerichte abgeurteilt werden, in dessen Bezirk seine Tat begangen worden ist.

Das Putzen dient gewissermaßen als Ersatz des Sichwälzens. Wie wichtig es für das Pferd ist, geht aus der Redensart hervor: Gut geputzt ist halb gefüttert. Denn das Hauspferd hat im Gegensatz zum Wildpferd schwer zu arbeiten und gerät deshalb häufig in Schweiß, was bei wilden Einhufern selten vorkommt.

73. Redensarten und Sprichwörter vom Pferde.

Besprochen sind bereits oder selbstverständlich sind folgende:

- Einem geschenkten Gaul sieht man nicht ins Maul.
- Ein gut Pferd ist seines Futters wert.
- Ein Pferd schabt das andere.
- Gut geputzt ist halb gefüttert.
- Es stolpert oft ein Pferd, das vier Füße hat.

Von jemandem, der eine Sache verkehrt macht, sagt man:

Er zäumt das Pferd von hinten auf.

Dagegen heißt es von denen, die ihre Umgebung von oben herab behandeln, daß sie

auf hohem Pferde (Rosse) sitzen.

Da nach allgemeiner Anschauung der Esel unendlich weniger wertvoll ist als ein Pferd, so sagt man von dem, der aus einem hochstehenden Beruf oder Amt in einen weniger hochstehenden gelangt:

Er setzt sich vom Pferde auf den Esel.

Eine unbestreitbare Wahrheit enthält der Vers:

Das Pferd, das am besten zeucht,

bekommt die meisten Streich.

Unwillkürlich wird das Pferd am meisten ausgenutzt und infolgedessen am meisten gepeitscht, von dem man weiß, daß es am besten ziehen kann.

Gemietet Roß und eigene Sporen machen kurze Meilen.

Der Mensch liebt es, fremde Sachen, die ihm geliehen wurden, nach Möglichkeit auszunützen. Seinem eigenen Pferde würde er Erholung gönnen, aber ein fremdes hat sie nach seiner Anschauung nicht nötig. Er wird sich für ein fremdes Pferd die schärfsten Sporen nehmen und diese fleißig gebrauchen. So gelangt er schnell zum Ziel.

In den Sielen sterben

sagt man von einem Menschen, der wie ein Arbeitspferd bis zum letzten Augenblicke tätig war.

In meiner Gegend war die Redensart üblich:

Die rauhsten Fohlen werden die glattsten Pferde.

Mein Vater hat sich oft damit getröstet, wenn wir Knaben wieder einmal einen dummen Streich verübt hatten.

Pferdekoppel

Pferde in der Schwemme

Esel und Maultier

74. Das Aeußere des Esels.

In früheren Jahren konnte man in der Großstadt häufiger Eselfuhrwerke sehen. Jetzt müssen wir es als ein besonderes Glück betrachten, daß wir ein solches zu Gesicht bekommen und uns näher ansehen können.

Aeußerlich fallen am Esel seine langen Ohren, seine graue Farbe, seine Kleinheit, sein fast kahler Schweif Und seine zierlichen Hufe auf. Er sieht aus wie ein kleines Pferd mit gewissen Abweichungen. Natürlich ist er unserem Pferde nahe verwandt.

Im Volke ist er sprichwörtlich wegen seiner Dummheit, Langsamkeit, Faulheit und seiner Genügsamkeit. Nach allgemeiner Ansicht sind Disteln sein liebstes Futter.

In südlichen Ländern, beispielsweise in den am Mittelländischen Meere gelegenen Staaten wird niemand dieses Urteil unterschreiben. Dort ist der Esel ein unbezahlbarer Gehilfe, der trotz seiner kleinen Gestalt die größten Lasten trägt. Ein altgriechischer Dichter vergleicht einen der stärksten Helden mit einem Esel, um den Kämpfer zu ehren.

Auch hier gibt uns die Abstammung des Esels Aufklärung über die verschiedene Beurteilung des geplagten Geschöpfes. Wildesel leben in den glühend heißen Ländern von Afrika und Mittelasien, und zwar in gebirgigen Gegenden.

Jetzt wird uns sofort verschiedenes klar, nämlich folgendes:

Erstens, daß ein Tier, das aus den Gleichergegenden (Aequatorgegenden) stammt, viel Wärme braucht. Das ist auch in der Tat der Fall. In Deutschland ist es für den Esel bereits zu kalt. Deshalb gedeiht er bei uns nicht ordentlich.

Zweitens erklärt sich seine graue Färbung als Schutzfärbung. Sein Fell stimmt mit den Felsen und dem Geröll seiner Heimat überein, so daß er von seinen schlimmsten Feinden, dem Menschen und den großen Katzen, schwer entdeckt wird.

Auch der halbkahle Schweif hängt mit der Schutzfärbung zusammen. Im Felsengewirr würde der dicke schwarze Streifen des Pferdes auffallen, weil er sich von der vorherrschenden grauen Färbung abhebt, während das in der Ebene viel weniger der Fall ist.

Drittens verstehen wir seine zierlichen Hufe und seinen im Gebirge so sicheren Gang. Das Gebirge ist ja seine Heimat, und wer sicher auf kleinen Stellen im Gebirge auftreten will, darf nicht die unförmigen Hufe eines flämischen Pferdes haben.

Viertens. Auch die langen Ohren werden aus seinem Leben in der Heimat verständlich. Wir sehen, daß alle Tiere sich durch auffallend lange Ohren auszeichnen, die ihren eigentlichen Hauptsinn, den Geruch, nur unter ungünstigen Umständen tätig sein lassen können. Das ist beispielsweise beim Hasen, beim Wüstenfuchs und anderen Tieren der Fall. Der Hase liegt mit aufgelegtem Kopfe in einer Bodenvertiefung. In dieser Lage kann seine sehr feine Nase einen etwa 10 bis 20 Schritt entfernten Menschen trotz günstiger Windrichtung nicht wittern, falls dieser, was häufig der Fall ist, etwas höher steht. Denn die Ausdünstung des Menschen geht über den Rücken des Hasen hinweg. Daher ist die irrige Ansicht entstanden, daß der Hase nicht wittern kann. Wie vorzüglich er riechen kann, sieht man in jedem Frühjahr, wenn er wie ein Jagdhund in sausender Fahrt die Spur einer Häsin verfolgt.

Auch der Esel hat, wie das Pferd, eine ausgezeichnete Nase. Aber wie oft läßt sie ihn im Felsengewirr im Stich! Die Witterung des Menschen, des Löwen oder eines anderen Raubtieres, die hinter einem Felsen lauern, geht an dem Esel vorbei, ohne in das Riechgebiet der Nase zu gelangen.

Deshalb müssen sich Esel, Hase und Wüstenfuchs vor allen Dingen auf ihr Gehör verlassen. Daher ihr fortwährendes Spitzen der Ohren. Daher die ungewöhnliche Länge der Ohren bei den genannten Tieren.

Die Dummheit des Esels ist nicht so groß, wie sie gewöhnlich hingestellt wird. Sie hat in vieler Hinsicht dieselben Gründe wie die der Schafe, bei denen wir davon noch sprechen wollen.

Die Genügsamkeit des Esels ist für uns Menschen sehr wertvoll. Aber es ist nicht richtig, daß Disteln ihm über alles gehen sollen. Wir werden das gleich noch sehen.

75. Warum sieht man selten kranke Esel?

Während das Pferd einer Unmenge von Krankheiten unterworfen ist, muß man geradezu suchen, wenn man einen kranken Esel finden will. Einen schönen Fall von dem ungewollten Selbstmord eines Esels erzählt ein Naturforscher: Krank wird der Esel nicht leicht, und frißt er sich einmal zu Tode, so geschieht es wenigstens nicht in böser Absicht, was man aus folgender Tatsache entnehmen mag: Einer meiner Freunde besaß einen alten und einen jungen Esel; als des letzteren Geburtstag gefeiert wurde, ließen die Kinder auch den alten am Feste teilnehmen, gaben ihm eine große Menge reinen Hafers, und da feierte er denn so eifrig, daß er daran starb. –

Solche Menschen, die sich den Geburtstag ihres Esels merken und ihn gebührend feiern, sind sicherlich große Ausnahmen. Jedenfalls geht aus dem Erlebnis hervor, daß der Esel Hafer noch viel lieber als Disteln frißt.

Wie alle Einhufer, hat der Esel einen kleinen Magen und obendrein eine Klappe davor. Ein gesunder Einhufer kann sich also nicht übergeben. Er platzt, wenn er zuviel gefressen hat.

Wir haben vorhin (Kap. 62) darauf hingewiesen, daß das Pferd ein Magerfresser ist. Der Esel ist es in noch höherem Grade. Gäbe man dem Esel auch soviel Körnerfutter wie dem Pferde, so würde er auch koppen und krank werden. Zum Glück verwöhnen wir den Esel nicht.

Es dürften also folgende beiden Gründe sein, weshalb der Esel so selten, das Pferd so häufig krank ist.

Einmal haben wir dem Esel die dürre Fütterung seiner Heimat gelassen, weil es uns sehr angenehm ist, daß er so genügsam ist.

Sodann haben wir den Esel so gelassen, wie ihn die Natur geschaffen hat.

Das Pferd dagegen haben wir größer gezüchtet, weil wir große Tiere brauchten. Um die Größe zu erzielen, müssen wir viel Körner verfüttern, was für ein Steppentier nicht naturgemäß ist.

Das Pferd würde noch viel häufiger erkranken, wenn es nicht als Haustier die gesündeste Tätigkeit ausübte. Es ist den ganzen Tag in der frischen Luft und arbeitet sich aus. Wie gesundheitsfördernd das für das Pferd ist, ersehen wir an einer an Feiertagen nicht selten auftretenden Krankheit, der sogenannten Osterwinde. Die Pferde bleiben im Stalle und bekommen zur Feier des Tages ihr übliches Körnerfutter. Die Folge davon ist nicht selten eine furchtbar schwere Erkrankung, die Osterwinde.

76. Ziehhund oder Esel?

Wir haben uns jetzt das Aeußere des Esels verständlich gemacht und wollen jetzt die Frage besprechen, weshalb man nicht allgemein statt der Ziehhunde Esel verwendet.

Seit vielen Jahren wird gegen die Verwendung der Hunde zum Ziehen gewettert. Diese Bestrebungen zeugen von dem guten Herzen der Beteiligten und sollen deshalb sorgfältig geprüft werden. Allerdings ist auch in diesem Falle, wie bei den Hüten für die Omnibuspferde, vielfach Sachkunde zu vermissen.

Die Verwendung des Hundes zum Ziehen ist eine Tierquälerei, falls

1. der Hund übermäßig lange angestrengt wird oder übermäßige Lasten zu ziehen hat,
2. Fütterung und Tränkung nicht genügend ist,

3. der Hund als früheres Nachttier bei glühender Mittagshitze ziehen muß,

4. an den Ruhestellen kein trockenes Plätzchen zum Hinlegen ist,

5. er bei Kälte an den Ruhestellen nicht zugedeckt wird.

Pferde und Esel brauchen sich nicht hinzulegen zur Ruhe, wohl aber der Hund.

Pferden erfrieren trotz der größten Kälte nicht die Beine, wohl aber dem Hunde.

Ein Sachverständiger äußert sich über die vorliegende Streitfrage folgendermaßen:

In vielen Gegenden spannen Leute, die oft geringe Lasten zu befördern haben, statt der Esel Hunde vor, was schon oft getadelt, aber doch nicht abgeschafft ist. – Ziehen wir zwischen beiden einen Vergleich, so stellt sich folgendes heraus: Der Hund ist leichter zu haben, weil er sich sehr stark vermehrt, ist wohlfeiler, weil er ein Jahr alt schon angespannt werden kann und weil er oft von Leuten, die ihn zu Jagd- oder Metzgergeschäften dressieren wollten, aber dann unbrauchbar fanden, sehr billig verkauft oder gar verschenkt wird. Soll ein Hund jung kräftig wachsen, älter tüchtig ziehen, so muß er tüchtig und gut gefüttert werden, und seine Ernährung kann leicht ebensoviel kosten wie die eines Esels. Zu Hause kann er auch durch Nagen, Totbeißen anderen Hausviehes usw. manchen empfindlichen Schaden tun, der beim Esel nicht vorkommt.

Der Esel hat den großen Vorzug, daß er ebensowohl tragen als ziehen, daß er 30 bis 40 Jahre tüchtig arbeiten kann, während ein Hund kaum 8 Jahre aushält und jedenfalls nur geringere Lasten fortschafft. – Bei diesen Vorzügen des Esels erklärt sich seine Seltenheit nur daraus, daß er in der Jugend 2 bis 3 Jahre lang gefüttert werden muß, bevor er außer dem Ertrag seines gut düngenden Mistes, Nutzen bringt, ferner, daß er bei geringerer Vermehrung nicht leicht zu haben, endlich, daß er aus eben diesen Gründen nicht wohlfeil ist. – Ganz anders möchte sich das Verhältnis gestalten, wenn Besitzer großer Güter oder Aktiengesellschaften eine kleine, aber kräftige Eselsrasse in Menge zögen und wohlfeil verkauften. – Würden statt der Esel Pferdchen kleinster Rasse gezogen, so würde das Unternehmen noch willkommener sein. –

Der Sachverständige befindet sich im Irrtum, wenn er die Gebrauchszeit eines Ziehhundes auf knapp acht Jahre angibt. Ich kenne eine Menge, die bis zum fünfzehnten Jahre gezogen haben. Das ist auch der beste Beweis, daß mäßiges Ziehen für einen großen Hund sehr gesund ist.

Der Kohlenhändler und andere Kellerbewohner haben deshalb einen Ziehhund, weil er in einer Ecke des Kellers sein Lager haben kann und obendrein noch wacht. Wo sollen sie einen Esel oder ein kleines Pferd unterbringen? Futter für einen Hund ist immer noch leichter in einer Großstadt zu beschaffen als Futter für einen Einhufer.

Manche Menschen bilden sich auf ihre Tierfreundlichkeit etwas ein, wenn ihr großer Hund den Tag über auf dem Teppich liegt und als einzige Bewegung das mehrmalige Hinausführen auf die Straße hat. In Wirklichkeit liegt hier eine Tierquälerei vor, weil der Hund als zur Bewegung geschaffenes Raubtier hierbei verkümmern muß. Ebenso sind Maulkörbe mit einer ledernen oder blechernen Absperrung vor der Nase, die den Hund am Riechen hindert, als Tierquälerei zu bezeichnen. Noch schlimmer sind die armen Zwingerhunde daran. Warum hier nicht die Tierschutzvereine eingreifen, ist schwer zu verstehen. Ich habe manchen Aufenthalt in Jagdrevieren nur deshalb vorzeitig abgebrochen, weil ich auf die Dauer das zum Herzen gehende Geheul der armen Zwingerhunde nicht aushalten konnte.

Um Mißverständnisse zu vermeiden, erkläre ich ausdrücklich, daß ich ebenfalls grundsätzlich gegen die Verwendung des Hundes zum Ziehen bin, weil die aufgezählten Bedingungen in der Praxis nicht immer berücksichtigt werden.

77. Wie ist der Esel mit dem Maultier verwandt?

Maultiergespanne brauchen wir jetzt in der Großstadt nicht lange zu suchen. Da taucht bereits ein solches vor uns auf, das einer Brauerei gehört.

Die Verwandtschaft mit dem Esel ist, wie wir sehen, sehr groß. Lange Ohren, dünn behaarter Schwanz und zierliche Hufe fallen uns sofort in die Augen. Auch fehlt dem Maultier der stolze Ausdruck, den wir beim Pferde lieben. Das Maultier hat als Mutter ein Pferd und als Vater einen Esel. Beim Maulesel ist es umgekehrt. Uebrigens ist es bestritten, ob es irgendwo wirkliche Maulesel gibt.

Was sonst selten vorkommt, können wir beim Maultier beobachten. Es vereinigt die Vorzüge des Pferdes mit denen des Esels, nämlich die Größe und Kraft des Pferdes mit dem sicheren Tritt des Esels. In gebirgigen und warmen Ländern sind daher Maultiere sehr geschätzt.

Ferner ist das Maultier wie der Esel viel gesünder als das Pferd. Das ist ein ungeheurer Vorzug. Es würde auch bei uns verbreiteter sein, wenn es nicht manche unangenehmen Eigenschaften besäße. So ist es störrisch und liebt es sich zu wälzen. Das ist besonders unangenehm, wenn es soeben geputzt worden ist.

78. Wie erklärt sich die Abneigung des Pferdes gegen den Esel?

Trotzdem Pferd und Esel beide Einhufer sind, hat das Pferd eine Abneigung gegen den Esel. Um ein Maultier zu züchten, muß man deshalb künstlich diese Abneigung unterdrücken. Die Maultiere selbst pflanzen sich nicht fort.

Man bekommt ein Verständnis für den Widerwillen, den nahe verwandte Tiere oft gegeneinander haben, wenn man sich die Folgen einer Paarung vorstellt. Das Pferd ist Bewohner der Steppe und Meister im Rennen. Der Esel ist dagegen im Gebirge zu Hause und ein vorzüglicher Kletterer. Gäbe es in der Freiheit Maultiere, also Abkömmlinge von Pferd und Esel, so könnte ein Maultier nicht so rennen wie seine Mutter und würde von den Wölfen zuerst eingeholt werden. Aber auch im Gebirge könnte es nicht so klettern wie sein Vater und fiele deshalb auch hier zuerst den Feinden zur Beute.

79. Warum schreit der Esel Ya?

Das uns höchst unangenehme Geschrei des Esels, das an unser Ja erinnert, hat zu unzähligen Witzen Anlaß gegeben. Will der Esel im Gebirge eine Eselin finden, so wäre es zwecklos, wenn er wie ein Kulturmensch sänge. Dagegen dringt sein Geschrei bis zu den langen Ohren der Eselin, wie auch das Jodeln der Tiroler ganz für das Gebirge geschaffen ist.

80. Die Rassen des Esels.

Man unterscheidet drei Formen grauer Esel: Hausesel, Nubischer Steppenesel und Somali-Wildesel. Der Hausesel wird verschieden groß. Es gibt Esel in Südarabien und in Frankreich, welche die Größe eines guten Pferdes erreichen. Umgekehrt kommen auf einigen Inseln Zwergesel vor, die nicht so groß werden wie ein großer Hund.

81. Der Esel im Sprichwort und in Redensarten.

Der Esel gilt als dummes und verachtetes Tier, besonders bei uns. Daher sagt man

Auf den Esel kommen, sich auf den Esel setzen.

Das heißt aus einer geachteten Stellung in eine niedere treten.

Den Esel reiten,

eine beschimpfende Strafe erleiden.

In Zusammenhang hiermit steht:

einen auf den Esel setzen oder bringen,

was soviel heißt wie einen erzürnen.

Den Esel läuten,

d. h. die hängenden Beine vorwärts und rückwärts baumeln lassen.

Wenn's dem Esel zu wohl ist, dann geht er aufs Eis und tanzt oder er geht aufs Eis tanzen und bricht sich ein Bein.

Das hat gewiß noch niemand gesehen. Aber der Mensch braucht eine Zielscheibe für seinen Spott. Da nun der Esel als sehr dumm gilt, und sich nicht verteidigen kann, so unterstellt man ihm die geschilderte Torheit.

Eselsbrücke.

Nach Grimm versteht man darunter eine Schwierigkeit, vor der Unwissende stutzen, wie der Esel vor einer Brücke.

Diese Erklärung befriedigt nicht, denn das Stutzen des Esels vor der Brücke ist gewiß sehr selten.

Der Lehrer nennt die Uebersetzung, die ein Schüler benützt, eine Eselsbrücke. Das geschieht aus dem Grunde, weil der Esel als Wüstentier sehr wasserscheu ist und statt durchs Wasser zu schreiten, eine Brücke braucht. Der Lehrer meint also: Anstatt mit geringer Anstrengung den lateinischen Schriftsteller zu übersetzen, kaufst du dir eine Uebersetzung. Du machst es also wie der Esel, der ohne Mühe das Wasser durchschreiten könnte, aber statt dessen eine Brücke verlangt. Eselsbrücke heißt also eine ganz überflüssige Erleichterung.

Eselsohren

werden die Einbiegungen der Blätter in Büchern genannt.

Wo sich der Esel wälzt, muß er Haare lassen

ist bereits erklärt worden.

Rumänische Hausierer mit ihren Eseln

Das Rind

82. Warum können wir nicht auch fette Schweizerkäse herstellen?

Die Zeiten sind lange vorbei, wo man in den Straßen Berlins noch Rinderherden sah, wie ich es in meinen jungen Jahren erlebt habe. Heute rennt die ganze Jugend Berlins zusammen, wenn eine Kuh nach oder von einer Molkerei befördert wird. Alle staunen das Wundertier an. Was im Dorfe die alltägliche Erscheinung ist, gehört in der Großstadt zu den Seltenheiten.

Um eine weidende Rinderherde zu beobachten, müssen wir schon ein ordentliches Stück Weg laufen. Das Glück ist uns hold. Wir treffen eine Herde von Kühen an und können in Ruhe den Tieren zuschauen.

Da in der Nähe auch ein Pferd grast, so können wir so recht den Unterschied zwischen dem Weiden des Pferdes und der Rinder beobachten. Das Pferd packt die Gräser mit der sehr beweglichen Oberlippe und beißt kurz ab, die Kuh dagegen arbeitet hauptsächlich mit der Zunge, die ihr die fehlenden oberen Schneidezähne ersetzt. Schlächter haben mir oft erklärt, daß man mit einer getrockneten Rinderzunge einen Stuhl zusammenschlagen kann. Ich habe es in diesen Zeiten der Fleischnot noch nicht ausprobieren können, halte es aber sehr wohl für möglich. Jedenfalls ist die Zunge beim Rinde ein äußerst wichtiges Glied.

Weil die Kuh das Gras mit der Zunge packt, wird es nicht so tief abgebissen. Daher kommt es, daß, wo Kühe gegrast haben, noch sehr gut Pferde weiden können.

Die äußerlich auffallendsten Unterschiede zwischen Rindern und Pferden sind namentlich folgende:

Die Rinder haben Hörner, die Pferde nicht.

Die Rinder sehen plump aus, die Pferde nicht.

Die Rinder haben gespaltene Hufe, die Pferde nicht.

Die Rinder haben einen langen, kahlen Schwanz, der mit einer Quaste endet, während Pferde einen schönen, bis zur Wurzel behaarten Schweif besitzen.

Wenn wir so die Kühe behaglich im hohen Grase weiden sehen, dann taucht unwillkürlich die Frage auf, weshalb wir nicht, wie die Schweizer, auch schöne fette Käse herstellen können. Warum müssen wir unser schönes Geld an sie abgeben?

Die Antwort darauf ist folgende: Wir können aus zwei Gründen solche Käse nicht herstellen. Einmal fehlt uns das Gebirgsgras und dann die Gebirgsweiden.

Gras ist nämlich nicht Gras, wie der Großstädter meint, sondern das Gebirgsgras ist so kräftig, daß eine Kuh, die sonst 36 Pfund Niederungsgras frißt, nur 24 Pfund Gebirgsgras braucht.

Im Zoologischen Garten können wir die Verschiedenheit der Grasarten recht deutlich beobachten. Gemsen leben nicht lange im Zoologischen Garten und pflanzen sich noch seltener darin fort. Dabei gibt es doch in Bayern noch zahlreiche Gemsen. Sie sind also heimische Tiere. Aber in der Gefangenschaft fehlt ihnen das gewürzige Gebirgsheu. Was wir ihnen vorsetzen, ist nicht ihr Fall.

Pferde in den Alpen brauchen keinen Hafer, weil das Gebirgsgras so kräftig ist.

Es ist klar, daß dieses Gebirgsgras eine viel fettere Milch und demgemäß einen viel fetteren Käse liefert.

Nun kommt hinzu, daß oben in den Gebirgsweiden die Verhältnisse für die Kühe viel günstiger liegen. Bei uns in der Ebene werden die Kühe mit dem Eintritt des Sommers dermaßen von Insekten belästigt, daß sie in beständiger Unruhe sind, und der Ertrag der Milch darunter sehr leidet.

Ganz anders ist es auf den Alpenweiden. Die Rinder können daher behaglich und ohne fortwährend gepeinigt zu werden, sich dem Fressen und Wiederkäuen widmen.

Die Schweiz hat also durch Natur gegebene Vorzüge, die wir nicht nachmachen können. Auch ist die Art der Herstellung von örtlichen Verhältnissen abhängig.

83. Der Stier und die rote Farbe.

Bei der Rinderherde befindet sich auch ein Stier oder Bulle. Er ist noch ein ziemlich junges Tier und deshalb allem Anscheine nach noch umgänglich. Aelteren Stieren ist gewöhnlich schlecht zu trauen.

Es dürfte bekannt sein, daß besonders der Stier eine ausgesprochene Abneigung gegen die rote Farbe hat. Es ist schon oft Unglück dadurch entstanden, daß Menschen, die von dieser Eigentümlichkeit nichts wußten, den Stier ahnungslos gereizt haben und infolgedessen schwer verletzt, ja getötet worden sind.

Was veranlaßt den Stier zu diesem Hasse auf die rote Farbe?

Wir kennen heute noch nicht genau die Stammeltern unserer Hausrinder. Aber es ist sicher, daß sie wie alle Wildrinder ihren größten Feind in den Katzen haben. Besonders der Tiger macht eifrig auf Wildrinder Jagd.

Die rote Farbe läßt wahrscheinlich den Stier an seinen grimmigsten Feind denken. Da der Stier nicht wie ein Pferd flüchtet, sondern mit seinem Gegner auf Tod und Leben kämpft, so ist der wütende Angriff des Stieres auf einen Menschen mit roter Kleidung verständlich.

Die Abneigung des Truthahns gegen die rote Farbe dürfte denselben Grund haben. Wir werden bei der Schilderung des Truthahns näher darauf zu sprechen kommen.

84. Das Flotzmaul der Rinder.

Bei den weidenden Rindern beobachten wir ferner, daß sie im Gegensatz zu dem Pferde ein Flotzmaul besitzen, d. h. eine breite haarlose und feuchte Stelle zwischen den Nasenlöchern.

Weshalb hat wohl das Rind einen solchen Nasenspiegel, den wir in ähnlicher Form bei Büffeln, Hirschen und anderen Pflanzenfressern finden?

Der Nasenspiegel ist sehr empfindlich und deshalb hindert er die Rinder, brennende und stachlige Pflanzen zu fressen. Während der Kriegsjahre konnte ich das sehr häufig im Zoologischen Garten beobachten. Die Futterration war nur knapp, und deshalb das Verlangen nach etwas Ersatz sehr groß. Im Spätsommer wachsen nun in den Ständen eine Unmenge Brennesseln. Das schöne Grün stach den Zebus, den indischen Rindern, in die Augen, und sie suchten immer wieder die Brennesseln zu fressen. Doch das empfindliche Flotzmaul trieb die Zebus immer wieder zurück. Nur junge oder verwelkte Brennesseln scheinen von Rindern gefressen zu werden.

Das Flotzmaul ist stets feucht und empfindlich wie beim Hunde die Nase und zwar aus denselben Gründen. Bei Wildrindern ist das Flotzmaul auch stets schwärzlich wie die Nase der Wildhunde.

85. Die Furcht der Rinder vor dem Blutgeruch.

Wenn wir unter uns einen Schlächter hätten, der eben geschlachtet hat, so könnte seine Witterung die ganze Rinderherde in Aufruhr versetzen.

Es braucht natürlich nicht gerade ein Schlächter zu sein. Es genügt, daß ein Jäger einen erlegten Rehbock im Rucksack trägt, dessen Blut von den Kühen gewittert wird. Ausschlaggebend ist stets der Blutgeruch. Es genügt also, daß wir die Hände in Blut getaucht oder daß wir ein Kleidungsstück mit Blut getränkt haben.

Der Grund des Verhaltens der Rinder ist einleuchtend, sobald wir an die Lebensweise der Wildrinder denken. Unzählige Male ist es vorgekommen, daß ein weidendes Rind gar nicht gemerkt hatte, daß ein Raubtier ein Kalb getötet oder einen Kameraden überfallen hatte. Die Anwesenheit des Raubtieres nahm es regelmäßig erst durch den Blutgeruch wahr.

Blutgeruch und zwar Geruch vom Blut eines Pflanzenfressers und Anwesenheit eines Raubtieres ist also für ein Rind so ziemlich dasselbe.

Hat daher ein Schlächter einen Kuhstall betreten, etwa um ein Kalb zu besichtigen, das er kaufen will, so sind die Kühe den ganzen Tag unruhig, was den Landleuten wohl bekannt ist.

Auch das Schlachthaus wollen Rinder nicht betreten, weil ihre feine Nase ihnen sagt, daß ihnen der Tod droht. Oft habe ich zugesehen, welche Anstrengungen erforderlich sind, um eine Kuh in den Schlachtraum zu bringen.

Die Furcht vor dem Blutgeruch besitzen auch Pferde, wovon schon früher (Kap. 67) die Rede war.

86. Die Furcht der Rinder vor den Bremen.

In große Aufregung könnten wir die Herde auch versetzen, wenn wir das Geräusch einer fliegenden Breme (auch Bremse genannt) nachmachten. Wir werden das natürlich nicht tun. Allerdings ist die eigentliche Flugzeit der Bremen erst im Hochsommer und zwar in den Mittagsstunden.

Die Furcht der Rinder vor den Bremen ist sehr wohl begründet. Diese Insekten umschwärmen die großen Pflanzenfresser und suchen ihre Eier auf ihnen abzulegen. Obwohl die Rinder bei ihrer Ankunft die Schwänze hochnehmen und davonrasen, gelingt den Bremen ihr Vorhaben. Das abgelegte Ei entwickelt sich zur Made, die auf Kosten des Wirts lebt und große dicke Beulen, sogen. Dasselbeulen hervorruft. Diese Beulen, aus denen das fertige Insekt auskriecht, verursachen natürlich große Löcher in der Haut.

Man sollte meinen, daß der Gerber solche durchlöcherten Rinderhäute nicht haben will. Das Gegenteil war vor dem Kriege der Fall. Durchlöcherte Häute wurden gern genommen, weil die Erfahrung gelehrt hatte, daß die Insekten mit ihrem feinen Geruchsvermögen stets die gesündesten und kräftigsten Tiere zur Eiablage ausgesucht hatten.

87. Die Abneigung der Rinder gegen Hunde.

Es ist gut, daß wir keinen großen Hund bei uns haben. Denn man kann immer wieder erleben, daß die Rinder eine ausgesprochene Abneigung gegen Hunde haben.

Will ein Jäger mit seinem Hunde durch eine weidende Kuhherde wandern, so muß er sich vorsehen, daß sie seinen Hund nicht angreifen.

Hier zeigt sich so recht deutlich der Unterschied zwischen Pferd und Rind im Benehmen gegen ihren Feind. Das Pferd flüchtet regelmäßig und kämpft nur gegen kleinere Raubtiere. Auch stehen sich Pferde gegenseitig nicht bei.

Ganz anders liegt die Sache bei den Rindern. Diese halten zusammen und stürmen gemeinsam auf den Feind. Zur Flucht sind sie ja auch viel zu schwerfällig gebaut.

Deshalb brüllen auch die Rinder, die von einem Raubtier überfallen worden sind oder sonst Schmerz empfinden. Denn das Brüllen hat bei ihnen einen Zweck. Es soll die Genossen zum Beistand anspornen. Pferde dagegen stehen sich, wie wir wissen (Kap. 58), nicht bei, und deshalb erleiden sie stumm alle Qualen.

88. Das Aufblähen der Rinder.

Wenn die Rinder gierig üppig gewachsenes Futter, z. B. Klee, Luzerne und Esparsette fressen, dann ereignet sich oft, namentlich, wenn die Sonne sehr sticht, und es schwül ist, das sogen. Aufblähen der Rinder. Dieses Aufblähen entsteht durch Auftreibung des Pansens infolge der Entwicklung von ungewöhnlichen Gasmengen.

Man ersieht hieraus, wie leicht den Landwirt schwere Verluste treffen können, gerade dann, wenn er seinen Tieren das schönste, was er ihnen geben kann, zu fressen gibt.

Da die Tiere nur weiden, wie es auch die Wildrinder tun, so scheint die Frage berechtigt zu sein, warum die an sich naturgemäße Art des Fressens zu schweren Erkrankungen führen kann.

Vergegenwärtigen wir uns die Lebensweise der Wildrinder und vergleichen wir sie mit der Lebensweise unserer Hausrinder, so ergeben sich folgende Unterschiede.

Zunächst sind die Wildrinder Nachttiere, wie schon aus ihren großen Pupillen ersichtlich ist. Genau wie unsere Hirsche und Rehe gehen sie erst mit dem Anbruch der Dämmerung auf die Nahrungssuche aus. Zu diesem Zwecke verlassen sie den Wald oder das Gebüsch, das ihnen am Tage Deckung gewährt hat, und treten auf die Felder.

Also von der Sonne prall beschienene Futterpflanzen, obendrein bei äußerst schwüler Luft, fressen die Wildrinder niemals.

Sodann gab es in Vorzeiten, als der Mensch noch nicht dem Acker seinen Stempel aufgedrückt hatte, niemals Futterpflanzen in solcher Fülle. Erst das Säen, die Bewässerung, die künstliche Düngung und anderes hat diese Unmasse hervorgerufen. Früher wuchsen blähende Futterpflanzen nur vereinzelt. Dazwischen standen andere Pflanzen, die dem Blähen entgegenwirkten, z. B. Kümmel. Also hatten die Wildrinder früher gar keine Gelegenheit, soviel blähendes Zeug zu fressen, wie heute die Hausrinder.

Drittens aber – und das ist die Hauptsache – fehlen unseren Haustieren die Raubtiere. Man beobachte einmal ein freilebendes Tier, z. B. ein Reh, wenn es abends aus dem Walde tritt. Erst wird gesichert, d. h. alle Sinne werden aufs äußerste angestrengt, ob nicht irgendwo ein Feind, namentlich ein böser Jäger, nach Rehbraten Verlangen trägt. Erst wenn die angestrengten Sinne nichts feststellen können, und wenn eine längere Prüfung dasselbe Ergebnis hat, dann wird vorsichtig ins Feld getreten. Hier wird nochmals aufs gründlichste gesichert, ob irgendwas Verdächtiges zu erkennen ist. Erst dann werden einige Happen ganz hastig genommen. Von einem gemütlichen Futtern ist aber gar keine Rede. Nach einer halben Minute geht schnell der Kopf hoch, und wiederum werden alle Sinne angestrengt.

In ähnlicher Lage nehmen auch die Wildrinder ihre Nahrung zu sich, wenngleich sie im Gefühl ihrer Stärke nicht so ängstlich zu sein brauchen. Immerhin wissen sie, daß ihnen der Mensch oft überlegen ist, und daß sie gegen seine Fallgruben machtlos sind.

Von einem hastigen gierigen Hinunterschlingen ohne Pause, wie es unsere Hausrinder tun, kann also bei Wildrindern niemals die Rede sein.

Da wir Menschen die Raubtiere ausgerottet haben, so müssen wir sie in den Fällen, wo sie uns nützlich waren, ersetzen. Die Raubtiere verhinderten, daß die Pflanzenfresser in ihrer Gier zu hastig ohne Pausen schlangen. Denn die Pflanzenfresser mußten immer solche Pausen machen, um nicht von einem Feinde überfallen zu werden.

Solche Pausen beim Fressen der Rinder können wir dadurch erzielen, daß wir die Tiere in ständiger Bewegung halten. Viele praktische Landwirte sind davon überzeugt, daß das beste Mittel gegen das Aufblähen die fortwährende Beunruhigung der Tiere ist. Sie müssen dann Pausen im Fressen machen, und Fressen mit Pausen ist naturgemäß, während Fressen ohne Pausen unnatürlich ist.

89. Die Kuh vorm neuen Tor. Der Ortssinn der Tiere.

Eine bekannte Redensart ist die: Er steht da, wie die Kuh vorm neuen Tor. Man meint damit ein blödes, unbeholfenes Anstarren eines Gegenstandes, den man an dieser Stelle nicht erwartet hat.

Ochse und Kuh, Esel und Schaf gelten ja von unsern Haussäugetieren als die dümmsten. Natürlich sind die Raubtiere klüger als die bloßen Pflanzenfresser. Die Raubtiere müssen ihre Opfer überlisten, was nicht immer sehr leicht ist. Dagegen haben es die meisten Pflanzenfresser bequemer, da sie manchmal nur ihr Maul aufzumachen brauchen.

Immerhin sind die Gründe, die man für die Dummheit der genannten Tiere anführt, in den meisten Fällen nicht überzeugend. Wir dürfen doch nicht vergessen, daß wir frei lebende Tiere, die sich allein und ohne Belehrung und Schutz durch die Welt schlugen, erst durch unsere Behandlung zu den Jammergestalten gemacht haben, als welche sie so häufig vor uns stehen. Das Wildschaf ist nach der Ansicht erfahrener Jäger ein sehr schwer zu erlegendes Geschöpf, während unser Schaf vollkommen hilflos ist.

Mit Dummheit hat das Anstarren des neuen Tores durch die Kuh nicht das mindeste zu tun, sondern es rührt von der Verschiedenheit der menschlichen und tierischen Auffassung her. Für den Menschen ist der Gegenstand maßgebend, der ihm die Stelle bezeichnet, wohin er will, während das Tier sich nach diesem Gegenstand gar nicht richtet.

An einem naheliegenden Beispiel können wir uns das am besten klarmachen. Angenommen, der Besitzer der weidenden Kuhherde ließ heute sein Tor neu anstreichen – was allerdings bei den jetzt so teueren Farbpreisen ausgeschlossen ist, aber angenommen werden soll –, so würde sich der Hütejunge um den neuen Anstrich kaum viel kümmern. Auch würde es dem Jungen gewöhnlich ganz gleichgültig sein, daß das Schild des Gasthofes neu angestrichen ist. Es soll nämlich angenommen werden, daß die Kühe einem Gastwirt im Dorf gehören. Das würde auch der Fall sein, wenn der Hütejunge aus der Fremde gekommen wäre und zum ersten Male seinen Dienst verrichtete. Die Kühe dagegen stutzen am Tor wegen des ihnen fremden Farbgeruchs, vielleicht auch deswegen, weil die früheren dunkeln Farben durch helle ersetzt worden sind.

Der im Orte ganz fremde Hütejunge sagt sich: Dort ist das Schild meines neuen Herrn: Gastwirt Friedrich Schultze. Also bin ich an der richtigen Stelle. So handeln wir alle und denken, daß die Tiere es auch so machen. Das Tier richtet sich aber nur, wenn es vorzügliche Augen besitzt, also ein Augentier ist, nach seinen Augen und selbst dann nicht immer. Die Nasentiere richten sich aber nur selten nach den Augen.

Die Rinder, die ein schwaches Auge, aber eine feine Nase besitzen, haben wie alle Säugetiere einen vorzüglichen Ortssinn. Dieser Ortssinn ist für sie entscheidend. Kehrt eine Kuh zurück, so zweifelt sie keinen Augenblick daran, daß sie auf dem richtigen Wege ist. Denn ihr Ortssinn läßt sie nicht irren. Aber sie stutzt vor dem neuen Tor, und ihr Verhalten könnte man in menschlicher Sprache etwa so ausdrücken: Als ich früher hier entlangging, gab es so etwas von heller Farbe und scharfem Geruch nicht. Das setzt mich in Erstaunen.

In diese ganz verschiedene Auffassung der Tiere können wir uns gar nicht hineinversetzen und machen uns über Dinge lustig, die hierzu gar keinen Anlaß geben.

Ich erzählte früher (Kap. 9) von unserm blinden Hunde, der zwei Jahre lang sich darin nicht irrte, wie die einzelnen Möbel in unserer Wohnung standen, und sich niemals daran stieß, wenn man sie in ihrer Stellung ließ. Er wußte ferner auf der Treppe Bescheid, in unserm Garten und auf der Straße. Welche Riesenleistung ist das, wenn man sich das vergegenwärtigt! Welcher Mensch könnte auch nur die Stellung der Möbel einer einzigen Stube im Kopfe so sicher haben, daß er im Dunkeln nirgends daran stieße! Als wir später die Wohnung im Hause wechselten und eine Treppe hoch zogen, mußte sich der Hund erst die neue Stellung der Möbel merken. Aber das gelang ihm in überraschend kurzer Zeit. Schwerlich hätte ihm ein blinder Mensch das nachgemacht.

Wie wäre es möglich, daß man ein Pferd kauft und erst zu Hause merkt daß es blind ist. Ohne den Ortssinn der Pferde könnte es gar nicht den Eindruck eines sehenden Geschöpfes machen.

Bei Schwadronspferden ist oft festgestellt worden, daß sie erblindet waren, ohne daß es einer von den Mannschaften oder den Vorgesetzten gemerkt hatte. Wie wäre es denkbar, daß ein Mensch in einer Schule, in einer Kaserne, in einer Fabrik erblindet, ohne daß diese Blindheit irgendwie von seinen Kameraden entdeckt wird.

Der Blinde bei uns sucht einen Führer, namentlich wenn er ein Städter ist. Ohne Frage haben wir Menschen früher ebenfalls den Ortssinn der Säugetiere besessen. Auf dem Lande habe ich Blinde kennengelernt, die sich allein auf schwierigen Wegen zurechtfanden. Ohne das Vorhandensein eines Ortssinnes läßt sich eine solche Leistung nicht verstehen.

Den Ortssinn können wir am besten beim Pferde beobachten, wenn es seine regelmäßigen Fahrten macht. Es bleibt dann mit tödlicher Sicherheit vor dem Hause, in dem der Kunde wohnt, stehen.

Auf dem Lande kennt man allgemein die Fähigkeit der Pferde, den richtigen Platz wiederzufinden. Selbst in Berlin habe ich vor dem Kriege einen solchen Fall mit dem Kutscher eines Bäckermeisters erlebt und vorhin (Kap. 70) erzählt.

Das Pferd kann weder lesen noch kennt es die Hausnummern. Trotzdem irrt es sich in den Häusern nicht, gleichgültig, ob man die Nummern verdeckt oder nicht.

Beim Hunde können wir den Ortssinn, wie bereits erwähnt wurde, ebenfalls häufig beobachten. Wir Menschen müssen uns Mühe geben, beispielsweise uns die Querstraßen der Friedrichstraße zu merken. Man sollte meinen, daß ein Hund, der nicht lesen kann, sich allein hier niemals zurechtfindet. Das Gegenteil ist der Fall. Wie der früher erwähnte junge Hund von dem Michaelkirchplatz nach Pankow auf schnellem Wege fand, so wurde mir auch von Bekannten versichert, daß ihre Hunde, die zum ersten Male mitgenommen waren, trotzdem die Querstraßen nicht verwechselten. Beispielsweise ließ einer, der in der Zimmerstraße wohnt, absichtlich seinen Hund in der Jägerstraße allein, um ihn beim Rückwege von fern zu beobachten.

Häufig sehen sich zwei Nachbarhäuser zum Verwechseln ähnlich. Der Mensch sieht dann genau hin, um zu prüfen, ob es die richtige Nummer ist. Bei einem Hunde wird man niemals ähnliches beobachten.

Wie sollte sich ein Pferd in der endlosen Steppe ohne Kompaß zurechtfinden, wenn es nicht einen Ortssinn besäße? Die Sonne kann ihm nichts nützen, da es als Nachttier auch in der Dunkelheit finden muß.

Eine wie große Macht der Ortssinn auf das Tier ausübt, konnte man in Amerika recht deutlich an den Prärie-Bisons oder Büffeln sehen. Seit Jahrtausenden machten diese Tiere ihre Wanderungen auf gewissen ganz bestimmten Wegen. Jetzt wurde durch die Ausdehnung der Bevölkerung das Land, auf dem sich ein solcher Weg befand, urbar gemacht und mit Getreide bestellt. Als die Wanderzeit herankam, erschienen die Bisons und liefen mitten durch das Getreide genau an den Stellen, wo früher ihre Wege gewesen waren.

Ohne den Ortssinn der Tiere wäre es undenkbar, daß man ihre Blindheit nicht sofort merkt. Ebenso rührt das Anstaunen des neuen Tores durch eine Kuh von ihrem Ortssinn her, wobei noch hinzukommt, daß ihr Gesicht sehr schwach ist.

90. Weitere Vergleiche zwischen Rind und Pferd.

Das in der Nähe der Herde weidende Pferd gibt uns noch Gelegenheit, einige weitere Vergleiche zwischen ihm und den Rindern anzustellen.

Zunächst sehen wir, daß das Pferd einen schmalen Kopf hat im Vergleich zum Rinde, das unser Schiller »breitgestirnt« nennt. Die Erklärung ist folgende.

Ein schneller Renner muß einen schmalen Kopf haben, um die Luft schnell zu durcheilen. Das Rind ist kein schneller Renner, wohl aber das Pferd. Vorteilhaft ist es auch, wenn ein Renner kleine Ohren hat, wie z. B. der Windhund sie besitzt. Aus dem gleichen Grunde trägt das Pferd kleine Ohren.

Wir sehen ferner, daß beide Tierarten ihre Nahrung vom Erdboden aufnehmen. Da Pferde und Rinder eine ziemliche Größe besitzen, so ist das nicht so einfach zu bewerkstelligen. Das Pferd mußte zu diesem Zwecke einen langen Hals und einen langgestreckten Kopf erhalten.

Auch das Rind hat zu diesem Zwecke einen langen Kopf. Sein Hals brauchte nicht so lang wie beim Pferd auszufallen, da es etwas anders gebaut ist.

Die Kuh muß einen gespaltenen Huf haben, weil das Rind seine eigentliche Heimat in feuchten Wäldern hat. Durch sein Gewicht sinkt es etwas in den Boden ein und braucht schon aus diesem Grunde nicht einen so langen Hals wie das Pferd. Denn dieses lebt auf der trockenen Steppe, wo es niemals einsinkt.

Unsere Rinder gehen heute noch mit großem Vergnügen in den Wald. Das ist ein Beweis, daß sie hier ihre eigentliche Heimat finden. Jeder Zweifel wird dadurch ausgeschlossen, daß verwilderte Rinder stets nach Wäldern flüchten und sich dort aufhalten. Kein Haustier verwildert vielleicht so rasch wie das Rind. Es kommt immer wieder vor, daß sich Rinder bei der Beförderung losreißen und die Freiheit erringen, ehe sie wieder ergriffen wurden.

Verwilderte Rinder führen ganz das Leben wie unsere Hirsche. Sie bleiben am Tage im Dickicht des Waldes verborgen und treten mit Einbruch der Dämmerung aus, um sich ihre Nahrung zu suchen.

Weil das Rind auf dem schwankenden Boden des Sumpfes heimisch ist, deshalb steht es gewöhnlich kuhhessig, d. h. seine Sprunggelenke an den Hinterfüßen sind auffallend genähert. Wir wissen, daß das Rind im Gegensatz zum Pferde ein wehrhafter Pflanzenfresser ist. Um dem Gegner auf dem schwankenden Sumpfboden besser standzuhalten, ist bei dem Rinde die Standfläche etwas vergrößert. Genau aus dem gleichen Grunde stellen Leute, die schwere Lasten zu schieben haben wie z. B. die Bäcker, ihre Beine auseinander. Das Rind hat von Natur Kuhhessigkeit, der Mensch nur ausnahmsweise Bäckerbeine.

Bei dem Pferde, das sich in der Regel nicht verteidigt und auf dem harten Boden der Steppe steht, ist Kuhhessigkeit nicht erforderlich und deshalb ein Fehler.

Den langen Kopf brauchen Pferde und Rinder nicht nur deswegen, weil sie ihre Nahrung vom Boden aufnehmen, sondern weil alle Tiere mit feiner Nase, also alle Nasentiere, den Boden erreichen müssen. Denn der größte Vorzug eines Nasentieres ist es, niemals seine Kameraden verlieren zu können. Es braucht nur seine Nase auf die Erde zu setzen und ihnen zu folgen. Augentiere können sich dagegen leicht verlieren. Menschen geraten in die größte Bedrängnis, wenn sie in der Wildnis von ihren Kameraden im Stich gelassen sind.

Je wichtiger ein Sinn ist, desto mehr wird er behütet, je unwichtiger er ist, desto leichter geht er verloren. Weil bei Pferden und Rindern der Geruch der feinste Sinn ist, deshalb wird es schwerlich ein riechunfähiges Pferd oder Rind geben. Dagegen ist Blindheit nicht selten, und namentlich ist Blindheit auf einem Auge ungemein häufig. Dem Menschen ist das schon längst aufgefallen, und es ist daraus die Redensart entstanden: Auf einem Auge war die Kuh blind.

Weil der Geruch bei Pferden und Rindern sehr fein ist, deshalb ist ihre Nase sehr empfindlich. In der Praxis hat man diese Eigentümlichkeit zu folgenden Zwecken ausgenützt. Um Pferde zu operieren, wendet man die Nasenbremse an, welche die Nüstern zusammenquetscht. Dadurch werden so wahnsinnige Schmerzen erregt, daß die Pferde gegen andere Schmerzen unempfindlich sind. Um den Stier zu lenken, zieht man ihm einen Ring durch die Nase. Das Ziehen am Ringe hat wegen der Empfindlichkeit der Nase große Wirkung.

91. Geschichten vom Rind.

Bei dem schon erwähnten Schweizer Naturforscher finden wir eine prächtige Schilderung des Rindviehs seiner Heimat. Folgende Stellen davon sollen hier ihren Platz finden:

Den Rindviehherden auf den Alpen fehlt mitunter jede Stallung. Die Kühe treiben sich in den Revieren ihrer Alp umher und weiden das kurze würzige Gras ab, das weder hoch noch reichlich wächst. Fällt im Früh- oder Spätjahr plötzlich Schnee, so sammeln sich die brüllenden Herden vor den Hütten, wo sie kaum Obdach finden, wo ihnen der Senne oft nicht einmal eine Hand voll Heu zu bieten hat. Hochträchtige Kühe müssen oft weit entfernt von menschlichem Beistand kalben und bringen am Abend dem erstaunten Sennen ein volles Euter und ein munteres Kalb vor die Hütte;

nicht selten aber gehts auch schlimmer ab. In einigen Kantonen hat man in neuester Zeit endlich die Erbauung ordentlicher Ställe durchgesetzt. Das Leben der »schönen, breitgestirnten, blanken Rinder« auf den »freien Höhen« darf man sich nicht allzu rosig denken.

Und doch ist auch dem schlechtgeschützten Vieh die schöne, ruhige Zeit des Alpenaufenthaltes überaus lieb. Man bringe nur jene große Vorschelle, welche bei der Fahrt auf die Alp und bei der Rückkehr ihre weithin tönende Stimme erschallen läßt, im Frühling unter die Viehherde im Tal, so erregt dies gleich die allgemeine Aufmerksamkeit. Die Kühe sammeln sich brüllend in freudigen Sprüngen und meinen, das Zeichen der Alpfahrt zu vernehmen. Und wenn diese wirklich begonnen wird, wenn die schönste Kuh mit der größten Glocke am bunten Band behangen und wohl mit einem Strauße zwischen den Hörnern geschmückt wird, wenn das Saumroß mit dem Käsekessel und Vorräten bepackt ist, die Melkstühle den Rindern zwischen den Hörnern sitzen, die saubern Sennen ihre Alpenlieder anstimmen und der jauchzende Jodel durchs Tal schallt, dann soll man den trefflichen Humor beobachten, in dem die gut-, oft übermütigen Tiere sich in den Zug reihen und brüllend den Bergen zumarschieren. Im Tal zurückgehaltene Kühe folgen oft unversehens auf eigene Faust den Gefährten auf entfernte Alpen. Freilich ist es bei schönem Wetter auch für eine Kuh gar herrlich hoch im Gebirge. Das Frauenmäntelchen, Mutterkraut, der Alpenwegerich bieten dem schnobernden Tiere die trefflichste und würzigste Nahrung. Die Sonne brennt nicht so heiß wie im Tale. Die lästigen Bremsen quälen das Rind während des Mittagschläfchens nicht und leidet es vielleicht noch von dem Ungeziefer, so sind die zwischen den Tieren ruhig herumlaufenden Stare und gelben Bachstelzen stets bereit, ihnen die erforderlichen Liebesdienste zu erweisen. Die gute, freie Luft schmeckt ihm auch besser als der stinkende Qualm der dumpfigen Ställe, und die stete Bewegung, die natürliche Diät, nach der es frißt, wenn es eben Lust hat und was ihm zusagt, der beliebige Verkehr mit den gehörnten Kolleginnen, alles dies trägt dazu bei, das Vieh munter, frisch und gesund zu erhalten, wie es denn überhaupt Tatsache ist, daß die in mancher Hinsicht so vorteilhafte Stallfütterung den Grund von einer Menge Krankheiten bildet, denen das Alpenvieh nicht anheimfällt. Ebenso geht bei diesem der Prozeß der Fortpflanzung viel regelmäßiger und naturgetreuer vor sich als bei jenem.

Man meint nicht mit Unrecht, das Vieh des Hochgebirges sei klüger und munterer als das des Tales. Das naturgemäße Leben bildet den natürlichen Instinkt besser aus. Das Tier, das fast ganz für sich sorgen muß, ist aufmerksamer, sorgfältiger, hat mehr Gedächtnis als das stets verpflegte. Die Alpkuh weiß jede Staude, jede Pfütze, kennt genau die besseren Grasplätze, weiß die Zeit des Melkens, kennt von fern die Lockstimme des Hüters und naht ihm zutraulich; sie weiß, wann sie Salz bekommt, wann sie zur Hütte und zur Tränke muß. Sie spürt das Nahen des Unwetters, unterscheidet genau die Pflanzen, die ihr nicht zusagen, bewacht und beschützt ihr Junges und meidet achtsam gefährliche Stellen. Letzteres aber geht bei aller Vorsicht doch nicht immer gut ab.

Sehr ausgebildet ist namentlich bei dem schweizerischen Alpenrindvieh jener Ehrgeiz, der das Recht des Stärkeren mit unerbittlicher Strenge handhabt und danach eine Rangordnung aufstellt, der sich alle fügen. Die »Heerkuh«, welche die große Schelle trägt, ist nicht nur die schönste, sondern auch die stärkste der Herde und nimmt bei jedem Umzug unfehlbar den ersten Platz ein, indem keine andere Kuh es wagt, ihr voranzugehen. Ihr folgen die stärksten »Häupter«, gleichsam die Standespersonen der Herde. Wird ein neues Stück zugekauft, so hat es unfehlbar mit jedem Gliede der Genossenschaft einen Hörnerkampf zu bestehen und nach dessen Erfolgen seine Stelle im Zuge einzunehmen. Bei gleicher Stärke setzt es oft böse, hartnäckige Zwiegefechte ab, da die Tiere stundenlang nicht von der Stelle weichen. Die Heerkuh, im Vollgefühl ihrer Vorherrschaft, leitet die weidende Herde, geht zur Hütte voran, und man hat oft bemerkt, daß sie, wenn sie ihres Ranges entsetzt und der Vorschelle beraubt wurde, in eine nicht zu besänftigende Traurigkeit verfiel und ganz krank wurde.

So vertraut die Sennen mit ihrem Vieh sind und so gern eine jede Kuh dem Namen, mit dem sie gerufen wird, folgt, so gibt es doch auch fast in jedem Sommer Stunden der vollen Anarchie, in der alle Ordnung in der Herde reißt und der Senne sie fast nicht mehr zu halten weiß. Wir meinen die Stunden der nächtlichen Hochgewitter, die den Alpenbewohnern wahre Not- und Schreckensstunden sind. Jetzt springen die halbnackten Sennen, die Milcheimer über die Köpfe gestürzt, unter die zerstäubende Schar, johlend, fluchend, lockend und die heilige Mutter anrufend. Aber das tolle Vieh hört und sieht nichts mehr. In schauerlichen Tönen, halb stöhnend, halb brüllend, rennt es blind mit vorgestrecktem Kopfe, den Schwanz in den Lüften, geradeaus. Das ist eine Stunde des Schreckens und Unheils. Die Sennen wissen sich nicht zu helfen; bald schwarze Nacht, bald blendendes Feuer; der Hagel klappert auf dem Eimer und zwickt die nackten Arme und Beine mit scharfen Hieben, während alle Elemente im greulichen Aufruhr sind.

Bei jeder größeren Alpenviehherde befindet sich ein Zuchtstier. Er bewacht sein Vorrecht mit sultanischer Ausschließlichkeit und ausgesprochenster Unduldsamkeit. Es ist selbst für den Sennen nicht ratsam, vor seinen Augen eine rindernde Kuh von der Sennte zu entfernen. In den öfter besuchten tieferen Weiden dürfen nur zahme und gutartige Stiere gehalten werden; in den höheren Alpen trifft man aber oft sehr wilde und gefährliche Tiere. Da stehen sie mit ihrem gedrungenen, markigen Körperbau, ihrem breiten Kopf mit krausem Stirnhaar, am Wege und messen alles fremdartige mit stolzen, jähzornigen Blicken. Besucht ein Fremder, namentlich in Begleitung eines Hundes, die Alp, so bemerkt ihn der Herdenstier schon von weitem und kommt langsam, mit dumpfem Gebrülle heran. Er beobachtet den Menschen mit Mißtrauen und Zeichen großen Unbehagens, und reizt ihn an der Erscheinung desselben zufällig etwas, vielleicht ein rotes Tuch oder ein Stock, so rennt er geradeaus mit tiefgehaltenem Kopfe, den Schwanz in die Höhe geworfen, in Zwischenräumen, wobei er öfter mit den Hörnern Erde aufwirft und dumpf brüllt, auf den vermeintlichen Feind los. Für diesen ist es nun hohe Zeit, sich zur Hütte, hinter Bäume oder Mauern zu retten; denn das gereizte Tier verfolgt ihn mit der hartnäckigsten Leidenschaftlichkeit und bewacht den Ort, wo es den Gegner vermutet, oft stundenlang. Es wäre in diesem Falle töricht, sich verteidigen zu wollen. Mit Stoßen und Schlagen ist wenig auszurichten, und das Tier läßt sich eher in Stücke hauen, ehe es sich vom Kampfe zurückzöge. Selbst unter den Sennen gibt es nur sehr selten Männer, die sich einem solchen Angriffe stellen; nur einmal sahen wir, wie ein Aelpler mit bewundernswerter Kaltblütigkeit einen angreifenden Stier mit der rechten Hand bei einem Horn packte, mit der Linken ihm ins Maul fuhr und die Zunge ergriff, dann diese rasch umdrehte und so den Stier mit herkulischer Kraft herumriß und auf den Boden warf. Später wagte sich das gebändigte Tier nie mehr an einen Menschen. Schlimmer erging es bei einem solchen Stierkampfe dem Wirte auf dem Ofnerpaß (Engadin), Simi Gruber, einem Manne von athletischer Gestalt und großer, auf Bären- und Gemsenjagden oft bewährter Kraft. Er sömmerte auf seinen Bergweiden eine Herde Stiere, von denen er einen als »einen stechenden Stier« kannte und dem er immer sorgsam auswich. Eines Tages wollte er eine Kuh zu den Tieren führen, sah sich aber plötzlich seitwärts von einem Tiere, das er bisher immer für gutartig gehalten hatte, mit den Hörnern gepackt und auf die Erde gestoßen. Hier faßte er den schnaubenden Stier so rasch als möglich mit der einen Hand beim Ohr, mit der anderen an der Nase und warf ihn mit einem kräftigen Ruck nieder. Kaum aber war er wieder auf den Füßen, als auch das wütende Tier wieder aufsprang und ihn zum zweiten Male auf den Boden stieß. In gleicher Weise riß Gruber auch diesmal seinen Feind neben sich nieder und hielt ihn mit Macht so lange auf dem Boden, bis er sich gefaßt hatte, mit raschen Sprüngen sein Bergwirtshaus zu erreichen. Der gebändigte Stier stand auf, kam dumpf brüllend bis an die Tür und wollte nicht weichen. Da nun gerade eine fremde Familie abzureisen beabsichtigte, wollte der Wirt Platz machen, griff zu einem tüchtigen Sparren und trat vor das Haus, um mit einem gewaltigen Hiebe dem Stier ein Horn abzuschlagen. Allein der Stier wich mit einer Seitenbewegung aus, rannte den Mann zum dritten Male nieder, stieß ihn wütend auf der Erde und warf den bewußtlos Gewordenen mit den Hörnern wie einen Ball hinter sich. Dann ging er eine Strecke weiter, blieb wieder stehen, kehrte zu seinem überwundenen Gegner zurück, beroch ihn wiederholt und kehrte nun erst, nachdem er kein Leben mehr in dem Manne gewahrt hatte, auf die Weide zurück. Gruber wurde für tot aufgehoben; als er zum Bewußtsein gebracht worden, zeigte sich's, daß er bei dem Stierkampfe ein Bein gebrochen und mehrere schwere Verletzungen erhalten hatte. Die Bergkühe, die nur ausnahmsweise einen Menschen angreifen werden, zeigen oft heftigen Widerwillen gegen fremde Hunde und vereinigen sich oft zum erbitterten Kampfe, wobei der Gegner es stets vorzieht, mit eingeklemmtem Schwanze das Weite zu suchen.

Die festlichste Zeit für das Alpenrindvieh ist ohne Zweifel der Tag der Alpfahrt, die gewöhnlich im Mai stattfindet, ein Tag, der auch im Leben des Aelplers von Bedeutung ist. Jede der ins Gebirge ziehenden Herden hat ihr Geläut. Die stattlichsten Kühe erhalten, wie bemerkt, die ungeheuren Schellen, die oft über einen Fuß im Durchmesser halten und 40 bis 50 Gulden kosten. Es sind Prunkstücke des Sennen; mit drei oder vier solchen, in harmonischem Verhältnis zueinander stehenden, läutet er von Dorf zu Dorf seine Abfahrt ein. Zwischenhinein tönen die kleineren Erzglocken. Voraus geht ein Handbub mit sauberm Hemde und kurzen gelben Beinkleidern; ihm folgen die Kühe mit dem Herdenstier in bunter Reihe, dann oft etliche Kälber und Ziegen. Den Beschluß macht der Senn mit dem Saumpferde, das die Milchgerätschaften, Bettzeug u. dgl. trägt, und mit buntem Wachstuche bedeckt ist. An diesem Tage besonders ertönt der Kuhreigen, den jeder Alpendistrikt in eigentümlicher Weise besitzt. Es ist dies jener höchst eigentümliche jauchzende Gesang, dessen ältester Text sich nur noch in einzelnen Versen vorfindet, während seine Melodie in stundenlangen Trillern, Jodeln, bald hüpfenden, bald gedehnten Tönen besteht. Etwas anderes ist der einfache Jodel, der keine Worte hat, sondern bloß in schnell wechselnden, oft in der Tiefe anhaltenden und rasch in die Höhe steigenden, seltsamen, melodischen Tonverbindungen besteht, mit denen der Hirte die Kühe herbeilockt, seine Kameraden begrüßt und dessen er sich überhaupt als Fernsprache im Gebirge bedient. Trauriger als die Alpfahrt ist für Vieh und Hirt die Talfahrt, die in ähnlicher Ordnung vor sich geht. Gewöhnlich ist sie das Zeichen der Auflösung des familienartigen Herdenverbandes.

92. Welches sind die Feinde des Rindes?

In Europa haben die großen Pflanzenfresser ihre Feinde in den Bären und Wölfen. Der Luchs überfällt nur junge Tiere. In den heißen Ländern sind, wie schon erwähnt, die großen Katzenarten, also namentlich Löwe und Tiger, die gefährlichsten Feinde der Rinder.

Das Benehmen der Schweizer Rinder, falls sie von einem Bären angegriffen werden, schildert unser Gewährsmann folgendermaßen:

Gegenüber den Angriffen der reißenden Tiere, besonders denen der in den südlichen Alpen noch immer allzu häufigen Bären, beweist das Rindvieh des Gebirges feinen Instinkt und festen Mut. Schleicht sich so in der Stille auf leisen, breiten Tatzen ein Bär heran, so wittern bei ruhigem Wetter die Kühe schon von weitem den Mörder, brüllen heftig, eilen gegen die Hütten oder rasseln, wenn sie angebunden sind, so laut und anhaltend mit ihren Ketten, daß die Sennen auf die Gefahr aufmerksam werden. Immer sucht das Raubtier von hinten anzukommen, da auch das halberwachsene Rind im Notfall auf die Kraft seiner Hörner vertraut. Ist es dem Bären aber gelungen, eine Kuh niederzureißen und zu zerfleischen, so sammeln sich die versprengten Kühe sonderbarerweise ziemlich rasch wieder dicht um den Räuber, schauen mit gesenkten Hörnern, heftig schnaubend und von Zeit zu Zeit dumpf aufbrüllend dem Fraße zu, als ob sie Lust hätten, ohne alle Scheu den Feind anzufallen. Nach der Aussage zuverlässiger Leute soll in diesem Falle der Bär sich nicht allzulange beim Mahle aufhalten, und es soll nie geschehen sein, daß er sich an eine zweite Kuh gewagt hätte. Bei anhaltendem Regen und dichtem Nebel wittert aber das Rindvieh die Raubtiere gar nicht, und es sind Beispiele bekannt, wo Bären dicht beim Vieh und den Hütten herumlauerten, ja selbst ein Rind angriffen, verzehrten oder forttrugen, ohne daß die übrige Herde etwas davon merkte oder irgendwelche Bewegung kundgab.

Das tolle Benehmen der Schweizer Kühe bei schweren Gewittern, das vorhin geschildert wurde, dürfte folgenden Grund haben. Wildrinder merken das Herannahen eines solchen Ungewitters rechtzeitig vorher und suchen geschützte Stellen auf. Die Schweizer Kühe sind als Haustiere an einem solchen Verfahren durch den Menschen gehindert. Deshalb geraten sie beim Ausbruch des Gewitters gewissermaßen in Verzweiflung.

Der Anspruch der Heerkuh auf den ersten Platz ist ausführlich geschildert worden. Wir sehen daraus, daß unser Dichter Schiller recht hat, wenn er im Tell sagt:

Das weiß sie auch, daß sie den Reihen führt,
Und nähm ich ihr's (das Band), sie hörte auf zu fressen.

Uebrigens hat mir ein Bekannter, der zehn Jahre unter den Rinderherden in Südamerika lebte, genau das gleiche von dem ausgesprochenen Sinn der Rinder für eine Rangordnung erzählt.

93. Wie hoch ist der Milchertrag einer Durchschnittskuh?

Unsere Herde wird jetzt nach Hause getrieben, um gemolken zu werden.

Wildrinder haben nur Milch für ein oder zwei Kälber. Der Milchreichtum unserer Kühe ist erst künstlich vom Menschen angezüchtet worden. Ohne fortwährendes Melken würde die Milcherzeugung wieder zurückgehen.

Die Tragezeit der Kuh beträgt etwa 9½ Monate. Nach dem Kalben ist naturgemäß die Erzeugung der Milch sehr hoch. Etwa 300 Tage oder 10 Monate lang dauert die Laktation oder Milcherzeugung. Gute Kühe liefern während dieser Zeit den Tag bis zu 10 Liter, manche ausnahmsweise bedeutend mehr. Dann steht die Kuh gewöhnlich 6 Wochen trocken. Es gibt aber ausgezeichnete Kühe, die auch während dieser Zeit Milch liefern.

Der Milchertrag ist also außerordentlich verschieden. Es kommt aber nicht bloß auf den Milchertrag, sondern auch auf den Fettgehalt der Milch an.

Selbstverständlich wird jeder Landwirt suchen, Kühe zu halten, die recht viel und recht fettreiche Milch liefern. Berühmt wegen ihres Milchreichtums sind Holländer und Oldenburger Kühe. Doch ist ihre Milch nicht so fettreich und liefert nicht soviel Butter und Käse wie die Milch der Schwyzer, Allgäuer und anderer Höhenkühe. Auf die Verschiedenheit von Gebirgs- und Niederungsgräsern ist schon früher aufmerksam gemacht worden.

Bei den praktischen Engländern und Amerikanern, ebenso bei den Schweizern melken Männer, nicht Frauen. Es ist das wahrscheinlich kein Zufall. Bei uns in Deutschland herrscht vielfach die Ansicht, daß es eines Mannes unwürdig ist zu melken. Sonst ist das Ausland für uns maßgebend, aber in diesem Falle, wo es von Vorteil für uns sein dürfte, leider nicht.

94. Warum ist das Rind ein Wiederkäuer, das Pferd nicht?

Es ist gewiß auffallend, daß zwei große Pflanzenfresser in dem Punkte grundverschieden sind, daß die Rinder ihre Nahrung wiederkäuen, das Pferd aber nicht.

Der Magen der Wiederkäuer zerfällt in vier Abteilungen, nämlich den Pansen oder Wanst, den Netzmagen oder die Haube, den Blättermagen oder den Psalter und den Labmagen. Zunächst gelangt das Futter in den Pansen und von dort in den Netzmagen. Im Netzmagen wird das Futter erweicht und durch eine Art von Erbrechen in das Maul zurückgeschafft. Im Maule wird es nun gründlich gekaut und geht von hier aus jetzt in den Blättermagen und dann in den Labmagen. Außer den Rindern sind Ziegen und Schafe Wiederkäuer.

Viele nehmen an, daß das Wiederkäuen den Tieren in folgender Weise von Vorteil ist: Hirsche beispielsweise, die ebenfalls Wiederkäuer sind, müßten lange auf der Lichtung fressen, ehe sie alles Futter, das sie brauchen, gekaut haben. Deshalb ist es für sie vorteilhafter, schnell Futter hineinzuschlingen und in Ruhe im Dickicht oder im Walde, wohin sie zurückgeflüchtet sind, zu wiederkäuen.

Unsere Hirsche fressen aber nicht in dieser Weise. Sie treten abends aus dem Walde und bleiben während der Dunkelheit auf den Feldern. Mit Tagesanbruch gehen sie in den Wald zurück. Ist es am Morgen sehr neblig, so bleiben sie draußen. Der Jäger sagt dann: »Heute kneipen die Hirsche durch.« Die Hirsche wissen, daß sie in der Dunkelheit und im Nebel geschützt sind, weil kein Jäger dann auf sie schießen kann.

Das Wiederkäuen dürfte vielmehr den Zweck haben, große, umfangreiche Futtermengen, die nur geringen Nahrungswert haben, für die tierische Nahrung verwendbar zu machen.

Solche Futtermengen findet das Pferd in seiner Heimat, der Steppe, nicht. Deshalb konnte es kein Wiederkäuer werden. Auch wäre ein großer Magen für das Pferd als Renner nicht vorteilhaft gewesen.

Jetzt verstehen wir auch, weshalb die Wiederkäuer oben keine Schneidezähne haben. Mit oberen Schneidezähnen ausgerüstet, würden sie in der Freiheit vielleicht lieber Körner als Massen von Pflanzen und Blättern fressen. Ohne Schneidezähne sind sie aber nicht imstande, ganze Körner gut zu verdauen, während das Pferd mit seinen scharfen Zähnen es vortrefflich kann.

Wir müssen also unseren Kühen Körner geschrotet verabreichen, weil sie sonst regelmäßig unverdaut abgehen.

Alle Wiederkäuer haben eine ausgesprochene Vorliebe für Salz. Vielfach ist es üblich, das neugeborene Kälbchen mit Salz abzureiben, damit es von der Mutter abgeleckt wird.

95. Die geistigen Gaben der Rinder.

Trotz der sprichwörtlichen Dummheit des Rindviehs ist es damit nicht so schlimm bestellt. Bei der Kuh vorm neuen Tor haben wir das bereits hervorgehoben. Auch hier trügt der Schein. Das Rind ist sich seiner Stärke bewußt und bleibt daher seelenruhig, was wir als Stumpfheit auslegen.

Beim Hunde wurde die Geschichte erzählt, wie ein Bulle in tiefes Wasser flüchtete, um vor einem Nasenbiß sicher zu sein. Kann es ein zweckmäßigeres Verfahren geben?

Im Harz tragen die Rinderherden oft Glocken, die genau abgestimmt sind. Allgemein wird behauptet, daß die Kühe die Glocken ihrer Herde von denen anderer unterscheiden und sich, wenn sie sich verirrt haben, danach richten.

96. Die Rassen der Rinder.

Ueber die Stammeltern unserer heutigen Rinder ist man sich noch nicht einig. In Europa lebten früher zwei Wildrinder, und zwar der Auerochs und der Wisent. Der Auerochs hatte lange Hörner und keine Mähne, während der Wisent eine Mähne, aber kleine Hörner besitzt. Der Wisent lebt heute noch in Zoologischen Gärten und an vereinzelten Stellen, während der Auerochs gänzlich ausgerottet ist. Es ist daher unrichtig, den noch heute lebenden Wisent als Auerochs zu bezeichnen.

Wahrscheinlich ist der Auerochs in unseren heutigen Rindviehrassen aufgegangen.

Man unterscheidet folgende Rassen: 1. Steppenrassen, 2. Niederungsrassen, 3. einfarbige Gebirgsrassen, 4. bunte Gebirgsrassen, 5. Landrassen, 6. englische Rassen, 7. französische Rassen.

Die Steppenrassen mit ihren langen Hörnern sind jedenfalls erst allmählich in der Steppe heimisch geworden. Denn nach dem Bau seiner Füße ist das Rind, wie wir schon erwähnten, ein Geschöpf der Niederung, und zwar der bewaldeten Niederung.

Im Gegensatz zum Pferde gehört das Rind zu den paarzehigen Huftieren aus der Familie der Horntiere.

Der Stier oder Bulle heißt auch Farren, während Färse oder Stärke die Kuh ist, die noch nicht gekalbt hat.

Das Rind ist etwas früher reif als das Pferd. Der Stier wird mit 1½ Jahren, die Kuh mit 2 Jahren zur Zucht benutzt. Dementsprechend ist auch ihr Alter etwas niedriger als das des Pferdes.

97. Krankheiten der Rinder.

Bereits die Stallhaltung unserer Haustiere ist etwas Unnatürliches. Kommt nun noch die künstliche Anzüchtung der Milcherzeugung hinzu, so dürfen wir uns nicht wundern, daß wir diesen großen Vorzug mit manchen Krankheiten bezahlen müssen. Rinderpest, Maul- und Klauenseuche und Tuberkulose seien an dieser Stelle genannt. Das Aufblähen wurde bereits erwähnt.

Manchmal führen ganz unbedeutende Dinge den Tod einer Kuh herbei. Früher trugen die Mägde keine Kämme im Haar, wie das jetzt der Fall ist. Diese Kämme fallen leicht in das Futter und werden von den Kühen verschlungen. Als Folge davon können Magenverletzungen und Notschlachtungen eintreten. So verliert der Landwirt ein schönes Stück Vieh, das heute ein Vermögen wert ist.

98. Das Rind in Redensarten und Sprichwörtern.

Es wurde bereits erwähnt, daß »Rindvieh« oder »Ochse« zur Bezeichnung eines dummen Menschen dient. Ebenso wurden schon die

Redensarten angeführt: Auf einem Auge war die Kuh blind und: Er steht da, wie die Kuh vorm neuen Tor. Unter

»ochsen«

versteht man andauernd arbeiten oder »büffeln«.

»Ochsengang«

ist der sachte, gemessene Schritt des Ochsen.

Den Stier bei den Hörnern packen

bedeutet, daß man einer Gefahr tollkühn entgegengeht, indem man einen mächtigen Gegner bei seinen eigenen Waffen anpackt. Wenn das einen Sinn haben soll, muß man selbst über große Kräfte verfügen.

Auf der Alm

Kühe im Wasser

Zugochsen

Das Schwein

99. Wodurch unterscheidet sich das Hausschwein vom Wildschwein?

Um unser Hausschwein richtig zu verstehen, wollen wir uns zunächst das Wildschwein in unserm weltberühmten Berliner Zoologischen Garten ansehen.

Vorher sei bemerkt, daß unsere heimischen Schweinerassen nicht allein vom europäischen Wildschwein abstammen.

Wenig angenehm fällt uns zunächst in dem Teile des Zoologischen Gartens, der für die Schweine bestimmt ist, der Geruch dieser Tiere auf. Aber das wird auf Gegenseitigkeit beruhen. Alle freien Tiere flüchten, sobald sie den Menschen gewittert haben. Folglich muß ihnen unsere Ausdünstung auch nicht behagen.

Hiervon abgesehen müssen wir staunen, wie reich gerade der Tierbestand an Wildschweinen in unserem Zoologischen Garten ist, obwohl gerade der Weltkrieg bei ihm große Lücken verursacht hat. Außer einer Wildsau mit Ferkeln sind noch drei Keiler, d. h. drei männliche europäische Wildschweine vorhanden. Obwohl es bereits Anfang Juni ist, hat erst ein Keiler sein Winterhaar verloren.

Vergleichen wir einen der Keiler im Winterhaar mit unserem Hausschwein, so fällt uns zunächst seine Behaarung auf, sodann die mächtigen Eckzähne, die sogenannten Gewehre. Schließlich wäre noch erwähnenswert, daß sein Kopf länger als der des Hausschweins ist, daß er überhaupt nicht so fett, dafür aber stärker, höher und ungemütlicher ist als unser Hausschwein.

In früheren Zeiten war das Wildschwein eine der häufigsten Wildarten unserer Heimat. Da es jedoch dem Ackerbau sehr schädlich ist, so besitzt es keine Schonzeit und ist an vielen Stellen bereits vollkommen ausgerottet worden.

Wenn wir uns die kleinen Augen des Wildschweins ansehen und dabei beobachten, daß sein großer Rüssel unter fortwährendem Geschnüffel in Tätigkeit ist, so können wir keinen Augenblick daran zweifeln, daß das Wildschwein ein Nasentier ist. In der Tat ist es ein ausgesprochenes Nasentier wie Elefant, Tapir, Maulwurf und andere Tiere, die sich durch ein bewegliches Riechorgan und ein nichtssagendes Auge auszeichnen.

100. Warum ist der Kopf des Schweines kegelförmig?

Mit dem Maulwurf hat das Wildschwein nicht nur das schwache Sehvermögen gemeinsam. An den Maulwurf erinnert auch der ganze Kopf des Wildschweins. Und so verschieden die Größe der beiden Geschöpfe auch ist, so haben sie doch in ihrer Lebensweise etwas Uebereinstimmendes.

Der Maulwurf lebt unter der Erde, indem er auf Regenwürmer und andere Insekten Jagd macht. Zu diesem Zwecke muß er, um sich schnell durch die Erde durchzubohren, einen kegelförmigen Kopf besitzen. Auch das Wildschwein frißt gern Regenwürmer und andere Insekten des Erdbodens, dann aber vor allen Dingen pflanzenartige Stoffe, die im Erdboden stecken, also Wurzeln, Kartoffeln und dergleichen. Das Wildschwein muß also einen Wühlkopf haben. Wo es etwas gewittert hat, bricht es mit seinem Rüssel die Erde auf, um zu dem durch den Geruch wahrgenommenen Gegenstande zu gelangen.

Der maulwurfartige Kopf kommt dem Wildschwein aber auch noch zustatten, wenn es schnell in Gebüsche flüchtet. Wie der Maulwurf schnell die Erde durchschneidet, so kann das Wildschwein schnell durch Gebüsche laufen. Hierbei ist es für das Wildschwein sehr von Vorteil, daß seine kleinen Augen seitlich stehen. Schon Wölfe oder Hunde können dem Wildschwein nicht so schnell in die Gebüsche folgen, weil ihre Köpfe viel weniger dazu geeignet sind, auch ihre Augen mehr nach vorn stehen. Zweige und Blätter werden ihnen also viel leichter in die Augen geschleudert als dem Wildschweine.

101. Warum nennt man einen Menschen mit kleinen Augen schweinsäugig?

Unser Wildschwein hat wohl kleine, aber eigentlich keine blöden Augen. Dagegen fallen bei den in der Nähe stehenden Hausschweinen die kleinen, blöden Augen sehr auf. Es ist also kein Wunder, daß man von einem Menschen, der kleine Augen hat, sagt, er habe Schweineaugen.

Schon äußerlich ist erkennbar, daß das Auge bei den Schweinen wenig leistet. Jeder Jäger kann das auch von den Wildschweinen bestätigen.

Die Schwäche der Augen wird bei den Schweinen durch die Leistungen der Nase ausgeglichen. Von der Feinheit ihres Geruchsvermögens können wir uns kaum eine Vorstellung machen. Ein Forstbeamter zeigte mir einmal folgenden Fall, da er wußte, daß ich für solche Dinge großes Interesse habe. Er hatte Kiefern angepflanzt und den Platz von der Größe eines Morgens mit einem Bretterzaun umgeben. In der Mitte des Platzes war eine kleine Stelle freigeblieben. Hier hatte sich mein Bekannter ein paar Kartoffeln gesteckt. Nun war an den Fährten deutlich zu erkennen, daß ein Wildschwein draußen am Zaun entlang gelaufen war. Hierbei muß es die Kartoffeln gewittert haben, denn es war plötzlich an einer Stelle durch den Zaun gekrochen. Das war ihm dadurch gelungen, daß es eine vorhandene Lücke vergrößert hatte. Auf mindestens 50 Schritte hatte es also die in der Erde verborgenen Kartoffeln gewittert.

Der Landwirt zweifelt an der unglaublichen Feinheit des Geruchssinns der Wildschweine keinen Augenblick. Denn er hat auf seinen Aeckern oft Gelegenheit, sich in höchst unerfreulicher Weise davon zu überzeugen. Sehr häufig kommt es beispielsweise vor, daß ein mit Kartoffeln bestellter Acker im nächsten Jahre Getreide trägt. Eines Tages sieht man im Getreide die Fährten eines Wildschweins, das im Boden gewühlt und schweren Schaden angerichtet hat. Was hat den überall verfolgten Schwarzkittel zu dieser landwirtschaftsfeindlichen Handlung veranlaßt? Hätten die Leute beim Ausbuddeln mit Sorgfalt alle Kartoffeln gesammelt, so wäre der Schaden im Getreide nicht geschehen. So hat das Wildschwein die in der Erde verborgenen Kartoffeln gewittert. Da es Kartoffeln sehr liebt, so hat es sie herausgewühlt ohne Rücksicht darauf, daß es dabei große Stellen Getreide zusammentrampelte oder sonst vernichtete.

Wie alle wildlebenden Tiere hat das Wildschwein aufrechtstehende Ohren, während unser Hausschwein, weil es die Ohren nicht mehr anzustrengen braucht, Hängeohren besitzt.

102. Warum liegt unser Hausschwein gern in einer Pfütze und auf dem Miste?

Der Freundlichkeit eines Landmannes verdanken wir es, daß wir einen Einblick in sein Gehöft und seinen Schweinestall werfen dürfen. Eines seiner Schweine liegt in einer Pfütze, während ein anderes sich auf dem Miste herumtreibt. Nachher legt es sich in die Sonne und macht ein höchst zufriedenes Gesicht. Da es eine Sau ist, so trifft hier die Bezeichnung »sauwohl« vollkommen zu.

Die Vorliebe des Schweines für den Mist darf nicht mit dem Maßstabe des Menschen gemessen werden. Wie der Hund, so ist das Wildschwein von Hause aus ein Aasfresser. Auf dem Misthaufen findet es also vieles, was ihm naturgemäß und sehr bekömmlich ist.

Alle Nachttiere lieben, wie wir wissen, die Bestrahlung durch die Sonne. Das Wildschwein ist ein ausgesprochen nächtliches Tier.

Dem viel stärkeren Schwein, das in der Pfütze liegt, ist es dagegen schon zu warm. Um das Wälzen in der Pfütze zu verstehen, müssen wir uns folgendes vergegenwärtigen.

Als wir im Zoologischen Garten waren, hatten sich die Wildschweine eine Art Grube gemacht, in der sie behaglich ruhten. Wer die Lebensweise des Wildschweins kennt, konnte keinen Augenblick im Zweifel darüber sein, was sie mit diesem Liegen in der Bucht bezweckten. Es war damals auch warm, und an warmen Tagen sehnt sich das Wildschwein nach seiner geliebten Suhle. Darunter versteht man ein mit Wasser, Moor, Schlamm u. dgl. ausgefülltes Loch. Solche sucht das Wildschwein gern auf, um sich darin zu wälzen. Einmal erzielt das Wildschwein dadurch eine Abkühlung, sodann aber bleibt der Schlamm auf seiner Haut sitzen. Nachdem er trocken geworden ist, bietet er ein gutes Abwehrmittel gegen Insekten.

103. Welches sind die Vorzüge unseres Hausschweins?

Wie ungeheuer nützlich das Hausschwein ist, haben wir alle am eigenen Leibe schmerzlich erfahren. Worin bestehen die großen Vorzüge des Hausschweins?

Erstens kann es mit verhältnismäßig geringem Futter aufgezogen, dann schnell fettgemacht werden. Es liefert vortreffliches Fleisch und fetten Speck, der durch Salzen und Räuchern leicht aufzubewahren ist.

Zweitens hat es nicht nur ein Junges wie das Pferd oder manchmal Zwillinge wie die Kuh, sondern die Sau hat 10, ja 20 Ferkel. Die Vermehrung ist also im Vergleich zu den anderen nutzbringenden Haussäugetieren ungeheuer groß.

Ich habe oft in früheren Zeiten bei kleinen Leuten gewohnt und mich darüber gefreut, wie gut die Schweine bei ihnen gediehen. Sie kauften gewöhnlich im Frühjahr ein paar Ferkel, weil sie damals noch zu dieser Zeit viel Kartoffeln und Ueberfluß an Milch hatten. Den Sommer über wurden die Tiere mit allerlei Grünzeug, namentlich mit dem Unkraut und den Abfällen der Mahlzeiten gefüttert. Im Oktober war dann die Kartoffelernte, so daß man reichlich mit Kartoffeln füttern konnte, ebenso im November. Im Dezember wurde Gerstenschrot gefüttert und um Weihnachten herum gewöhnlich geschlachtet. Was für Prachtstücke hatten die Leute manchmal herangefüttert! Wurde man zum Schweineschlachten eingeladen, was in früheren Zeiten etwas Selbstverständliches war, so konnte man trotz des ursprünglichen Riesenhungers seine Portion Wellfleisch und warme Wurst kaum bezwingen.

104. Warum gedeihen die Schweine bei kleinen Leuten so gut?

Die vorhin geschilderte Art und Weise, wie der kleine Mann seine Schweine behandelt, hat sehr günstige Erfolge. Sie dürften in folgenden Dingen ihren Grund haben.

Je mehr Tiere zusammenstehen, desto gefährlicher werden die Ausscheidungen. Bei den zwei Schweinen, die ich gewöhnlich im Stalle angetroffen habe, war es in dieser Hinsicht nicht so schlimm.

Die einfachen Leute auf dem Lande haben den ganz richtigen Grundsatz: Das Tier weiß besser, was ihm guttut, als der Mensch. Der Mensch soll sich nach dem Tiere richten, aber nicht das Tier belehren wollen.

Selbstverständlich überfressen sich Haustiere in ihrer Gier, ebenso nehmen sie ohne Wahl, was man ihnen in den Futterkübel wirft. Da diese Eigentümlichkeit ganz bekannt ist, so nimmt man darauf Rücksicht.

Im übrigen paßt man darauf auf, was das Tier beim Fressen bevorzugt. So gelangt man zu einer naturgemäßen Fütterung. Man bringt den Schweinen junge Disteln und Brennesseln, ebenso Schnecken und andere tierische Nahrung. Denn das Wildschwein ist ein halbes Raubtier, das tierische Stoffe braucht. Diese Abwechselung trägt zum Wohlbefinden der Schweine sehr bei.

Durch das Grünfutter im Sommer bleiben die Schweine mager. Auch das Wildschwein setzt erst gegen den Herbst zu Speck an. So bleiben die Schweine gesund und werden selten von den in unsern Schweineställen fortwährend herrschenden Seuchen ergriffen.

Ein großer Vorteil ist es, daß das Schlachten bei Eintritt der kalten Jahreszeit stattfindet. Denn dadurch ist die Möglichkeit gegeben, Schinken und Speck recht lange aufzubewahren.

105. Wie soll der Schweinestall beschaffen sein?

An sich ist die Stallhaltung unnatürlich und deshalb ungesund. Zuchttiere, d. h. Tiere, von denen man Nachkommenschaft ziehen will, dürfen auch nicht dauernd im Stalle stehen, wenn man Freude an seiner Zucht haben will. Bei Tieren jedoch, die geschlachtet werden sollen, brauchen die gesundheitlichen Grundsätze nicht so streng beobachtet zu werden.

Gerade das Schwein stellt große Anforderungen an den Stall. Das soll nicht heißen, daß es Luxusbauten wünscht, – im Gegenteil. Wenn ein Schwein im Winter sich in den warmen Düngerhaufen einschieben kann, dann ist ihm höchst wohl zumute. Und diese Art Stallung kostet gar nichts. Im Sommer dagegen soll der Stall kühl sein.

Das ist nur aus der Lebensweise des Wildschweins zu erklären. Im Sommer sucht es, wie wir wissen, eine kühle Suhle auf. Im Winter dagegen liegt es in einem warmen Kessel. Das Schwein will also vor allen Dingen im Winter einen warmen Fußboden. Es ist ein Warmfüßler im Gegensatz zum Pferde, das als Steppentier ohne Schaden bei großer Kälte auf kaltem Fußboden stehen kann.

Weil es nun nicht immer leicht ist, einen Schweinestall mit warmem Boden herzustellen, so entgeht der einfache Mann durch Schlachtung seiner Schweine zu Beginn der eigentlichen Winterszeit allen weiteren Sorgen.

Im Luxusbau sind gewöhnlich kalte Fußböden, schlechte Luft, obendrein Zugluft und der feuchte Niederschlag von den Ausdünstungen. Es ist daher kein Wunder, daß Seuchen unter den Schweinen gar kein Ende nehmen.

Zum Wohlbefinden der Schweine gehören auch Pfähle, an denen sich das Schwein reiben kann. Denn das Wildschwein fühlt sich ganz besonders wohl, wenn es sich an Baumstämmen gehörig reiben kann. Solche Pfähle fehlen bei Luxusbauten, während sie der praktische Landwirt oft anbringt. Auch in unserem Zoologischen Garten sind sie glücklicherweise angebracht, und ihre starke Abnutzung zeigt, wie dringend notwendig sie sind.

106. Warum frißt die Sau die eigenen Ferkel?

Ein großer Schmerz für den Landwirt ist es, daß manche Sauen ihre eigenen Kinder fressen. Alle Mittel, die man dagegen anwendet, taugen im allgemeinen nicht viel.

Wir Menschen sind entsetzt, daß eine Mutter so entartet sein kann. Aber ist unser Standpunkt richtig?

Mir ist kein Fall bekannt, daß eine Wildsau ihre Frischlinge gefressen hat. Vielmehr weiß jeder Jäger, daß sie ihre Jungen mit Aufopferung ihres Lebens verteidigt.

Deshalb wird die Schuld an uns liegen. Das Wildschwein ist ein halbes Raubtier, das mit Vorliebe Aas frißt. Dem Hausschwein geben wir aber regelmäßig nur Pflanzennahrung. Ist es da ein Wunder, daß der andauernd unterdrückte Fleischhunger sich gewaltsam Bahn macht?

Erfahrene Schweinezüchter haben mir übrigens versichert, daß eine Sau nur kranke oder lebensunfähige Ferkel frißt. Ob das zutrifft, kann ich nicht beurteilen.

Der Stieglitz, den man mit einem Kanarienvogelweibchen paart, frißt die Eier des Weibchens, weil wir ihm keine Räupchen geben, die Hühner reißen sich die Federn aus, weil sie im Frühjahr Mangel an tierischer Nahrung haben. Auch sie werden durch falsche Fütterung zu halben Kannibalen.

107. Muß ein gutes Schwein alles fressen?

Bekannt ist der Satz, daß ein gutes Schwein alles fressen muß. Ich kann ihn leider nicht unterschreiben. Ich weiß sehr wohl, daß das Schwein einen sehr großen Speisezettel besitzt, da es sowohl Pflanzenfresser als auch ein halbes Raubtier ist. Dennoch gibt es gewisse Dinge, die das Schwein nicht frißt. So ließen alle Schweine trotz des größten Hungers Kastanien liegen, während Schafe, wie wir noch besprechen werden, sie gierig fraßen.

Auch mit gesalzenen Dingen muß man beim Schweine sehr vorsichtig sein. Für Wiederkäuer, auch für Pferde, ist Salz bekömmlich. Für alle Raubtiere ist Salz jedoch sehr nachteilig.

Gesalzenes Pökelfleisch, ebenso Heringslake haben schon oft den Tod von Schweinen herbeigeführt. Das kam daher, weil man auf den Satz schwor, daß ein gutes Schwein alles fressen muß.

Uebrigens frißt das Schwein auch Heu und Stroh ungehäckselt nicht.

108. Die Fütterung der Schweine mit Rohrwurzeln.

Immer wieder muß ich betonen, daß wir zu einem richtigen Verständnis eines Haustieres nur gelangen, wenn wir die Lebensweise seiner wilden Verwandten erforschen.

Bereits lange vor Ausbruch des Krieges habe ich darauf hingewiesen, daß wir auf diesem Wege auch zur Erlangung neuer Futtermittel für unsere Haustiere gelangen. So war es mir aufgefallen, daß das Wildschwein im Winter gern die Farnwurzeln frißt, ebenso die Wurzeln von Schilfrohr.

Praktische Schweinezüchter haben mir bestätigt, daß die Farnwurzeln ein sehr bekömmliches Futter für Hausschweine sind. In Amerika ist es, wie mir mitgeteilt wurde, an vielen Stellen üblich, Schweine mit Farnwurzeln zu füttern. Ebenso sind die verwilderten Hausschweine an der Westküste Neuseelands von den Eingeborenen ausgerottet worden aus Furcht, die Schweine möchten die Farnwurzeln vollends zerstören, auf welche die Eingeborenen zu ihrer Nahrung besonders angewiesen sind.

Die Vermutung spricht daher dafür, daß auch die Rohrwurzeln für Schweine ein bekömmliches Futter sind.

Es hat daher mein höchstes Interesse erweckt, daß der Rohstoffverband in Charlottenburg jetzt in großzügiger Weise die Rohrwurzeln mit Greifern und Baggern gewinnen und daraus ein Futtermittel »Fragmit« herstellen läßt. Der Name ist verdeutscht aus *phragmites communis*, das Schilfrohr.

Es scheint mir das ein sehr glücklicher Gedanke zu sein, da hierdurch folgendes erzielt wird:

1. Gewinnung eines Futtermittels von hohem Zuckergehalt,
2. Verhinderung der Verlandung der Seen und Flüsse,
3. Ausnutzung von hunderttausend Hektaren Land, die jetzt vollkommen tot daliegen.

Es liegt im vaterländischen Interesse, alle Bestrebungen zu unterstützen, die eine größere Ausbeute der heimischen Naturschätze gestatten und uns dadurch, wenn auch vorläufig nur wenig, von der Einfuhr ausländischer Futtermittel unabhängig machen. Es wäre daher sehr erwünscht, wenn praktische Schweinezüchter Versuche mit »Fragmit« anstellen würden.

Selbstverständlich müssen die Wurzeln im Winterhalbjahr gewonnen sein, weil sie zu dieser Zeit die meisten Nährstoffe besitzen. Im Sommer frißt das Wildschwein weder Farn- noch Rohrwurzeln.

Für Höhentiere, also Ziegen und Schafe, käme das Fragmit weniger in Betracht. Dagegen könnten Versuche auch bei Rindern und Pferden angestellt werden, da Rinder in Niederungen leben, und Pferde die Schößlinge des an Steppenseen wachsenden Rohrs fressen.

109. Die Rassen des Schweins.

Man unterscheidet folgende Rassen: 1. krausborstige Schweinerassen, die hauptsächlich im Südosten Europas leben, z. B. das Mangaliczaschwein, 2. romanische Schweinerassen, die in Südeuropa leben, 3. kurzohrige Schweinerassen, wozu das bayerische Schwein und das Bakonyer Schwein gehören. In Berlin wird das Bakonyer Schwein gewöhnlich »Pachuner« genannt. 4. Großohrige Schweinerassen, 5. englische Schweinerassen.

Die Engländer haben es verstanden, durch Kreuzung mit indischen und romanischen Schweinen ausgezeichnete Rassen zu erzielen, beispielsweise Essex-Schweine, Yorkshire-Schweine, Berkshire-Schweine usw. Diese englischen Rassen sind stark bei uns eingeführt worden und haben die heimischen Schläge vielfach verdrängt. Da das englische Edelschwein neben großen Vorzügen sehr empfindlich und wenig fruchtbar ist, so hat man es mit deutschen Schweinen gekreuzt und züchtet das sogenannte deutsche Edelschwein.

Das Schwein ist kein Wiederkäuer, wie bereits erwähnt wurde. Es hat außer den Eckzähnen im Oberkiefer sechs Schneidezähne. Es gehört zu den Paarhufern aus der Familie der Schweine. In Bessarabien gibt es Einhuferschweine.

Der Zuchteber wird mit Ablauf eines Jahres zur Zucht verwendet, die Sau im Alter von 10 bis 14 Monaten. Die Tragezeit währt fast vier Monate. Man nimmt an, daß das Schwein ein Alter von 30 Jahren erreicht.

Es ist schon erwähnt worden, daß Krankheiten bei den Schweinen sehr häufig sind. Es seien genannt Rotlauf, Schweineseuche und Schweinepest. Am bekanntesten ist, daß im Schwein Trichinen leben, weshalb man Schweinefleisch nur gekocht essen soll.

Zu den besten Bekämpfern der Krankheiten gehört der Weidegang der Schweine. Namentlich scheint der Weidegang auf Kleeweiden immer mehr Anhänger zu finden.

110. Das Schwein in Redensarten und Sprichwörtern.

Erwähnt wurden bereits »sauwohl«, »schweinsäugig« und die Redensart »Ein gutes Schwein muß alles fressen«.

Wegen seines Wälzens im Schmutz und Kot dient das Schwein als Bezeichnung für einen schmutzigen oder unsittlichen Menschen. Ueberhaupt dient die Verbindung mit Schwein dazu, um den schärfsten Tadel auszusprechen. So ist ein sehr schlechtes Essen

Schweinefraß,

Schweinestall

eine sehr schmutzige Wohnung.

Man sagt ferner:

dumm, faul, gefräßig, dreckig sein wie ein Schwein, bluten wie ein Schwein.

Zu ergänzen ist: wenn es geschlachtet wird. Um plumpe Vertraulichkeiten abzuwehren, gebraucht man die Redensart:

Wo haben wir zusammen die Schweine gehütet?

Merkwürdigerweise gilt das Schwein auch als glückbringend. In der Studentensprache heißt Schwein soviel wie Glück.

grenzenloses Schwein

bedeutet grenzenloses Glück.

Schweine auf der Weide

Laufraum für junge Schweine

Die Ziege

111. Warum können junge Ziegen bereits vortrefflich klettern?

Die Ziege, die Kuh des armen Mannes, können wir in oder nahe bei dem alten Berlin noch häufig zu sehen bekommen. Auf dem unbebauten Teil des Tempelhofer Feldes trifft man sie regelmäßig im Sommer an, ebenso auf Baustellen der Vororte. Selbst in Gärten habe ich sie schon gesehen, wobei sie natürlich, um Schaden zu verhüten, angebunden war.

Wir wollen einmal eine solche Mutterziege, die zwei muntere Zicklein bei sich hat, etwas näher betrachten.

Bei der Ziege haben auch die Weibchen Hörner, ebenso wie die Gemsen, während sie den weiblichen Schafen, wie wir später sehen werden, fehlen.

Das hat natürlich seinen Grund, und zwar folgenden: Gemsen und Ziegen haben ihre Heimat im hohen Gebirge, wo die Jungen von Adlern und anderen Raubvögeln bedroht werden. Um sie abzuwehren, brauchen die Weibchen Hörner.

Das Schaf stammt auch aus dem Gebirge, aber aus dem bewaldeten Teile der Gebirge. Die Schafmutter braucht ihr Junges nur in den Wald zu bringen, dann ist es vor Raubvögeln sicher. Deshalb haben auch die Weibchen von Reh und Hirsch keine Waffen, weil auch sie in den Wald flüchten können.

Die kleinen Tierchen, die allerliebst aussehen, tollen jetzt in der übermütigsten Weise umher. Ihre Gewandtheit im Klettern ist erstaunlich. Je höher sie klettern können, desto lieber ist es ihnen. Man sieht ihnen an, daß ihre Vorfahren im Gebirge heimisch waren. Auch führen sie schon Scheingefechte auf, indem sie mit den Köpfen gegeneinander rennen. Schwindel muß ihnen ganz unbekannt sein, denn sonst könnten sie nicht mit solchem Vergnügen am Dachrande eines kleinen Hauses entlanglaufen.

Diese frühzeitige Kletterkunst erregt unser Erstaunen, besonders wenn wir bedenken, daß eben geborene junge Ziegen bereits nach einigen Tagen ihrer Mutter überallhin folgen können.

Auch hier gibt uns die Lebensweise der Stammeltern Aufschluß über diese merkwürdige Eigenschaft. Unsere Hausziege stammt von der Bezoarziege ab, die an den Küsten des mittelländischen Meeres lebt. Wie alle Pflanzenfresser hat auch die Bezoarziege Feinde, die ihr nachstellen. Von den Säugetieren sind es namentlich Luchse und Wölfe.

Wie soll nun die Ziegenmutter ihre Jungen gegen überlegene Feinde schützen, beispielsweise, wenn ein Jäger oder ein schnellfüßiger Wolf kommt? Auf dem Rücken kann sie das Junge nicht tragen. Deshalb muß das Junge bald klettern können, weil sonst die Ziegen ausgerottet wären.

112. Warum fressen unsere Ziegen ungern Gras?

Inzwischen ist die Herrin der Ziegenfamilie zu der alten Ziege getreten und schilt sie tüchtig aus. Wir können zwar nicht alles verstehen, was sie sagt, aber wir können es uns schon denken. Es ist das alte Lied, das wir immer hören müssen. Entweder heißt es: »Du Ziege bist ein ganz niederträchtiges Geschöpf. Du stehst im tiefen Gras, doch darum kümmerst du dich nicht. Aber den Pfahl, an den du gebunden bist, den knabberst du an.« Oder: »Du bist ein ganz eigensinniges Tier; Gras willst du nicht fressen, aber zu den Sträuchern willst du hin.« Der gebildete Großstädter sagt oft verzweifelnd, wenn die Ziege das mühsam besorgte Gras nicht fressen will: »Die Ziege gehört zu den Träumern, die in die Weite schweifen, obwohl ihr das Gute so nahe liegt.«

Alles das ist natürlich eine ganz falsche Ansicht. Wir Menschen machen folgenden Schluß: Die Ziege ist ein Pflanzenfresser. Gräser sind Pflanzen. Folglich muß die Ziege Gräser fressen, oder sie ist nicht ganz bei Trost.

Schon früher haben wir darauf hingewiesen, daß die Gemsen in unseren Zoologischen Gärten bald sterben, weil ihnen das gewürzige Gras ihrer Heimat fehlt. Die Bezoarziege bewohnt nun solche Teile des Gebirges, wo Gräser wenig oder gar nicht vorkommen. Auf dem öden, trockenen Gestein der Mittelmeerländer kommen Grasflächen, wie sie unsere Heimat in Hülle und Fülle bietet, nur selten vor.

Das Gras unserer Ebene ist also gar kein natürliches Futter der Ziege.

Deshalb werden wir niemals in unserer engeren Heimat, in einer Provinz ohne Bodenerhebungen, eine berühmte Ziegenrasse züchten, weil wir den Ziegen so wenig natürliches Futter bieten können.

Wir müssen vielmehr immer wieder unsere Ziegen mit solchen aus gebirgigen Ländern auffrischen, wo sie viel besser gedeihen, beispielsweise im Harz und in der Schweiz.

113. Wie erklärt sich die Giftfestigkeit der Ziege?

Wir haben also gesehen, daß die Besitzerin der Ziegenfamilie im Unrecht ist, wenn sie die Ziege schilt, weil sie so ungern das Gras unserer Ebene fressen will.

Damit soll nun nicht gesagt sein, daß wir demutsvoll allen angestammten Eigenarten der Ziegen nachkommen sollen. Davon kann keine Rede sein. Nur sollen wir uns von der Vorstellung freimachen, daß wir vor einer unverbesserlichen Sünderin stehen. Das ist nicht der Fall, da kein Tier seine angeborenen Triebe ablegen kann. Noch eine andere Eigentümlichkeit der Ziege erregt unseren Zorn. Sie ist nach unseren Begriffen lecker, weil sie bald dieses, bald jenes sich aus dem Futter herauszieht und am liebsten eine Menge an die Erde wirft, wo es natürlich zertreten wird.

Diese Art des Fressens ist ganz einleuchtend, wenn man sich die Lebensweise der Wildziegen vorstellt. Auf dem öden Gestein ist ein sehr geringer Pflanzenwuchs. Zum Sattwerden an einer einzigen Pflanzenart reicht es nicht aus. Deshalb muß die Ziege von dem wenigen, was das Gebirge hervorbringt, fressen, ganz gleich, was es ist. Hieraus erklärt sich auch die merkwürdige Erscheinung, daß die Ziege gewissermaßen giftfest ist. Sie frißt beispielsweise den giftigen Schierling körbeweise, ohne daß es ihr schadet. Auch frißt sie viele Dinge, die jedes andere Tier meidet, so den scharfen Mauerpfeffer, Zigarren und Schnupftabak und dergleichen.

Wenn eine Ziege also den Pfahl beknabbert, an dem sie angebunden ist und das Gras links liegen läßt, so ist das keine Niederträchtigkeit, sondern die ganz naturgemäße Art des Fressens. Ueppige Weiden behagen ihr nicht, wohl aber Sträucher und Baumzweige. Deshalb ist sie der Fluch für die Mittelmeerländer, weil sie durch ihr Beknabbern eine Bewaldung dieser Länder nicht aufkommen läßt. Sieht man einer freiweidenden Ziege zu, so wird man sich davon überzeugen können, daß sie von den am Boden wachsenden Pflanzen die Blätter bevorzugt und viel lieber als Gräser frißt. Das ist auch nach ihrer Herkunft nicht wunderbar.

114. Warum heißt die Ziege die Kuh des armen Mannes?

Wir sehen, daß hier eine Familie sich eine Ziege hält, obwohl sie nur einen ziemlich großen Garten besitzt. Diese Leute sind wahrscheinlich wohlhabend, möglicherweise sogar sehr reich. Bei ihnen würde also die Bezeichnung nicht zutreffen, daß die Ziege die Kuh des armen Mannes sei.

Großstädtische Verhältnisse sind eben nicht immer die naturgemäßen. Die Redensart bezieht sich auf die sonst in unserer Heimat üblichen Verhältnisse. Hiernach hat der arme Mann auf dem Lande bei seinem Häuschen einen Garten, aber er hat sonst kein Land, namentlich keine Wiesen, wie es für eine Kuh erforderlich ist. Mit dem, was ein Garten bringt, kann man eine Ziege ernähren, da fünf Ziegen zusammen nicht so viel fressen wie eine Durchschnittskuh. Außerdem muß die Ziege bei armen Leuten vieles fressen, was man ihr sonst nicht vorsetzt, z. B. Abfälle, Spülicht usw. Der arme Mann möchte selbstverständlich auch gern frische Milch genießen, und da er sich, wie wir sahen, keine Kuh halten kann, so nimmt er eine Ziege, woher sich die Redensart erklärt.

Eine gute Milchziege liefert wöchentlich 10 bis 12 Liter Milch. Sie hat den Nachteil, daß viele Menschen sie nicht mögen. Auch läßt sich aus Kuhmilch viel bessere Butter und leichter Käse machen. Auch schmeckt saure Kuhmilch viel besser. Da außerdem Rindfleisch viel schmackhafter als Ziegenfleisch ist, so wird die Kuh durch die Ziege nicht verdrängt werden.

115. Wie lebt die Ziege im Gebirge?

Von der Lebensweise der eigentlichen Stammeltern unserer Hausziege wissen wir recht wenig. Wir wollen daher als Ersatz die Schweizer Ziegen wählen, deren Lebensweise ein dort heimischer Naturforscher vortrefflich geschildert hat.

Die Ziegenböcke des Gebirges haben mitunter so außerordentlich große Hörner, daß sie von weitem Steinböcken ähnlich sehen. Sie zeichnen sich besonders durch ihren kecken, mutwilligen Humor aus. Es liegt etwas Ernstes in der Haltung ihres Kopfschmuckes, aber sie haben ein schalkhaftes Auge und zeigen, wenn es ans Naschen oder ans Spielen und Stoßen geht, ihre ganze Leichtfertigkeit. Das Schaf hat nur in seiner Jugend ein munteres Wesen, ebenso der Steinbock; die Ziege behält es länger als beide. Ohne eigentlich im Ernste händelsüchtig zu sein, fordert sie gern zum munteren Zweikampfe heraus.

Neugierde ist überhaupt neben der Launenhaftigkeit ein hervorstechender Wesenszug der Ziege. Sie ist in weit höherem Grade neugierig als die Kuh; die Gemse ist ihr darin ähnlich. Zu den Gemsen verliert sich hier und da eine Alpenziege und bleibt monatelang in der Gesellschaft. Doch muß es ihr sauer werden, diesen Meistern im Springen und Klettern nachzukommen, und gewöhnlich kehrt sie im Herbst unvermutet ins Tal zu ihrer Hütte zurück. Im Appenzellerlande überwinterten schon verloren geglaubte Ziegen in geschützten Alpen unter großen Tannen bald allein, bald mit Gemsen, und kehrten im Frühling mit frischgeworfenen Zicklein ins Tal zurück.

Ueberhaupt ist unsere Ziege eines der muntersten und aufgewecktesten unter den zahmen Tieren, wie schon ihr Auge, ihr feiner Kopf, ihre schlanke, leichte Körperbildung und ihr großes Gehirn auf eine kluge Natur schließen läßt. Sie ist weit empfänglicher für die Liebkosungen des Menschen als das Schaf, folgt nicht, wie dieses, dem Gang der Masse, sondern tritt gern frei und selbständig auf, liebt Berge und Freiheit, fürchtet sich nicht so schnell, ist im Zorne ziemlich hartnäckig, hat viel Gedächtnis und Ortssinn und würde vielleicht bei völliger Freiheit nach wenigen Generationen an Lebhaftigkeit, Kühnheit und ausgebildetem Instinkt der Gemse wenig nachstehen. Dies gilt namentlich von den gehörnten Ziegen, die in den Gebirgen weit häufiger sind als die ungehörnten, die dafür im Tale in den Ställen vorgezogen werden. Um solche hornlose Ziegen zu erhalten, bedient man sich hie und da eines höchst gefährlichen Mittels. Man gräbt nämlich

Zicklein, sobald die Hörnchen hervorbrechen wollen, diese samt der Wurzel aus dem Schädel.

Der die Gebirge durchstreifende Wanderer trifft häufig Ziegengruppen als malerische Zutat einer einsamen Alpengegend, bald frei weidend, bald unter Obhut eines wetterbraunen, barfüßigen Jungen. Sie sind selten scheu, gewöhnlich ganz zutraulich und munter. In manchen Schweizerbergen folgen sie dem Fremden stundenweit, um ein paar Fingerspitzen Salz oder ein Stück Brot zu erbetteln. Erhalten sie kein Salz, so genießen sie mit ebenso großem Behagen eine Portion Schnupftabak. Gewöhnlich sind ein halb Dutzend Stück einer Ochsen- oder Pferdeherde beigegeben, und ihre Milch ist fast die einzige Nahrung der Hüter; oft finden sich einige Stücke im Gefolge einer Kuhherde, oder sie werden auch zu Herden vereinigt und zur Alp getrieben. In diesem Falle teilt man sie im Appenzellerlande in Haufen von je 12 Stück ab; ärmere Bauern, die keinen ganzen Haufen vermögen, stoßen ihre Ziegen zusammen und halten gemeinschaftlich einen Geißbuben, der nebst magerer Kost noch geringere Löhnung erhält.

Mit großer Kühnheit schweifen diese Tiere in den steilsten Gebirgsbänken umher, um vereinzelte Grasbüschel oder zarte, leckere Stäudchen zu rupfen. Dabei geschieht es nicht selten, daß sich die Ziege »verstellt«, wo sie sich weder vor- noch rückwärts mehr getraut. So bleibt sie dann oft zwei bis drei Tage ohne Nahrung zwischen Tod und Leben, bis der Geißbub sie entdeckt und zu »lösen« sucht. Dies tut er mit wunderbarer Verwegenheit; manchmal bindet er sie an ein Seil, um sie die Felswand hinaufzuziehen. Es ist in der Tat merkwürdig, daß der Mensch sich da zu klettern getraut, wo selbst die leichtfüßige Ziege den Mut verloren hat. Freilich sind die Geißbuben, die den ganzen Sommer über zwischen den Felsen leben, großartige Künstler im verwegensten Klettern und kennen die Gefahr so wenig, daß sie sich mitunter anbieten, die jähsten Felsenköpfe und Gebirgsseiten durch beliebig zu bezeichnende Narben und Falten zu erklimmen, wo man nicht begreift, wie eine Hand oder ein Fuß im steilen Absturz haften kann. Selten fallen die Ziegen tot, es sei denn, daß sie sich im Hörnerkampfe über den Felsenrand hinausstoßen oder von einem fallenden Steine, einer Lawine oder dem Flügel des Lämmergeiers ergriffen werden.

Bekanntlich sind die Ziegenherden durch ihre Naschhaftigkeit die gefährlichsten Feinde und eine wahre Geisel der Gebirgswaldungen geworden; aber allmählich wird diesem schädlichen Unwesen durch bessere Forstpolizei und Einschränkung des Ziegenstandes entgegengewirkt. Im ganzen zieht die Ziege ein mageres, halbsaures Futter mit grünen Knospen und Zweigen dem fetten Wiesengrase vor. Merkwürdig ist die Beobachtung, daß die giftige Wolfsmilch und der Schierling von ihr mit Begierde und ohne Nachteil gefressen wird. Dagegen sollen ihr Eicheln nachteilig sein. Die Ziegenmilch wird im August, wo die Tiere die höchsten Alpen besteigen, für am kräftigsten gehalten. Der größte Teil wird zu fünf- bis zehnpfündigen Käsen verarbeitet, die von vorzüglichem Wohlgeschmack sind.

116. Warum gibt es im Ziegenstall so wenig Fliegen, im Kuhstall so viele?

Wir wollen jetzt nach einem Vorort gehen, wo ein alter Bekannter, Herr Althaus, Ziegen hält. Wegen seiner Gemütlichkeit und Gefälligkeit wird er allgemein »Onkel Althaus« genannt. Wir treffen es gut bei Onkel Althaus, denn es wird gerade ein Böckchen abgeholt, das er vor einigen Tagen verkauft hatte. Das Ziegenböckchen ist ungewöhnlich stark, was auch weiter kein Wunder ist, da es allein die ganze Milch der Mutter getrunken hatte. In dieser milcharmen Zeit muß aber jeder zunächst an sich selbst denken. Onkel Althaus hat ein Söhnchen von neun Jahren, das die Milch sehr nötig braucht und dessentwegen er gerade die Ziege angeschafft hat. Es ist selbstverständlich, daß erst der Mensch und dann das Tier kommt.

Wir befürchteten, daß die Trennung von Mutter und Sohn zu endlosem Jammern der Alten führen würde, wie es bei der Kuh üblich ist, wenn ihr das Kalb genommen wird. Nichts von alledem geschah – kein einziges Mäh kam über die Lippen der Alten. Ich glaube aber, daß es falsch ist, wenn man hieraus auf eine Gefühllosigkeit der Ziegenmutter schließt. Onkel Althaus hatte wohl recht mit der Annahme, daß die alte Hippe, wie die Ziege auch sonst genannt wird, bestimmt glaube, das Junge werde wiederkommen. Er erzählte uns, und sein Söhnchen Albrecht bestätigte es, daß der kleine Bock schon oft Ausflüge auf eigene Faust unternommen hatte.

Es fällt uns auf, daß im Ziegenstall, in dem noch andere Ziegen stehen, die aber zurzeit keine Milch geben, so wenig Fliegen sind. Im Kuhstall wimmelt es von Fliegen, wie jeder weiß, der an einem warmen Sommertage einen Kuhstall betreten hat. Wie erklärt sich dieser Unterschied?

Aus der früheren Schilderung der Alpenkühe wissen wir, daß es im Hochgebirge sehr wenig Insekten gibt. Die Ziege ist ein Kind des Hochgebirges. Die Fliegen und andere Insekten der Ebene kennen also Ziegen von früher her nicht. Dagegen sind ihnen Kühe als Geschöpfe sumpfiger Gegenden sehr wohl bekannt. Wer da glaubt, daß es einer Fliege oder einem anderen Insekt ganz gleichgültig ist, von welchem Tiere sie das Blut ziehen, der dürfte im Irrtum sein. Auch der Esel leidet als früheres Gebirgstier viel weniger unter der Insektenplage als das aus der Steppe stammende Pferd.

Wir sehen ähnliches bei unseren Kleidern. Die Motten bevorzugen ganz auffallend reinwollene Sachen, während sie künstliche Wolle oder Baumwolle meiden, mag sie auch noch so sehr das Auge des Menschen täuschen.

Es ist möglich, daß der Gestank des Ziegenbockes, der uns so unangenehm ist, auch die Fliegen vertreibt. Aber in unserem Falle kann er nicht in Betracht kommen. Denn Onkel Althaus besitzt keinen eigenen Bock, und das Böckchen ist noch so jung, daß es noch keinen Geruch entwickelt.

117. Die Rassen der Ziege.

Die Ziege, die zu den paarzehigen wiederkäuenden Huftieren und der Familie der Horntiere gehört, hat keine Tränengruben und Klauendrüsen. Sie trägt ihren kurzen Schwanz gewöhnlich steil gestellt. Berühmt sind die Angora- und Kaschmirziegen. Bei uns werden die Schwarzwaldziege, die Harzer Ziege, die Erzgebirgsziege usw. gehalten. Sehr gelobt wird die Langensalzaer Ziege. Sie gleicht der Schweizer Saanenziege, die bei uns viel eingeführt worden ist. Die Saanenziege ist sehr groß, schneeweiß und ohne Hörner. Sie soll 5 bis 6 Liter Milch den Tag über geben, aber bei uns hat sie es nicht getan. Jedenfalls fehlen ihr die würzigen Gebirgskräuter, von denen wir bereits gesprochen haben.

Die Ziege ist mit einem Jahre ausgewachsen. Es soll noch gute Milcherinnen geben, die 16 Jahre alt sind. Die Tragezeit dauert etwa fünf Monate. Gewöhnlich werden ein oder zwei, manchmal sogar vier Junge geworfen.

Von Krankheiten ist die Ziege weit mehr verschont als die Kuh. Namentlich leidet sie nicht an Tuberkulose. Es gilt im Gegenteil ihre Milch als besonders heilkräftig für Lungenkranke. Die Ziege hat also eiserne Lungen von ihren Vorfahren geerbt, da sie bei uns oft in ganz elenden Ställen gehalten wird.

118. Die Ziege in Redensarten und Sprichwörtern.

Von der Ziege als der »Kuh des armen Mannes« ist bereits gesprochen worden, ebenso von ihrer angeblichen Naschhaftigkeit, weshalb man sagt:

Wählerisch wie eine Ziege.

Bei den alten Griechen hieß der Ziegenbock überhaupt: Nascher.

Mager wie eine Zicke oder Ziege.

Bei den Ziegen, die in der Ebene leben müssen und nur Gras erhalten, ist das kein Wunder.

Umgekehrt sagt man:

Es in sich haben, wie die Ziege das Fett.

Das soll heißen, daß man einer Ziege, wenn sie innen feist ist, das gewöhnlich nicht ansieht.

Wer sich grün macht, den fressen die Ziegen.

Hier wird der Rat gegeben, nicht dem Futter zu gleichen, das ein Tier frißt. Dieser Rat ist selbstredend bildlich gemeint. Man soll also beispielsweise nicht in Gegenwart von Leuten, die als große Darlehnssucher bekannt sind, fortwährend davon reden, wie viel Geld man hat.

Weidende Ziegen

Das Schaf

119. Warum blökt das Schaf?

Es ist noch gar nicht solange her, daß man auf dem Tempelhofer Felde, das damals noch gänzlich unbebaut war, eine wirkliche Schafherde mit Schäfer und Hund beobachten konnte. Wie oft habe ich ihnen zugeschaut, wobei ich besonders aufpaßte, ob sie bei der Heimkehr glücklich über die Eisenbahngleise der Ringbahn kommen würden.

Stand man bei der Herde, so war es gewöhnlich das gleiche Bild: Fressen und Blöken und sich dabei etwas vorwärts schieben.

In Ermangelung einer ganzen Herde müssen wir uns damit begnügen, uns das Schaf eines Bekannten, ein ostfriesisches Milchschaf, anzusehen, das dieser uns bereitwilligst zur Besichtigung vorgeführt hat.

Geistreich kann man beim besten Willen das Gesicht eines Schafes nicht nennen, eher das Gegenteil davon. Man kann sich nicht darüber wundern, daß man recht dumme Leute als Schafe bezeichnet.

Aber es wäre doch ein großes Unglück, wenn plötzlich alle Schafe mit ihren dummen Gesichtern verschwänden. Dann hätten wir ja noch weniger Wolle, als es ohnehin schon der Fall ist.

Ueberdies werden wir sehen, daß es mit der Dummheit der Schafe nicht so schlimm bestellt ist. Dieses einzelne Schaf, das wir vor uns haben, blökt nicht. Daraus ersehen wir, daß das anhaltende Blöken doch nicht so furchtbar töricht sein kann, wie die Leute es immer hinstellen.

In der Tat ist der Mensch furchtbar ungerecht gegen die Tiere. Bei den Vögeln, die genau dasselbe tun, wie die Schafe, findet er es wunderschön. Fliegen zum Beispiel Meiseneltern mit ihren zahlreichen Jungen von Baum zu Baum, so hört das feine Zurufen gar nicht auf. Das gleiche beobachten wir bei Meisenschwärmen überhaupt. Wir verstehen vollkommen, daß diese kleinen Tierchen sich im Gewirr der Blätter oder Nadeln leicht aus den Augen kommen können. Da sie sich nur in Gesellschaft wohlfühlen, so ergeht fortwährend der Zuruf: Bist du auch noch da?

Wenn Tiere mit sehr scharfen Augen bereits eine Prüfung brauchen, ob sie sich nicht verloren haben, so ist sie erst recht bei Tieren mit schlechten Augen angebracht. Eine Wildsau, eine sogenannte Bache, die ihre Jungen führt, muß grunzen, damit die kleine Schar weiß, wo sie ihre Mutter findet. Mit ihren schwachen Augen würden sie sich ohne das Gegrunze sehr oft verirren, wenngleich die feine Nase schließlich für die Rückkehr sorgen würde. In der Zwischenzeit kann aber viel Unheil geschehen. Da kann der Fuchs sich schon einen Frischling als Braten geholt haben.

Schweine grunzen also, weil dadurch ein Zusammenhang der Herde gewährleistet wird. Aus demselben Grunde blöken auch die Schafe. Die Schweine können sich in den Niederungen und im Gebüsch leicht aus den Augen verlieren. Die Schafe im Gebirge ebenso leicht. Denn die Stammeltern unserer Hausschafe sind Wildschafe. Wir sind uns zwar noch nicht ganz einig darüber, welche bestimmte Art als solche bezeichnet werden soll. Aber alle Wildschafe haben das gemeinsam, daß sie im Gebirge leben.

120. Warum krümmen sich beim Schafbock die Hörner, beim Ziegenbock nicht?

Da Ziege und Schaf beide im Gebirge leben, so müßte man eigentlich meinen, daß sie beide ganz gleich aussehen müßten. Das ist aber nicht der Fall. Wir haben schon früher erklärt, weshalb die weibliche Ziege gehörnt ist, das weibliche Schaf nicht.

Auf dieselbe Verschiedenheit der Lebensweise sind auch die Verschiedenheiten des Aussehens von Ziege und Schaf zurückzuführen.

Wir werden uns später den Mufflonbock im Berliner Zoologischen Garten ansehen. Er gehört sicherlich zu den Vorfahren mancher unserer Hausschafrassen. Noch heute lebt er in den unzugänglichen Gebirgen von Sardinien und Korsika. Schon jetzt möchte ich vorgreifen und mitteilen, daß der Bock halbmondförmige, nach hinten gekrümmte Hörner, keinen Bart und ein fast fuchsrotes Fell besitzt. Die Ziege hat dagegen einen Bart, ein mehr graubräunliches Fell und mehr aufrecht stehende Hörner.

Da in Deutschland an verschiedenen Stellen Mufflons ausgesetzt sind, so sind wir jetzt über ihre Lebensweise ziemlich unterrichtet. Hiernach halten sich die Wildschafe, wie schon erwähnt wurde, hauptsächlich im Walde auf. Auch haben sie eine besondere Vorliebe dafür, enge Durchlässe zu durchkriechen.

Um durch enge, niedrige Lücken zu gelangen, müssen die Hörner gebogen sein. Ziegenböcke kriechen nicht durch solche Oeffnungen. Deshalb stehen ihre Hörner ziemlich senkrecht.

Beim Durchkriechen würde ein Bart sehr hinderlich sein. Ueberhaupt ist ein langer Haarwuchs im Walde von Uebel. Wir wissen, daß Absalon mit seinem mächtigen Haarwuchs an einem Baume hängen blieb und getötet wurde. Deshalb hat auch der Tiger, der im Walde lebt, keine Mähne, während sie der Löwe, der in der baumleeren Steppe haust, besitzt.

Zu dem Walde paßt die fuchsrötliche Färbung des Mufflons, da sie mit dem vermoderten Laub übereinstimmt. Eine solche Färbung haben auch

Hirsch und Reh. Dagegen hat die Bezoarziege mehr die Färbung des bräunlichen Gesteins.

An dem vor uns stehenden Schaf beobachten wir, daß es Tränendrüsen hat. Warum fehlen sie der Ziege?

Die Tränendrüsen werden an Baumstämmen gerieben. Da das Schaf eine feine Nase, aber ein schwaches Gesicht hat, so merken Schafe, die einen fremden Wald betreten, sofort, daß andere Schafe in ihm weiden. Sie riechen nämlich die an den Baumstämmen abgewischten Ausscheidungen der Tränendrüsen.

Die Ziege lebt in baumloser Gegend. Für sie sind also Tränendrüsen ganz zwecklos. Außerdem sind bei ihr die Augen besser entwickelt, wofür ihre Nase nicht so fein ist, wie die des Schafes. Beim Springen von Klippe zu Klippe sind für sie gute Augen von großem Vorteil. Die Ziege gleicht also in diesem Punkte dem Windhund, der ebenfalls ein ziemlich scharfes Gesicht, dafür aber auch eine weniger gute Nase hat.

121. Warum folgen die Schafe dem Leithammel?

Als ein Beweis ihrer furchtbaren Dummheit ist es stets angesehen worden, daß die Schafe blindlings ihrem Leithammel folgen. Stürzt er vor Schrecken aus dem Schiff, in dem er sich mit der Herde befindet, über Bord, so finden alle übrigen ebenfalls den Tod in den Wellen.

In Wirklichkeit beweist diese Eigentümlichkeit sehr wenig. Das Schaf tut nur das, was seine Vorfahren seit Urzeiten getan haben. Wildschafe folgen dem leitenden Widder und tun wohl daran. Er hat die freieste Aussicht, und die Stellen, die ihn tragen, halten sicherlich auch das Gewicht der andern Mitglieder des Rudels aus. Deshalb ist es das Klügste, was ein Wildschaf tun kann, daß es sich nach dem Vordermann richtet. Genau ebenso handeln Affen- und Elefantenherden. Der Affe weiß, daß der Ast, der den Leitaffen getragen hat, nicht brechen wird, wenn er auf ihn springt. Wollten Wildschafe, Affen und Elefanten anders handeln, beispielsweise bei einer rasenden Flucht ihre eigenen Wege gehen, so würden sie bald verunglücken.

Deshalb tritt auch der kluge Mensch bei schwierigen Gebirgswanderungen in die Fußstapfen seines Führers.

Die Dummheit des Schafes besteht also lediglich darin, daß es etwas, was im Gebirge sehr zweckmäßig ist, auf die Ebene überträgt, wo es ganz sinnlos ist. Aber tut der kluge Hund nicht genau dasselbe? Will er nicht seinen Unrat in dem steinharten Bürgersteig verscharren?

122. Warum sieht das Schaf so furchtbar ängstlich aus?

Schauen wir unserm Schaf in die Augen, so leuchtet die größte Angst aus ihnen hervor. Aber ist das eigentlich wunderbar?

Vom Hasen gibt es ein Gedicht, worin alle seine Feinde aufgezählt werden, die ihn alle gern fressen möchten. Beim Wildschafe liegt die Sache nicht viel anders. Seine Feinde sind Wölfe, Luchse, Bären und Lämmergeier. Seine Jungen werden vom Adler bedroht. Der Hauptfeind ist natürlich der Mensch.

Gegen alle seine Feinde besitzt es nur eine Waffe – die Flucht ins Gebirge. Diese Verteidigungsart haben wir ihm geraubt, indem wir es in die ebene Gegend gebracht haben.

Wie soll ein Tier nicht ängstlich sein, dem wir seinen letzten Zufluchtsort geraubt haben, und das aus Erfahrung weiß, wieviele Feinde es hat?

Die anderen Dummheiten, die man dem Schafe vorwirft, werden auch von andern Haustieren gemacht. Es rennt in den brennenden Stall zurück, weil ihm nur bei der Herde wohl ist. Das tun auch, wie wir wissen, die klugen Pferde.

Das Pferd schweigt, wenn es den Todesstich erhält. Er wird deswegen von Dichtern als edles Tier gefeiert, obwohl das damit nicht das mindeste zu tun hat. Das Schaf, das ebenfalls schweigend stirbt, wird dagegen von den Dichtern nicht gefeiert. Es wird überall verschieden gemessen.

Schießt der Jäger auf eine wildernde Katze, so faucht sie höchstens, schießt er auf einen wildernden Hund, so heult er. Alle Tiere, die sich beistehen, geben bei schweren Verwundungen Schmerzensschreie von sich (vgl. Kap. 58). Da Katzen, Pferde, Ziegen, Schafe usw. sich nicht beistehen, so sterben sie lautlos. Der einzeln lebende Keiler erhält stumm die Todeswunde, dagegen schreien die einzelnen Mitglieder eines Wildschweinrudels, weil sie sich gegenseitig beistehen.

123. Geschichten von Schafen.

Nicht die Dummheit der Schafe bereitet uns Menschen soviel Aerger, sondern die aus früheren Zeiten vererbten Eigentümlichkeiten. Sachlich ist das natürlich kein großer Unterschied. Es lehrt uns aber, milder über ein Tier zu denken.

Ueber die Not, die Schafe und Hirten in Süd-Rußland bei Schneestürmen erleiden, teilte ein alter Hirt einem deutschen Reisenden folgende Tatsache mit: »Wir weideten in der Steppe von Otschakow, unser sieben, an 2000 Schafe und 150 Ziegen. Es war gerade zum erstenmal, daß wir austrieben, im März. Das Wetter war freundlich und es gab schon frisches Gras. Gegen

Abend aber fing es an zu regnen, und es erhob sich ein kalter Wind. Bald verwandelte sich der Regen in Schnee, es wurde kälter, unsere Kleider starrten, und einige Stunden nach Sonnenuntergang stürmte und brauste der Wind aus Nordosten, so daß uns Hören und Sehen verging. Wir befanden uns nur in geringer Entfernung von Stall und Wohnung und versuchten es, die Behausung zu erreichen. Der Wind hatte indessen die Schafe bereits in Bewegung gesetzt und trieb sie immer mehr von der Wohnung ab. Wir wollten nun die Geißböcke, denen die Herde zu folgen gewohnt ist, zum Wenden bringen, aber so mutig dieses Tier bei allen anderen Ereignissen ist, so sehr fürchtet es die kalten Stürme. Wir rannten auf und ab, schlugen und trieben zurück und stemmten uns gegen Sturm und Herde, aber die Schafe drängten und drückten aufeinander und der Knäuel wälzte sich unaufhaltsam die ganze Nacht weiter und weiter fort. Als der Morgen kam, sahen wir nichts als rund um uns her lauter Schnee und finstere Sturmwüste. Am Tage blies der Sturm nicht minder wütend, und die Herde ging fast noch rascher vorwärts als in der Nacht, wo sie von der dicken Finsternis noch mitunter gehemmt ward. Wir überließen uns nun unserem Schicksal, es ging im Geschwindschritt fort, wir selber voran, das Schafgetrappel blökend und schreiend, die Ochsen mit dem Proviantwagen im Trabe und die Rotte unserer Hunde heulend hinterdrein. Die Ziegen verschwanden uns noch an diesem Tage, überall war unser Weg mit dem tot zurückbleibenden Vieh bestreut. Gegen Abend ging es etwas gemacher, denn die Schafe wurden vom Hungern und Laufen matter. Allein leider sanken auch zugleich uns die Kräfte. Zwei von uns erklärten sich krank und verkrochen sich im Vorratswagen unter den Pelzen. Es wurde Nacht, und wir entdeckten noch immer nirgends ein rettendes Gehöft oder Dorf. In dieser Nacht ging es uns noch schlimmer als in der vorigen, und da wir wußten, daß der Sturm uns gerade auf die schroffe Küste des Meeres zutrieb, so erwarteten wir alle Augenblicke, mitsamt unserem dummen Vieh ins Meer hinabzustürzen. Es erkrankte noch einer von unseren Leuten. Als es Tag wurde, sahen wir einige Häuser uns zur Seite aus dem Schneenebel hervorblicken. Allein obgleich sie uns ganz nahe waren, höchstens 30 Schritte vom äußersten Flügel unserer Herde, so kehrten sich doch unsere dummen Tiere an gar nichts und hielten immer den ihnen vom Winde vorgezeichneten Strich. Mit den Schafen ringend verloren wir endlich selber die Gelegenheit, zu den Häusern zu gelangen; so ganz waren wir in der Gewalt des wütenden Sturmes. Wir sahen die Häuser verschwinden und wären, so nahe der Rettung, doch noch verloren gewesen, wenn nicht das Geheul unserer Hunde die Leute aufmerksam gemacht hätte. Es waren deutsche Kolonisten, und der, welcher unsere Not zuerst entdeckte, schlug sogleich bei seinen Nachbarn und Knechten Alarm. Diese warfen sich nun, 15 Mann an der Zahl, mit frischer Gewalt unseren Schafen entgegen und zogen und schleppten sie, uns und unsere Kranken allmählich in ihre Häuser und Höfe. Unterwegs waren uns alle Ziegen und 500 Schafe verlorengegangen. Aber in dem Gehöfte gingen uns auch noch viele zugrunde, denn sowie die Tiere den Schutz gewahrten, den ihnen die Häuser und Strohhaufen gewährten, krochen sie mit wahnsinniger Wut zusammen, drängten, drückten und klebten sich in erstickenden Haufen aneinander, als wenn der Sturmteufel noch hinter ihnen säße. Wir selber dankten Gott und den guten Deutschen für unsere Rettung; denn kaum eine halbe Viertelstunde hinter dem gastfreundlichen Hause ging es 20 Klaftern tief zum Meere hinab.«

124. Warum braucht der Schäfer einen Hund?

Weil die Schafe vom Gebirge in die Ebene gebracht worden sind, die ihnen gar nicht naturgemäß ist, und in der sie sich wie sinnlos benehmen, deshalb ist ein schnellfüßiger Gehilfe für den Schäfer eine Notwendigkeit.

Der Hund ist dazu wie geschaffen, weil er, wie wir wissen, von Vorfahren stammt, denen das Umkreisen der Pflanzenfresser etwas Geläufiges war.

Es gibt zahlreiche, gut verbürgte Geschichten, wonach Schäferhunde unersetzliche Dienste geleistet haben. Folgende scheint mir der Anführung wert zu sein, da sie von einem ganz unparteiischen Eisenbahnbeamten bestätigt worden ist. Der Schäfer hatte über den Durst getrunken und schlief ganz fest. Die Herde ging heimwärts und kam dabei an das Bahngleise. In diesem Augenblick brauste der Schnellzug heran. Der Bahnwärter glaubte, daß wenigstens die halbe Herde zermalmt werden würde. Doch der Schäferhund lief eiligst zum Gleise und duldete nicht, daß ein Schaf sich ihm näherte. Erst dann führte er die Herde über das Gleis zum heimischen Stall.

125. Mufflon und Hausschaf. Neue Futterquellen für unsere Hausschafe.

In unserem Zoologischen Garten befindet sich seit Jahren ein Mufflonbock mit mächtigem Gehörn. Wir wollen uns diesen etwas näher betrachten.

Die Verwandtschaft mit unserm Hausschaf ist, wenn man von seinem Hörnerschmuck absieht, unverkennbar. Das Weibchen hat jetzt ein Junges, das nach der Tafel am 22. März geboren worden ist. Da wir Anfang Juni schreiben, so ist es fast drei Monate alt.

Mutter und Kind erinnern sehr an unser Hausschaf, wenn es ein Lamm bei sich hat. Namentlich das häufige Mähen trägt zur Uebereinstimmung bei. Aber das Mufflonjunge, das auf einem Felsen steht, sieht naturgemäß aus, was man von unsern Lämmlein nicht immer sagen kann.

Nachdem ich an Mufflons, die bei uns ausgesetzt worden sind, z. B. denen bei Dresden, festgestellt hatte, daß sie gern Roßkastanien fraßen, habe ich auch vor Jahren dem Berliner Bock eine angeboten. Er war ganz wild danach.

So zurückhaltend er sonst ist, so kam er oben vom Felsen hastig angelaufen, sobald ich nur mit einer Kastanie an das Gitter klopfte. Als ich diese Leidenschaft für Kastanien bei den Wildschafen entdeckt hatte, versuchte ich die Fütterung auch bei Hausschafen und Ziegen. Beide waren ebenfalls ganz wild danach. Schweine dagegen haben sie, wie schon erwähnt wurde, abgelehnt.

Auf die Fütterung mit Kastanien kam ich folgendermaßen. Die Roßkastanie stammt aus den Gebirgsländern des Mittelländischen Meeres. Gerade im Gebirge dieses Meeres sind die Mufflons heimisch. Folglich spricht die Wahrscheinlichkeit dafür, daß sie ein passendes Futter sind.

Die Kastanien brauchen bei Schafen und Ziegen nicht entbittert zu werden. Der Geschmack des Menschen ist nicht der gleiche wie der von den Tieren. Der Hase frißt ja fast nur Bitterstoffe. Es würden lauter Gift- und Bitterpflanzen bei uns wachsen, wenn diese nicht auch in der Tierwelt Liebhaber fänden.

An Lämmer aber soll man keine Kastanien verfüttern. Wenn die Kastanien reif sind, dann gibt es keine Mufflonlämmer, sondern diese sind dann schon fast ausgewachsen.

Die Mufflons stehen im Winter unter Nadelhölzern. Hiernach sind Kiefernadeln, an denen wir einen unendlichen Ueberfluß haben, im Winter ein sehr naturgemäßes Futter für Hausschafe.

126. Die Rassen des Hausschafs.

Man teilt die Schafe verschieden ein. Nach dem Haarwuchs gibt es folgende Rassen: 1. Haarschafe; 2. Mischwollschafe, zu denen die Heidschnucken in der Lüneburger Heide gehören, ebenso das ostfriesische Milchschaf und pommersche Landschafe, wenngleich zu verschiedenen Unterabteilungen; 3. Schlichtwollschafe, zu denen das Rhönschaf und andere Schafrassen in Mitteldeutschland gehören; 4. Merinoschafe, die seit 150 Jahren aus Spanien in Deutschland eingeführt worden sind. Man unterscheidet bei ihnen das Elektoralschaf, Negrettischaf, schließlich das französische und deutsche Kammwollschaf.

Die Engländer haben auch auf dem Gebiete der Schafzucht Hervorragendes geleistet. Durch sie ist das Hammelfleisch wohlschmeckend und fett geworden, was es früher nicht war. Von ihren Rassen sei erwähnt das Leicesterschaf, die Southdowns usw.

Trotzdem man von Niederungs- und Höhenschafen spricht, so stammen auch die Niederungsschafe aus Gebirgen. Und zwar lebten sie an den üppigen Ufern der Gebirgsflüsse.

Die Niederungsschafe, wie das von uns vorgeführte ostfriesische Milchschaf, verlangen daher üppige Weiden. Dafür liefern sie viel Milch und sind sehr fruchtbar.

Sonst sind die Schafe Magerfresser, die bei zu kräftigem Futter leicht erkranken.

Vor 60 Jahren gab es in Preußen etwa 16 Millionen Einwohner und fast genau so viel Schafe. Bei Ausbruch des Krieges hatte das Deutsche Reich gegen 70 Millionen Bewohner und nur 5 Millionen Schafe.

Die Schafzucht ist also ungeheuer gesunken. Früher hatten wir ausgedehnte Weidegründe, die jetzt fehlen.

Das Schaf gehört wie die Ziege zu den paarzehigen Horntieren. Es ist schon vor Ablauf des ersten Lebensjahres fortpflanzungsfähig. Die Tragzeit beträgt etwa 5 Monate. Es kann bis zu 15 Jahre alt werden.

Es ist vielen Krankheiten ausgesetzt. Namentlich leidet es darunter, daß es aus trockenen Höhen vielfach in nasse Niederungen versetzt worden ist. Es stellen sich dann Moderhinke, Regenfäule und ähnliche Krankheiten ein. Auf nassen Weiden bekommt es Bandwürmer, welche die bekannte Drehkrankheit hervorrufen. Diese Bandwürmer stammen vom Unrat des Hundes, weshalb bei Schäferhunden eine Bandwurmkur notwendig ist.

Es gibt Wollschafe und Fleischschafe, da man entweder auf Wolle oder Fleisch züchtet. Doch hat man neuerdings Schafe gezüchtet, die eine Art Mittelstellung einnehmen.

Früher war der Gewinn an Wolle maßgebend. Man scheert entweder einmal oder zweimal im Jahre. Man teilt die Wolle ein in Elekta-, Prima-, Sekunda- und Tertiawolle.

127. Das Schaf in Redensarten und Sprichwörtern.

Bereits erörtert wurden die Redensarten: dumm wie ein Schaf, Schafsgesicht, wo ein Schaf vorgeht, da folgen die andern nach.

Es wären noch zu erwähnen:

Geduldige Schafe gehen viel in einen Stall.

Das ist eine Erfahrung, die bei der geduldigen und sanften Gemütsart des Schafes nicht auffallend ist.

Sein Schäfchen ins Trockene bringen.

Wer gesehen hat, mit welcher Eile der Schäfer seine Schafe bei einem herannahenden Gewitter in den Stall bringt und wie froh er ist, wenn ihm sein Vorhaben gelungen ist, dem ist die Redensart ganz einleuchtend. Sie ähnelt der Redensart: Sein Heu rein oder rin haben, d. h. ebenfalls sein Heu geborgen haben, ohne daß es naß geworden ist.

Den Schafen wie dem Heu ist Nässe sehr nachteilig.

Auch Grimms Wörterbuch teilt die vorstehende Ansicht und lehnt die Erklärung aus dem Holländischen: sein schepke = Schiff ins Trockene bringen, ab, zumal die Redensart bei uns viele Jahrhunderte alt ist.

Schafherde im Dorfe

Das Kaninchen

128. Warum trinkt das zahme Kaninchen, das Wildkaninchen nicht?

Um uns Kaninchen anzusehen, brauchen wir nur zu unserm Nachbarn, dem freundlichen Wirt Herrn Lankenheim zu gehen. Er selbst ist leider nicht anwesend, und seine stets fleißige Frau schafft in der Küche. So muß denn die älteste Tochter die Führung übernehmen.

Sie gibt den Tieren zunächst Futter, wobei sie tüchtig zulangen. Ebenso gibt sie ihnen auch zu trinken.

Das zahme Kaninchen trinkt, was uns ganz selbstverständlich erscheint. So selbstverständlich ist die Sache aber keineswegs. Denn unzweifelhaft stammt das zahme Kaninchen vom Wildkaninchen ab. Dieses trinkt nicht. Jedenfalls hat noch niemand ein Wildkaninchen an einer Tränkstelle gesehen. Weil es niemals trinkt, so kann es in sandigen Gegenden leben, wo weit und breit kein Wasser ist. Uebrigens ist das Leben ohne zu trinken keineswegs nur eine Eigentümlichkeit des Wildkaninchens. Auch Hirsche und anderes Wild leben in solchen wasserleeren Oertlichkeiten.

Gewöhnlich wird das Kamel als Muster dafür angeführt, daß es ein Geschöpf ist, das acht Tage lang ohne zu trinken leben kann. Man braucht nicht nach Afrika zu gehen, um ein solches Tier ausfindig zu machen.

Denn Wildkaninchen leben selbst in Berlin mehr als genug. Am Königsplatz kann man sie abends oft huschen sehen. Und ist Schnee gefallen, so erkennt man an den Spuren, daß es eine ganze Menge im Tiergarten gibt. In anderen Gegenden Berlins, namentlich im Nordosten soll es noch schlimmer sein.

Im Anfange dieses Jahrhunderts waren sie in der Umgebung Berlins geradezu eine Landplage. Wurde es abends dunkel, dann wimmelten die ganzen Felder davon. Ich wohnte damals bei einem Förster, der an jedem Tage mindestens ein Dutzend schoß. So erhielt man bei jedem Mittagessen ein junges Kaninchen vorgesetzt. Denn die Landbevölkerung wollte keine essen, obwohl ihr das Stück zu fünfzig Pfennigen angeboten wurde. Der Bauer ißt eben nicht, was er nicht kennt, wie schon das Sprichwort sagt.

Oft genug hat mir damals der Förster geklagt, daß wir gegen diese Landplage machtlos seien. Seit Jahren ist aber von ihr nichts mehr zu spüren. Man merkt kaum noch, daß welche vorhanden sind.

Das Wildkaninchen stammt aus warmen und trockenen Gegenden in der Nähe des Mittelländischen Meeres. Insbesondere soll es sich im Altertum auf den Balearen so vermehrt haben, daß die Bewohner bereits den Plan der Auswanderung faßten. Auch heute ist dem Kaninchen diese

Eigentümlichkeit geblieben, daß es Nässe flieht. Ebenso fühlt es sich in der Wärme am wohlsten.

Es lebt in selbstgegrabenen Bauen, die leicht auffallen, weil sie stets in Bodenerhebungen angelegt sind. Das hat natürlich seinen wichtigen Grund. Die Gänge des Wildkaninchens führen ziemlich tief. Würde es nun auf glattem Boden seine Höhlen graben, so gelangte es bald auf das Grundwasser. Wasser aber meidet es, wie wir wissen.

Das Weibchen hat den ganzen Sommer über Junge. Im Gegensatz zu dem jungen Hasen, der behaart und mit offenen Augen geboren wird, sind die jungen Wildkaninchen unbehaart und öffnen erst am neunten Tage die Augen. Der Unterschied in der Entwicklung der Jungen ist also ebenso groß wie die zwischen jungen Pferden und jungen Hunden.

Während die jungen Hasen auf die blanke Erde oder in eine Bodenvertiefung gesetzt werden, wird für das junge Kaninchen ein warmes Nest bereitet. Die Mutter opfert für die Auspolsterung ihre eigenen Bauchhaare. Am Tage pflegt das Wildkaninchen die Jungen an einer bestimmten Stelle einzugraben. Das schützt sie aber vor der feinen Nase des Fuchses nicht. Ich habe oft Stellen gefunden, wo der Fuchs die Kleinen gewittert und ausgegraben hatte.

Das Wildkaninchen rettet sich vor seinen Feinden dadurch, daß es schnell in seinen Bau flüchtet. Im Sommer wählt es auch eine Deckung. Aber ein Dauerläufer, wie der Hase, ist es nicht. Auf einem freien blanken Felde würde jeder mäßige Hund ein Wildkaninchens einholen. Schon aus diesem Grunde kann ein Wildkaninchen keine Tränkstelle aufsuchen.

Was tut denn nun das Wildkaninchen, da doch jedes Geschöpf Feuchtigkeit zu sich nehmen muß? Es frißt saftige Pflanzen und leckt den Tau, der in unsern Gegenden reichlicher ist, als man gewöhnlich annimmt. Es ist klar, daß eine Wildkaninchenmutter, die Junge säugt, sehr wasserreiche Nahrung zu sich nehmen und lange Zeit Tautropfen lecken muß, um die erforderliche Flüssigkeit zu erhalten.

In der Pflege des Menschen ist das zahme Kaninchen von den Tautropfen abgeschnitten und muß daher, wie die andern Tiere, trinken.

129. Welches sind die Feinde des Kaninchens?

Außer dem Menschen, dem stärksten Raubtier, hat das Kaninchen wohl ebensoviele Feinde wie sein Vetter, der Hase. Nur ist es insofern besser daran, als es in seinen Bau flüchten kann, was es regelmäßig tut, wenn es Gefahr merkt. Es klopft dann mit den Hinterfüßen auf, und die ganze Gesellschaft verschwindet unter der Erde. Denn im Gegensatz zum Hasen lebt das Kaninchen in Gesellschaften.

Wie alles Wild, so ist auch das Wildkaninchen ein nächtliches Tier, das mit dem Eintritt der Dunkelheit auf Nahrungssuche ausgeht. Deshalb werden ihm in erster Reihe die nächtlichen Raubvögel, also der Uhu und andere große Eulen, gefährlich. Am Tage sonnt es sich gern und läßt sich auch sonst an den langen Sommertagen blicken. Hierbei wird es leicht eine Beute der großen Tagraubvögel, namentlich des Adlers und des Habichts, soweit diese noch nicht ausgerottet sind.

Jeder Fuchs und Dachs, früher auch Wölfe und Luchse, sucht gern ein Kaninchen zu erbeuten. Da wir die meisten Raubtiere ausgerottet haben, müssen wir an ihre Stelle treten.

Am schlimmsten sind für das Kaninchen die Feinde, die ihm in seinen Bau folgen können, namentlich Marder und Iltis. Ein Albino des Iltis heißt Frettchen, von dem wir noch sprechen werden (Kap. 138).

130. Zweckmäßige Behandlung unseres Kaninchens.

Wenn man die Lebensweise des Wildkaninchens genau kennt, so kann man sich ein ungefähres Bild davon machen, wie man das zahme Kaninchen halten soll.

Sehr schön ist es, daß Herr Lankenheim seine Kaninchenstallung so angelegt hat, daß sich die Tiere sonnen können. Alle nächtlichen Tiere sonnen sich gern, wie wir wissen.

Ebenso ist es wichtig, daß auf große Reinlichkeit gesehen wird durch Abflußrinnen für flüssige Ausscheidungen und häufige Entfernung der festen Entleerungen. Das Wildkaninchen legt seinen Unrat außerhalb des Baues ab, legt also Wert auf ein reines Lager.

Es ist richtig, das Männchen, den Rammler, von den Jungen zu trennen. In der Freiheit hat die Mutter Gelegenheit, die Jungen vor ihm zu schützen. Uebrigens macht der Wildkaninchenvater den Eindruck, daß ihm das Wohlergehen seiner Nachkommenschaft von Wichtigkeit ist. Sonst sind die Väter bei den Säugetieren bekanntlich keine Musterväter.

Wie das Wildkaninchen, so vergräbt auch häufig das zahme Kaninchen seine Jungen. Ordentlich komisch sieht es dann aus, wie es mit der gleichgültigsten Miene von der Welt allein in der Nähe umherrennt, als ob es von gar nichts wüßte. So ganz fern von Verstellung ist also selbst ein Kaninchen nicht.

Das zahme Kaninchen steht also geistig höher, als man gewöhnlich annimmt. Das ist auch ganz naturgemäß, denn das Wildkaninchen wird kein Jäger für ein dummes Tier erklären. Die Sache liegt ähnlich beim Schwein. Auch dieses ist nicht so dumm, wie man es gewöhnlich hinstellt. Es läßt sich abrichten und kann sogar den Hund bei der Jagd ersetzen, da es eine feinere

Nase als der Hund besitzt. Auch hier findet sich eine Uebereinstimmung mit den geistigen Gaben der Stammeltern. Denn auch das Wildschwein zeigt sich bei der Jagd durchaus nicht beschränkt.

Leider nimmt das Kaninchen in der Gefangenschaft manchmal die ungeeignetsten Gegenstände zum Verbergen der Jungen, beispielsweise den irdenen Futternapf. Natürlich können dadurch die zarten, kahlen Dingerchen leicht getötet werden. Man kann in dieser Hinsicht gar nicht vorsichtig genug sein und muß daher Vorsichtsmaßregeln treffen, die solche Unfälle ausschließen.

131. Die Rassen des Kaninchens.

Das Kaninchen stammt, wie wir schon erwähnten, aus den Ländern, die am Mittelländischen Meer gelegen sind, und soll zuerst in Spanien gezüchtet worden sein. Unser deutsches Kaninchen war zwar sehr anspruchslos und fruchtbar, konnte sich jedoch mit den Leistungen der westeuropäischen Kaninchen nicht messen. Das deutsche Kaninchen ist daher mit dem belgischen oder flandrischen Riesenkaninchen gekreuzt, wodurch man das neue deutsche Kaninchen gezüchtet hat.

Sonst wären noch erwähnenswert das belgische Hasenkaninchen, das französische Widderkaninchen, das Normandiner Kaninchen, das patagonische Kaninchen usw.

Sehr geschätzt wegen seines Seidenhaares ist der Seidenhase oder das Angorakaninchen. Ebenso ist beim Silberkaninchen das Fell sehr wertvoll, und das Fleisch gut.

Als selbstverständlich gilt die fruchtbare Paarung zwischen Kaninchen und Hasen, woraus die sogenannten Leporiden entstehen. In Wirklichkeit ist sie sehr selten, und nach der neuesten Auflage von Brehms Tierleben überhaupt erst ein einziger Mischling wissenschaftlich nachgewiesen worden.

132. Was versteht man unter einer Rasse?

Wir haben schon öfters den Ausdruck Rasse gebraucht und wollen an dieser Stelle ihn etwas näher besprechen, da hier eine günstige Gelegenheit vorliegt.

Unter Rasse versteht man alle diejenigen Mitglieder einer Tierart, die gewisse Merkmale gemeinsam besitzen. Diese Merkmale sind nicht so bedeutend, daß sie zur Aufstellung einer besonderen Tierart berechtigen.

Also das Silberkaninchen ist nur eine Rasse von der Tierart Kaninchen, weil sich die Silberkaninchen von dem Wildkaninchen und den andern Kaninchenrassen unterscheiden. Diese Unterscheidung ist aber nicht so bedeutend, daß man sagen könnte, das Silberkaninchen wäre eine besondere Tierart.

Dagegen bilden Hase und Kaninchen trotz großer Aehnlichkeit nicht nur verschiedene Rassen, sondern verschiedene Tierarten. Die längeren Hinterbeine des Hasen, die Rettung durch die Flucht ins freie Feld, das Werfen von Jungen, die sofort behaart sind, können nicht als unbedeutende Unterschiede aufgefaßt werden. Auch ist das Kaninchen kleiner, hat einen kürzeren Kopf und kürzere Ohren.

Von durchgezüchteten Rassen spricht man erst dann, wenn sie ihre Eigentümlichkeiten dauernd vererben.

Ein Rassetier hat also den Vorzug, daß ich auf gewisse Eigentümlichkeiten, auf die ich Wert lege, bei der Nachkommenschaft rechnen kann. Bei rasselosen Tieren ist das nicht der Fall.

133. Geschichten vom Kaninchen. Kaninchen hat angefangen.

Das Kaninchen gehört im allgemeinen zu den furchtsamsten und ergebungsvollsten Geschöpfen, das sich von jedem Kinde alles mögliche gefallen läßt. Von seinen Zähnen macht es eigentlich niemals Gebrauch. Trotzdem fallen sie beispielsweise über fremde Kaninchen manchmal wütend her und suchen sie totzubeißen. Ein junger Hase, den man zu Kaninchen bringt, wird wohl stets totgebissen.

Alte Rammler beißen nicht nur häufig ihre eigenen Jungen tot, sondern sie werden hin und wieder auch gegen andere Tiere geradezu angriffslustig. Ein Naturforscher führt hierfür folgende Beispiele an. Ein Verwandter von ihm hielt einen alten Kaninchenrammler bei seinen Lämmern. Als die Fütterung mit Esparsettheu begann, behagte das dem alten Herrn so gut, daß er alles für sich allein mit Beschlag belegen wollte. Er setzte sich also neben das Heu, grunzte und biß nach den Lämmern, um diese Tiere zu verscheuchen. Als das nicht genügend half, sprang er einem Lamm auf den Hals und biß es tüchtig. Natürlich wurde er beim Wickel gepackt und fortgebracht. Ein anderer Rammler führte einen solchen Kampf sogar mit Ziegen. War das Futter nach seinem Geschmack, so suchte er junge Ziegen dadurch zu vertreiben, daß er ihnen die Beine blutig biß. Alten Ziegen sprang er in das Genick und biß ihnen die Ohren blutig. Selbstverständlich wurde der Bösewicht abgeschafft.

Vorstehende Erzählungen sind durchaus glaubhaft. Ich habe selbst ähnliche Fälle beobachtet. So kratzte ein Rammler, ein Riesenkaninchen, bei schlechter Laune seinen Besitzer, wenn er ihm Futter vorsetzte, dermaßen, daß dieser nur mit großer Vorsicht hierbei zu Werke ging.

Sieht man von solchen Ausnahmen ab, die doch immer Ausnahmen bleiben, so ist es lächerlich bei einem Streite zwischen Kaninchen und Bulldogge zur Rechtfertigung des Hundes anzuführen, daß das Kaninchen angefangen, und der Hund deshalb das Kaninchen totgebissen habe. Ein Kaninchen wird sich schön hüten, mit einer Bulldogge anzubinden. Aber das Raubtier, das die größere Kraft besitzt, wird stets eine Entschuldigung für sein Tun finden.

134. Kann das Kaninchen mit dem Schwein in Wettbewerb treten?

Mit dem Absatz ihres Kaninchenfleisches an ihre Gäste ist die Familie Lankenheim nicht sehr zufrieden. Trotz der schlechten Zeiten wollen die meisten Gäste Kaninchenfleisch nicht so häufig essen.

Es ist merkwürdig, daß so viele Leute, die sich zunächst mit Begeisterung auf die Kaninchenzucht geworfen haben, so bald davon wieder Abstand genommen haben. Irgendwie scheint hier ein Fehler gemacht worden zu sein.

Wir haben an einer früheren Stelle die Vorzüge der Schweinehaltung bei einfachen Leuten beleuchtet. Mit Schweinefleisch wird Kaninchenfleisch niemals in Wettbewerb treten können, weil Schweinefleisch stets reißend Absatz findet, während bei Kaninchenfleisch die Sache etwas anders liegt.

Es gibt zu denken, daß in England und Frankreich die Kaninchenzucht in der großartigsten Weise blüht. Einzelne Großzüchtereien sollen jährlich 12000 Kaninchen auf den Markt bringen. In Frankreich sollen in Paris vor dem Kriege allein jährlich 3 Millionen Kaninchen verzehrt worden sein, während zu der gleichen Zeit in der Berliner Zentralmarkthalle etwa der sechzigste Teil verkauft wurde.

Dem Geschmack der Franzosen und auch der Engländer muß also das Kaninchenfleisch mehr zusagen als dem unsrigen. Das ist sehr zu bedauern, denn das Kaninchen hat ohne Zweifel als Pelztier eine Zukunft. Es kann nur eine Frage der Zeit sein, wann die pelzliefernden Raubtiere und sonstigen Tiere ausgerottet oder doch so vermindert sind, daß ihre Felle der Nachfrage nicht mehr entfernt entsprechen können. Dann werden Kaninchen und Hauskatzen mit ihren Fellen als Ersatz dienen müssen.

Die Kaninchenzüchter heben noch den außerordentlichen Wert des Kaninchens als Lederlieferanten hervor. Aus dem Fell eines 65 Zentimeter langen Kaninchens lassen sich nach ihren Angaben das Oberleder für ein Paar Damenschuhe nebst einem Ersatzstück herausschneiden. Dieses Leder ist sehr weich und trägt sich sehr gut.

135. Wie groß ist die Vermehrung des Kaninchens?

Die Fruchtbarkeit des Kaninchens ist sprichwörtlich geworden. Das wilde Kaninchen paart sich im Februar oder März und setzt nach einer Tragezeit von dreißig Tagen alle fünf Wochen 4 bis 12 Junge. Diese Jungen sind bereits nach einem halben Jahre fortpflanzungsfähig und nach einem vollen Jahre ausgewachsen. Ein einziges Kaninchenpaar kann also in einem Sommer 20 bis 70 Nachkommen haben. Dabei sind die ersten Nachkommen bei Ablauf des Sommers bereits ebenfalls fortpflanzungsfähig.

Hätten die Kaninchen keine Feinde, so würden sich die 20 bis 70 Nachkommen im nächsten Sommer auf 10- bis 35mal 20 bis 70, also auf 200 bis 2450 Kaninchen vermehren können, wozu das alte Paar ebenfalls 20 bis 70 liefern könnte. Der Bestand wäre dann 220 bis 2520 Kaninchen.

Da die Kaninchen nicht von der Luft leben, sondern durch Unterwühlung des Bodens und durch Benagen der Baumrinden und Fressen von Nutzpflanzen großen Schaden anrichten, so versteht man, daß in Australien und anderen für die Kaninchen günstigen Ländern große Geldbeträge für ihre Vernichtung gezahlt werden.

Den zahmen Kaninchen läßt man nicht mehr als acht Junge, damit sie hinreichende Nahrung haben. Nach vier Wochen entwöhnt man sie. Die Eltern werden gewöhnlich nur vier Jahre zur Zucht verwendet.

136. Das Kaninchen in Redensarten und Sprichwörtern.

Die Redensart: Kaninchen hat angefangen und die sprichwörtliche Vermehrung der Kaninchen ist bereits besprochen worden.

Weiße Häsin (Kaninchenweibchen) Fressende Kaninchen

Kaninchen-Zuchtkästen

Das Meerschweinchen

137. Das Meerschweinchen.

Bei »Onkel Althaus« können wir auch Meerschweinchen sehen, mit denen wir uns aber nur kurz befassen wollen. Es ist ein allbekanntes, kleines, buntes Tierchen, das wie das Kaninchen ein Nager ist. Es wird wie das Kaninchen gefüttert und vielfach mit ihm zusammengehalten. Obwohl das Meerschweinchen aus Südamerika stammt, vertragen sich beide Nagerarten gut. Nur beißen manchmal die Kaninchen die Jungen von Meerschweinchen tot. Hat man mehrere Meerschweinchen zusammen, so hört man oft ein Quieken und Grunzen, woher auch der Name Meerschweinchen kommen dürfte.

Während das Kaninchen ein sehr schönes Fell liefert, ist das vom Meerschweinchen nicht zu gebrauchen.

Auch gegessen wird das Meerschweinchen bei uns nicht. Es ist hauptsächlich ein Spielzeug für Kinder, weil es sich alles gefallen läßt.

Onkel Althaus hat ein Paar Meerschweinchen seinem Söhnchen Albrecht zu Weihnachten geschenkt. In Ermangelung eines passenden Stalles hatte er das Pärchen in ein leeres Aquarium gesteckt und darin als Geschenk aufgebaut. Der Sohn hielt die fremden Tiere im Aquarium zunächst für junge Biber. Dieser Irrtum ist ganz erklärlich, da der Biber unser größter Nager ist und ein vorzüglicher Schwimmer ist.

Inzwischen hat das Weibchen ein einziges, aber ungemein kräftiges Junges bekommen. Mit ihm zusammen lebt es im Aquarium, während der Vater ausgesperrt ist.

Nach der Schilderung des kleinen Albrecht sind Meerschweinchen sehr kluge Tiere. Wenn er aus der Schule kommt und sich dem Aquarium nähert, richtet sich die Mutter auf, weil sie weiß, daß sie etwas zu fressen bekommt.

Da in der neuesten Auflage von Brehms Tierleben genau das gleiche berichtet wird – allerdings als große Ausnahme – so ist es nicht unmöglich, daß die Beobachtung des kleinen Tierfreundes der Wahrheit entspricht.

Nach den früheren Berichten war das Meerschweinchen sehr fruchtbar. Im neuesten Brehm wird das als Irrtum erklärt. Die übliche Zahl der Jungen ist vielmehr nur zwei und die Tragezeit so lange wie beim Hunde, nämlich 63 Tage. Dafür ist das Junge hoch entwickelt wie ein junger Hase. Nach 8 bis 9 Monaten hat das Meerschweinchen seine volle Größe erreicht. Bei guter Behandlung kann es 8 Jahre alt werden.

Sehr beliebt sind die Angora-Meerschweinchen mit langem, schlichtem Haar und die Strupp-Meerschweinchen.

Das Meerschweinchen stammt von dem in Südamerika lebenden, ganz ähnlich aussehenden Nager ab, der den Namen *Cavia cutleri* führt.

In wissenschaftlichen Anstalten werden viele Meerschweinchen gehalten, da sie bei der Keimforschung, den Impfversuchen und der Serumheilbehandlung unersetzlich sind.

Das Frettchen

138. Wie unterscheidet sich das Frettchen vom Iltis?

Um uns ein Frettchen anzusehen, wollen wir wieder nach dem Zoologischen Garten gehen. Denn in der jetzigen Zeit hat keiner der mir bekannten Förster ein Frettchen mehr, da die Kaninchen in ihrer Gegend vollkommen ausgerottet sind.

Wir wissen bereits, daß das Frettchen ein Albino des Iltis ist. Und einen Iltis bekommen wir wenigstens im Zoologischen Garten zu sehen.

Der Iltis oder Stinkmarder gehört zur Familie der Marder. Er erinnert sehr an unsern Marder, nur daß er ganz im Gegensatz zu diesem sehr schwerfällig ist.

Seit Jahrtausenden wird eine weißliche Abart, ein Albino von ihm, das sogenannte Frettchen, vom Menschen als Haustier gehalten. Der Grund liegt hauptsächlich darin, daß es zur Kaninchenjagd unentbehrlich ist. Sobald der schlanke Räuber einen Kaninchenbau betritt, fahren die Kaninchen aus ihrer sichern Burg und können leicht geschossen werden oder in aufgestellte Netze geraten.

Das Frettchen ist sehr weichlich und macht gerade keinen sehr angenehmen Eindruck. Es ist etwas kleiner als der Iltis und als Albino natürlich weiß im Gegensatz zu seinem braunen Verwandten. Es wirft etwa 4 bis 8 Junge nach einer Tragezeit von sechs Wochen.

139. Tötung eines Berliner Kindes durch ein Frettchen.

Kurz vor Weihnachten 1919 brachten Berliner Blätter die Nachricht, daß ein Frettchen in die Wiege eines Säuglings gekrochen sei und ihm einen Augapfel ausgefressen habe, was den Tod des kleinen Wesens zur Folge hatte. Natürlich war dieser Vorfall nur möglich, weil die Eltern nicht zugegen waren, da sie auf Arbeit gegangen waren.

Ein solcher Fall ist nicht das erste Mal vorgekommen, und wird nicht der letzte seiner Art sein. Deshalb sei er etwas näher besprochen.

Es wurde schon erwähnt, daß das Frettchen seit Jahrtausenden zur Kaninchenjagd dient. Schon in Friedenszeiten gab es eine Unmenge Frettierer. Im Kriege, wo der Fleischhunger aufs höchste gestiegen war, wurde natürlich erst recht frettiert. Das Frettchen als Ernährer der Familie wurde besonders gepflegt, zumal es wie alle Albinos sehr frostig ist. Es wurde daher von dem Frettierer in seine Wohnung genommen.

Die Fütterung der Frettchen besteht gewöhnlich aus Milch und Semmeln. Wir haben unsern Frettchen hin und wieder stets tierische Nahrung gegeben, also Sperlinge und andere Vögel.

Wenn ein Tier, das an tierische Speise gewöhnt ist, plötzlich nur Pflanzenkost erhält, dann sucht es sich irgendwie Ersatz. Hühner rupfen sich die Federn aus und werden Eierfresser, Sauen und Mäuse fressen ihre eigenen Jungen. Darauf haben wir schon wiederholt hingewiesen (Kap. 106).

So hat das Frettchen bei den einfachen Leuten wahrscheinlich nur Pflanzenkost erhalten, wie das so üblich ist. Eines Tages hat es beim Umherkriechen das junge Menschenfleisch gewittert, das Raubtier ist in ihm erwacht, und das Unglück ist geschehen.

Wehrlose Kinder soll man also mit einem Frettchen nicht unbeaufsichtigt in demselben Raume lassen.

Manche warnen auch vor der Haltung einer Katze, weil sie sich auf den Säugling in der Wiege legen und ihn totdrücken kann. Trotz aller Bemühungen habe ich einen solchen Fall bisher nicht feststellen können. Da aber die Möglichkeit besteht, so ist Vorsicht unbedingt am Platze.

140. Das Frettchen in Redensarten und Sprichwörtern.

Vom Frettchen finde ich keine Redensarten oder Sprichwörter angeführt. Dagegen hat der Iltis oder Ratz, der Stammvater des Frettchens, zur Redensart Anlaß gegeben:

Er schläft wie ein Ratz.

Ich kann aus eigener Erfahrung bestätigen, daß ich in einem sehr iltisreichen Jagdgebiet den Iltis stets schlafend in der Kastenfalle vorgefunden habe. Die Redensart: Er schläft wie ein Ratz – nicht Ratte – ist also ganz der Wirklichkeit entsprechend.

Das Huhn

141. Warum kräht der Hahn?

Um uns Hühner anzusehen, brauchen wir nicht erst nach einem Vorort zu wandern. Vielleicht hat es niemals so viel Hühner in Berlin gegeben, wie gerade jetzt. Wenn man früh morgens die Fenster öffnet, dann kräht es aus verschiedenen Kellern.

Da ist beispielsweise ein Kohlenplatz in der Nähe, auf dem Hühner gehalten werden. Der Hahn waltet stolz seines Amtes als Herrscher und Wächter, während die unscheinbaren Hennen anscheinend nur an die Füllung ihres Magens denken. Bisher hat man es für ganz selbstverständlich angenommen, daß der Hahn ein stolzes, kampflustiges Geschöpf ist. Das ganze Benehmen stimmt fast in allen Einzelheiten mit dem eines stolzen Menschen überein. Vorsichtig setzt er seine Füße, als ob er ganz von der Wichtigkeit seiner Persönlichkeit durchdrungen ist. Scharf schauen seine Augen umher, ob er irgendwie einen Verstoß gegen seine Herrenrechte oder etwas Gefährliches entdeckt. Dann kräht er zur Abwechselung wieder einmal und schlägt dabei mit den Flügeln, als wenn er sagen wollte: »Hier ist der Mittelpunkt der Erde, weil ich hier stehe – zweifelt irgend jemand daran?«

Warum kräht der Hahn? Die Sache ist ähnlich wie bei dem Bellen des Hundes. Eine Fähigkeit, die beim wilden Tiere bestand, hat sich außerordentlich entwickelt, nachdem das Tier ein Haustier geworden ist.

Schläft man auf dem Lande, so kann man in tiefer Nacht häufig Hähnekonzerte hören und vom menschlichen Standpunkt aus folgendermaßen schildern. Ein Hahn ist aufgewacht, und da er der Meinung ist, daß es ganz zweckmäßig wäre, wenn er einmal krähte, so kräht er eben. Rücksicht auf die Hennen und deren Schlaf nimmt er nicht. Ein anderer Hahn ist von dem Krähen aufgewacht und sagt sich: »Es könnte sein, daß die Welt denkt, es gäbe nur den Hahn von Lehmanns. Das geht nicht. Deshalb werde ich auch einmal krähen.« Denkts und kräht ebenfalls. So geht die Runde durch die Häuser des Dorfes. Der erste Kräher läßt es aber mit dem einen Male nicht bewenden, und die andern ebenfalls nicht. So geht das Konzert eine ganze Weile. Das größte Wunder ist eigentlich, daß es schließlich doch verstummt. Die Müdigkeit trägt schließlich den Sieg davon über den Wunsch: Mein Feind darf nicht das letzte Wort haben.

Wir halten also den Hahn für stolz und eingebildet. Ob wir unbedingt recht haben, läßt sich nicht so leicht sagen, weil wir Menschen eben stets unsere menschlichen Verhältnisse als Maßstab nehmen. Für die Richtigkeit unserer Ansicht spricht, daß man den Hahn demütigen kann. So soll er nach den Angaben eines vortrefflichen Naturforschers ganz kleinlaut werden, wenn man ihm die Schmuckfedern abschneidet.

Heute kennen wir auch die Stammeltern unserer Haushühner. Es ist das Bankivahuhn, *Gallus gallus*, das im warmen Indien lebt. In der Nacht schläft es auf Bäumen. Unsere Hühnerleiter ist weiter nichts als eine Nachahmung der Zweige, die es in seiner Heimat zur Nachtzeit als Ruhestätte benutzt.

So wenig wir von der Lebensweise des Bankivahuhns wissen, das eine können wir mit Wahrscheinlichkeit annehmen, daß es schwerlich so oft in dunkler Nacht krähen wird.

Als Beweis können wir das Benehmen unserer Sperlinge anführen. In früheren Jahren, als die pferdelose Straßenbahn noch nicht fuhr, gab es viel mehr Sperlinge in Berlin. Auf dem Belle-Alliance-Platz hielten sie auf den Platanen, ehe die Nacht einbrach, ordentliche Parlamente ab. Ehe sie morgens das warme Nest verließen, hielten sie stets eine kleine Morgensprache ab. Hörte ich das erste Schilpen der Sperlinge und ging ans Fenster, so war stets eine gewisse Helligkeit vorhanden.

Der Grund hierfür ist ganz einleuchtend. Das Benehmen eines freilebenden Tieres wird durch seine Feinde bestimmt. Für die Sperlinge sind die Hauptfeinde in der Nacht die kleinen Eulen und das kleine Wiesel. Sie schilpen also erst, wenn es bereits so hell ist, daß sie vor einem Feinde rechtzeitig flüchten können. In der Nacht denken sie nicht daran, zu schilpen. Sie würden nur ihre Feinde auf ihr Versteck aufmerksam machen, und könnten in der Dunkelheit nicht flüchten.

Man kann wohl ohne Uebertreibung behaupten, daß in Berlin eine Gefahr für die Sperlinge zur Nachtzeit kaum besteht. Die Nester werden gewöhnlich so angelegt, daß bei vierstöckigen Gebäuden selbst ein kletterfertiger Knabe schwerlich zu ihnen gelangt. Wiesel gibt es innerhalb des Weichbildes des alten Berlins kaum, und sie können bei unsern hohen Gebäuden den Sperling auch nicht schädigen. Auch Eulen sind so selten, daß sie kaum in Betracht kommen.

Der Bankivahahn in Indien wird also auch erst ordentlich krähen, sobald es so hell geworden ist, daß er vor einem Feind flüchten kann. In der Nacht haben verschiedene Räuber Sehnsucht nach einem Hühnerbraten. Der Bankivahahn hat also hinreichenden Grund, den Schnabel zu halten.

Bei uns werden Auerhahn und Birkhahn, die ebenfalls in der Nacht auf Bäumen schlafen, vom Marder und Uhu verfolgt. In Indien kommen als Feinde der Vögel noch die Nachtaffen hinzu, die geräuschlos wie Gespenster den schlafenden Vögeln den Hals umdrehen.

Unsere Auerhähne und Birkhähne balzen, d. h. tanzen wie die Verrückten, wenn der Frühling kommt und ihre Herzen mit Liebessehnsucht erfüllt. Dann sind sie manchmal wie blind und taub, wodurch sie dem Jäger Gelegenheit zu ihrer Erlegung bieten. Die übrige Zeit hindurch sind sie sehr scheu und lautlos.

Der Bankivahahn wird es ebenso machen. Er wird hauptsächlich im Frühjahr krähen, um den Hennen zu zeigen, wo er sitzt, und den andern Hähnen die Mitteilung zu machen, daß er zu einem Kampfe mit ihnen bereit ist.

Das Krähen des Hahnes ist also wie das Bellen des Hundes erst zur Entwicklung gelangt, seitdem das vordem wilde Tier Haustier wurde. Es hat vor seinen Feinden keine Furcht mehr im sichern Hühnerstall. Die gute Fütterung sorgt dafür, daß die Frühlingsstimmung anhält. So erklärt sich das häufige Krähen, namentlich in der dunklen Nacht.

Aufmerksame Tierbeobachter wollen herausgefunden haben, daß der Hahn nur bei bevorstehender Luftveränderung kräht. Da sich mit Anbruch des Tages die Luft verändert, so wäre das der wahre Grund, daß der Hahn morgens kräht. Es ist möglich, daß diese Ansicht begründet ist, aber mit meinen Beobachtungen will sie nicht immer übereinstimmen. – Vorhin wurden einige Feinde des Huhns angeführt. Der Vollständigkeit halber sei noch erwähnt, daß sich zu ihnen noch zahlreiche andere Raubtiere, z. B. der Fuchs sowie die Tagraubvögel gesellen.

142. Der Lockruf des Hahns.

Unser Hahn hat jetzt – was auf beschränktem Raum gewiß nicht häufig vorkommt – einen guten Bissen gefunden und gibt einen eigentümlichen lockenden Ruf von sich, auf den die Hennen hinzugestürzt kommen. Man muß sich freuen, daß der Hahn etwas, was ihm selbst sehr gut schmecken würde, freiwillig seinen Damen überläßt. Mancher Familienvater könnte sich hieran ein Beispiel nehmen.

Abseits von den übrigen Hennen befindet sich durch ein Gatter getrennt eine Glucke, die ihre Küchlein führt. Es ist ein allerliebster Anblick, diese kleinen Dinger, die erst einige Tage alt sein können, in Gemeinschaft mit ihrer wachsamen Mutter auf Nahrungssuche ausgehen zu sehen. An der Pflege und Aufzucht der Kleinen beteiligt sich der Hahn nicht. Man kann daraus ersehen, daß es unrichtig ist, menschliche Verhältnisse auf tierische ohne weiteres zu übertragen. Für uns scheint es gerade die besondere Aufgabe des Vaters zu sein, seinen Kindern in Gemeinschaft mit der Mutter Pflege und Nahrung zu verschaffen.

Da der Hahn in Vielehe lebt, und jedes Weibchen etwa ein Dutzend Kleine führt, so könnte der Hahn höchstens bei einem Dutzend einer bestimmten Henne Vaterpflichten erfüllen. Jedenfalls wäre es ihm ganz unmöglich, es bei allen Nachkommen zu tun. So erklärt sich die Gleichgültigkeit gegen seine Nachkommenschaft in einfacher Weise.

Uebrigens ist diese Gleichgültigkeit nur scheinbar. Sobald ein Feind naht, der die Kleinen gefährdet, etwa ein Raubvogel, so tritt der Hahn zu ihrem Schutze ein. Ebenso übernimmt er häufig die Sorge für die Kleinen dann, wenn die Henne plötzlich verunglückt.

Wenn wir auf die Lautäußerungen der Hühner sorgfältig achten, so werden wir finden, daß eine ziemliche Anzahl verschiedener Laute bei ihnen verwendet wird. Sehen wir vom Krähen und Gackern, sowie dem Lockruf ab, so ist ein Warnruf auffallend, namentlich wenn der Hahn einen Raubvogel zu Gesicht bekommt. Bei den Papageien werden wir noch näher darauf zu sprechen kommen. Die Erklärung, daß die Tiere keine Sprache haben, weil sie sich nichts zu sagen haben, kann uns nicht gefallen. Kann der Hahn seinen Damen etwas wichtigeres mitteilen, als wenn er ruft: Kommet her, hier ist ein guter Bissen.

143. Wie unterscheiden sich Hühner und Tauben?

Auf dem Dache des Hauses sitzen ein Dutzend Tauben. Wir können so recht den Unterschied zwischen ihnen und den Hühnern ins Auge fassen.

Zunächst fragen wir: Warum sitzen die Hühner, die doch ebenfalls Vögel sind, nicht wie die Tauben auf dem Dache? Ja, warum? Weil alle Hühnervögel schlechte Flieger sind. Vögel können zwar fliegen, aber manche sehr gut, manche nur sehr schlecht. Es ist genau so wie bei dem Laufen. Es gibt Windhunde, die sehr schnell laufen, und Dachse, die sehr langsam sind.

Die Hühner gehören zu den schlechten Fliegern. Ja, der Strauß, der größte von den Hühnervögeln, kann gar nicht fliegen.

Bei der Jagd auf Rebhühner kann man erleben, daß die Hühner bei starkem Winde nicht auffliegen wollen. Sind sie ein paarmal geflogen, so haben sie genug davon und wollen nicht mehr.

Als Ersatz für die schwache Fliegekunst sind die Hühner vorzüglich auf den Beinen. Das Huhn ist der richtige Beinvogel. Es rennt vorzüglich. Hat man einen Fasanen geschossen und nur flugunfähig gemacht, so hat man ihn noch lange nicht. Er rennt davon mit einer Schnelligkeit, daß man ihn ohne Hund nicht bekommt. Dagegen kann eine wilde Taube, die man in gleicher Weise verwundet, nicht von der Stelle fort.

Wirklich hervorragende Flieger haben kleine Füße. Der Mauersegler, der vom 1. Mai bis zum 1. August die Höhen von Berlin durcheilt, ist wohl unser bester Flieger. Er tummelt sich den ganzen Tag in der Luft. Seine Füßchen sind so klein, daß sie nur zum Ankrallen dienen. In der Tierkunde führt er den Namen »der Fußlose«, was natürlich übertrieben ist.

Je kleiner die Füße, desto weniger Gepäck hat der fliegende Vogel zu tragen. So kann man schon an den Beinen ungefähr erkennen, was für einen Flieger man vor sich hat.

Tauben gehören zu den guten Fliegern. Mit den Mauerseglern können sie sich natürlich nicht messen. Entsprechend ihrem guten Fluge haben sie kleine Füßchen, mit denen sie nicht rennen, sondern eigentlich nur trippeln können. Bei drohender Gefahr läuft daher das Huhn fort, während die Taube fortfliegt. Das Huhn hat das bißchen Fliegerkunst, die es als wildes Tier noch besaß, als Haustier fast völlig eingebüßt. Ueber einen mannshohen Zaun zu fliegen, kostet ihm schon Anstrengung.

Für uns Menschen ist es natürlich ganz angenehm, daß das Huhn kaum fliegen kann. Es erleichtert uns die Ueberwachung.

Die Verluste, die wir bei Tauben haben, daß sie in fremde Schläge verlockt werden, oder sonst bei ihren Flügen verloren gehen, kommen bei den Hühnern nicht in solchem Maße vor.

Die kräftigen Beine der Hühner sind zum Scharren wie geschaffen und werden fleißig dazu benutzt. Nicht mit Unrecht spricht Goethe von Frau Kratzefuß. Sonst sagt man, der Hahn macht Kratzfüße. Wenn er sich vor seinen Damen verbeugt, macht er nämlich Kratzfüße, indem er die Beine bewegt, als wenn er scharren wollte.

Die schwachen Beine der Tauben wären natürlich zum Scharren ganz ungeeignet.

Während die Küchlein, wie wir sehen, unter fortwährendem Gepiepe der Mutter folgen, brauchen junge Tauben längere Zeit, ehe sie auf den Beinen stehen. Hühner sind eben Nestflüchter, Tauben sind Nesthocker.

Denselben Unterschied hatten wir bereits bei den Säugetieren. Die Raubtiere, ebenso das Kaninchen, müssen ihre Jungen längere Zeit säugen, ehe sie sich selbständig mit einiger Geschwindigkeit bewegen können. Die Jungen gleichen also den Nesthockern. Bei Pferden, Rindern, Ziegen usw. sind dagegen die Jungen wie bei den Nestflüchtern nach kurzer Zeit imstande, der Mutter zu folgen.

Ueber den Grund der Verschiedenheit war schon früher gesprochen worden (Kap. 65). Raubtiere können ihre Jungen verteidigen. Das Kaninchen ist mit seinen Jungen leidlich sicher im Bau. Dagegen wären Fohlen, Kälber,

Zicklein usw. den Raubtieren ausgeliefert, wenn sie wochenlang brauchten, wie die jungen Hunde und Katzen, um bewegungsfähig zu sein.

Bei den Vögeln liegt die Sache genau so. Diejenigen, die auf Bäumen, Felsen oder in Klüften bauen, sind wie das Kaninchen in seinem Bau vor ihren Feinden leidlich sicher. Deshalb sind ihre Jungen Nesthocker, die längere Zeit brauchen, ehe sie das Nest verlassen können. Anders liegt die Sache bei den Bodenbrütern. Hier ist die Gefahr für die Nachkommenschaft sehr groß. Denn die kletterunfähigen Räuber, also Dachse, Igel, Iltisse, Wildschweine, Füchse, Wölfe könnten das Nest finden und die Jungen fressen, wenn diese Nesthocker wären. Mit den Eiern, die im Neste sind, machen sie es häufig so.

Aus diesem Grunde stehen die Jungen der Hühnervögel, sobald sie das Ei verlassen haben, gleich fertig auf den Beinen.

144. Die Mutterliebe der Glucke.

Eine Glucke mit Küchlein unter den Flügeln ist uns Menschen von jeher als ein echtes Bild treuer Mutterliebe erschienen.

Und diese Mutterliebe ist auch bei den vielen Kleinen und den zahllosen Gefahren sehr notwendig. Die Mutter muß von früh bis spät, und erst recht in der Nacht auf ihre Lieblinge achten. Man merkt an dem fortwährenden Gepiepe der Jungen, daß sie Kinder eines Landes mit üppigem Pflanzenwuchs sind. Auf dem fast kahlen Platze ist das fortwährende Piepen gänzlich überflüssig. Die Mutter sieht ja, wo die Kleinen sind. Die kleinen Entchen auf dem Wasser piepen ja auch nur unter besonderen Umständen. In Indien, im üppigen Dschungelwald, ist das Gepiepe dagegen von größter Wichtigkeit, da sonst die Mutter leicht eines von ihren Dutzend Kleinen verlieren könnte.

Die Mutterliebe wandelt die sonst so furchtsame Henne vollkommen um. Ein Hund, ein Knabe wird ohne weiteres angegriffen, wenn er sich ihren Kleinen zu sehr nähert.

Diese Angriffslust der Glucke gegen Raubtiere und Menschen ist im höchsten Grade merkwürdig. Hier liegt nämlich keine Spur von Vererbung vor. Man sollte meinen, daß das ein von den Stammeltern erprobtes Verfahren sei, wie ja auch das weibliche Reh sein Junges gegen den Fuchs verteidigt. Aber die Mütter der Wildhühner, Wildenten und anderer Friedvögel haben sonst eine ganz andere Rettungsart, und das Bankivahuhn wird davon keine Ausnahme machen. Bei Annäherung eines überlegenen Feindes stoßen die besorgten Mütter einen Warnruf aus, worauf die Jungen verschwinden und regungslos auf dem Erdboden liegen bleiben. Sodann geht sie dem Feinde entgegen und stellt sich lahm. Der Gegner will sich den guten Braten nicht entgehen lassen und verfolgt die anscheinend Gelähmte. Diese führt ihn weit fort und ist plötzlich gesund, indem sie zu ihren Kleinen zurückfliegt.

Jetzt wird uns klar, daß die Hühner, wie alle friedlichen Geschöpfe, ihre Augen zu beiden Seiten haben müssen, um vor der Schnauze eines Raubtieres rennen zu können, ohne gehascht zu werden. Bei der Stellung unserer Augen können wir das nicht nachmachen, da wir nicht nach hinten sehen können.

Diese ursprüngliche Rettungsart ist für das Haushuhn zwecklos. Die Jungen können sich auf der blanken Erde nicht verstecken und haben auch nicht die Schutzfärbung der wilden Küchlein. Sie selbst kann aber den Feind nicht in die weite Ferne weglocken, da sie nicht zurückfliegen kann. Auch kann sie ihre Kleinen nicht so lange Zeit den ihnen gerade im Haushalte des Menschen drohenden Gefahren überlassen.

Ausgerechnet das als dumm verschriene Huhn ist zur Rettung seiner Kleinen auf einen neuen Ausweg verfallen.

Von den Küchlein ist es bekannt, daß sie ohne die Wärme der Mutter bald zugrunde gehen. Die Mutter muß sie also in der Nacht und an kalten Tagen unter ihre Flügel nehmen. Diese Frostigkeit scheint uns Menschen sehr unzweckmäßig zu sein. Vielleicht liegt die Sache aber etwas anders. In Fachblättern wurde mehrmals mitgeteilt, daß erstarrte Küchlein in das Küchenfeuer geworfen werden sollten, weil man mit den toten Tieren nichts anfangen konnte. Kaum lagen sie aber einige Minuten auf dem warmen Herd, so wurden sie alle wieder lebendig. Hiernach scheint es fast so, als soll die Frostigkeit bezwecken, daß das Küchlein bald hinfällt. Dann kann es leicht von der Mutter gefunden und wieder zum Leben aufgewärmt werden. Wäre es nicht frostig, so liefe es unendlich weit in die Irre und könnte nicht mehr gerettet werden.

145. Warum gehen die Hühner so zeitig schlafen? Die sogenannte Hühnerkieke.

Ursprünglich war es unsere Absicht gewesen, bereits am Tage vorher uns die Hühner anzusehen. Aber wir mußten unser Vorhaben aufgeben, da die Hühner bereits den Stall aufgesucht hatten. Da es noch hell war, ist dieses zeitige Aufsuchen der Schlafstätte recht auffallend. Es ist daher verständlich, daß man von einem sehr soliden Menschen sagt: er geht mit den Hühnern zu Bett.

Obwohl die Vögel sämtlich Augentiere sind, sie sich also alle wie der Mensch in erster Linie nach den Augen richten, so müssen doch ihre Augen verschieden gebaut sein. Denn wir kennen Vögel, die hauptsächlich in der

Nacht auf Raub ausgehen, z. B. die Eulen. Die Eulen sind nicht am Tage blind, wie der Volksmund sagt, aber es ist eine Seltenheit, wenn sie bei Tageslicht freiwillig eine Tätigkeit ausüben. Umgekehrt werden Hühner, Sperlinge und viele andere Vögel nur notgedrungen etwas in der Dunkelheit tun. Dazwischen stehen Vögel, die sowohl in der Dunkelheit wie bei Tageslicht tätig sind, z. B. unsere Wildenten, der Große Brachvogel, die Nachtigall usw. Die halbzahmen Wildenten des Berliner Tiergartens kann man oft in tiefer Nacht ihre Nahrung im Kanal beim Scheine der Laternen suchen sehen. Die Vorübergehenden behaupten oft, daß hier eine Anpassung vorliegt. Das ist jedoch ein Irrtum. Enten sind von jeher des Nachts auf Nahrungssuche ausgegangen. Jeder Jäger weiß, daß man sich abends an Teichen aufstellt, um die beim Eintritt der Dunkelheit einfallenden Enten zu schießen.

Man darf wohl mit Recht annehmen, daß die Hühner deshalb so zeitig in den Stall gehen, weil sie in der Dunkelheit gar nichts sehen können. Die Landbewohner behaupten vielfach, daß die Hühner bereits in der Abenddämmerung nichts sehen können. Da es Menschen gibt, die infolge von ungenügender Ernährung in der Abenddämmerung nicht sehen können, so sagt der Landbewohner von ihnen: sie haben die Hühnerkieke. Damit will er sagen, daß die sogenannten nachtblinden Menschen genau wie die Hühner in der Abenddämmerung nichts sehen können.

Ferner ist dem Landbewohner bekannt, daß die Hühner leicht an Schneeblindheit erkranken. Sie werden dann gewöhnlich in den Stall gebracht.

Soviel ist wohl sicher, daß das Vogelauge in mancher Hinsicht anders gebaut ist als das Menschenauge. So fängt man in den Balkanländern Vögel mit großen bunten Tüchern, wodurch die Vögel in auffallender Weise angelockt werden.

Ob die Landbewohner recht haben, daß die Hühner bereits gegen Abend, wo es noch hell ist, nicht sehen können, läßt sich nicht beurteilen. Die Frage wird hoffentlich durch Versuche von Gelehrten beantwortet werden.

146. Die Farbenblindheit der Hühner. Die Hypnose des Huhns durch einen Kreidestrich.

Auf andern Gebieten hat man neuerdings das Sehvermögen der Hühner untersucht und gefunden, daß sie farbenblind sind. Sie können grün und rot nicht erkennen.

Mit der Praxis stimmt das Ergebnis schlecht überein. Denn hiernach machte das schmucke Gewand des Hahnes, mit dem er sich so stolz brüstet, auf die Hennen gar keinen Eindruck. Diese können die grünen Federn und den roten Kamm gar nicht schätzen, weil sie diese Farben nicht wahrnehmen.

Da Versuche über das Sehvermögen ungeheuer schwierig sind, so wird das Ergebnis später wohl noch berichtigt werden. Jedenfalls sind folgende Beobachtungen damit schwer in Einklang zu bringen.

Hühner scheuen die Nässe. Das sieht man dann ganz deutlich, wenn eine Glucke junge Enten ausgebrütet hat (vgl. Kap. 173). Trotz ihrer Abneigung gegen Nässe gehen Hühner im Sommer auf die Wiesen, wenn es stark geregnet hat. Die Grashüpfer sind durch den anhaltenden Regen erstarrt und können nicht fortspringen. Die Hühner fressen sie gern und holen sie sich.

Auf einer grünen Wiese grüne Grashüpfer zu erkennen, dazu gehört ein sehr scharfes Auge. Wie das ein für Grün farbenblindes Auge leisten soll, ist nicht recht verständlich.

Man wird überhaupt gegen Versuche und ihre Ergebnisse sehr mißtrauisch, wenn man an frühere Zeiten zurückdenkt.

So lernte ich als Knabe, daß man ein Huhn hypnotisieren, d. h. in einen schlafähnlichen Zustand versetzen kann, wenn man ein Huhn sacht niederdrückt und vor seinen Augen einen geraden Kreidestrich zieht. Selbstverständlich haben wir das auch mit einem unserer Hühner getan und waren überzeugt, daß es hypnotisiert war, als es regungslos sitzen blieb.

Als ich mich später gründlich mit Tieren beschäftigt hatte, wurde mir der ganze Versuch zweifelhaft. Das Sichniederdrücken ist ja die gewöhnliche Rettungsstellung des Huhns. Es ist doch ganz selbstverständlich, daß es in dieser seit Urzeiten üblichen Lage regungslos bleibt.

Besäße man einen zahmen Hasen und legte ihn sorgsam so hin, wie er gewöhnlich in der Sasse sitzt, so würde er natürlich auch regungslos so sitzen bleiben.

Seit Urzeiten weiß das Huhn, der Hase und andere viel verfolgte Friedlinge, daß Regungslosigkeit ihre sicherste Rettung ist. Uns Menschen als Augentieren ist bekannt, daß wir einen sich bewegenden Gegenstand viel eher erkennen als einen ruhenden. Die Augen der Nasentiere können aber, wie wir erörtert haben (Kap. 2), Bewegungen noch besser wahrnehmen als die unsrigen.

Der Kreidestrich ist also ganz überflüssig. Ebenso ist das Vorhandensein der Hypnose sehr unwahrscheinlich.

Man stelle sich folgende Lage eines Jägers vor, wie sie hin und wieder vorkommt. Er hat stundenlang auf dem Anstand gesessen, und es ist kein

Wild gekommen. Er sagt sich also, daß das Warten ganz zwecklos ist. Deshalb will er aufstehen und sich seine Pfeife anzünden. Kaum hat er sich etwas erhoben und nach der Tasche gegriffen, da sieht er plötzlich einen Rehbock mit einer auffallend starken Krone vor sich. Als erfahrener Jäger weiß er, daß, wenn er nicht zur Säule erstarrt, der Rehbock für ihn verloren ist. Das Tier nimmt die Bewegung wahr und flüchtet sofort. Deshalb bleibt der Jäger genau wie er ist, in seiner Lage, so wunderbar es aussieht. Könnte ihn ein Beobachter sehen, der nicht wüßte, worum es sich handelt, so würde er den Jäger für geisteskrank oder für hypnotisiert halten. Er steht regungslos da mit halbgestrecktem Knie und hat die Hand auf dem Rücken liegen. Wir wissen jedoch, daß der Jäger weder irrsinnig noch hypnotisiert ist, sondern höchst zweckmäßig handelt.

Packe ich einen Frosch, so wird er glauben, daß es ihm ans Leben ginge. Bringe ich ein Bein von ihm in eine eigentümliche Lage, so wird er es oft so lassen. Und zwar tut er es nicht, weil er hypnotisiert ist, sondern weil er weiß, wie oft er seine Rettung der Regungslosigkeit verdankt. Der Storch kann ihn übersehen, wenn er regungslos bleibt, und die Ringelnatter packt überhaupt nur nach Geschöpfen, die sich bewegen.

Weil die Bedeutung der Regungslosigkeit im Tierleben dem Kulturmenschen ganz unbekannt ist, deshalb nimmt er überall Hypnose an, wo eine ganz natürliche Handlungsweise vorliegt.

Was ist nun von dem durch einen Kreidestrich hypnotisierten Huhn geblieben, das ich in meiner Jugend als neue Weisheit lernte? Erstens ist der Kreidestrich ganz überflüssig. Zweitens ist das regungslose Sitzenbleiben gar nicht wunderbar, da es die uralte Rettungsart des Huhns ist. Drittens ist das Huhn gar nicht hypnotisiert.

147. Die naturgemäße Behandlung des Huhns.

Wenn wir bedenken, daß ein Huhn jährlich etwa 150 Eier legen oder eine Brut von einem Dutzend Jungen hochbringen kann, so müßte man meinen, daß die Hühnerzucht ein sehr lohnender Betrieb ist. Ich kenne Großstädter, die so durchdrungen waren von der Richtigkeit ihrer Berechnung, daß sie ihren Beruf aufgaben und auf dem Lande eine Geflügelzucht einrichteten. Es hat nur einige Jahre gedauert, dann hatten sie die Lust zum Betriebe verloren und obendrein ein nicht unerhebliches Vermögen. Selbstverständlich spreche ich hier von Friedenszeiten vor dem Kriege.

Warum will in diesem Falle Theorie und Wirklichkeit so gar nicht übereinstimmen?

Stellen wir uns vor, daß ein Bauer auf seinem Hofe etwa 20 Hühner hält. Diese Hühner werden morgens zeitig aus dem Stall gelassen und treiben sich den Tag über auf dem Hof oder in der Umgebung umher. Dabei hat der Bauer folgende Vorteile:

Erstens kosten ihm die Hühner den Sommer über fast gar kein Futter.

Zweitens ist das Futter, das sie fressen, für sie naturgemäß.

Drittens können die Hühner fleißig scharren und haben viel Bewegung, was für ihre Gesundheit von großer Bedeutung ist.

Viertens verteilen die Hühner am Tage ihren Unrat an den verschiedensten Stellen, so daß eine Anhäufung nicht stattfindet.

Bei dem Großstädter, der eine großartige Geflügelzucht eingerichtet hat, liegt die Sache ganz anders.

Erstens muß er auch im Sommer sehr viel Futter kaufen. Wie soll er für die Unmenge Hühner die erforderliche Nahrung herbeischaffen? Auf einem Bauernhofe gibt es reichlichen Abfall, da sich in dem Miste zahlreiche Larven und Würmer aufhalten.

Zweitens ist die Nahrung, die der Geflügelzüchter kauft, häufig nicht naturgemäß. Im Frühjahr will das Huhn tierische Nahrung haben. Deshalb reißen sich Hühner, die man eingesperrt hat und nur mit Körnern füttert, zu dieser Zeit die Federn aus oder beißen sich gegenseitig die Kämme blutig (vgl. Kap. 106).

Drittens braucht der Züchter im Gegensatz zu dem Bauern Personal, was heute ganz besonders ins Gewicht fällt.

Viertens fehlt den Hühnern die Bewegung und sie erkranken leicht.

Fünftens häuft sich der Unrat auf einem kleinen Flecke. Das ist aber die günstigste Vorbedingung für den Ausbruch einer Seuche.

Das Ende vom Liede ist gewöhnlich eine Seuche, die den ganzen Hühnerbestand dahinrafft.

Bei Wildparken und Jagdrevieren liegt die Sache ganz ähnlich. Je weniger Wild ein Jagdrevier enthält, desto gesünder ist es. Dagegen sind Seuchen an der Tagesordnung, sobald eine Ueberfüllung der Bezirke stattfindet.

In den Großstädten bestehen ebenfalls Gefahren durch zu große Besiedelung eines kleinen Bezirkes. Hier hat der Mensch durch Kanalisation, d. h. durch Fortleitung des Unrats die Macht der Seuchen gebrochen.

Es wäre also sehr wohl denkbar, daß auch die Geflügelzuchten einen ähnlichen Ausweg finden.

Auf der einen Seite ist es beklagenswert, daß wir so viel Eier aus dem Auslande einführen müssen. Darum soll jede Vermehrung unseres Hühnerbestandes unterstützt werden. Auf der andern Seite raten selbst die begeistertsten Züchter davon ab, daß ein Neuling ein großes Kapital in die Geflügelzucht steckt. Erst soll er klein anfangen und sich den Rat eines erfolgreichen Züchters einholen. Es gibt zu viele Dinge, die man nur aus der Praxis lernen kann.

Was hier von der Geflügelzucht gesagt worden ist, gilt ganz allgemein für jede Kleintierzucht.

148. Eine blinde Henne findet auch ein Korn.

Eine blinde Henne wird man wohl nirgends in Deutschland zu sehen bekommen, weil man ein solches bedauernswertes Geschöpf abschlachten würde. Früher war man in solchen Dingen weniger auf den wirtschaftlichen Vorteil bedacht.

Ein anderes Beispiel für die Verschiedenheit der Auffassung in wirtschaftlichen Angelegenheiten ist folgendes:

Heute sehen wir, daß die Hühner gewöhnlich Ringe um die Beine (Ständer) tragen. In meiner Jugendzeit kannte man das gar nicht. Erst seit einem Menschenalter habe ich sie auf Bauernhöfen angetroffen. Man weiß heute, daß die Henne eine gewisse Anzahl von Eiern legt. Folglich hat es keinen Zweck, sie über ein bestimmtes Alter gelangen zu lassen. Um dieses Alter jederzeit festzustellen, legt man ihnen Ringe um die Beine. Diese Ringe sind in den einzelnen Jahrgängen verschieden.

Diese Ringe sehen wir auch bei den Hühnern auf dem Kohlenplatz.

Wir schlachten also bereits eine Henne, weil sie nicht mehr ganz so viele Eier legt als eine etwas jüngere. Erst recht werden wir also eine blinde Henne schlachten, denn sie würde nicht genügend Futter finden und infolgedessen sehr abmagern.

In früheren Zeiten zerbrach man sich über solche Dinge den Kopf nicht. Hierbei hat man jedenfalls beobachtet, daß eine blinde Henne wie die andern scharrt und durch Zufall auch ein aufgescharrtes Korn findet.

Ein Vogel ist wie ein Mensch ein Augentier und tief zu beklagen, wenn er sein Augenlicht verloren hat. Bei den Nasentieren liegt die Sache, wie wir wissen, ganz anders. Blinde Hunde kann man sogar noch zur Jagd benützen. Deshalb wäre auch ein Sprichwort unrichtig: Ein blinder Hund findet auch einen Bissen. Er findet ihn vielmehr durch seine Nase ziemlich leicht.

Umgekehrt fehlt den Vögeln eine gute Nase. Das kann man recht deutlich bei den Hühnern wahrnehmen. Man kann ihnen nämlich Porzellaneier unterlegen, und sie brüten fleißig darauf. Ebenso brüten Kanarienvögel auf elfenbeinernen Eiern.

149. Die künstliche Glucke. Die Wetterfestigkeit des Huhns.

Eine Glucke mit Jungen bringt man gern in einen besonderen Raum, wie wir es auch hier in unserm Falle beobachten können. Die Mutter ist in gereizter Stimmung und kann leicht die andern Hennen angreifen. Diese wiederum picken nach den Küchlein und suchen selbstverständlich die besten Bissen wegzuschnappen.

Seit Jahrtausenden hat man die Bruthitze der Glucke durch künstliche Wärme ersetzt und ebenfalls Küchlein erzielt. Man hat dadurch den großen Vorteil, daß man ganz andere Mengen von Eiern ausbrüten lassen kann, als wenn man sie verschiedenen Glucken unterlegt. Allerdings fehlt dafür den Kleinen das sorgsame Auge der Mutter. Auch sonst wurden mir von Züchtern mancherlei Nachteile mitgeteilt. So können bekanntlich junge Entlein sofort schwimmen und bleiben dabei trocken. Läßt man die Enteneier jedoch von einer künstlichen Glucke ausbrüten, so werden die jungen Entlein naß. Dies wurde mir wenigstens von verschiedenen Züchtern mitgeteilt.

Das künstliche Ausbrüten der Hühnereier ist nicht so wunderbar, wie es auf den ersten Augenblick erscheint. Denn noch heute gibt es Hühnerarten, die in der Freiheit das gleiche Mittel anwenden. So legt das Talegallahuhn seine Eier in vermoderte Blätter, die es zu Haufen zusammenscharrt. Andere Wallnister benutzen den erwärmten Sand von heißen Quellen oder Vulkanen.

Es fängt jetzt etwas an zu regnen, und wir sehen, daß Regen den Hühnern durchaus nicht angenehm ist. Wie die Katze, so lieben die Hühner Nässe durchaus nicht.

Auch wenn es kalt ist, kann man aus dem Benehmen der Hühner schließen, daß ihnen nicht behaglich ist. Sie stammen eben aus einem heißen Lande. Deshalb ist Hühnerzucht nur in Ländern mit einer gewissen Wärme möglich. Frankreich, England und Italien haben eine höhere Durchschnittstemperatur als wir und haben schon aus diesem Grunde einen Vorzug gegenüber uns in der Geflügelzucht.

Da die Hühner Waldbewohner sind, so ist ihnen pralle Sonnenhitze lästig. Umgekehrt stammen sie aus einem Sonnenlande und vermissen die Sonne sehr. Ich konnte das in einem Hause, in dem ich vor vielen Jahren wohnte, recht deutlich beobachten. Der Wirt hielt Hühner auf dem Hofe. Da das Gebäude vierstöckig war, so war nur von Mitte Mai bis Mitte Juli in den

Mittagsstunden Sonnenschein auf dem Hofe. Während dieser Stunden ließen die Hühner alles im Stich, selbst das Futter, und lagen aufgeplustert im Sonnenschein und genossen in vollen Zügen die Wärme der Sonnenstrahlen. Hier kam so recht der Sonnenhunger unserer Hühner zum Vorschein.

150. Wie kriecht das Küchlein aus dem Ei?

Es ist gewissermaßen ein Wunder, wenn aus dem Ei, das wohl die Möglichkeit zu einem Leben bietet, aber doch leblos ist, plötzlich allein durch die anhaltende Wärme ein lebendiges Geschöpf kriecht. Durch die Freundlichkeit unseres alten Bekannten, des bei den Ziegen erwähnten Onkels Althaus, können wir das bei ihm in Ruhe beobachten.

Onkel Althaus hält Wyandottes, weil er diese Rasse wegen ihrer Legetätigkeit und als Fleischhühner schätzt. Natürlich kann man keinen schönen Garten haben, wenn man seinen Hühnern zu ihrer Gesundheit Auslauf wünscht. So ist der Garten verschwunden, aber die Hühner befinden sich wohl bei ihrer täglichen Bewegung und legen fleißig Eier.

Zwei Glucken sitzen auf Eiern, die täglich ausfallen können. Die Glucken sträuben ihr Gefieder und stoßen einen krächzenden Laut aus, als Onkel Althaus die Eier untersuchen will. Erst ein Ei ist bei jeder Glucke angepickt. Es ist das ein Zeichen, daß das Küchlein mit seinem Eizahn das Gefängnis verlassen will.

Wir müssen am andern Tage wiederkommen. In der Zwischenzeit sind bei jeder Henne ein paar Küchlein ausgekrochen. Sie sind zum Trockenwerden in die sogenannte Küchleinwiege gebracht worden, wo es schön warm ist. Um uns nicht nochmals einen vergeblichen Weg machen zu lassen, zeigt uns Onkel Althaus an mehreren Eiern, wie man das Auskriechen beschleunigen kann. Als erfahrener Geflügelzüchter kann er sich solche Künsteleien erlauben, aber er rät jedem Neuling ganz entschieden davon ab. Denn wenn sich auch nur ein Blutstropfen bei der beschleunigten Geburt zeigt, so ist das Küchlein verloren.

Onkel Althaus wählt natürlich solche Eier, bei denen das Küchlein bereits fast einen Ring um das Ei gepickt hat. Ganz vorsichtig wird nach und nach erst die Schale und dann die dünne Haut entfernt. Man sieht, welche Anstrengungen dem kleinen Geschöpf die Befreiung aus dem engen Kerker verursacht. Nach jeder größeren Anstrengung braucht es Ruhe. Es liegt dann wie leblos, namentlich nachdem es endlich befreit ist. Zunächst gleicht es einem mit nassen Federn belegten Stück Fleisch. Wir staunen, daß ein solcher Körper überhaupt Platz in dem kleinen Ei hatte. Die Zerstörung seiner Hülle verdankt das Küchlein seinem Eizahn. Man muß sehr genau hinsehen, um ihn zu entdecken. Er hat noch nicht einmal die Größe eines Stecknadelknopfes und befindet sich oben auf dem Schnabel.

Der nasse kleine Klumpen, der seinen Kopf in die richtige Lage gebracht hat, erholt sich allmählich und wird zu den übrigen in die Küchleinwiege gebracht.

Bei der Verabschiedung können wir noch etwas von der Kehrseite der Geflügelzucht kennen lernen. Ein Küchlein ist während des Tages verunglückt. Ein anderes sieht ganz wie ein Todeskandidat aus. Es steht abseits und sieht sehr betrippt aus. Das ist ein schlechtes Zeichen für ein Küchlein, namentlich wenn es dabei die Flügel hängen läßt.

Onkel Althaus will noch einen Rettungsversuch machen und schiebt das Küchlein einer Glucke unter. Vielleicht rettet ihm die Wärme das Leben.

151. Warum brauchen die Hühner sandigen Boden?

Es wäre verfehlt, Hühnerzucht auf moorigem Boden zu errichten. Ebenso ist ein Untergrund von Ton sehr nachteilig, da er den Abfluß des Unrates verhindert. Fester Lehmboden hindert am Scharren, was die Hühner unbedingt brauchen.

Sandiger Boden ist deshalb für die Hühner notwendig, weil sie ihn zu ihrer Lebensweise brauchen. Erstens können sie scharren, zweitens können sie sich paddeln, d. h. durch Sandbäder sich vom Ungeziefer befreien, und drittens finden sie Sandkörner für ihren Magen. Sehr viele Vögel brauchen als Ersatz für die fehlenden Zähne Sandkörner oder kleine Steine zum Zerreiben des im Magen befindlichen Futters.

152. Die Rassen des Huhns.

Unser Haushuhn stammt, wie schon erwähnt wurde, aus Ostindien. Einzelne Rassen sind bereits in vorgeschichtlicher Zeit nach Westasien und Europa gelangt.

Die deutschen Hühnerrassen sind teils aus den alten deutschen Landhühnern, teils durch Kreuzungen mit anderen Rassen entstanden. Jede Rasse hatte ihr Heimatsgebiet in einem bestimmten Teile unseres Vaterlandes. Hier seien erwähnt: die Westfälischen Totleger, die Lakenfelder, die Ostfriesischen Möwen, die Ramelsloher, die Thüringer Bausbäckchen, die Bergischen Kräher usw.

Von ausländischen Rassen haben auf uns die Italiener den größten Einfluß ausgeübt. Sie haben unsere heimischen Rassen fast gänzlich verdrängt. Der Hahn und die Hühner auf dem Kohlenplatz waren ebenfalls Italiener. Sie legen fleißig, brüten aber schlecht. Viel Eier legen und gut brüten ist überhaupt selten vereinigt. Als Fleischhuhn ist der Italiener nicht viel wert. Eine andere sehr stattliche Rasse des Mittelländischen Meeres sind die Spanier.

Frankreich liefert vortreffliche Masthühner, beispielsweise die Le Mans, England ebenso in den Dorkings. Berühmt sind auch die englischen Hamburger, die ursprünglich deutsche Hühner waren, und sich durch fleißiges Legen auszeichnen. Es seien noch erwähnt die englischen Orpington, die amerikanischen Plymouth Rocks und die schon genannten Wyandottes, die Mechelner Kuckuckhühner, die in Belgien gezüchtet werden, und die Siebenbürger Nackthälse.

Wahre Riesen der Hühnerwelt sind die Kotschinchina und die Brahmaputra. Umgekehrt sind die Zwerghühner, wie schon ihr Name sagt, sehr klein, z. B. die Silber- und Goldbantam. Eine besondere Stellung unter den Hühnerrassen nehmen die Haubenhühner ein, z. B. die Holländer, Paduaner, Houdans usw.

Das Huhn ist bereits nach einigen Monaten ausgewachsen. Die Brutzeit dauert gewöhnlich 21 Tage, bei kaltem Wetter etwas länger. Einer großen Henne kann man 15 Eier unterlegen, einer kleineren etwa ein Dutzend. Auf einen Hahn rechnet man 10 bis 15 Hennen.

Es wurde bereits erwähnt, daß Krankheiten und Seuchen namentlich dann sehr gefährlich auftreten, wenn ein großer Hühnerbestand vorhanden ist.

153. Das Huhn in Redensarten und Sprichwörtern.

Bereits erklärt wurden: Eine blinde Henne findet auch ein Korn, mit den Hühnern zu Bett gehen, Frau Kratzefuß, Kratzfüße machen, den Schnabel halten und die Bezeichnung Hühnerkieke.

Jeder Hahn ist König auf seinem Miste.

Das will sagen, daß der Hahn auf seinem Hofe keinen Nebenbuhler duldet. Sonst kommt es sofort zu einem Kampfe, woher die Bezeichnung

Kampfhahn

rührt.

Den roten Hahn aufs Dach setzen

soll heißen, ein Gebäude anzünden. Man erklärt die Redensart mit dem Zusammenhang des Hahnes mit den Feuergottheiten.

Hahn im Korbe sein

heißt der bevorzugteste sein. Unter dem jungen Hühnervolke, das im Hühnerkorbe bewahrt wird, gilt der Hahn als das geschätzteste Stück.

Mit Hahnenfüßen geschrieben

nennen wir eine schlechte Schrift, deren Buchstaben nicht von einer menschlichen Hand, sondern von den Tritten eines Hahns herzurühren scheinen.

Hahnentritt

ist der steife, ernste Schritt des Hahns und dient zur Bezeichnung eines geckenhaften Trittes.

Bei Pferden nennt man so eine Erkrankung des Sprunggelenkes, wobei sie einen Fuß vor dem Hinsetzen ungewöhnlich hoch heben.

Wo die Henne nicht scharrt wie der Hahn,
Kann der Haushalt nicht bestahn.

Das soll heißen, daß die Frau auch im Haushalt tätig sein soll.

Das Huhn legt gern ins Nest, worin schon Eier sind.

Das ist eine sehr richtige Beobachtung.

Es fliegt einem kein gebraten Huhn ins Maul.

Das will sagen, daß das Glück nicht mühelos kommt.

Hühnerauge

ist eine schmerzende Hornhaut am Fuße, die wegen einer entfernten Aehnlichkeit mit einem Vogelauge, nämlich des dunkeln Punktes in der Mitte, so genannt wird. Andere Bezeichnungen sind Elsternauge, Gerstenauge usw.

Henne mit Küken

Geflügelstall mit Scharraum um den Hühnern bei schlechtem Wetter und im Winter Gelegenheit zum Scharren zu geben

Silberbrackl-Hühner

Das Truthuhn

154. Das Hochzeitskleid des männlichen Truthuhns.

Der große Mangel an Körnerfutter bringt es mit sich, daß man in unseren Zeiten Ziergeflügel wie Pfauen, Perlhühner und Fasanen jetzt kaum noch auf einem größeren Hofe erblickt. Selbst Truthühner oder Puten, die doch mehr zu dem Nutzgeflügel als zu dem Ziergeflügel gehören, sind in den mir bekannten Kreisen gänzlich abgeschafft worden. Es ist ein großes Glück für uns, daß wir auch in diesem Falle unsern berühmten Zoologischen Garten als Helfer in der Not benützen können. Hier sehen wir ganz dicht vereinigt Pfauen, Perlhühner und Fasanen. Nur wenige Schritte davon entfernt befinden sich Puter und Puten.

Wir haben das Glück, das Männchen noch im Schmuck seines Hochzeitskleides zu sehen. Es ist Mai, und noch hat der Truthahn die merkwürdigen Anschwellungen an Kopf und Hals. Ebenso schlägt er selbstbewußt sein Rad. Die Weibchen oder Hennen sehen dagegen nicht nur kleiner, sondern auch unscheinbarer aus.

Wir müssen annehmen, daß den Weibchen der Hochzeitsschmuck der Männchen gefällt. Man muß ohne Frage sehr vorsichtig damit sein, menschliche Regungen ohne weiteres auf die Tiere zu übertragen. Aber das Hochzeitskleid der Männchen, das von ihnen mit einer unverkennbaren Absicht während der Liebeszeit zur Schau getragen wird, das aber später wieder verschwindet, dürfte doch einen gewissen Zweck haben. Sonst triebe die Natur in zahllosen Fällen eine Verschwendung, während wir sie sonst als sehr sparsame Wirtschafterin kennen lernen.

Gerade das Ausbreiten des Hochzeitsgefieders vor den Weibchen wäre vollkommen sinnlos, wenn es nicht eine Wirkung auf sie ausüben sollte. Deshalb muß man sehr vorsichtig sein gegenüber den Behauptungen, daß manche Farben des Hochzeitsschmucks wegen Farbenblindheit nicht wahrgenommen werden könnten.

155. Worauf ist die Abneigung des Truthahns gegen die rote Farbe zurückzuführen? – Die Herkunft der Truthühner.

Die Tiere im Zoologischen Garten sollen eigentlich nicht gereizt werden. Aber wenn es sich um Lehrzwecke handelt, ist man nicht verpflichtet, verbietend einzugreifen. Ein kleines Mädchen ist mit einem ziemlich großen Spiegel zu dem Truthahn gegangen und hält ihm den Spiegel vor. Seine Erregung steigert sich gewaltig, und er kollert, daß es nur so eine Art hat. Erst als das Mädchen sich mit dem Spiegel entfernt, läßt seine Wut allmählich nach.

Zwei Gründe können diese Erregung verursacht haben. Entweder sah er in dem Spiegel einen andern Truthahn und wollte ihn bekämpfen; denn gerade unter den Truthähnen finden heftige Kämpfe auf Tod und Leben statt. Näheres werden wir über diesen Punkt bei dem Kanarienvogel und seinem Spiegelbild sprechen. Oder der Truthahn sah die rote Farbe, die ihn, wie bekannt ist, in Raserei versetzen kann.

Schon bei der Abneigung des Stieres gegen die rote Farbe ist darauf hingewiesen worden, daß es sich wahrscheinlich um eine vererbte Erinnerung aus früheren Zeiten handelt. Ein rötliches Tier – wahrscheinlich der Tiger – war der Hauptfeind der Wildrinder. Vom Truthahn wissen wir nach den übereinstimmenden Angaben der Naturforscher mit Bestimmtheit, daß der Luchs mit seinem rötlichen Felle sein schlimmster Feind ist. Hierzu paßt vortrefflich folgende Beobachtung einer ausgezeichneten Vogelkennerin. Sie hält sich ein Braunkehlchen und erzählt von ihm, daß seine Abneigung gegen alles Rote ganz auffallend war. Wenn man weiß, daß das Braunkehlchen sein Nest auf sumpfigem Boden hat, so ist es klar, daß unser Wiesel mit seinem rötlichen Fell sein ärgster Feind sein muß.

Es kann auch sein, daß unser Truthahn aus beiden Gründen wütend wird. Einmal, weil er einen Gegner und sodann, weil er etwas Rotes erblickt. Denn seine eigene rote Färbung am Kopf und Hals kann er nicht sehen. –

Die Truthühner stammen aus Nordamerika, wo sie die Mexikaner bereits zähmten. Sie kamen nach Europa, wo sich besonders die Spanier und Italiener um ihre Zucht bemühten. Deshalb spricht man auch vom welschen Huhn.

Die Truthenne legt 12 bis 24 Eier. Sie ist als ausgezeichnete Brüterin bekannt, weshalb man ihr die Eier von anderm Hausgeflügel unterlegt. Ihre Brütlust ist so groß, daß man sich um ihre Ernährung bekümmern muß. Denn manche versäumen das Fressen und verhungern infolgedessen. Die jungen Truthühner sind äußerst empfindlich gegen Nässe und Hitze.

Der Pfau. Das Perlhuhn. Der Fasan

156. Warum schreit der Pfau so häßlich?

Im Zoologischen Garten sehen wir den Wildpfau, den Hauspfau, eine ganz weiße und eine gescheckte Rasse.

Der Anblick des Pfauen, namentlich wenn er sein Rad schlägt, wie es jetzt vor unsern Augen geschieht, ist entzückend. Dieses kostbare Blau, dieser herrlich schimmernde Schweif mit den großen Augen darin und das Krönlein auf dem zierlichen Kopf müssen selbst den, der aus Gewohnheit widerspricht, zu dem Geständnis veranlassen, daß wir ein schönes Tier vor uns haben. Nur sein Schrei ist geradezu widerwärtig. Schöne und eitle Frauen, die eine unangenehme Stimme besitzen, hat man deshalb mit Vorliebe als Pfauen bezeichnet.

Wir werden später beim Kanarienvogel sehen, daß eine schöne Stimme regelmäßig nur kleinen Vögeln zukommt. Große Vögel, wie Pfauen, sind keine Sänger. Ausnahmen wie der Singschwan können die Regel nur bestätigen.

Die Füße des Pfauen sind nur nach menschlichen Begriffen häßlich. Für einen Baumvogel sind sie sehr zweckmäßig und daher nicht unschön.

Der Pfau ist in Südasien heimisch. Er ist namentlich oft in Gegenden anzutreffen, wo auch der Tiger weilt.

Auch das Perlhuhn ist vielen Menschen lästig, weil es seine wenig schöne Stimme so oft erschallen läßt. Im Zoologischen Garten sehen wir außer dem gewöhnlichen silbergrauen Perlhuhn noch eine weiße Art.

Die Perlhühner stammen aus dem heißen Afrika, weshalb sie Wärme lieben. Ihre Eier legen sie gern in Gebüschen ab, was man heute bei den zahmen ebenfalls beobachten kann.

157. Vergißt der Fasan das Fliegen?

Fasanen sehen wir im Zoologischen Garten in den verschiedensten Arten, so namentlich den herrlichen Goldfasan, den sehr schönen Silberfasan usw.

Der Fasan kommt eigentlich mehr als Jagdvogel in Betracht. Vor dem Kriege gab es Fasanerien, wo Tausende von Fasanen großgezogen wurden.

Als besondere Dummheit wurde dem Fasan in Jägerkreisen angerechnet, daß er beim Erscheinen eines Hundes das Fliegen vergißt. Ich glaube nicht recht daran, daß es aus Dummheit geschieht. Alle diese schwerbeinigen Vögel sind vortreffliche Läufer, aber sehr schlechte Flieger. Viele, wie Trappen und Truthühner, müssen überhaupt erst einen Anlauf nehmen, um in die Luft zu kommen. Ein im Jagdrevier gut gefütterter Fasan weiß wahrscheinlich, daß seine Anstalten, um zu fliegen, so umständlich und zeitraubend sind, daß ihn der Hund sicher inzwischen gepackt hat. Dagegen hat er beim Rennen immer noch die Aussicht, in ein Dickicht zu geraten, wohin ihm der Hund nicht folgen kann.

Der Fasan stammt aus Westasien, nämlich von den Küstenländern des Kaspischen Meeres. Er soll schon im Altertum nach Griechenland gebracht worden sein. Heute ist er in manchen Gegenden, z. B. in Böhmen, verwildert.

Wie alle Hühnervögel ist der Fasan sehr fruchtbar. Die Fasanenhenne legt etwa 8 bis 15 Eier, die sie in etwa 24 Tagen ausbrütet.

158. Der Pfau in Redensarten und Sprichwörtern.

Die Bezeichnung einer schönen und eitlen Frau als Pfau ist schon erwähnt worden.

Pfau, schau deine Beine!

Das soll heißen, jemanden, der mit seinen Vorzügen prahlt, auf seine Schwächen aufmerksam machen.

Als Gegenstück zu dem schönen Pfau gilt die unscheinbare Krähe. Daher der Vergleich:

Wie Krähen neben dem schönen Pfau.

Die Krähen sollen daher besonders neidisch auf den Pfau sein, wie sich auch eine Krähe mit den ausgefallenen Federn eines Pfauen geschmückt haben soll. Daher der Vers:

Es meint jede Krau (Krähe)

Ihr Kind sei ein Pfau.

Vom Truthahn oder Puter wäre noch anzuführen: Als Bezeichnung für ein dummes Mädchen:

Diese Pute = dumme Gans.

Ferner als Bezeichnung eines zornigen Menschen:

- rot wie ein Puter;
- wie ein kollernder Puter.

Fasan

Die Taube

159. Die Kommandosprache der Tauben.

Da sich auf dem Kohlenplatze außer Hühnern auch Tauben befinden, so begeben wir uns wieder dorthin. Während die Hühner am Boden nach Futter suchen, haben sich die Tauben mit lautem Geklatsch erhoben und sind in den Lüften bald unsern Augen entschwunden. Bei ihrer Rückkehr führen sie verschiedene Schwenkungen aus und lassen sich schließlich wieder auf ihrem Dache nieder.

Früher, als wir von der Schwierigkeit des Fliegens keine Ahnung hatten, konnten wir solche Flüge der Taubenschwärme für ganz selbstverständlich halten. Wir sahen sie eben alltäglich und regten uns weiter nicht darüber auf.

Heute, wo zahllose Flieger verunglückt sind, weil sie in der Luft mit einem andern Flieger zusammengestoßen sind, muß der Schwarmflug der Vögel auf uns den tiefsten Eindruck machen. Woher kommt es, daß die Vögel trotz größter Nähe niemals miteinander zusammenprallen?

Selbst so schlechte Flieger wie die Rebhühner fliegen in einer ziemlichen Anzahl. Der Jäger spricht von einer »Kette« oder einem »Volk« Rebhühner.

Noch auffallender ist das Schwarmfliegen bei den Staren. Auch der Star ist kein berühmter Flieger, und doch bildet er im Spätsommer, wenn die zweite Brut flügge geworden ist, bei seinen Flügen ordentlich eine lebendige Kugel. Diese Kugel aus Vogelleibern dreht sich nach einer bestimmten Richtung, wobei alle fliegenden Vögel mit größter Genauigkeit ihren Platz einnehmen, und keiner durch Tolpatschigkeit eine heillose Verwirrung anrichtet.

Ich habe oft erfahrene Tierbeobachter gefragt, ob sie jemals den Zusammenprall zweier Vögel eines Schwarmes in der Luft wahrgenommen haben. Niemand wußte etwas davon. Auch die Jagdzeitungen habe ich daraufhin seit vielen Jahren durchgesehen. Der einzige Fall, der mir vor Augen gekommen ist, ist folgender: Ein Landwirt erzählte, daß er bei einer Hühnerjagd den Zusammenstoß zweier Rebhühner beobachtet habe. Die Erklärung liegt darin, daß das eine der beiden Hühner durch Schrote verletzt war. Trotzdem hat er, der Erzähler, in seiner dreißigjährigen Jägerzeit einen ähnlichen Fall noch niemals erlebt und deshalb berichtete er ihn an die Jagdzeitung.

Darüber sind sich also wohl alle Tierkenner einig, daß Zusammenstöße unter Vogelschwärmen zu den allergrößten Seltenheiten gehören.

Wie vermeiden die Vögel diese Gefahr, die soviel Fliegerleben in unsern Reihen kostet?

Jedenfalls werden sie außerordentlich durch die Stellung ihrer Augen unterstützt. Alle Vögel, die in Schwärmen fliegen, haben die Augen seitlich zu sitzen. Wir sehen, daß es ganz verkehrt wäre, wenn die Tauben ihre Augen, wie der Mensch, nach vorn gerichtet hätten. Sie können bei seitlicher Stellung der Augen den Abstand vom Nachbarn viel leichter innehalten.

Wahrscheinlich sind auch die Augen der Vögel im Innern so gebaut, daß sie das Schwarmfliegen ohne große Anstrengung ausführen können. Wenigstens befindet sich im Auge mancher Vögel ein Organ, über dessen Bedeutung man sich noch nicht klar ist.

Müssen wir uns heute über die Kunst der Vögel, in Schwärmen zu fliegen, außerordentlich wundern, so kommt noch hinzu, daß wir gar nicht wissen, auf Grund welches Kommandos eigentlich die Schwenkungen ausgeführt werden. Würden wir unseren Kommandoworten ähnliche Laute bei den Tauben hören, so verständen wir wenigstens, weshalb der Schwarm bald so, bald so fliegt. Bei der Entfernung und dem Geklatsche der Flügel können wir nicht das mindeste vernehmen. Bei Starenschwärmen bin ich, da mich die Sache außerordentlich interessierte, in die möglichste Nähe gegangen, habe aber außer dem Surren der Flügel nichts hören können. Immer wieder fragt man sich: Wer gibt denn eigentlich das Kommando zu einer Schwenkung?

Bei Taubenschwärmen kann man übrigens nicht selten beobachten, daß eine Taube den Anschluß versäumt hat, indem sie eine Schwenkung aus Versehen nicht mitgemacht hat. Sie eilt dann in stürmischem Fluge ihren Genossen nach. Zu dieser Eile hat sie auch einen ganz besonderen Grund, denn gerade auf vereinzelte Tauben machen die Raubvögel mit Vorliebe Jagd. Wir kommen darauf im nächsten Kapitel zu sprechen.

Jedenfalls können wir mit eigenen Augen sehen, daß Tauben Schwenkungen gemeinsam ausführen. Wie sie das machen, ist uns vorläufig ein Rätsel. Ich vermute, daß, wie es bei den Säugetieren einen Leitaffen, einen Leithammel und andere Leittiere gibt, so auch bei den Vogelschwärmen ein Leitflieger vorhanden ist, nach dem sich alle anderen richten.

Jedenfalls trifft auch hier die Ansicht nicht zu, daß die Tiere deshalb keine Sprache haben, weil sie sich nichts zu sagen haben. Bei Schwarmflügen hätten sie es vielmehr sehr nötig, sich die bevorstehende Schwenkung mitzuteilen.

160. Wie retten sich die Tauben vor den Raubvögeln.

In der Großstadt haben wir nur dann eine gewisse Aussicht, die Jagd eines sogenannten Stößers auf Tauben zu beobachten, wenn sich der Himmel im

Winter nach dunklen Tagen erhellt. Während des Nebels geht nämlich der Wanderfalk, wie der eigentliche Name des Stößers ist, nicht auf die Jagd. Der Grund ist wahrscheinlich der, daß er bei Nebel nicht sehen kann, auch keine Tauben findet. Nach einigen Tagen mit bedecktem Himmel hat also der Falk gewaltigen Hunger. Da der Taubenbesitzer seine Tauben fliegen läßt, sobald der Himmel klar ist, so kann man also unter solchen Umständen auf den Anblick einer Taubenjagd rechnen.

Ein Naturforscher, der in Berlin wohnte, hat sehr schön die Taubenjagd des Stößers in Berlin geschildert:

Ein Weibchen des Wanderfalken pflegte am Morgen ruhig und zusammengekauert auf einem Ziegelvorsprunge des Daches der Garnisonkirche zu sitzen. Taubenflüge erfüllen die Luft; der Falk wird erregt und verfolgt mit den Augen die Tauben. Dies währt etwa fünf Minuten, und nun erhebt er sich. Noch gewahren ihn die Tauben nicht; doch er rückt ihnen in wenigen Sekunden so nahe, daß nun plötzlich ihr leichter, ungezwungener Flug sich in ein wirres, ungestümes Fliegen und Steigen verwandelt. Aber unglaublich schnell hat er sie eingeholt und etwa um zehn Meter überstiegen. Nun entfaltet er seine ganze Gewandtheit und Schnelligkeit. In sausendem, schrägem Sturze fällt er auf eine der äußersten hinunter und richtet diesen jähen Angriff so genau, daß er allen verzweifelten Flugwendungen des schnellen Opfers folgt. Aber in dem Augenblicke, als er die Taube ergreifen will, ist sie unter ihm entwischt. Mit der durch den Sturz erlangten Geschwindigkeit steigt er sofort ohne Flügelschlag wieder empor, rüttelt schnell, und ehe zehn Sekunden verflossen sind, ist die Taube von ihm wiederum eingeholt und in derselben Höhe überstiegen, der Angriff in sausendem Sturze mit angezogenen Flügeln erneuert, und die Beute zuckt blutend in den Fängen des Räubers. In wagerechter Richtung fliegt er nun mit ihr ab und verschwindet bald aus dem Gesichtsfelde. Von den übrigen Tauben sieht man noch einzelne in fast Wolkenhöhe wirr umherfliegen, wogegen sich die anderen jäh herabgeworfen und unter dem Schutze ihrer Behausung Sicherheit gefunden haben.

Die Tauben suchen sich also vor dem Raubvogel durch ihren schnellen Flug zu retten. Das nützt ihnen aber nicht viel, denn er ist geschwinder als sie. Aus diesem Grunde flüchten sie nach Möglichkeit nach ihrem Schlag. Der Falk weiß das sehr wohl und schneidet ihnen gern den Rückzug nach dem Schlag ab. Auch dann sind die Tauben noch nicht verloren. Sie steigen so in die Höhe, daß sie oft wie ein weißer Stern erscheinen. Wenn der Falk nicht sehr hungrig ist, dann läßt er sie ungeschoren. Denn, um auf den hoch oben stehenden Taubenschwarm Jagd zu machen, müßte er sie erst überfliegen.

161. Warum muß der Stößer die Tauben erst überfliegen?

Ich weiß noch heute, wie sehr ich mich als Junge darüber gewundert habe, daß der Stößer die Tauben erst überfliegen muß. Wie ein Mensch dem andern nachläuft und ihn fängt, wie ein Hund den Hasen faßt, so sollte man meinen, müßte auch der Wanderfalk den Tauben nachjagen und sie fangen.

Eine einfache Ueberlegung ergibt das Unsinnige dieser Fangart. Habicht und Sperber verlegen sich allerdings gewöhnlich auf die Ueberraschung. Sie kommen urplötzlich dahergestürmt und schlagen ihrem Opfer die Fänge, d. h. die bewehrten Füße in den Leib. Denn bei allen Raubvögeln sind die Fänge die Hauptwaffe, während der Schnabel hauptsächlich zur Verkleinerung der Beute dient. Der Wanderfalk verläßt sich dagegen in der Regel auf seine Flugfertigkeit. Wie soll er nun ganz oben am Himmel stehenden Tauben durch Verfolgung etwas tun? Um seine Fänge wirken zu lassen, muß er höher als die Tauben stehen. Auch ist er nur dadurch, daß er einer verfolgten Taube die Fänge in die Seiten schlägt, imstande, sie schnell nach seinem Horst zu tragen. Flattert sie noch, so ist es für den Räuber um so vorteilhafter, denn um so leichter ist für ihn die Last.

Weil also der Wanderfalk seine Beute erst überfliegen und von oben stoßen muß, deshalb hat ihn der Berliner »Stößer« getauft.

Mancher wird fragen, warum die Taubenbesitzer ihre Lieblinge nicht im Schlage behalten, wenn der Stößer unter ihnen so furchtbar aufräumt. Die Antwort ist für den Jäger sehr einfach. In Bayern und Oesterreich hat man sämtliche Feinde der Gemsen vernichtet, also Bären, Luchse, Wölfe, Adler und Bartgeier – und was ist die Folge davon? Noch niemals hat es soviele Seuchen unter den Gemsen gegeben wie jetzt. Das ist ja auch ganz einleuchtend. Früher wurden erkrankte Tiere zuerst von den Raubtieren vernichtet, so daß sie die Krankheit nicht weiter verschleppen konnten. Bei den Hasen und Rebhühnern liegt die Sache ähnlich. Es ist natürlich übertrieben, wenn man den Fuchs als Hasenarzt bezeichnet, aber etwas Wahres ist daran. Jedenfalls entarten Tauben, die man nicht ausfliegen läßt. Sie verfallen in Krankheiten, weshalb es richtiger ist, sie ihren natürlichen Feinden auszusetzen, da diese Behandlungsweise sie gesund erhält.

Bei allen Raubvögeln beobachten wir, daß sie zunächst auf Albinos oder weiße oder ungewöhnlich gefleckte Tiere Jagd machen. Albinos sind entartete Geschöpfe, und ihr Wegfangen kann geradezu als ein löbliches Tun bezeichnet werden. Weiße Hühner kann man in einsamen Forsthäusern nicht halten.

Sodann richten alle Raubvögel ihre Angriffe mit Vorliebe auf solche Vögel, die sich vom Schwarm abgesondert haben. Das wird einen Sinn haben – aber welchen?

Wir sehen, daß Tauben und andere Friedvögel, z. B. Stare, sich angesichts ihrer Feinde eng zusammenballen. Vom Standpunkte des Menschen scheint das äußerst töricht zu sein, denn der Raubvogel braucht nur in die Masse hineinzugreifen, dann hat er sicherlich in seinen Fängen eine Beute.

Da der Raubvogel schließlich besser weiß als wir, wie er seine Beute zu erlangen hat, so wird er wissen, weshalb er den einzelnen Vogel verfolgt und die Masse erst im Notfall berücksichtigt.

Selbstverständlich ist es ganz ausgeschlossen, daß ein Taubenschwarm gegen einen Stößer etwas ausrichten kann. Dagegen haben sie ein Verteidigungsmittel gegen ihn zur Hand, auf das der klügste Mensch nicht verfallen wäre.

Ist der Taubenschwarm nämlich hinreichend groß, so stürzen sich alle wie auf Kommando in die Tiefe. Der Falk muß sich dann sehr vorsehen, daß er nicht in dieses Luftloch fällt. In einer ornithologischen Zeitschrift berichtete im vorigen Jahre ein Fachmann, daß vor seinen Augen ein Sperber in das von Staren gebildete Luftloch fiel und infolge des plötzlichen Sturzes betäubt in einer Hecke liegen blieb.

Unsere Flieger wissen, wie gefährlich ein Luftloch ist. Es wird aber den meisten Menschen unbekannt sein, daß Tauben, Stare und andere in Schwärmen fliegende Vögel seit Urzeiten einen künstlichen Lufttrichter bilden, um ihren Erzfeind dort hineinsausen zu lassen.

Die Raubvögel müssen mit diesem künstlichen Trichter böse Erfahrungen gemacht haben. Nur daraus läßt sich erklären, daß der Verfolger regelmäßig so lange wartet, bis sich ein einzelner Vogel vom Schwarme trennt. Auf diesen abgesprengten Vogel wird sofort Jagd gemacht. Daher rührt die ängstliche Sucht der Tauben und Stare, stets beim Schwarme zu bleiben.

Das in Schwärmen Fliegen der Friedvögel ist also eine Verteidigungsart gegen Raubvögel. Ist der Schwarm zu klein, um einen Trichter zu bilden, so stieben die Vögel, wenn der Raubvogel über ihnen steht, manchmal nach allen Seiten auseinander, so daß er in Zweifel gerät, welchen Vogel er verfolgen soll.

162. Warum sitzen unsere Haustauben auf Dächern und nicht auf Bäumen? Der Taubenschlag.

Wir haben gesehen, daß die Tauben sich nach ihrem Ausfluge wieder auf dem Dache niedergelassen haben, obwohl nicht weit davon ein prachtvoller Baum steht. Man sollte meinen, daß dem Vogel ein Baum geeigneter zur Ruhe ist als das platte Dach. Sitzen doch unsere Wildtauben, z. B. die schönen großen Ringeltauben, wenn sie auf dem Erdboden nicht nach Nahrung suchen, ständig auf Bäumen.

Die Antwort muß lauten, daß unsere Haustaube von unseren Wildtauben nicht abstammen kann. Wir wissen bereits, daß sie von der am Mittelländischen Meer heimischen Felsentaube abstammt.

Es gibt eine ganze Menge Vogelarten, deren Füße so gestaltet sind, daß sie für Baumzweige nicht geeignet sind. Unsere Feldlerche setzt sich nie auf einen Baum, ebenso die Haubenlerche, der Kiebitz und andere Vögel nicht. Die Zehen sind nicht zum Umspannen runder Zweige geeignet. Sie sind vielmehr zum Laufen auf der glatten Erde geschaffen. Die Haustaube setzt sich nur dann auf einen Baum, wenn die Aeste so stark sind, daß sie eine glatte Fläche bieten. Wenigstens ist das die Regel.

Man ersieht daraus, daß die Anpassung der Tiere an andere Verhältnisse nicht so schnell vor sich geht, wie gewöhnlich angenommen wird. Tauben werden von den Menschen seit Jahrtausenden als Haustiere gehalten. Trotzdem muß der Taubenbesitzer noch heute am Taubenschlage glatte Hölzer für die Taubenfüße anbringen. Das Taubenhaus mit seinen zahlreichen Eingängen ist auch nichts weiter als eine Nachahmung der Felsenhöhlen mit ihren vielen Löchern, in denen die Vorfahren unserer Haustauben früher hausten.

163. Wie finden sich die Brieftauben zurecht?

Bei dieser Gelegenheit wollen wir die Frage zu beantworten suchen, wie sich die Brieftauben zu orientieren suchen.

Zur Brieftaube sind solche Tauben geeignet, die sich durch breite Brust, breite und lange Schwingen und große Muskelkraft auszeichnen. Namentlich werden die belgischen Brieftauben geschätzt. Die Geschlechter werden nach der ersten oder zweiten Brut voneinander gesondert, um den Drang nach der alten Heimat besonders zu wecken. Bereits im Altertum war die Benützung von Brieftauben üblich.

Man nimmt allgemein an, daß die Brieftauben genau einen solchen Orientierungs- oder Ortssinn haben, wie ihn ohne Zweifel Säugetiere, also Wölfe, Füchse, ebenso unsere Hunde, Pferde usw., besitzen. Denn ohne einen solchen Ortssinn wären solche Säugetiere nicht in der Lage, ihr altes Lager wiederzufinden. Da obendrein ihre Augen fast ausnahmslos schwach sind und nur wenig über dem Erdboden stehen, so daß ihnen jede weitere Uebersicht fehlt, so ist ein Ortssinn für sie eine unbedingte Notwendigkeit.

Ganz anders liegt die Sache bei den Vögeln. Sie besitzen ein hervorragendes Sehvermögen und haben von ihrer hohen Warte aus eine wunderbare Uebersicht. Sie sehen ihre Umgebung wie auf einer Karte.

Ueberall machen wir die Beobachtung, daß die Natur mit den sparsamsten Mitteln waltet. Hat ein Raubtier ein kräftiges Gebiß, so hat es nicht obendrein Hörner, und ist eine Schlange giftig, so ist sie nicht obendrein kräftig. Alle Riesenschlangen sind daher ungiftig. Haben sie die Kraft zur Ueberwindung ihrer Opfer, so brauchen sie nicht noch obendrein heimtückisches Gift.

Für Tiere mit wirklichem Ortssinn ist es gleichgültig, ob Dunkelheit oder Nebel herrscht. In einem schönen Gedichte sagt unser großer Dichter Goethe:

Das Maultier sucht im Nebel seinen Weg.

Natürlich ist damit gemeint, daß das Maultier im Nebel seinen Weg sucht und auch findet. Das bloße Suchen ist ja kein Kunststück. Das verstehen wir auch, aber als Kulturmenschen finden wir den Weg nicht, weil wir den Ortssinn verloren haben, den das Tier noch besitzt.

Der Kulturmensch braucht eben keinen Ortssinn zu seinem Leben, denn er kann sich einen Kompaß und eine Karte anschaffen.

Findet sich nun auch eine Brieftaube im Nebel zurecht? Keineswegs. Wir wissen aus zahlreichen Beobachtungen, daß Brieftauben, die von Luftschiffern mitgenommen waren, sich in den Wolken nicht zurechtfanden. Sie wollen, solange sie von Wolken umgeben sind, das Luftschiff nicht verlassen. Sehen sie aber ein Loch in den Wolken, so fliegen sie schnell hindurch.

Ebenso findet sich die Brieftaube nicht in der Dunkelheit zurecht. Hiergegen spricht nicht, daß Brieftauben ihren Schlag in der Nacht in einer Großstadt gefunden haben. Eine Großstadt sendet in der Dunkelheit ein solches Flammenmeer gen Himmel, daß es gar kein Kunststück ist, bei freier Aussicht sie zu finden.

Weil die Brieftauben sich nach ihren wunderbaren Augen richten, so werden die Wettflüge zunächst auf kurze Entfernungen veranstaltet und allmählich erweitert. Bei Tieren mit Ortssinn wäre ein solches umständliches Verfahren nicht erforderlich. Die Brieftauben aber müssen in dieser Weise eingeübt werden, weil sie sich die nähere und entferntere Umgebung einprägen sollen. Werden sie an einem fremden Ort losgelassen, so steigen sie erst hoch. Sie wollen sich also erst vergewissern, wo sie eigentlich sind. Das ist ein untrüglicher Beweis dafür, daß sie keinen Ortssinn besitzen.

Steigt man bei klarem Wetter auf einen Aussichtsturm, z. B. auf Rügen, so liegt die ganze Insel wie auf einer Karte uns zu Füßen. Würden sich die Menschen vergegenwärtigen, welchen außerordentlichen Ueberblick die

Brieftaube mit ihren viel schärferen Augen besitzt, so würde ihnen das Zurechtfinden der Brieftauben gar nicht wunderbar erscheinen.

164. Die Tauben als Vorbilder des Menschen.

Einige Täuberiche machen inzwischen ihren Damen den Hof und verbeugen sich vor ihnen in der artigsten Weise. Dabei lassen sie unablässig ihr kuruh kuruh erschallen.

Der Mensch hat anscheinend von jeher das Liebesleben der Tauben mit besonderem Wohlgefallen betrachtet. Einmal sind die Tauben ohne Frage sehr schön, ferner sanft und in ihrer Nahrung hauptsächlich auf die Pflanzenwelt beschränkt. Sie sind wie geschaffen dazu, um Lieblinge der Frauenwelt zu sein. Ganz besonders mußte den Frauen gefallen, daß der Täuberich nicht nur verliebt gurrt, sondern nachher beim Bebrüten der Eier und der Aufzucht der Jungen treu mitwirkt. Wir wissen, daß bei unsern Säugetieren von einer Tätigkeit des Vaters nichts zu merken ist. Wir haben auch die Gründe auseinandergesetzt, wie sich diese für uns Menschen so auffallende Erscheinung erklärt. Auch der Hahn weiß von Vaterpflichten nichts, wie wir schon besprochen haben. Da ist der Täuberich wirklich eine rühmenswerte Ausnahme. Wahrscheinlich kann er nichts dafür, genau so wie er nichts dafür kann, daß er zu fliegen vermag. Er tut eben das, was seine Vorfahren seit Urzeiten gemacht haben. Die junge Brut kann von der Mutter allein nicht durchgebracht werden. Folglich muß auch der Vater helfen. Denn die Erhaltung der Nachkommenschaft ist für jede Tierart das allerwichtigste.

Vermenschlichen wir die Tiere, so hat der Täuberich tiefere sittliche Grundsätze als der leichtsinnige Hahn mit seiner Paschawirtschaft. Da die Menschen naturgemäß alles von ihrem Standpunkte aus betrachten, so hat man die Tauben vielfach verhimmelt und ihnen Eigenschaften beigelegt, die nicht ganz zutreffen dürften. Auch bei den Tauben kann man Seitensprünge des Ehegatten, große Eifersucht, unglaubliche Zusetzereien und ähnliche weniger erfreuliche Eigentümlichkeiten beobachten. Umgekehrt wird man gern zugeben, daß man staunen muß, wie treu manche Gatten unter den widrigsten Verhältnissen zueinander halten. Selbst die Trennung und die lockendste Versuchung können sie in ihrem Entschlusse nicht wankend machen.

So ist es denn nicht wunderbar, daß Dichter die Taube in überschwenglichster Weise gefeiert haben. Ist ja auch ihr Schnäbeln nach unseren Begriffen von allen unter den Tieren üblichen Zärtlichkeitsausdrücken dem Küssen der Menschen am ähnlichsten.

165. Naturgemäße Fütterung und Haltung der Tauben.

Die Felsentauben als Stammeltern unserer Haustauben verzehren alle Arten unseres Getreides, ferner die Sämereien von Raps, Rübsen, Linsen, Erbsen, Lein usw., vor allen Dingen aber die Körner der Vogelwicke, die ein höchst lästiges Unkraut ist. Man hat die Haustauben, die den gleichen Speisezettel besitzen, deshalb für schädlich erklärt, da sie den Landwirten, namentlich zur Saatzeit, viele Körner wegfräßen. Das führte auch zur Zerstörung der etwa 50000 Taubentürme in Frankreich, als die Revolution 1789 ausbrach. Heute denkt man über die Schädlichkeit der Tauben etwas anders. Gewissenhafte Naturforscher haben sorgsam den Inhalt von Kropf und Magen gezählt. Dabei ist festgestellt worden, daß in einer einzigen jungen Taube die Körner und Samen von Unkraut über 3000 zählten. Auch vertilgen die Tauben eifrig Schnecken. Der Nutzen der Tauben dürfte also ihre Schädlichkeit erheblich überwiegen. Ferner brauchen die Tauben Salz, Lehm und Mörtel, außerdem Badegelegenheit und reines Trinkwasser.

Da die Felsentauben in dunkeln Höhlen der Felsen brüten, so soll man auch den Haustauben keine hellen Brutplätze anweisen. Die Zweckmäßigkeit von Taubenschlägen und Taubenhäusern ist bereits hervorgehoben worden.

Von den Feinden der Tauben sind die Raubvögel schon genannt worden. Von vierfüßigen Räubern sind Katze, Marder, Wiesel und Ratten zu nennen.

Da die Taube die Gesellschaft liebt, so verliert man manche Taube, die sich von einem größeren Schwarm als der ihrige ist, angezogen fühlt. Es gibt Taubenhalter, die das Einfangen fremder Tauben als Besonderheit betreiben und darin Meister sind.

166. Die Rassen der Haustauben.

Die Zähmung der Felsentaube ist bereits in vorgeschichtlicher Zeit erfolgt. Der Felsentaube ähnelt noch sehr der Feldflüchter, der sich am liebsten vom Menschen freimacht und seine Nahrung auf eigene Faust sucht.

Von den zahllosen Rassen seien hier folgende angeführt. Die Trommeltauben, die Tümmler, die sich während des Fluges rückwärts überschlagen, die Perücken- und Mähnentauben, die Möwchen, die Pfautauben, die schon erwähnten Brieftauben, die Riesentauben und die Huhntauben.

Die Täubin legt gewöhnlich vier- bis achtmal im Jahre je zwei Eier, die von ihr mit Unterstützung des Täuberichs in 16 bis 18 Tagen ausgebrütet werden. Die Jungen sind Nesthocker und werden bis zur Ausbildung des Gefieders von beiden Eltern aus dem Kropfe gefüttert, in dem sich ein milchartiger Brei befindet. Da die Täubin häufig zur zweiten Brut schreitet, ehe die Jungen der ersten Brut das Nest verlassen haben, so braucht jedes Taubenpaar zwei nebeneinander befindliche Nistkästen.

Manche Haustauben werden fünfzehn Jahre alt.

Es wurde schon hervorgehoben, daß Tauben, denen keine Gelegenheit zum Ausfliegen gegeben wird, leicht erkranken. Wie bei den Hühnern zu enger Raum zu Seuchen führt, so trifft ähnliches auch bei den Tauben zu.

167. Die Tauben in Redensarten und Sprichwörtern.

Es wurde schon hervorgehoben, daß die guten Eigenschaften der Tauben gewaltig überschätzt worden sind. Auf ihre friedfertige Gesinnung nimmt der Ausdruck

Friedenstaube

bezug. Von den Tauben gelten besonders die Turteltauben als Muster für ein Ehepaar. Daher stammt die Redensart:

Sie leben wie zwei Turteltauben.

Die alten Landwirte in früheren Zeiten wollten nicht viel von der Taubenzucht wissen. Wenigstens habe ich in ihren Kreisen oft den Vers gehört:

Wer viel Geld hat und kanns nicht sehen liegen,

Der halte sich Tauben, dann sieht er's fliegen.

Freistehender Taubenschlag

Brieftaube

Berliner Langlatschige

Die Ente

168. Warum sind die Wildenten im Berliner Tiergarten meistenteils ausgewandert?

Bei der Ente haben wir das große Glück, ihre Stammeltern, die Wildente, und zwar die Stockente, seit mehr als einem Menschenalter im Berliner Tiergarten beobachten zu können. Jetzt freilich sind die Gewässer fast entenleer. Immerhin treffen wir beispielsweise auf dem Goldfischteich eine Mutterente mit drei Jungen an. Es ist Anfang Juni, und die Jungen sind bereits so groß, daß man genauer hinsehen muß, um sie von der Alten zu unterscheiden.

Früher waren die Gewässer zu sehr besetzt, und das hatte allerlei Unzuträglichkeiten im Gefolge. Jede Ente braucht für ihre Nachkommenschaft einen gewissen Raum. So gab es also um die Brutplätze erbitterte Kämpfe zwischen den einzelnen Entenpaaren. Hatten die Besitzer eines Brutplatzes glücklich ein andringendes Paar abgekämpft, so dauerte es nicht lange, und sie mußten sich gegen neue Eindringlinge wehren.

Das Jagen der Erpel hinter den Enten nahm gar kein Ende. Durch die viel zu starke Besetzung der Gewässer litt auch das Familienleben der Enten sehr erheblich.

Das ist mit einem Schlage durch den Weltkrieg und den Mangel an Lebensmitteln anders geworden. Die Wildenten lebten im Tiergarten nicht wie ihre Artgenossen in der Freiheit von dem, was das Wasser bot, sondern hauptsächlich von dem, was das Publikum ihnen spendete. Das war in vergangenen Jahren sehr reichlich, und deshalb konnten sich zahllose Wildenten als Bettler durchschlagen. Jetzt ist aber die Fütterung durch die Spaziergänger gleich Null geworden. Die Gewässer sind jedoch zu nahrungsarm, um soviel Wildenten zu ernähren. Folglich wurden die Wildenten zum größten Teil gezwungen auszuwandern und anderswo ihr Heil zu versuchen.

Es ist nicht Zufall, daß die Mutterente gerade den Goldfischteich als Aufenthaltsort gewählt hat. Hier gibt es ohne Frage den meisten Fischlaich, und Fischlaich ist für die Ente ein sehr begehrtes Futter.

169. Warum hat die von uns beobachtete Wildente nur drei Junge?

Gewöhnlich legen Stockenten 8 bis 16 Eier, so daß also zwölf Junge als Durchschnittszahl angegeben werden können. Es ist also anzunehmen, daß neun oder wenigstens fünf junge Entchen verlorengegangen sind.

Die Gründe für diese Verluste können mancherlei Art sein. Manche Wildenten brüten ausnahmsweise auf Bäumen. Es ist wunderbar, daß die kleinen Entchen vom hohen Nest auf die Erde purzeln können, ohne großen Schaden zu nehmen. Die Alte lockt die Jungen, nachdem sie ausgebrütet und trocken geworden sind, zu dem kühnen Sprunge in die Tiefe. Dann wandert sie mit der kleinen Gesellschaft nach dem von ihr in Aussicht genommenen Gewässer. Schwächlinge, die den waghalsigen Sprung nicht unternehmen, bleiben im Neste und verhungern elendiglich.

Der Marsch nach dem Gewässer ist natürlich von tausend Gefahren bedroht. Jeder Hund wäre imstande, die ganze kleine Gesellschaft abzuwürgen. Zum Glück ist der Tiergarten ziemlich raubtierleer, doch gibt es immerhin noch Feinde in genügender Anzahl.

Sind die Entlein erst auf dem Wasser, so ist die schwerste Gefahr beseitigt. Denn bekanntlich können junge Entlein sofort ausgezeichnet schwimmen. Ja, sie können noch mehr, wie ich einmal beobachtete. Da war auf einem See ein Schwanenpaar, dem eine Wildente mit ihren Jungen sehr verhaßt war. Der männliche Schwan hatte schon mehrfach den kleinen Kerlen etwas auszuwischen gesucht, jedoch bisher stets vergeblich. Endlich war es ihm geglückt, sie beinahe in eine Bucht hineinzutreiben. Es war klar, daß er Böses im Schilde führte. Ich hielt die kleinen Entlein schon für verloren, da erhoben sie sich plötzlich wie auf Kommando und liefen äußerst schnell auf dem Wasser dahin. Dadurch entgingen sie der Einschließung durch den Schwan.

Uebrigens glaube ich, daß im letzten Augenblick die Mutterente den Schwan angegriffen hätte. Zwar ist es ein aussichtsloses Unternehmen, als kleine Wildente dem großen Schwan etwas anzutun. Aber sie hätte ihn immerhin bestürzt machen können, und die Kleinen hätten unterdessen einen Ausweg gefunden.

So unbeschreiblich rührend die Mutterliebe einer Wildente ist, so will es uns weniger gefallen, daß sie ihre eigenen Kleinen tötet, sobald sie sich in ein fremdes Schof, wie man Mutterente mit Jungen nennt, verirren. Das ist verschiedentlich beobachtet worden. Wir wissen nicht, woran sich die jungen Entlein erkennen. Wohl aber ist es bekannt, daß junge Entlein vom zweiten Tage ab ihre Geschwister von anderen jungen Entchen unterscheiden.

Ebenso töten die Mutterenten gern die Jungen einer anderen Ente oder verfolgen sie wenigstens aufs heftigste. Bei Glucken, die Küchlein bei sich führen, können wir das gleiche oft genug beobachten.

Der Grund für dieses uns seltsam anmutende Benehmen kann natürlich nur in der Magenfrage gefunden werden. Ein bestimmter Raum gibt nur für eine bestimmte Anzahl von einer gewissen Tierart Nahrung. Fremde Wettbewerber müssen demnach vertrieben oder getötet werden. Der Angriff auf die fremden Jungen ist demnach in gewissem Sinne ein Ausfluß der alles beherrschenden Mutterliebe. Die eigenen Kleinen sollen nicht darunter leiden, daß ihnen fremde die Nahrung beeinträchtigen.

170. Die Feinde der Ente.

Wir sehen, daß die eigene Verwandtschaft zu den schlimmsten Feinden bei der Ente gehört. Sehr viele Opfer kann auch das Wetter fordern. Wenn die jungen Entchen im Frühjahr ausgebrütet worden sind, dann kommen oft genug kalte Tage. In der Kälte aber gibt es keine Insekten, nach denen sie mit Vorliebe haschen. Ueberhaupt ist an kalten Tagen das Wasser nahrungsärmer.

Unter natürlichen Verhältnissen machen zahlreiche Raubtiere auf die armen Enten Jagd. Der Seeadler lebt vielfach von Enten, ebenso lieben Habicht und Wanderfalk einen Entenbraten. Gern stellt ihnen auch der Fuchs nach, ebenso auch andere Raubtiere. Ihre Eier werden von den Krähen ausgetrunken. Trifft ein Storch oder ein Reiher mit einer Mutterente zusammen, die ihre Jungen führt, so läßt er alle in seinem Magen verschwinden, falls sie ihm nicht entwischen.

Im Tiergarten kommen von allen diesen Feinden gewöhnlich nur die Wanderratte, die der Berliner Wasserratte nennt, in Betracht. Diese ersäuft die Jungen, indem sie die Entlein von unten packt und in die Tiefe zieht.

Die arme Mutterente muß also Tag und Nacht auf ihrer Hut sein. Während beim Schwan und der Wildgans das Männchen ein besorgter Vater ist, kümmert sich der Enterich gar nicht um seine Nachkommenschaft. Er trifft sich mit den andern Wilderpeln zusammen und scheint sich prächtig mit ihnen zu vergnügen.

Nach unsern Begriffen ist er ein ganz gewissenloser Kerl. Es muß immer wieder hervorgehoben werden, daß man menschliche Vorstellungen nicht ohne weiteres auf tierische Verhältnisse übertragen darf.

Um die Wildenten vor ihrer Ausrottung zu bewahren, ist nur erforderlich, daß jede Entenmutter ein bis zwei Junge großzieht. Das gelingt ihr regelmäßig ohne den Beistand des Erpels. Da die Natur überall mit dem geringsten Kraftaufwand tätig ist, so bleibt der Erpel bei der Aufzucht außer Betracht.

171. Warum nennt man eine falsche Zeitungsmeldung eine Zeitungsente?

Im Tiergarten werden wir von der Verstellungskunst der Entenmutter kaum etwas zu sehen bekommen. Denn das Publikum würde es verhindern, daß beispielsweise jemand einen Hund auf sie und ihre Jungen hetzt.

Wir haben bereits früher (Kap. 144) geschildert, wie die Wildhühner ihre Jungen gegen überlegene Feinde zu schützen suchen. Wir müssen auf diese ebenso merkwürdige wie erfolgreiche Rettungsart hier bei der Mutterente nochmals zu sprechen kommen.

Die stärkeren Tiermütter verteidigen ihre Jungen durch ihre Kraft. Den meisten Friedvögeln fehlt jedoch eine solche Stärke ihrer Glieder, um damit Erfolge zu erzielen. Der Weiblichkeit liegt es nun nahe, die Kraft durch List zu ersetzen. Besonders machen schwache Tiermütter hiervon Gebrauch. Nähert man sich dem Neste eines Singvogels, so kann man oft erleben, daß das Weibchen wie tot zur Erde fällt. Um den Feind von ihren Jungen abzulenken, stellt sich die Mutter tot. Will der Feind sie haschen, so weiß sie mit großer Gewandtheit ihm zu entschlüpfen und ihn weit weg vom Neste zu führen. Fasanenmütter und Rebhühner stellen sich lahm, um den Hund oder Fuchs von ihren Jungen fortzulocken. So macht es auch die Mutterente. Obgleich sie ganz gesund ist, lahmt sie ganz auffallend. Natürlich denken Fuchs oder Hund, daß ein gelähmtes Geschöpf mit leichter Mühe zu ergreifen ist, und verfolgen sie. Auch hier versteht sie es meisterlich, die Feinde von den Jungen fortzulocken, ohne selbst erhascht zu werden.

In früheren Zeiten waren die Menschen mit der Tierwelt viel vertrauter. Die Verstellungskünste der Mutterente waren ihnen etwas ganz Bekanntes. Sie wußten, daß die Ente durch ihr Benehmen andern etwas mitteilt, was nicht wahr ist. So lag es nahe, eine Zeitungsmeldung, die etwas mitteilte, was nicht wahr ist, als Zeitungsente zu bezeichnen.

172. Ist die Ente wie das Huhn ein Tagtier?

Die Hühner gehen, wie wir wissen, zeitig schlafen. Wie ist es mit der Wildente?

Es ist bereits früher (Kap. 145) hervorgehoben worden, daß die Wildente im Gegensatz zu den wilden und zahmen Hühnern auch in der Nacht tätig ist. Der Jäger weiß, daß man sich auf Enten gegen Abend am Rande eines Gewässers anstellt. Mit Einbruch der Dämmerung fangen die Enten an, auf Nahrungssuche auszugehen und zu diesem Zwecke nach Teichen oder sonstigen Gewässern zu fliegen, wo sie reichliches Futter vermuten.

Auch die Wildenten im Berliner Tiergarten haben diese Lebensweise beibehalten. Unzählige Male habe ich sie in der Nachtzeit in Tätigkeit gesehen. Es ist, wie schon hervorgehoben wurde, ein Irrtum, daß die Wildenten sich durch das elektrische Licht die Nahrungssuche in der Nacht angewöhnt haben. Auf dem Lande, wo kein elektrisches Licht strahlt, handeln sie genau ebenso.

Warum frißt die Ente nun nicht am Tage wie die Hühner? Zeit genug hat sie doch eigentlich den ganzen langen Tag über.

Die Wildente wird es besser wissen als wir, weshalb sie die Nacht zur eigentlichen Fütterung wählt.

Wahrscheinlich ist der Grund folgender. Seeadler, Adler, Wanderfalk und Habicht sind, wie wir wissen, eifrige Feinde der Wildente. Diese Feinde sind Tagraubvögel, die am Tage tätig sind, aber nicht in der Nacht. Die hauptsächlichste Rettung der Ente liegt in der Flucht, auf dem Wasser in ihrem Tauchen. Je voller sich die Ente gefressen hat, desto schlechter fliegt und taucht sie, und um so leichter wird sie gefangen.

Die Ente frißt gern viel. So läuft sie also Gefahr, wenn sie am Tage reichlich gefressen hat, von ihren Hauptfeinden erbeutet zu werden.

In der Nacht braucht sie diese nicht zu fürchten. Da kommen als Feinde nur die großen Eulen, also namentlich der Uhu, in Betracht. Angenommen, daß dieser von dem Schwarm der Enten, die sich zur Nachtzeit irgendwo gesammelt haben, eine fängt, so ist das weiter kein Unglück.

Uebrigens sieht man dem Auge der Ente auch äußerlich an, daß es an die Augen der Dunkelheitsseher, der Nachtigallen, Schnepfen und anderer Vögel erinnert, während die Augen der Hühner, als ausgesprochener Helligkeitsseher, ganz anders aussehen.

173. Warum läßt man Enteneier durch Hühner ausbrüten?

Unsere Hausente ist größer, stärker und fetter geworden als ihre Vorfahren. Dafür kann sie nicht mehr wie diese auf den Grund der Gewässer tauchen, auch kann sie nicht annähernd so gut wie diese fliegen.

Wir folgen der Einladung eines Bekannten im Vorort, um uns seine Enten anzusehen. Beim Eintritt in sein Gehöft bemerken wir eine Glucke, die ängstlich am Rande eines kleinen Pfuhles herumläuft und fortwährend Lockrufe ausstößt, während die jungen Entlein unbekümmert um die Angst ihrer Pflegemutter lustig umherschwimmen.

Weshalb läßt der Mensch die Enteneier durch eine Henne ausbrüten? Ist das nicht grundverkehrt? Die Ente liebt die Nässe, während das Huhn sie haßt.

Die Erklärung liegt darin, daß wir deshalb oft Pflegemütter wählen, weil sie als Brüterinnen und Führerinnen ausgezeichnete Dienste leisten. So ist die Pute wegen dieser Eigenschaften berühmt, und erst vor einigen Tagen sah ich in Berlin eine Pute junge Enten führen. Die Ente läßt auf diesem Gebiete häufig zu wünschen übrig.

Sodann will die Mutterente ihre Jungen zum Wasser führen. Hat man auf oder bei seinem Gehöft einen Graben oder Teich, so ist das sehr schön. Häufig ist das nicht der Fall, und dann ist eine Glucke ganz am Platze.

Der Mangel an Wasser schadet Enten, die man mästen will, nichts. Dagegen würden Zuchtenten ohne Wasser nicht gedeihen.

174. Die Rassen der Ente.

Besonders große Entenrassen sind die Rouen-Ente, die gemästet über 10 Pfund schwer wird, ferner die Aylesbury- und die Peking-Ente. Kleiner ist die indische Laufente, die aber eine fleißige Eierlegerin ist und es auf 150 Eier im Jahre bringt.

Die Brutzeit dauert 28 Tage oder einige Tage weniger. Zur Zucht gebraucht man Enten bis zum fünften Jahre, obwohl sie noch länger legen.

Junge Enten wachsen, wie wir an den Wildenten sehen, sehr schnell heran und können in 10 bis 12 Wochen mastreif sein.

Die Ente wird als gefiedertes Schwein bezeichnet, weil sie alles frißt. Wir haben bereits beim Schwein hervorgehoben, daß diese Redensart etwas übertrieben ist. Richtig ist, daß ihr Speisezettel sehr reichhaltig ist. Die Wildente frißt Sämereien, Knollen, Blätter, ferner Insekten, Würmer, Weichtiere und Reptilien. Fische fängt sie wohl nur durch Zufall, da sie zum Fischen nicht passend gebaut ist. Desto eifriger ist sie nach dem Laich der Fische, wie schon erwähnt wurde. Die Hausente frißt außerdem Hausabfälle, Kartoffeln, Fleisch usw.

Mit dem Schwein teilt die Ente den Vorzug, daß ihr Fleisch immer Abnehmer findet, und daß ihre Zucht überhaupt verhältnismäßig lohnend ist.

175. Die Ente in Redensarten und Sprichwörtern.

Erwähnt wurde bereits die Redensart, wonach die Ente als gefiedertes Schwein bezeichnet wird. Auch ist die Zeitungsente zu erklären versucht worden. Ferner findet in dem Vorstehenden die Redensart ihre Erklärung:

> die umhertrippelt wie ein Huhn, das Enten ausgebrütet hat und sie aufs Wasser gehen sieht.

Sonst wären noch anzuführen:

> Er kann schwimmen wie eine Ente.

Spöttisch wird auch gesagt:

> Er kann schwimmen wie eine bleierne Ente.

Die Gans

176. Warum gilt die Gans als wachsam?

In unserem Zoologischen Garten, der uns so oft ein Helfer in der Not gewesen ist, können wir uns auch die Stammeltern unserer Hausgans, die Graugänse, ansehen. Sie tummeln sich auf dem sogenannten Vierwaldstätter See. Allerdings ist bei oberflächlicher Betrachtung nicht viel an ihnen zu sehen. Sie sehen eben wie graue Gänse, die auf einem Gewässer schwimmen, aus. Aber wer die außerordentliche Vorsicht der Graugänse kennt, der ist schon sehr erfreut darüber, daß er sie so in der Nähe zu Gesicht bekommt. Ich habe jahrelang Jagdreviere gekannt, wo es sehr viel Wildgänse gab. Aber nur einmal habe ich eine Graugans in der Nähe zu sehen bekommen. Es war eine Nachzüglerin, die es sehr eilig hatte und sehr niedrig flog. In der Eile hatte sie uns Jäger, die wir im Graben lagen, übersehen.

Jung eingefangene Graugänse werden verhältnismäßig leicht zahm. So sind sie, wie schon erwähnt wurde, die Stammeltern unserer Hausgänse geworden.

Berühmt ist die Geschichte, daß Gänse das Kapitol von Rom und dadurch die Stadt selbst durch ihre Wachsamkeit gerettet haben. Die Feinde, die Gallier, hatten damals vor mehr als zweitausend Jahren, einen nächtlichen Ueberfall geplant. Die Hunde schliefen, aber die Gänse merkten, daß unerbetener Besuch sich nahte, und erhoben ein Geschrei. Hiervon wurde die Besatzung wach, der es gelang, die anstürmenden Feinde in die Tiefe zu stürzen.

Alljährlich wurde diese Rettung der Stadt durch ein Fest gefeiert. Neben einer triumphierenden Gans lag ein getöteter Hund.

An der Wahrheit des Berichts ist nicht gut zu zweifeln, und der Tierkenner wird der letzte sein, der ihn bezweifelt. Die Wachsamkeit ist ohne Frage ein Erbteil ihrer Stammeltern.

Unsere Wildgans ist im Gegensatz zu manchen ausländischen Gänsen infolge ihrer Schwimmfüße außerstande, auf Bäumen zu schlafen, wie es die andern Vögel tun. Sie lebt deshalb in unzugänglichen Brüchen und schwer zugänglichen bewachsenen Inseln. Es ist nun selbstverständlich für den Menschen recht schwer, sich zur Nachtzeit solchen Schlafstätten zu nähern. Aber Wildkatzen, Füchse und Wölfe, namentlich aber Hermeline, Iltisse und Fischottern, die sämtlich nächtliche Räuber sind, können den schlafenden Gänsen doch sehr gefährlich werden. Deshalb scheint immer eine von den Wildgänsen Wache zu halten. Auch deutet ihre Vorliebe für Schlafplätze im Schilf darauf hin, daß sich die Annäherung des Räubers durch Betreten der überall liegenden trockenen Rohrstücke verraten soll. Diese Benutzung von

Natur-Alarmapparaten finden wir bei Pflanzenfressern nicht selten, so bei Hirschen, Rehen usw. Sie haben ihr Lager am liebsten an Oertlichkeiten, wo sich der Jäger nicht nähern kann, ohne durch das Betreten des Laubes und der überall vorhandenen Zweigstücke Geräusche zu erzeugen.

Die Hausgans ist also von Hause aus durchaus für die Wachsamkeit zur Nachtzeit geschaffen, deshalb ist die von ihr gemeldete Geschichte vollkommen glaubhaft.

177. Wie steht es mit den geistigen Fähigkeiten der Gans?

Die Bezeichnung »dumme Gans« ist bei uns sehr geläufig. Und betrachtet man Hausgänse, die auf einem Anger weiden, was wir in jedem Dorfe anstellen können, so machen die Tiere ohne Zweifel nicht den Eindruck, als ob sie über einen großen Geist verfügen.

Das eintönige Geschnatter, das sie hören lassen, erscheint zunächst sehr überflüssig. Wir wissen aber von dem Grunzen der Schweine und dem Blöken der Schafe, daß solche den Zusammenhang der Gesellschaft wahrenden Töne für Tiere, die im Röhricht leben, sehr wichtig sind. Sodann sehen die Gänse mit ihrem watschelnden Gang auf dem Erdboden sehr unbeholfen aus. Aber ist das irgendwie wunderbar? Wir Menschen haben sie doch aus ihrer Heimat zwischen Rohr und Binsen genommen und auf den festen Erdboden gebracht, wohin sie ihrer Natur nach nicht gehören. Ihre Furchtsamkeit, die sie bekunden, ist auch nicht weiter merkwürdig. Denn wie unsern Hausschafen das Gebirge, so fehlt ihnen und den Enten das Wasser zu ihrer Rettung. Nur der Gänserich bekundet Mut gegen Kinder. Er geht auf sie mit Zischen los. Uebrigens haben sie gelegentlich schon durch Schnabelhiebe ganz kleinen Kindern gefährliche Verletzungen beigebracht.

Die angebliche Dummheit der Hausgänse muß man in der Hauptsache auf die unnatürlichen Verhältnisse zurückführen. Von Hause aus ist die Gans ein sehr kluges Tier. Hierüber sind sich alle Jäger einig. Das Anschleichen an Gänse ist ungeheuer schwierig, weil sie durch ihre Wachsamkeit und ihr vorzügliches Sehvermögen fast alle Mittel ihrer Feinde zuschanden machen.

Unsere Vorfahren waren mit dem Tierleben weit inniger vertraut als wir. Sie kannten die Tiere demnach auch viel besser. So erklärt es sich, daß sie ein Rechtsbuch »Graugans« nannten. Für den heutigen Kulturmenschen ist diese Bezeichnung ganz unverständlich. Der Jäger aber versteht, was damit gemeint ist. Die Verfasser haben sich die Graugans mit ihrer bewundernswerten Vorsicht, Klugheit und Wachsamkeit als Vorbild genommen.

178. Wie erklärt sich der Gänsemarsch?

Unsere Dorfgänse werden jetzt nach Hause getrieben, wobei sie sich in dem bekannten Gänsemarsch bewegen. Dieser Gänsemarsch dürfte ohne Frage aus ihrer Bewegungsart im Röhricht und Binsen herrühren. Eine Wildgans muß hier der andern folgen, da sie sich sonst jedesmal erst einen neuen Weg bahnen müßte.

Ueberhaupt läßt sich nicht bestreiten, daß den Gänsen durch ihre Lebensart ein gewisser soldatischer Geist eingehaucht ist. Sie haben einen bewundernswerten Sinn für Ordnung. Das Einreihen, das Bilden einer Linie und ähnliche Bewegungen fallen ihnen ersichtlich leicht. Wie soll es auch anders sein, da ja ihr Flugbild das bekannte Dreieck bildet. Man nimmt an, daß die Gänse in dieser Flugform leichter die Luft durchschneiden.

179. Aus der Lebensgeschichte einer Wildgans.

Für die Leser, denen unsere Wildgänse nicht bekannt sind, möchte ich von dem Berichte eines Jägers über einen zahmen Wildganter eine Stelle hier bringen.

Auf einem Gute in der Neumark waren zwei Eier von Wildgänsen durch Hühner ausgebrütet worden. Es war ein Pärchen, ein Ganter und eine Gans. Beide flogen, als sie erwachsen waren, oft fort, kehrten aber stets wieder heim. Von diesem Ganter erzählt der erwähnte Jäger folgendes:

Die Hunde haben es schon längst gelernt, ebenso schnell wie unauffällig aus seinem Bereich zu verschwinden, und auch die Katzen sind, falls er gerade schlechter Laune ist, vor seinen Angriffen nicht sicher. So stand der Ganter einst neben mir im Garten, offenbar ungehalten darüber, daß ich als Fremdling es wagte, mich in der Nähe seiner Lieblingsgans zu bewegen, die unmittelbar daneben auf dem Hofe im Pferdestall brütete. Da erstand mir ein Blitzableiter in Gestalt einer Katze. Mieze lag auf dem Rande des niedrigen Daches der Veranda, der Ganter entdeckte sie und schon im nächsten Augenblick schwang er sich in die Höhe, um mit dem mißliebigen Eindringling abzurechnen. Im Nu hatte er die tödlich erschrockene Katze am Balge erfaßt; kläglich schreiend wehrte sie sich zwar, so gut es ging, aber es half ihr alles nichts. Mit ihrem Feind zusammen, der nicht losließ, mußte Mieze hinab in die Tiefe, und fest verfangen kamen die beiden Kämpfer durch das dichte Weinrankengewirr der Gartenlaubenwand zur Erde herabgepoltert. Hier erst ließ der Ganter die Katze los, die sich nun eilig aus dem Staube machte; ihre Verteidigung schien dem ungewohnten Feind gegenüber recht mäßiger Art gewesen zu sein.

Dieses angriffslustige Benehmen legt der Ganter jedem lebenden Wesen gegenüber an den Tag, wenn er schlechter Laune ist und sich dem Gegner einigermaßen gewachsen fühlt. Vor Männern hat er immerhin noch einigen Respekt, aber er kann es doch nicht unterlassen, auch sie empfindlich in die

Wade zu zwicken, wenn sie seinen Gänsen oder wohl gar deren Gelegen zu nahe kommen. Frauen und Mädchen denken nicht im Traum an solche Verwegenheit, die er, wenn es sich nicht etwa um seine Pflegerinnen handelt, ganz gewaltig bestrafen würde. Aus allen diesen Gründen ersetzt der Ganter auch den vorzüglichsten Hofhund, denn seinen Nachtdienst tritt er schon an, sobald die ersten Schatten der Dämmerung sich auf die Erde senken. Was ihm an Eindringlingen nicht stark überlegen erscheint, wird im wahren Sinne des Wortes überfallen; denn der Ganter naht im Schutze der Dunkelheit vollkommen lautlos und verbeißt sich ganz fest in Kleidern, Haaren oder Gliedmaßen.

Uebermächtigen Feinden, wie Männern gegenüber, befolgt er dagegen einen ganz anderen Feldzugsplan, indem er von seiner fabelhaft durchdringenden Stimme den ausgiebigsten Gebrauch macht. Die Sage von den kapitolinischen Gänsen wird von diesem Vogel in die Wirklichkeit übersetzt, und wenn er auch natürlich nur sein eigenes Hausrecht zu wahren bestrebt ist, wissen doch die Hausbewohner mit Sicherheit, daß irgendetwas nicht in Ordnung ist, wenn nachts der Ganter laut wird.

In der vorstehenden Schilderung wird ebenfalls die Wachsamkeit der Gans zur Nachtzeit bestätigt.

180. Die Rassen der Gänse.

Berühmt von den Gänserassen sind die Pommersche, Mecklenburgische, Emdener und Toulouser Gans. Gänsezucht bringt nur Gewinn, wenn man über Weiden mit Wasser verfügt. Die Gans wird gewöhnlich im zweiten Jahre fortpflanzungsfähig und kann sehr alt werden, jedenfalls über 20 Jahre. Die Gans legt etwa ein Dutzend Eier und brütet 28 bis 32 Tage darauf.

Die Gänse sind in der Hauptsache Pflanzenfresser. Sie weiden mit Hilfe ihres harten scharfschneidenden Schnabels Gräser und Getreidearten, Kohl und andere Kräuter von der Erde ab, enthülsen Schoten und Aehren und gründeln in seichten Gewässern nach Pflanzenstoffen. Doch nehmen die Gänse auch tierische Nahrung zu sich.

Bei uns ist es üblich, die Gänse nach der Ernte auf die Felder zu treiben, wobei die Tiere (Stoppelgänse) sehr an Gewicht zunehmen.

Außerordentlichen Nutzen gewährt die Gans durch ihre Federn. Sie wird zu diesem Zwecke ein- oder zweimal gerupft.

In früheren Zeiten lieferten die Kiele der Schwungfedern die Schreibfedern. Es war eine mühsame Arbeit, die Kiele zu diesem Zwecke zurechtzuschneiden.

Vorzüglich ist auch das Fett der Gans. Von Feinschmeckern wird ihre Leber gerühmt. Es ist ein ziemlich umständliches Verfahren, um künstlich große Lebern zu erzeugen.

181. Die Gans in Redensarten und Sprichwörtern.

Erwähnt wurde schon die Bezeichnung Gans oder dumme Gans für einen dummen Menschen, namentlich für eine dumme Frauensperson. Insbesondere wird ein albernes Mädchen gern als Gänschen bezeichnet. Ebenso wurde bereits der Gänsemarsch und das Watscheln wie eine Gans angeführt.

In Berlin kann man die Redensart hören:

Eine gute gebratene Gans ist eine gute Gabe Gottes,

wobei das »g« wie »j« ausgesprochen wird.

Mit

Gänsewein

wird scherzhaft das Wasser bezeichnet.

Gänsefüßchen

heißen die Anführungszeichen bei der Zeichensetzung.

Gänsehaut,

so wird die menschliche Haut bezeichnet, wenn sie durch Kälte oder Schreck der Haut einer Gans ähnlich sieht.

Schwäne, Enten, Gänse

Der Schwan

182. Warum hat der Schwan einen so langen Hals?

Auch in diesem Falle müssen wir uns nach dem Zoologischen Garten begeben, um uns Schwäne anzusehen. Die Schwäne im Tiergarten sind seit einigen Jahren verschwunden. Noch im vorigen Jahre lebte ein Pärchen auf dem Tempelhofer Felde in dem neugegrabenen See. Auch das ist nicht mehr vorhanden. Ob in der Havel noch Schwäne sind, habe ich noch nicht feststellen können.

Vor vierzig Jahren brütete alljährlich ein Schwanenpaar an der Moabiter Brücke, die von der Kirchstraße über die Spree führte. Das Nordufer der Spree war damals unbebaut und bildete die sogenannte Wulwe-Lanke. Es war ein schöner Anblick – er und sie würdevoll und vorsichtig dahinschwimmend und um sie beide ihre Kinderschar. Gewöhnlich waren es vier Junge, die bräunlich aussahen. Merkwürdigerweise hört man so oft, daß der Schwan weiße Junge habe. Das ist aber, wenn man von einer Ausnahme absieht, durchaus unrichtig.

Auch die Schwäne im Zoologischen Garten erfreuen uns durch ihre schöne weiße Gestalt, die so vortrefflich in den Rahmen eines stillen, verträumten Weihers paßt.

Warum haben die Schwäne einen so langen Hals? Diese Frage kann man oft hören. Ich glaube, sie muß in folgender Weise beantwortet werden:

Einmal muß jedes Tier so gebaut sein, daß es mit seinen Reinigungsmitteln zu jedem Körperteil gelangen kann. Da der Vogel die Reinigung mit dem Schnabel besorgt, so braucht der Schwan, um zu dem äußersten Teil des Rückens zu gelangen, schon deshalb einen langen Hals.

Sodann kommt die Nahrungsmittelverteilung hinzu. Wenn alle Pflanzenfresser dasselbe fressen würden, so wäre der Streit unter ihnen noch größer, als er ohnehin schon ist. Aus diesem Grunde sind sie verschieden groß gebaut. Der kleine Hase kann, selbst wenn er sich aufrichtet, nicht dahin reichen, wo das Reh bequem fressen kann. Dagegen kann das Reh die Stellen nicht erreichen, die dem größeren Hirsch zugänglich sind.

Wie Hase, Reh und Hirsch über dem Boden, so unterscheiden sich Schwimmente, Gans und Schwan unter dem Wasser. Die Gans kann beim Gründeln solche Stellen erreichen, wohin die Ente nicht gelangt. Und wiederum kann der Schwan noch weiter reichen als die Gans.

Die Wildente kann wohl auf den Grund des Gewässers tauchen, und tut das auch oft. Aber beim Gründeln sieht man Enten, Gänse und Schwäne nicht tauchen. Das dürfte sich nur aus der Nahrungsmittelverteilung erklären.

Der Schwan ist noch mehr Pflanzenfresser als Gans und Ente. Im Frühjahr quakende Frösche läßt er, wovon ich mich oft überzeugen konnte, ganz unbehelligt.

Seine Hauptfeinde, Adler und Uhu, sind jetzt bei uns fast ausgerottet. Vor ihnen flüchtete er ins Schilf. Manchmal kommt es noch vor, daß ihn ein Fuchs abwürgt, wenn er im Winter im Eise festgefroren ist. Unter gewöhnlichen Umständen dürfte ein Fuchs einem gesunden Schwan nicht viel anhaben können, da er sich mit seinen gewaltigen Flügelschlägen gut verteidigen kann.

Der Schwan nistet im Frühjahr. Nach einer Brutzeit von 35 bis 42 Tagen schlüpfen die Jungen aus. Die Anzahl der Eier beträgt sechs bis acht.

Hervorragend geschätzt sind die Federn des Schwans wegen ihrer Farbe und Weichheit. Mit der Schönheit des Tieres steht sein Wesen wenig im Einklang. Er zeigt sich nach unsern Begriffen selbstbewußt und herrschsüchtig. Vom Standpunkte des Schwanes aus dürften sich diese Eigenschaften sehr wohl erklären lassen.

183. Der Schwan in Redensarten und Sprichwörtern.

Schwanengesang.

Wir in Deutschland kennen hauptsächlich den Höckerschwan, der nur zischt, aber nicht singt. In nördlichen Ländern lebt aber der gleichgroße Singschwan, der keinen Höcker trägt. Dieser führt seinen Namen mit Recht. In den kalten Winternächten soll der Gesang einer Schar Singschwäne sehr schön klingen. Manche behaupten, daß der Singschwan besonders vor seinem Tode sänge, was von andern bestritten wird. Wahrscheinlich haben die alten Griechen, die zuerst von dem Schwanengesang in diesem Sinne sprechen, aus dem Gesang die Todesahnung herausgehört. Sie haben ebenso bei der Nachtigall die Anklage wegen eines Kindesmordes herausgehört.

Die Schwäne galten als besondere Lieblinge des Apollo, des Gottes der Dichtkunst. Daher werden Dichter geradezu als Schwäne bezeichnet, so Shakespeare (Schähkspir) als Schwan von Avon (ew'n oder äw'n), da er am Avon geboren ist.

Schwanengesang ist also die letzte bedeutende Leistung, die jemand angesichts seines bevorstehenden Todes vollbringt, wie das Sterbelied des Schwans.

Schwanen.

Da der Schwan seinen Tod vorher wissen soll und überhaupt, wie viele Vögel, nach dem Volksglauben (Kap. 36) in die Zukunft blicken kann, so bedeutet es: dunkel ahnen.

Nach der schneeweißen Farbe des Schwans gibt es zahlreiche Zusammensetzungen, die hierauf Bezug nehmen, beispielsweise

S c h w a n e n h a l s.

Allerdings kann hierbei auch auf die Länge des Schwanenhalses angespielt sein.

Der Kanarienvogel

184. Weshalb gerät der Kanarienvogel in Wut, wenn er sein Spiegelbild erblickt?

Wer sich auch sonst um Tiere wenig bekümmert, dem wird doch der Kanarienvogel bekannt sein.

Der goldgelbe Sänger war vor dem Weltkriege in zahllosen Familien anzutreffen. Jetzt ist er auch selten geworden, und wir freuen uns, daß wir bei einem Bekannten Gelegenheit haben, einen zahmen Kanarienvogel zu betrachten.

Unser Bekannter, Herr Stengert, öffnet den Käfig, und sofort fliegt ihm Hänschen, wie der Kanarienvogel genannt wird, auf den vorgestreckten Finger. Auf Befehl gibt er seinem Herrn ein Küßchen. Bei Kanarienvögeln kann man das unbesorgt tun, da sie nicht wie Hunde im Kot wühlen. Sodann kriecht er seinem Herrn in den Rockärmel, wo es ihm besonders gut zu gefallen scheint. Wenigstens ist erst ein Leckerbissen notwendig, um ihn von diesem warmen Platze fortzulocken.

Einen merkwürdigen Einfluß übt ein vor ihm aufgestellter Spiegel aus. Mit allen Zeichen der Erregung, nämlich dem Sträuben der Kopffedern und dem Heben der Flügel sowie ganz sonderbaren Tönen nähert er sich diesem Kunstwerk des Menschen.

Man sollte meinen, daß ein hübsches Tier sich freut, wenn es im Spiegel sein Ebenbild erblickt. Warum setzt den Kanarienvogel sein Spiegelbild so in Wut?

Wir Kulturmenschen sind so daran gewöhnt, im Spiegel unser Bild zu erblicken, daß wir das Spiegelbild für die selbstverständlichste Sache der Welt ansehen. Und doch kann von einer solchen Selbstverständlichkeit gar keine Rede sein. Wir wissen, daß Naturvölker, die sich zum ersten Male im Spiegel betrachten, gar nicht wissen, daß es ihre eigene Person ist, die der Spiegel wiedergibt. Woher soll denn der Wilde eigentlich wissen, wie er aussieht? Wenn der Mensch so etwas nicht sofort feststellen kann, so ist es beim Tier erst recht nicht der Fall.

Nasentiere, also Hunde und Pferde, bleiben, wie wir wissen, im allgemeinen kalt gegen den Spiegel. Denn die Spiegelung sagt der treuen Nase nichts. Dagegen übt der Spiegel auf Augentiere, also außer uns Menschen, auf Affen und Vögel eine starke Wirkung aus.

Um die Erregung von Hänschen zu verstehen, müssen wir uns folgendes vergegenwärtigen. Hänschen ist ein Hahn, und alle Hähne sind gewöhnlich sehr eifersüchtig auf einander. Vom Haushahn ist es ja allgemein bekannt, daß er sofort mit einem andern Hahn Streit beginnt. Hänschen glaubt also, als er im Spiegel einen andern Kanarienhahn erblickt, einen Nebenbuhler vor sich zu haben. Er ist sofort bereit, mit ihm einen Kampf auszufechten. Sich selbst hat er nicht erkannt. Denn in diesem Falle wäre die Kampfbereitschaft vollkommen unverständlich.

185. Warum singen nur die Männchen bei den Singvögeln?

Nachdem der Spiegel, der Hänschen so beunruhigt hatte, von seinem Herrn fortgebracht worden ist, erfreut uns der Vogel durch seinen herrlichen Gesang. Die Frage ist sehr naheliegend, weshalb nur die Männchen singen. Denn einen weiblichen Kanarienvogel kauft man nur zu Zuchtzwecken. Außerhalb der Zuchtzeit, die vom Februar bis zu der im August eintretenden Mauser dauert, sind die Weibchen verglichen mit den Männchen spottbillig.

Bedenkt man, daß jedes Männchen im Frühjahr ein Weibchen finden möchte, mit dem es zusammen ein Heim gründen kann, so wird es klar, daß der Gesang der männlichen Singvögel ein vorzügliches Mittel dazu ist, den Weibchen anzukündigen, wo sie einen Gatten antreffen können. Die Augen der Vögel sind bekanntlich ausgezeichnet. Deshalb braucht ein Adlermännchen, das auf einem steilen Felsen sitzt, nicht zu singen. Denn ein Adlerweibchen kann es auf viele Kilometer deutlich erkennen.

Aber wie ist es mit den kleinen Singvogelmännchen, die im dichten Laub verborgen sitzen? Wie schwer ist es nicht, wenn wir den Ruf oder Gesang eines Vogels hören, den Urheber im Gewirr des Laubes und der Aeste zu erblicken. Ich habe Bauern kennen gelernt, die mir erklärten, noch niemals in ihrem Leben einen Pirol oder Kuckuck gesehen zu haben. Das war in einer Gegend, wo im Sommer beide Vögel von früh bis spät ihre Rufe erschallen ließen.

Wie sollte in der Dunkelheit ein Nachtigallenweibchen wissen, daß ein Männchen im Gebüsch weilt, selbst wenn seine Augen scharf und für die Dunkelheit angepaßt sind? Wie anders liegt die Sache, und wie erleichtert ist das Finden, wo jetzt das Männchen zur Frühjahrszeit in der Nacht seine sehnsuchtsvollen Töne in die Welt hinausflötet?

Gerade unter den Gebüschvögeln und den versteckt lebenden Vögeln pflegen die trefflichsten Sänger zu sein. Außer der schon erwähnten Nachtigall und dem Pirol sei nur an den Sprosser, die Grasmückenarten, die Laubvögelarten, den Gartenlaubsänger und andere erinnert.

Das Männchen hat also bei den Singvögeln deshalb die Gabe des Gesanges, weil es die Weibchen dadurch auf sich aufmerksam machen will. Da die Natur überall mit Aufwendung der geringsten Mittel arbeitet, so hat sie dem Weibchen die Gesangesgabe nicht verliehen. Denn es wäre ganz zwecklos, wenn beide Teile auf ihrem Platze blieben und das andere Geschlecht auf sich aufmerksam machen wollten.

Nur bei alten Weibchen kommt es vor, daß sie kümmerlich etwas singen. Das erinnert an die Erscheinung, daß alte Frauen einen Anflug von Bart bekommen.

186. Warum hassen die Sperlinge den Kanarienvogel?

Herr Stengert erzählt uns, daß er vor Jahren einen Kanarienvogel in folgender Weise verloren hat. Er war aus dem Bauer entwischt und hatte sich die goldene Freiheit erobert. Doch er sollte sich ihrer nicht lange erfreuen. Denn die Sperlinge fielen über ihn her und ruhten nicht eher, als bis sie ihn getötet hatten. Es war ihm nicht möglich, seinen Liebling zu retten, da sich der Vorgang an einer für Menschen unzugänglichen Stelle abspielte.

Von diesem Haß der Sperlinge gegen entflohene Kanarienvögel habe ich so oft erzählen hören, daß ich an der Wahrheit der Berichte nicht gut zweifeln kann. Er steht auch ganz im Einklange mit der immer wiederkehrenden Erscheinung, daß sich nahe Verwandte im Tierreich grimmig hassen, so Wolf und Hund, Pferd und Esel usw. Auch der Kanarienvogel gehört wie der Sperling zu den Finken und müßte eigentlich nach menschlichen Anschauungen als naher Verwandter von den »Gassenjungen«, wie man die Sperlinge genannt hat, liebevoll aufgenommen werden. Da unter den Tieren Haß gegen Verwandte die Regel ist, so ist die Abneigung der Sperlinge gegen den Kanarienvogel nicht weiter auffallend.

Hierzu kommt noch folgendes. Alle freilebenden Tiere haben einen scharfen Blick für die Schwächen eines neu Angekommenen. Deshalb soll man einen Vogel, der ständig im Käfig gehalten wurde, nicht plötzlich aussetzen. Manche Tierfreunde wollen ihren Tieren etwas gutes erweisen und erreichen damit das gerade Gegenteil. So hatte ein Bekannter von mir eine junge Drossel großgezogen. Als ausgesprochener Tierfreund wollte er dem Tiere eine große Freude machen und ihm die Freiheit schenken. Er erzählte mir von seinem Plane, worauf ich ihm den Rat gab, die Drossel zunächst im Zimmer das Fliegen etwas gründlicher lernen zu lassen. Das wollte er jedoch wegen der damit verknüpften Schmutzereien nicht tun. Er nahm die Drossel also nach dem Tiergarten mit und setzte sie dort aus. Er selbst schaute von einer Bank aus dem Benehmen seines Lieblings zu. Es dauerte nicht lange, so kam eine Krähe. Diese fing die Drossel und verspeiste sie. Mein Bekannter war dagegen machtlos. Die Krähe hatte sofort erkannt, daß die Drossel nicht genügend fliegen konnte. Wie sie auf kranke Vögel Jagd macht, so auch auf schlechte Flieger.

Vielleicht ist auch folgender Umstand von Bedeutung. Bei jeder Tierart kommen wohl sogenannte Albinos vor, d. h. Tiere mit weißer Farbe und roten Augen. Allgemein gelten sie als schwächlich. Raubtiere suchen zuerst die Albinos zu erbeuten. Albinos werden von ihren Artgenossen gewöhnlich gemieden. Unser Kanarienvogel ist nun zwar kein Albino, aber mit seiner hellgelben Färbung sieht er ihm manchmal recht ähnlich. Jedes freilebende Tier sieht jedenfalls sofort, wenn es einen Kanarienvogel erblickt, daß hier ein Schwächling vorliegt. Schwächlinge werden gern bekämpft.

Der Haß der Sperlinge gegen den Kanarienvogel ließe sich also dadurch erklären, daß der Kanarienvogel ein naher Verwandter, ein erbärmlicher Flieger und ein Schwächling ist.

187. Wie erklärt sich die gelbe Farbe des Kanarienvogels?

Der wilde Kanarienvogel, von dem unser zahmer Kanarienvogel abstammt, lebt noch heute auf den Kanarischen Inseln an der Westküste Afrikas. Seit etwa drei Jahrhunderten ist der Kanarienvogel als Haustier bei uns heimisch. Der wilde Kanarienvogel ist grünlich, während unser Kanarienvogel hauptsächlich gelb ist. Wie läßt sich diese Verschiedenheit erklären?

Wir sehen, daß Haustiere sehr häufig eine andere Farbe haben als ihre freilebenden Vorfahren. Das Wildpferd ist braun. Es gibt unzählige Pferde, die nicht braun sind. Ebenso ist es mit den Wildkaninchen, dem Bankivahuhn, der Felsentaube usw.

Da man bei Kanarienvögeln durch Fütterung mit Kayennepfeffer ganz merkwürdige Färbungen erzielt hat, so ist wohl anzunehmen, daß die Nahrung in einem gewissen Zusammenhang mit der Färbung steht. Da die Haustiere gewöhnlich zum Teil eine andere Nahrung als ihre Stammeltern erhalten, so würde sich ihre anders geartete Färbung zum Teil dadurch erklären.

Herr Stengert erzählt uns weiter, daß er früher echte Harzer Kanarienvögel besessen, sie aber wieder abgeschafft hat, denn sie verlangen eine hohe Wärmetemperatur, was bei dem jetzigen Kohlenmangel nicht zu erreichen war.

An sich ist jedem Geschöpf Abhärtung zuträglicher als Verweichlichung. Die Züchtung der Harzer Kanarienvögel bei hoher Temperatur kann man aber eigentlich nicht als Verweichlichung bezeichnen. Denn der Vogel ist einmal ein alter Afrikaner. Vielleicht hat man gerade dadurch so große Erfolge erzielt, daß man ihn in der Temperatur seiner Heimat hielt.

188. Warum stecken die Vögel beim Schlafen den Kopf in die Federn?

Da sich der Abend naht, so soll Hänschen zum Schlafen in ein dunkles Zimmer gebracht werden. Hier sind noch einige andere Kanarienvögel, die, wie wir sehen, bereits schlafen. Sie haben nämlich ihren Kopf in die Federn gesteckt.

Diese Schlafstellung erscheint uns recht wunderbar, und die Frage deshalb sehr natürlich, weshalb der Vogel so handelt.

Manche meinen, daß diese Haltung für den Vogel am bequemsten sei. Wie der Mensch den Kopf sinken lasse, wenn er müde sei, so stecke der Vogel unter gleichen Umständen den Kopf in die Federn.

Hiermit ist aber schlecht vereinbar, daß nicht nur die Eulen, sondern, soweit ich feststellen konnte, auch die andern großen Raubvögel den Kopf nicht in die Federn stecken. Es ist mir trotz aller Bemühungen niemals gelungen, einen Adler oder Geier in der Nacht zu beobachten, wie er den Kopf in die Federn steckt. Gerade in Berlin hat man hierzu die schönste Gelegenheit. Geht man in der Dunkelheit am Rande des Zoologischen Gartens entlang, und zwar da, wo er an den Tiergarten grenzt, so sieht man stets einige Bewohner des riesigen Raubvogelkäfigs, wie sie auf den Felsen hocken. Bei den Eulen kann man das Nichthineinstecken des Kopfes mit ihrem zu kurzen Halse erklären. Aber Geier und Adler müßten auch ihre Köpfe in die Federn stecken, wenn diese Erklärung richtig ist.

Ich erkläre mir die Schlafstellung der Vögel anders und zwar auf Grund folgender Beobachtung.

An einem schönen Sommertage ging ich im Tiergarten spazieren. Ich blieb stehen, um eine Wildente zu beobachten, die auf einen in das Wasser gefallenen Baum gestiegen war und dort ihr Gefieder glättete. Es kam noch eine Ente angeschwommen und sprang – nicht flog – vom Wasser auf den Baum. Das ist ein Kunststück, das man nicht glauben würde, wenn man es nicht mit eigenen Augen sähe. Ueberhaupt benahmen sich die Enten auf dem gestürzten Baume so vertraut, daß ich mir sagte, in waldreichen Gegenden scheinen sie lieber auf Bäumen als am Ufer zu ruhen. Das ist auch ganz klar, denn am Ufer kann sie manches Raubtier, z. B. der Fuchs erbeuten, der auf den Baumstamm nicht so leicht gelangt. Demnach schien der Baumstamm mit seiner trockenen Rinde ein herrliches Ruheplätzchen zu bieten. Nur ein Wulst auf dem Baumstamm fiel mir auf, weil ich nicht recht wußte, was ich aus ihm machen sollte. Dieser Wulst, den ich zunächst übersehen hatte, kam mir mit der Zeit immer merkwürdiger vor. Ich bedauerte aufrichtig, nicht ein scharfes Jagdglas bei mir zu haben. Plötzlich bekam der Wulst Bewegung und, was ich schon geahnt hatte, entpuppte sich als – schlafende Ente.

Ich mußte staunen, wie vortrefflich das Gefieder der Wildente, die sich dicht auf den Stamm gedrückt hatte, zu der Baumrinde paßte. Sodann war es aber klar, daß ich trotzdem die schlafende Ente niemals hätte übersehen können, wenn sie nicht ihren Kopf in das Gefieder des Rückens gesteckt hätte. Ich glaube hiernach zu der Vermutung berechtigt zu sein, daß die merkwürdige Schlafstellung den Zweck einer Schutzstellung hat.

Die Wildente ist, wie wir wissen (Kap. 145) ein zum Teil nächtliches Tier. Sie hat also am Tage naturgemäß ein Schlafbedürfnis. Ihre schlimmsten Feinde sind außer dem Menschen die Tagraubvögel, insbesondere Wanderfalk und Habicht. Sie ist also in dieser Schlafstellung einigermaßen vor ihnen gesichert. Würde sie mit dem Kopfe nach vorn schlafen, so könnte sie von dem scharfen Auge ihrer gefiederten Feinde mit Leichtigkeit wahrgenommen werden.

Als Jäger wäre ich an dieser Wildente vorbeigelaufen, obwohl ich gerade für sich verbergende Geschöpfe ein sehr geschultes Auge besitze.

Aus Furcht vor den nächtlichen Feinden, den Eulen, stecken also die Friedvögel den Kopf in die Federn, damit sie leichter übersehen werden.

Uebrigens haben die Nachtaffen genau die gleiche merkwürdige Schlafstellung. Man betrachte beispielsweise ihre Bilder in Brehms Tierleben. Diese Schlafstellung wird aber sofort verständlich, wenn man sie als sogenannte Mimikry, d. h. Nachäffung der Umgebung auffaßt.

Adler und Geier scheinen eine solche Mimikry nicht zu brauchen und deshalb stecken sie den Kopf nicht in das Gefieder.

189. Die Rassen des Kanarienvogels.

Der Harzer Kanarienvogel ist bereits erwähnt worden. In England werden Kanarienvögel mit auffallender Färbung gezüchtet, so z. B. die eidechsenartig gestreiften Lizards. Erwähnt wurden bereits die Pfeffervögel, die durch Fütterung mit Kayennepfeffer tief gelbrot geworden sind.

Die Zucht des Kanarienvogels beginnt Mitte Februar. Auf ein Männchen rechnet man 3 bis 4 Weibchen. Das Weibchen legt 5 Eier. Die Brutzeit dauert etwa 13 Tage. Man kann im Jahre 3 bis 4 Bruten erzielen. Als Fink ist der Kanarienvogel ein Pflanzenfresser, der namentlich im Frühjahr Wert auf Insektenkost legt. Rübsen, Spitzsamen und gelegentlich Hanf sowie allerlei Grünes wird vom Kanarienvogel gern gefressen. Während der Brutzeit darf hartgekochtes Ei als Ersatz der tierischen Nahrung nicht fehlen. Da der wilde Kanarienvogel sehr gern Feigen frißt, so sind Zucker und Obst keine Leckereien für unseren Kanarienvogel, wie gewöhnlich angegeben wird. Es liegt vielmehr eine naturgemäße Fütterung vor.

Für die Zucht ist der Kanarienvogel nur bis zum vierten Jahre lohnend zu verwenden. Dagegen wird der einzelne Sänger bis zu 20 Jahren alt.

Der Wellensittich

190. Warum ist nur der Wellensittich ein Haustier?

In meinem Bekanntenkreise besitzt nur noch der vorhin erwähnte Herr Stengert ein Pärchen Wellensittiche. Die übrigen haben die Tierchen wegen Futtermangel abschaffen müssen. Wir suchen also Herrn Stengert wieder auf und sehen uns zunächst nochmals seine Kanarienvögel an.

Das Pärchen Wellensittiche hat bereits mehrfach gebrütet. Den Nachwuchs hat Herr Stengert fortgegeben, da die Ernährung heutzutage zu schwierig ist.

Unter Papageien stellt sich der Durchschnittsmensch ziemlich große, lautkreischende Vögel vor. Davon ist beim Wellensittich nichts zu merken. Sieht man von seinem langen Schwanz ab, so hat er etwa die Größe eines Stars. Nur ist er im Gegensatz zum Star grün gefärbt.

Nahen sich Fremdlinge, wie wir es sind, so haben die Wellensittiche eine Vorliebe dafür, sich schnell auf den Boden fallen zu lassen und sich zu ducken.

Hieraus sieht man, daß auch dieser Vogel von seinen ererbten Gewohnheiten vollkommen beherrscht wird. Er lebt in Australien und nährt sich von Grassamen. Wegen der Dürre dieses Landes ist er zu großen Wanderungen gezwungen. Ueppiger Graswuchs ist nur zeitweise nach den Niederschlägen vorhanden, und diese Niederschläge sind nicht häufig. Dort im grünen Grase ist sein Verstecken bei seiner grünen Färbung ein vortreffliches Mittel, um sich den Blicken des Beobachters zu entziehen. Auf dem mit Sand bestreuten Boden des Käfigs ist das Sichducken vollkommen zwecklos.

Vom Kreischen der andern Papageien merkt man beim Wellensittich nichts. Er singt vielmehr ziemlich leise und ganz angenehm.

Der größte Vorzug liegt jedoch in dem anmutigen Verhalten des Pärchens, das wie die Turteltauben das Vorbild eines zärtlichen Ehepaars liefert. Er ist der opferwillige und allzeit dienstbereite Mann, während sie das hingebende Weib ist.

Bei andern Papageien hat man auch Nachkommenschaft erzielt. Aber als viel größere Tiere brauchen sie dazu einen ziemlichen Raum. Der enge Käfig genügt ihnen nicht. Am leichtesten gelingt es, wenn man sie frei ausfliegen läßt. Immerhin muß man die Fortpflanzung anderer Papageien als Ausnahme betrachten.

Dagegen kann man von Wellensittichen regelmäßig Nachwuchs erzielen, und deshalb müssen wir sie zu unsern Haustieren rechnen.

Sie legen 4 bis 6 Eier. Der Wellensittich hat noch den weiteren Vorzug, außerordentlich anspruchslos zu sein. Das kommt natürlich daher, weil er in seiner Heimat fast nur von Grassamen leben muß.

Wegen der weiten Wanderungen in Australien muß der Wellensittich ein guter Flieger sein. Ich habe vor 20 Jahren längere Zeit einen entflohenen Wellensittich im alten Botanischen Garten beobachtet und mich über seine Flugfertigkeit sehr gefreut.

Erst seit Mitte des vorigen Jahrhunderts ist der Wellensittich zu uns gekommen.

191. Warum fehlt dem Tiere die Sprache?

Im Gegensatz zu andern Papageien lernt der Wellensittich nur ausnahmsweise sprechen. Immerhin soll bei dieser Gelegenheit die so oft aufgeworfene Frage erörtert werden, warum dem Tiere die Sprache fehlt.

Die neueste Auflage von Brehms Tierleben kommt zu dem Ergebnis, daß die Tiere deshalb nicht sprechen, weil sie sich nichts zu sagen haben. Dieses Ergebnis befriedigt nicht, wie schon an verschiedenen Stellen hervorgehoben worden ist. Die Tiere haben sich eine ganze Menge zu sagen. Für alle friedlichen Pflanzenfresser, die in Scharen leben, ist die Mitteilung, daß Gefahr droht, von der größten Wichtigkeit. Zu dieser Mitteilung ist aber eine artikulierte Sprache nicht erforderlich. Es genügt ein Schrei oder ein bestimmter Ausruf, auch das bloße Benehmen ist genügend. Ergreift das Leittier plötzlich die Flucht, so wissen die andern Genossen genau, was das zu bedeuten hat.

Ueberhaupt können die einfachen Bedürfnisse des Tieres fast immer durch das Benehmen angedeutet werden. Kein Mensch, der in einem Lokale eine Mahlzeit verzehrt, und dem ein fremder Hund jeden Happen, den er zum Munde führt, nachzählt – selbstverständlich im bildlichen Ausdruck – ist im Zweifel darüber, was der Hund eigentlich will. Er will etwas abhaben, und zwar je mehr, desto besser. Ein Schweizer Naturforscher erzählt von einem gefangenen Adler, daß dieser den Kopf senkte und dabei mit den Flügeln schüttelte. Sofort verstand er, daß der Adler baden wollte, und brachte ihm eine Wanne mit Wasser.

Das Tier hat also keine Sprache, weil es, wie ohne Zweifel feststeht, auch ohne eine solche bestehen kann.

Für das freilebende Tier, das im Kampfe ums Dasein steht, wäre aber die Verleihung der Sprache eher ein Nachteil als ein Vorteil. Alle Menschen, die gefahrvolle Berufe ausüben, also Seeleute, Luftschiffer, Soldaten, Fischer, Jäger pflegen einsilbig zu sein. Sie wissen alle, daß vieles Reden nicht nur ganz überflüssig, sondern sehr schädlich ist.

Besäßen die Tiere eine Sprache, so kämen sie oft ins Plaudern, und ein plötzlicher Ueberfall durch einen Feind bildete den Schluß des Plauderstündchens.

Dem Tiere fehlt also die Sprache, weil es von ihr fast nur Nachteile und kaum Vorteile hätte.

Uebrigens habe ich niemals begreifen können, weshalb der einfache Mann es bedauert, daß beispielsweise der Hund nicht sprechen kann. Würden sich denn noch Menschen einen Hund halten, wenn er als Plappermaul alles in der Nachbarschaft erzählte, was er bei seinem Herrn und seiner Familie gesehen und erlebt hat?

Der Goldfisch

192. Warum ist der Goldfisch ein beliebter Aquariumfisch?

In meiner Jugendzeit waren runde, bauchige Glasbehälter mit Goldfischen sehr beliebt. Jetzt sieht man sie sogar in Aquariumhandlungen selten.

Im Berliner Tiergarten können wir Goldfische im sogenannten Goldfischteich beobachten. Allerdings muß man die Stellen kennen, wo sie sich aufzuhalten pflegen. Ueberdies ist ihre Anzahl jetzt stark zurückgegangen.

Wie die Wildenten, so haben auch die Goldfische sehr darunter gelitten, daß sie vom Publikum nicht mehr gefüttert werden. Früher war es ein alltäglicher Anblick, eine Unmenge Goldfische zu sehen, die sich um die zugeworfenen Brocken stritten, während am Ufer die Sperlinge saßen und sich auf jeden Brocken stürzten, der nicht ins Wasser gefallen war.

Unter den Goldfischen des Goldfischteichs befanden sich wahre Riesen, ferner auch Silberfische. Im engen Glase werden die Goldfische natürlich niemals so groß.

Als Knabe habe ich allerlei Getier im Aquarium gehalten. Immer wieder habe ich mich davon überzeugt, daß sie nicht annähernd so ausdauernd sind wie der Goldfisch. Außerdem ist die Pflege heimischer Tiere viel umständlicher als die des Goldfisches. Der Goldfisch bekam wöchentlich einmal reines Wasser und täglich ein paar Ameisenpuppen, sogenannte Ameiseneier. Dabei hält er sich jahrelang. Berücksichtigt man seine schöne Farbe, so ist es kein Wunder, daß er ein beliebter Aquariumfisch ist.

Der Goldfisch stammt aus China und Japan, wo er seit alter Zeit gezüchtet wird. Er ist ein Karpfenfisch aus der Gattung Karausche, der durch die Kunst der Züchter die goldrote Färbung erhalten hat. Vor zwei- oder dreihundert Jahren kam er nach Europa, wo er bald Mode wurde. Große Goldfischzüchtereien bestehen in Frankreich, in Schlesien, Ostpreußen und in Steiermark.

Außer den Silberfischen züchtet man schwarze und bunte Rassen. Vom japanischen Goldfisch hat man Fische mit vorstehenden Augen, sogenannte Teleskopfische, und Schleierschwänze mit doppelten Schwänzen gezüchtet.

193. Wie richte ich ein Aquarium ein?

Die früheren dickbauchigen Goldfischgläser haben drei schwere Nachteile. Erstens kommt das Wasser mit der Luft nicht an dem größten Durchmesser des Glases in Berührung. Zweitens fehlen den Goldfischgläsern die Pflanzen. Drittens muß wegen des Pflanzenmangels das

Wasser allwöchentlich erneuert werden. Zu diesem Zweck müssen die Tiere herausgenommen werden. In der Regel spielt sich der Vorgang folgendermaßen ab. Zunächst werden die Fische mit dem Käscher herausgefangen, was ohne arge Beunruhigung der Tiere unmöglich ist. Das Wasser im Goldfischglase hat natürlich die Temperatur des Zimmers angenommen. In der Zwischenzeit kommen sie günstigenfalls in Wasser mit gleicher Temperatur. Das neue Wasser im Goldfischglase pflegt ganz frisch aus der Wasserleitung genommen zu werden. Die Fische, die abermals gefangen werden müssen, benehmen sich infolge des Temperaturwechsels höchst aufgeregt. Man hält das allgemein für ein Zeichen des Wohlbefindens, während das Gegenteil zutrifft.

Nur ein seit Jahrhunderten gezüchteter Fisch, der als früherer Karpfen an schlechtes Wasser gewöhnt ist, kann jahrelang solche Martern aushalten.

Es soll hier nicht von großen teueren Aquarien die Rede sein. Selbst diejenigen, die aus einem Metallgerüst mit eingekitteten Glasscheiben bestehen, sollen hier außer Betracht bleiben. Sie erfordern bereits einen besonderen dreibeinigen Tisch und eine besondere Stellung am Fenster, so daß sie unter den heutigen Verhältnissen von dem Durchschnittsmenschen nicht eingerichtet werden können.

Es soll vielmehr nochmals darauf hingewiesen werden, daß die bisherigen Goldfischgläser gewissermaßen eine ungewollte Tierquälerei zur Folge hatten. Darum soll jemand, der überhaupt Wassertiere halten will, unter allen Umständen viereckige Gläser wählen. Auch kleine Gläser lassen sich bereits mit Pflanzen besetzen. Die Pflanzen sind aber durchaus notwendig, weil sie Sauerstoff an das Wasser abgeben und dadurch einen Wechsel des Wassers nur selten, manchmal gar nicht nötig machen. Ein sicheres Zeichen, daß das Wasser zu sauerstoffarm ist, besteht darin, daß die Fische an die Oberfläche kommen, um Luft zu schnappen.

In den Aquariumhandlungen kann man die für die Pflanzen notwendige Erde erhalten. Sie besteht gewöhnlich aus guter Moorerde, die mit Torfgrus gemischt ist. Dieser Mischung sind alter, verwitterter Lehm und Flußsand zugesetzt. Hierüber kommt eine einige Zentimeter dicke Schicht von einem Sand, der vorher sorgfältig ausgewaschen ist. In einer Ecke des Aquariums macht man die Bodenschicht weniger hoch, so daß sich ein Schlammfang bildet, aus dem mittels eines Gummischlauches die Futterreste und Unrat entfernt werden.

Die eingepflanzten Wasserpflanzen müssen zwei bis drei Wochen ohne Fische stehen, damit sie festwurzeln und das Wasser sich klärt.

In einem solchen vier- oder mehreckigen Glase mit Pflanzen und Sand fühlen sich die Tiere wohl und halten sich viel länger als im blanken Wasser.

Jeder Teich, jeder Dorfpfuhl kann Bewohner für ein solches Aquarium liefern. Der wirkliche Tierfreund kann sich nicht satt sehen an dem Neuen und an den Schönheiten, die er bei sorgfältiger Betrachtung selbst bei den unscheinbarsten Geschöpfen entdeckt.

194. Der Goldfisch in Redensarten.

Wie man unter Backfisch ein junges Mädchen versteht, so unter

Goldfisch

ein Mädchen, das viel Geld in die Ehe bringt. Von dem Freier, der sie heimführt, sagt man, daß er einen Goldfisch geangelt hat.

Der Seidenspinner

195. Warum ist unsere Seidenraupenzucht zurückgegangen?

Früher habe ich oft Gelegenheit gehabt, mir die Zucht von Seidenraupen anzusehen. Jetzt aber konnte ich trotz aller Bemühungen keinen Seidenraupenzüchter ausfindig machen. In den Zoologischen Handlungen gab man mir den Bescheid, daß die Seidenraupenzucht aufgegeben sei, weil die Aufzucht einen Raum von 70 Kubikmetern verlangt. Den hat man bei der jetzigen Wohnungsknappheit nicht übrig. Alte Seidenhandlungen, an die ich mich wandte, antworteten mir ähnlich. Eine sehr bekannte Firma schrieb mir, daß sie Seidenraupenzüchter nur in Baden und Württemberg kenne.

Wie in vielen Fällen unser berühmter Zoologischer Garten Hilfe in der Not gebracht hat, so war in diesem Falle unser ebenso berühmtes Aquarium der Retter in der Verlegenheit. Wir suchen diese Sehenswürdigkeit ersten Ranges auf und können uns bei dieser Gelegenheit die verschiedenen Goldfischarten, z. B. die Schleierschwänze und Teleskopfische, ferner die Chanchitos und andere tropische Aquariumfische in der wunderbarsten Beleuchtung ansehen.

In zwei Kästen wimmelt es von Raupen unseres Maulbeerspinners. Sie haben etwa die Länge des kleinen Fingers eines Mannes, nur sind sie nicht so dick. Ihre Tätigkeit scheint in dem Programm zu bestehen: Fressen, fressen und abermals fressen. Dementsprechend ist auch die Verdauung. Ueberall sehen wir schwarze Klümpchen auf dem Boden liegen. Verglichen mit den anderen Seidenspinnern sieht übrigens der Schmetterling des Maulbeerspinners sehr unscheinbar aus. In einem Nebenzimmer können wir nämlich die andern Spinnerarten bewundern, den Eichenseidenspinner Nordchinas, den Ailanthusspinner Chinas und Japans, den südamerikanischen Spinner *Telea Polyphemus* usw.

Die Farbe der Seidenraupe ist perlgrau, die der kleinen Eier ziemlich ebenso. Eine Menge Kokons können wir erblicken, welche die so geschätzte Seide liefern. Ein Kokon enthält einen Faden von 1000 bis 3000 Meter Länge. Hiervon ist jedoch nur ein Teil zur Herstellung von Seide verwendbar. Obendrein müssen mehrere Kokonfäden zusammengedreht werden, um einen Seidenfaden zu liefern.

Zu einem Kilo Seide sind 10 Kilo Kokons erforderlich. Ein Kilo Kokons enthält etwa 2500 Stück.

Deutschland führt jährlich etwa 11 Millionen Kilo im Werte von 158 Millionen Mark ein, wobei nach der heutigen Valuta der Betrag entsprechend erhöht werden muß.

Es wäre sehr wünschenswert, daß ein Teil dieses Materials bei uns selbst hergestellt würde, zumal die Seidenraupenzucht durch Kriegsbeschädigte, Frauen und Kinder ausgeübt werden kann. Sie kostet weniger Mühe als beispielsweise die Bienenzucht.

Ich entsinne mich, an verschiedenen Stellen unserer Heimatprovinz alte Maulbeerbäume gesehen zu haben, deren Früchte vortrefflich schmeckten. Von den Ortseinwohnern erfuhr ich, daß sie im achtzehnten Jahrhundert auf Anordnung von Friedrich dem Großen angepflanzt seien, um die Seidenraupenzucht bei uns einzuführen.

In der Mitte des neunzehnten Jahrhunderts war sogar die Seidenraupenzucht bei uns in einer gewissen Blüte. Dann aber brachen Seuchen unter den Raupen aus, und jetzt ist die Ausbeute sehr gering.

Es ist das Verdienst von Pasteur, die Gefahr der Seuchen fast beseitigt zu haben.

Um in unserem Vaterlande die Seidenraupenzucht wieder zu heben, ist natürlich in erster Linie die Beschaffung von Futter für die Seidenraupen erforderlich. Wie schon der Name sagt, ist ihr zuträglichstes Futter Maulbeerblätter. Als Ersatz kommen Schwarzwurzeln in Betracht. Viele meinen, daß der Rückgang der Seidenraupenzucht deshalb eingetreten sei, weil der Maulbeerbaum bei uns nicht aushalte. Das wird aber von Kennern bestritten, die sich darauf berufen, daß die Maulbeerbäume sogar den harten Winter von 1916 bis 1917 überstanden haben. Außerdem liefert nach ihnen der deutsche Maulbeerbaum viel kräftigeres Futter, so daß schon 7 Kilo Kokons ein Kilo Seide ergeben.

Um recht bald Futter zu erhalten, ist die Anpflanzung des Maulbeerbaums in Hecken am zweckmäßigsten. Obendrein ist dadurch das Füttern erleichtert.

Hat man Futter, so besorgt man sich seuchenfreie Eier. Manche heizen das Zimmer, bis eine Temperatur von 22 bis 25 Grad Celsius vorhanden ist. Andere halten eine Temperatur von 15 bis 18 Grad für durchaus hinreichend. Das ist bei den heutigen hohen Preisen für Brennstoffe von großer Wichtigkeit.

In 10 bis 15 Tagen schlüpfen die jungen Raupen aus den Eiern. Sie müssen regelmäßig gefüttert und sorgfältig umgebettet werden. Nach mehrfacher Häutung hört die Raupe auf zu fressen und spinnt sich ein, wodurch die Kokons entstehen. Die Kokons werden gesammelt, und der in ihnen befindliche, zum Auskriechen bereite Schmetterling durch Wasserdämpfe getötet. Würde man die Kokons nicht einer so hohen Hitze aussetzen, so würde der Schmetterling sich einen Ausweg aus dem Gespinst bahnen, wodurch der Wert des Gespinstes erheblich gemindert wird.

Nur die zu Zuchtzwecken bestimmten Kokons läßt man auskriechen. Die Schmetterlinge paaren sich und sterben bald darauf, nachdem vorher das Weibchen Eier gelegt hat.

Pasteur hat diese Paarung in kleinen Tüllsäcken vor sich gehen lassen. Nach dem Tode werden die Schmetterlinge untersucht, und nur die Eier von gesunden Tieren zur weiteren Zucht verwendet.

Nach dem Besuch unseres Aquariums ersehe ich aus den Zeitungen, daß bei Wertheim eine Seidenraupenzuchtausstellung stattfindet. Veranstaltet wird sie von dem Gemeinnützigen Verband für Seidenbau in Deutschland E. V. zu Berlin-Wilmersdorf, Brandenburgische Straße Nr. 36.

Von dem Vorhandensein eines solchen Verbandes wußten demnach alle von mir befragten Stellen nichts.

Wir begeben uns auch zu dieser Ausstellung, wo etwa das gleiche wie im Aquarium zu beobachten ist. Nur ist das Material hier umfangreicher.

Von Wichtigkeit ist, daß der Verband seuchenfreie Eier und Maulbeerpflänzlinge liefert. Ebenso ist er Abnehmer der Kokons. Auch kann man von ihm eine Broschüre erhalten, die alles nähere über die Seidenraupenzucht enthält (Preis 1,25 Mk.).

Auch in diesem Falle beobachten wir wieder, daß die größte Gefahr von der unnatürlichen Ansammlung des Unrats herrührt. Unter freiem Himmel fällt der Unrat der Raupen an die Erde, und die Tiere selbst werden gar nicht davon berührt. Bei der Zucht im Zimmer muß also für schnelle Beseitigung gesorgt werden.

Es seien zum Schluß die Merkworte des genannten Verbandes für die Seidenraupenzüchter angeführt: Heller, luftiger Zuchtraum. Gleichmäßige und feuchte Wärme. Schüsseln mit Wasser aufstellen. Sind kalte Nächte zu befürchten, die Raupen mit Papier bedecken. Regelmäßiges, reichliches Füttern. Nasses Laub vermeiden. Die Raupen in den Häutungen nicht stören. Für Zufuhr frischer Luft sorgen, Zuchtraum feucht aufwischen, nicht fegen. Kranke und tote Raupen entfernen. Ersatzfutter ist: Kopfsalat, auch im Notfalle Blätter der Schwarzwurzel, wenn einmal Mangel an Maulbeerlaub eintreten sollte.

196. Die Seidenraupe in Redensarten und Sprichwörtern.

Bekannt ist die Stelle aus Goethes Tasso:

Verbiete du dem Seidenwurm zu spinnen.

Mit dem Seidenwurm ist natürlich die Seidenraupe gemeint. Der sehr schöne Gedankengang ist folgender: Wie die Seidenraupe, so macht auch mancher Mensch von den ihm verliehenen Gaben Gebrauch, obwohl er weiß, daß er gerade dadurch sein Leben abkürzt.

Hinken tut der Vergleich dadurch, daß der Wurm nicht sterben, sondern als Schmetterling sich paaren will.

Die Biene

197. Warum bauen die Bienen im Dunkeln?

Um uns einen Bienenstock anzusehen, wollen wir wieder unsern alten Bekannten, Herrn Böhm, aufsuchen, der ein erfahrener Bienenwirt ist und verschiedene Bienenstöcke hat.

Herr Böhm, der uns freundlich begrüßt, erzählt uns, daß er auf ein Schwärmen der Bienen für den heutigen Tag rechnet oder es vielmehr befürchtet. Er erklärt uns nämlich, daß er ein solches Schwärmen durchaus nicht wünscht. Er hat, wie er uns erzählt, früher gewöhnliche deutsche Bienen gehabt, aber fast alle infolge von Seuchen verloren. Jetzt hat er Heidebienen, die sowieso gern schwärmen. Durch das zu häufige Schwärmen wird das Volk zu sehr geschwächt. Man schätzt die Anzahl eines Volkes auf 30- bis 60000 Stück. Selbstverständlich kann man bei einem Volke nicht jede Biene einzeln zählen. Das wäre ein sehr mühsames Geschäft. Obendrein müßte man auf zahlreiche Stiche gefaßt sein. Dagegen kann man einen Schwarm, den man in einem Behälter gefangen oder »eingeschlagen« hat, wiegen. Zieht man das Gewicht des Behälters ab und wiegt man eine kleine Anzahl von Bienen, so kann man ungefähr feststellen, wie groß die Zahl eines Volkes ist.

Die Ansicht des Herrn Böhm steht also im Widerspruch mit der landläufigen, wonach, da wir noch im Mai stehen, das Schwärmen ein großer Vorteil ist. Denn ein alter Spruch sagt:

Ein Schwarm im Mai

gilt ein Fuder Heu;

Ein Schwarm im Jun',

ein fettes Huhn;

Ein Schwarm im Jul',

kein Federspul'.

Der Widerspruch ist aber nur scheinbar, denn für schwarmwütige Völker paßt der Vers vom Mai überhaupt nicht.

Auch Karo und Hektor haben uns als alte Bekannte freundlich begrüßt, zumal wir ihnen etwas Gutes mitgebracht haben. Als wir uns jedoch den Bienenständen nähern, verlassen sie uns. Sie haben anscheinend bereits üble Erfahrungen mit den Stichen der Bienen gemacht und wünschen nicht, nochmals gestochen zu werden.

Wie uns Herr Böhm weiter erzählt, ist ihm das Schwärmen der Bienen auch aus dem Grunde sehr unerwünscht, weil heute das Durchfüttern der Völker im Winter eine ganz andere Sache ist als früher. Im Winter tragen die Bienen naturgemäß nichts ein. Sie müssen alle von den gesammelten Vorräten leben. Es müssen also gewissermaßen die im Sommer gemachten Ersparnisse angegriffen werden. Diese sind jedoch bald zu Ende, da der Mensch den Bienen den größten Teil ihrer Ersparnisse abnimmt. Es muß also ein Ersatz geschaffen werden, wenn, was häufig der Fall ist, ungünstige Witterung ein Ausfliegen der Bienen noch nicht gestattet. Damit die Tiere nicht verhungern, müssen sie also gefüttert werden. Früher standen dem Imker oder Bienenwirt zu diesem Zwecke der sehr billige Zucker und der fast wertlose Honig in unbegrenzter Menge zur Verfügung. Heute sind die Verhältnisse vollkommen geändert worden.

Wir können uns natürlich kein Urteil darüber erlauben, ob die Angaben unseres Bekannten zutreffend sind. Jeder Beruf schildert seine Einnahmen in den schwärzesten Farben. Aber wir wissen, daß Zucker und Honig gegenwärtig sehr teuer sind.

Darüber kann wohl kein Zweifel bestehen, daß die Bienenwirtschaft – mehr als 2 Millionen Stöcke – für Deutschland von der größten Bedeutung ist. Von ihr hängt unsere Obsternte ab, da die Bienen durch den Besuch der Blüten die Befruchtung vermitteln. Ferner brauchen Raps, Rübsen, Klee und andere Nutzarten ebenfalls die Bienen.

Wir sind in der Nähe des Bienenstocks angelangt und müssen uns natürlich auf einen Bienenstich gefaßt machen. Herr Böhm erklärt uns näher, aus welchen Anzeichen er auf ein Schwärmen der Bienen schließt.

Einmal seien die Bienen sehr aufgeregt. Bei regelmäßig arbeitenden Bienen kann man ein gemessenes Benehmen beobachten. Außerdem seien sonst niemals eine solche Menge von Bienen auf den Flugbrettern zu sehen.

Sodann sei das Wetter zum Schwärmen sehr geeignet.

Das sind nach seinen Angaben nur Wahrscheinlichkeiten für ein beabsichtigtes Schwärmen. Viel sicherer ist das sogenannte Tüten der alten Königin und das sogenannte Quaken der neuen Königin. Zwei Königinnen bekämpfen sich nämlich auf Tod und Leben oder eine wandert aus.

Wir begeben uns nach der Hinterseite des Bienenstockes, um uns durch eine Glasscheibe das Leben und Treiben der Bienen näher anzusehen.

Es ist wohl allgemein bekannt, daß die Bienen Waben aus Wachs bauen, die aus ganz regelmäßigen sechseckigen Zellen bestehen. Ist es schon ein Wunder, daß Tiere, und obendrein auf der untersten Stufe des Tierreichs stehende Insekten, ein solches Kunststück vollbringen, das dem klugen Menschen nicht leicht fallen würde, so wird unser Erstaunen dadurch gesteigert, wenn wir sehen, daß die Bienen diese Bauten im Dunkeln ausführen.

Wir Menschen sind der Ansicht, daß, wenn man eine so kunstvolle Arbeit ausführt, man gar nicht Licht genug beim Arbeiten haben kann. Die Bienen aber führen dieses Kunstwerk aus ohne die geringste Beleuchtung. Ja, wenn der Mensch ihnen, um ihnen die Arbeit zu erleichtern, Licht beschafft, so wollen sie von der Beleuchtung nichts wissen und bauen nicht.

Wir wissen schon, was wir tun müssen, um eine Erklärung für dieses Rätsel zu finden. Wir müssen fragen: Wie bauen die wilden Bienen? Da erhalten wir die übereinstimmende Antwort, daß sie in den dunkeln Höhlungen von Baumstämmen ihr Heim aufschlagen.

Die Bienen haben also seit Urzeiten im Dunkeln ihre Bauten ausgeführt. Als der Mensch die Bienen wegen des Wohlgeschmacks des Honigs als Haustiere gewinnen wollte, da hat er ihnen zunächst eine Wohnung ebenfalls in Baumstämmen, in sogen. Beuten, angewiesen.

Solche Bienenstöcke in Baumstämmen waren sehr naturgemäß, aber sie hatten den Nachteil, daß man sie häufig nicht in der Nähe hatte. Da war also ein Bienenhaus schon bequemer. Denn ein solches konnte man als Ersatz für den Baumstamm auf seinem Grundstück errichten. Am bequemsten ist natürlich ein Bienenkorb, weil er im Gegensatz zum Baumstamm beweglich ist. Bienenkörbe kann man also von Ort zu Ort bringen. Das ist besonders für den Bienenwirt von größter Wichtigkeit, der seine Bienen nach Stellen hinbringt, wo das Einsammeln von Honig besonders günstig ist. Beispielsweise geschieht das in Heidegegenden, wenn das Heidekraut blüht.

Die Bienen bauen also heute noch im Dunkeln, weil sie seit Urzeiten in dunkeln Höhlungen gebaut haben.

198. Wann stechen die Bienen am meisten?

Herr Böhm erzählt uns weiter, daß er für seine Person sich gegen Stiche so gut wie gar nicht schützt. Es kommt nur ausnahmsweise vor, daß er von seinen Bienen gestochen wird. Nach seinen Beobachtungen sind die Bienen am stechlustigsten, wenn ihre Brut gefährdet ist, man also Zellen, die Brut enthalten, zu beseitigen sucht. Sodann sind sie vor Ausbruch eines Gewitters sehr zum Stechen geneigt. Dagegen sind sie viel weniger stechlustig, wenn sie sich zum Schwärmen anschicken. Im übrigen ist ihm noch aufgefallen, daß Personen, die schwitzen, viel leichter gestochen werden als andere. Ebenso werden Frauen eher gestochen als Männer. Menschen in weißen Hemden oder überhaupt in hellen Kleidungen werden ebenfalls viel häufiger gestochen als andere.

Es ist nicht leicht, für die verschiedene Stechlust der Bienen eine Erklärung zu geben. Es ist anzunehmen, daß die Bienen den Imker mit der Zeit kennenlernen und ihn deshalb mit ihren Stichen verschonen. Hierzu haben sie insofern begründete Veranlassung, als ihnen ihre Waffe teuer zu stehen kommt. Der Stich kostet ihnen selbst das Leben, was nach unseren Begriffen höchst unzweckmäßig ist. Wer wird einen Gegner in einen Abgrund stürzen, wenn er weiß, daß er selbst von ihm in die Tiefe mit hinabgerissen wird?

Da eine Biene überhaupt nur sechs Wochen lebt und ein Volk, wie wir wissen, aus 30- bis 60000 Bienen besteht, so ist es klar, daß ein Bienenleben gar keine Rolle spielt. Die Biene soll nicht nutzlos stechen, und das geschieht am besten dadurch, daß ihr der Stich selbst das Leben kostet.

Der Stachel mit dem Widerhaken bleibt nämlich sitzen, da er nicht zurückgezogen werden kann. So verliert die Biene das Ende ihres Hinterleibes, was ihren Tod zur Folge hat. Wenigstens ist das allgemeine Ansicht.

Es ist merkwürdig, daß die Wirkung des Bienenstiches bei den einzelnen Menschen sehr verschieden ist. Die Imker sind dagegen immun oder gefeit, weil sie gewöhnlich bei ihnen gar keine Wirkungen hervorrufen.

Da fast alle Tiermütter sich für ihre Nachkommen opfern, so ist es nicht wunderbar, daß es auch die Bienen tun.

Die Stechlust vor dem Gewitter dürfte sich in folgender Weise erklären: Die Bienen haben ein Vorgefühl dafür, daß Regen kommen wird. Der Regen hindert sie am Eintragen. Daher haben sie es besonders eilig, um vorher noch alles zu schaffen, und empfinden Störungen besonders unangenehm.

Es ist merkwürdig, daß die Biene auf schwitzende Menschen erbost ist. Man sollte annehmen, daß sie, die als Muster des Fleißes gilt, den schwitzenden Menschen besonders liebt. Uebrigens macht man bei Wanderungen im Sommer ähnliche Beobachtungen. Sobald man in Schweiß gerät, wird man von den Mücken besonders überfallen. Das kommt sicherlich daher, daß ein schwitzender Mensch eine besonders starke Ausdünstung hat. Die Biene hat einen äußerst feinen Geruch, was man aus verschiedenen Umständen schließen muß. Wir werden gleich darauf zu sprechen kommen. Die Biene hat also entweder Abneigung gegen Schweißgeruch oder sie riecht einen fremden schwitzenden Menschen sofort und sticht naturgemäß ihn eher als andere Menschen.

Weiße Gegenstände üben auf alle Insekten große Anziehungskraft aus. Das weiß die Hausfrau sehr wohl von ihrer Wäsche, die sie auf dem Rasen ausgebreitet hat.

Ein ausziehender Schwarm ist deshalb nicht so stechlustig, wie man meinen sollte, weil er eine neue Wohnung sucht. Wer neue Verhältnisse aufsucht, ist auf Störungen gefaßt und wird gegen sie nicht sehr empfindlich sein.

Herr Böhm erklärte die größere Stechlust der Bienen gegen Frauen damit, daß sich die Bienen häufig in den langen Haaren der Frauen verwickelten. Sie werden dann ganz rasend, weil die Frauen, anstatt ruhig zu bleiben, nach den Bienen schlagen, wodurch sie noch aufgeregter werden.

Diese Ansicht mag richtig sein. Vielleicht liegt aber noch ein anderer Grund vor.

Ich bin selbst nur einige Male gestochen worden, und ausgerechnet jedesmal im Sommer, wo ich kurzgeschorenes Haar trug. Von einem Verwickeln der Bienen konnte gar keine Rede sein, denn in Haaren von zehn Millimeter Länge kann sich keine Biene verheddern. Da bin ich zu der Ueberzeugung gekommen, daß hier die Angriffslust aus der Lebensweise der wilden Biene zu erklären ist.

Die wilde Biene hat als gefährliche Feinde unter den Säugetieren bei uns Bär und Marder, in heißen Ländern wahrscheinlich die Affen. Haarige Gestalten, die sich dem Bienenkorb nähern, können also dic Wut der Bienen erregen. Es genügen aber schon haarige Stellen am menschlichen Körper.

Die Biene verheddert sich also nicht im Frauenhaar und sticht deshalb, sondern die üppigen Haare der Frauen lassen in den Bienen die Wut gegen ihre alten Feinde mit der langen Behaarung wach werden. Sie fliegen auf die haarigen Stellen zu und suchen zu stechen.

199. Sollen Frauen Imkerinnen werden?

Absichtlich bin ich auf die Frage, weshalb die Frauen eher als Männer gestochen werden, etwas näher eingegangen. Es handelt sich ja für zahllose Frauen um eine Lebensfrage. Man sollte meinen, daß ein Beruf, der keine schwere Arbeit erfordert und obendrein süßen Lohn einbringt, fast ausnahmslos von Frauen ausgeübt wird. In Wirklichkeit liegt die Sache genau umgekehrt. Die Zahl der Bienenwirtinnen ist auffallend klein.

Mir ist von ernsten Männern erzählt worden, daß Frauen, die einen Schwarm einfangen wollten, von den Bienen totgestochen worden sind. Deshalb seien Frauen überhaupt nicht als Imkerinnen geeignet.

Es ist nun denkbar, daß Frauen mit unbedecktem, langem Haar die Wut der Bienen aus dem vorhin erwähnten Grunde erregt haben. Aus Erfahrung weiß ich, daß Frauen viel häufiger als Männer gestochen werden. Auch habe ich noch niemals gesehen, daß eine Frau einen Schwarm eingeschlagen hat.

Wenn die Bienen nur deshalb auf die Frauen wütend sind, weil sie langes Haar besitzen, so könnte die Gefahr für die Frauen leicht beseitigt werden. Sie brauchten es nur ganz sorgfältig zu verstecken, etwa in einer Badekappe.

Jedenfalls sollen auch die Männer, wenn sie sich dem Bienenstocke nähern, ihren Kopf bedecken. Das ist um so angebrachter, je üppiger das Haar ist.

Das Verstecken der Haare in eine Kapuze müßte für alle Fälle bei den Frauen von Vorteil sein. Werden die Frauen nicht mehr gestochen, so wird Herr Böhm, und werden es die andern Imker damit erklären, daß sich die Bienen nicht mehr in den langen Haaren verwickeln können. Ich glaube dagegen, daß hier derselbe Fall vorliegt, wie beim Stier und dem roten Tuch oder dem Truthahn und der roten Farbe, nämlich die Erinnerung an einen früheren Feind.

Uebrigens könnte man der wirklichen Ursache leicht auf den Grund kommen. Sind die Bienen deshalb stechlustig, weil haarige Stellen sie an ihre alten Feinde erinnern, so ist es sehr unzweckmäßig, wenn der Imker einen großen Vollbart trägt. Es wäre für ihn vielmehr vorteilhaft, stets glatt rasiert zu gehen. Durch Umfrage bei den Imkern muß sich feststellen lassen, ob solche mit Vollbärten mehr gestochen werden als solche, die keinen Bart oder nur einen Schnurrbart tragen.

200. Mit welchen Sinnen sucht die Biene die Blüten auf?

Der Mensch gebraucht, wie wir wissen, in erster Linie seine Augen, um einen Gegenstand zu finden. Die Nase kommt dabei nur ausnahmsweise in Betracht.

Die Tiere sind dagegen in der Mehrzahl Nasentiere, die ihre Nahrung durch den Geruch suchen.

Von dem feinen Geruch der Bienen erzählt uns Herr Böhm folgendes Beispiel. Er hatte eine neue Wasserleitung angelegt, aber sie gab noch kein Wasser. Da fiel es ihm auf, daß die Bienen an einem heißen Tage zu dem Wasserleitungshahne flogen. Als er nachsah, stellte er fest, daß inzwischen der Anschluß erfolgt war. Da der Hahn nicht ganz fest geschlossen war, so befanden sich in seinem Innern bereits einige Wassertropfen. Diese Tropfen, die ganz verborgen waren, hatten die Bienen gewittert.

Aehnliche Beobachtungen habe ich ebenfalls gemacht. Die verwandten Wespen zeigen gleichfalls ein erstaunliches Geruchsvermögen. Wird ein Konfitürengeschäft eröffnet, das Süßigkeiten ausstellt, so finden sich selbst in der Großstadt sofort Wespen ein.

Der Geruchsinn ist ohne Frage der Grundsinn bei den Bienen. Schon das Ausräuchern der Bienen als Mittel zu ihrer Vertreibung beweist die Empfindlichkeit ihres Geruchsorgans.

Aber die Augen sind natürlich auch von Bedeutung. Deshalb ist es nicht wunderbar, daß sich die Bienen von Farben leiten lassen. Blau scheinen sie ganz besonders zu lieben. Dann folgt weiß, gelb, rot, grün und orange.

Wollten die Pflanzen Bienen allein durch ihren Duft anlocken, so hätten sie bei ungünstigem Winde wenig Erfolg. Ihre Farbenpracht ist also durchaus zweckmäßig.

201. Die Feinde der Bienen.

Ein Rotschwänzchen, das sich in unserer Nähe zeigt, gibt uns Anlaß, Herrn Böhm über die Schädlichkeit mancher Insektenfresser als Feinde der Bienen zu befragen.

Herr Böhm ist ein großer Freund der Singvögel, wie wohl die meisten Menschen, und glaubt, daß das Rotschwänzchen nur matte Bienen, die sowieso keinen Wert haben, fange. Nach seinen Beobachtungen kann ein Rotschwänzchen gesunde Bienen nicht fangen.

Ich bin ebenfalls ein großer Freund der Singvögel, muß jedoch zu diesen Beobachtungen ein großes Fragezeichen machen.

Unsere Singvögel sind in der Mehrzahl Insektenfresser. Es ist uns sehr lieb, daß sie Insekten fressen. Im Gegenteil; wie bei den Feinden der Nager ist es auch hier unser Wunsch, daß die Vögel recht unter den Insekten aufräumen.

Wie wir aber verlangen, daß frühere Raubtiere eine Ausnahme mit dem Kaninchen machen, obwohl es ein Nager ist, so fordern wir eine solche Ausnahmestellung auch bei den Bienen, obwohl sie zu den Insekten gehören.

Manche Imker denken nicht so milde wie Herr Böhm. Sie verlangen, daß alle Tiere, die eine Biene fangen, auf die Liste der schädlichen Tiere gesetzt werden. Es sind das vielfach solche, die sonst zu den nützlichsten Geschöpfen gerechnet werden, also z. B. Schwalben, Spechte, Meisen, das schon erwähnte Rotschwänzchen, ferner Störche, Würger, Bienenfresser, Wespenbussarde, sodann die sonst so nützliche Spitzmaus und die ebenfalls sehr nützliche Kröte. Unter den Insekten hat die Biene folgende Feinde: Hornissen, Wespen, Bienenwölfe, Maiwürmer, Bienenkäfer, Bienenbuckelfliegen, Wachsmotten, Bienenläuse und andere.

202. Die Rassen der Honigbiene.

Herr Böhm hat, wie wir schon erwähnten, Heidebienen. Er ist aber gar nicht von ihnen entzückt, weil sie zu schwarmwütig und stechlustig sind.

Erfahrene Bienenkenner weisen darauf hin, daß die deutschen Imker mit der Einführung fremder Bienen einen großen Fehler begangen hätten. Da die geschlechtslosen Arbeiterinnen sich nicht vermehrten, so sei die Haupttätigkeit auf die Zucht der Drohnen und der Königinnen zu legen. Es müsse nach den Grundgesetzen der Tierzucht aus den deutschen Bienen, die für unser Klima am besten passen, eine schwarmträge Rasse gezüchtet werden.

Außer der deutschen einfarbigen Honigbiene gibt es noch die bunte südeuropäische Biene. Namentlich ist hiervon die italienische Biene bekannt, die in der Mitte des vorigen Jahrhunderts bei uns eingeführt wurde. Sonst gibt es noch die ägyptische, afrikanische, chinesische, indische Biene usw.

Die Heidebiene ist eine Unterart der deutschen Biene und unterscheidet sich durch eine dunklere Färbung von ihr, die nicht so schwarmwütig ist. Einen Uebergang zu der bunten Bienenrasse bildet die nordische Biene, die wegen ihrer Sanftmut beliebt ist. Ebenso sanftmütig ist die zwischen beiden stehende kaukasische Rasse. Ist die italienische Biene bei uns naturgemäß wenig winterhart, so ist die ihr verwandte cyprische Biene obendrein noch sehr bösartig und schwarmwütig.

Die Biene gehört zu den Insekten und zwar zu der Ordnung der Hautflügler. Das Bienenvolk besteht außer den geschlechtslosen Arbeiterinnen aus Drohnen und der Königin. Die Königin ist größer und hat einen längeren Hinterleib. Sie sorgt mit den Drohnen für die Fortpflanzung des Volkes, indem sie einige Tage nach dem Ausschlüpfen ihren Hochzeitsflug unternimmt, auf dem sie befruchtet wird. Sie legt Eier, und zwar entstehen aus den befruchteten Eiern Arbeiterinnen und Königinnen, aus den unbefruchteten Eiern Drohnen. Es wird je ein Ei in eine Zelle gelegt – gestiftet, wie der Imker sagt – und zwar kann die Königin in vierundzwanzig Stunden bis zu 3000 Stück Eier legen.

Die Königin ist also der Mittelpunkt des Ganzen. Schwärmende Bienen lassen sich ruhig einfangen, wenn die Königin dabei ist. Andernfalls fliegen sie fort.

Nach drei Tagen schlüpfen aus den Eiern Larven, die später Bienen werden. Die Entwicklungszeit der Königin dauert 16, die der Arbeitsbienen 21, die der Drohnen 24 Tage.

Die Königin kann 5 Jahre alt werden, die Arbeitsbienen leben, wie schon erwähnt wurde, nur etwa 6 Wochen. Ausnahmen bilden die im Herbste erbrüteten Bienen, die den Winter überdauern. Die Drohnen sterben im August in der sogen. Drohnenschlacht.

Die ganze Arbeitslast des Bienenvolkes wird von den verkümmerten Weibchen geleistet, die deshalb Arbeiterinnen heißen. Sie füttern die Brut, sie lecken den Blumennektar auf, der sich in ihrem Magen in Honig verwandelt, und tragen ihn in die Zellen ein. Nicht so gut ist der Honig von Blattläusen. Die Hinterbeine der Arbeitsbienen sind mit Körbchen und Bürstchen ausgestattet, mittels deren sie den Blütenstaub zu den Zellen bringen und dort abfegen. Zum Stopfen der Ritzen tragen sie Harz oder Stopfwachs ein, das sie von den Knospen der Kastanien und anderer Bäume holen.

Die Arbeitsbienen bauen die Zellen aus Wachs, das sie aus den Leibesringen ausschwitzen. Die Zellen werden wagrecht auf der Mittelwand der Wabe errichtet, die ihrerseits stets senkrecht steht. Die Zelle zur Ausbrütung der Königin ist besonders groß und eichelförmig.

Sehr wichtig ist es, daß bei dem Nichtvorhandensein einer Königin aus der Larve einer Arbeiterin durch besonders reichliche Fütterung eine neue Königin erzogen werden kann.

Es wurde bereits erwähnt, daß die sechseckige Form der Zellen von jeher das Erstaunen der Menschen erregt hat. Die meisten erblicken darin einen Beweis der besonderen Klugheit der Bienen. Andere behaupten dagegen, daß hiervon keine Rede sein könne. Denn aus dem gemeinsamen Bauen der Bienen ergebe sich mit Notwendigkeit diese Form.

Die Waben der heutigen Imker sind häufig beweglich. Herr Böhm nimmt sie heraus und zeigt sie uns. Das ist nicht immer der Fall gewesen, wie wir schon eingangs erwähnt haben. Ursprünglich ließ man die Bienen in ausgehöhlten Baumstämmen, sogen. Klotzbeuten, hausen. Noch heute gibt es in Westpreußen Beutekiefern. Zu einem wirklichen Haustier aber ist die Biene erst durch die bewegliche Wabe geworden, die in der Mitte des vorigen Jahrhunderts durch Dzierzon und Berlepsch erfunden wurde.

Durch eine Schleudervorrichtung wird der Honig aus den Waben geschleudert. Je nach der Gegend und der Stärke des Stockes läßt der Imker den Bienen bis zu 20 Pfund Honig für den Winter.

Im Gegensatz zum Zucker wird der Honig sofort verdaut. Die Alten haben nicht so ganz Unrecht gehabt, daß sie die heilsame Wirkung des Honigs immer wieder betonten. Keine Nahrung soll das Leben so verlängern wie der Honig.

203. Sind die Bienen fleißig?

Wenn wir das Gewimmel und die aufopfernde Tätigkeit der Bienen mit eigenen Augen sehen, wie sie eintragen und wieder eilend fortfliegen, um dem Volke neue Nahrung zu bringen, dann ist es uns ganz verständlich, daß man schon im Altertum den Staat der Bienen den Menschen als Muster vorgehalten hat. Wie die Ameisen, die ohne Ansporn immer tätig sind, so scheinen auch die Bienen einen vorbildlichen Fleiß zu bekunden.

Auch hier fragt es sich, ob wir nicht menschliche Vorstellungen in die Tierwelt hineintragen, wo sie gar nicht hinpassen. Das Bienenvolk wie der Ameisenstaat bestehen aus einem fortpflanzungsfähigen Wesen. Die einzelne Biene pflanzt sich nicht fort. Das ist ein grundlegender Unterschied zu allen andern Geschöpfen. Mit Recht nennt der Imker das ganze Volk »der Bien«. Wie andere Geschöpfe aus zusammenhängenden Zellen bestehen, so der Bien ebenfalls aus Zellen, aber im Gegensatz zu sonstigen Geschöpfen aus beweglichen Zellen.

Ist aber die einzelne Biene gar kein selbständiges Geschöpf, sondern nur eine bewegliche Zelle, dann kann man ihr weder Lob noch Tadel erteilen. Wir loben unser Herz nicht, weil es Tag und Nacht schlägt, ebenso unsere Lungen nicht, die unermüdlich von früh bis spät und selbst die Nacht hindurch für frische Luft sorgen. Hat schon jemand den Magen gelobt, weil er fleißig verdaut?

Es sprechen folgende Umstände dafür, daß die Biene kein selbständiges Geschöpf ist.

1. Wie der Mensch einzelne Zellen für das Ganze opfert, – um nicht auf den Kopf zu fallen, hält er die Arme vor –, so opfern sich die einzelnen Bienen für das Ganze.

2. Unsere Zellen arbeiten Tag und Nacht. Geht man zur Nachtzeit in das Bienenhaus – was ich oft gemacht habe –, so sieht man die Bienen auch nachts in reger Tätigkeit.

3. Unser Körper kapselt eingedrungene Kugeln, die er nicht durch Schwären hinausbekommen kann, ein. Genau so kapselt der Bien eingedrungene Tiere, z. B. Mäuse, ein.

4. Um die Bienenkönigin dreht sich alles. Bei andern selbständigen Geschöpfen kommt ähnliches nicht vor. Ist die Königin der Kern des Biens, dann ist alles verständlich. Dann ist das Schwärmen die Geburt eines neuen Biens.

Wer die Biene als selbständiges Geschöpf bezeichnet, wird für die Drohnenschlacht kaum eine Erklärung haben. Die Tötung der wehrlosen

Männchen erscheint mit dem sonstigen Benehmen der fleißigen Geschöpfe ganz unvereinbar.

Ist dagegen das ganze Bienenvolk nur ein Geschöpf, dann ist die Drohnenschlacht, wie ich in meinen Büchern ausführlich begründet habe, ein ganz naturgemäßer Vorgang.

Die Frage, ob die Bienen fleißig sind, läßt sich also nicht so ohne weiteres bejahen. Vom Standpunkte des Menschen aus sind sie unzweifelhaft fleißig. Aber dieser Standpunkt kann sachlich nicht begründet sein.

Wir verabschieden uns jetzt von Herrn Böhm, zumal seine Befürchtung wegen des Schwärmens unbegründet zu sein scheint, und weil wir uns noch die im Aquarium befindlichen Bienenstöcke ansehen wollen.

Hier kann der Besucher noch besser die Tätigkeit der Bienen beobachten, da die Zugänge zum Stock mit Glas überdeckt sind. In dem einen Zugang liegen vier tote Bienen. Von dem vielgepriesenen Reinlichkeitssinn der Bienen kann man in diesem Falle nichts bemerken. Jede Biene bleibt bei der toten Genossin eine Weile stehen und beschnüffelt sie anscheinend. Dann geht es eilends weiter. Von einem Fortbringen der Leichen ist keine Rede.

Wahrscheinlich ist die Handlungsweise der Bienen ganz berechtigt. Sie werden sich sagen, daß das Fortbringen der Toten auch in der Nacht geschehen kann. Dagegen ist das Eintragen von Honig gerade jetzt, wo die Linden so schön zu blühen anfangen, in der Dunkelheit nicht möglich.

Vor dem Einflugsloch befindet sich ein Brettchen, und dicht daneben ein gleichartiges. Niemals irrt sich eine Biene beim Zufliegen in dem Brettchen. Der Ortssinn der Bienen muß also ganz wunderbar sein. Hierüber habe ich schon manchmal gestaunt.

So wohnte ich vor vielen Jahren bei einem befreundeten Bienenzüchter. Dieser verkaufte die Hälfte seines Grundstückes. Infolgedessen mußte der Bienenstand eine andere Stelle erhalten. Tagelang aber flogen die Bienen zunächst nach der ganz leeren Stelle, wo er früher gestanden hatte.

Die Tiere müssen also, wie immer wieder hervorgehoben werden muß, zu dem Raume in einem ganz anderen Verhältnis stehen wie der Mensch.

Zum Vorgang des Schwärmens, den wir leider nicht selbst beobachten konnten, sei bemerkt, daß die Bienen wie eine Wolke dahinziehen und sich traubenförmig an einem Aste niederlassen. Der Imker, der sich gewöhnlich Kopf und Hände durch Vorrichtungen schützt, dabei auch raucht, steigt auf eine Leiter und bringt den Schwarm vorsichtig in einen Eimer oder in ein anderes Gefäß.

204. Warum werden Pferde besonders leicht von Bienen gestochen?

Bereits im Altertum ist es aufgefallen, daß Pferde leicht Gefahr laufen, von Bienen gestochen zu werden. Es ist mir nicht bekannt, daß andere Haustiere von Bienen getötet worden sind, aber von Pferden ist es mir wiederholentlich berichtet worden. Ein bekannter Naturforscher führt folgende Fälle an: 1. Im Jahre 1820 fuhr ein Freund von mir von Berlin nach Wittenberg. Nicht weit von Schmögelsdorf fiel ein Bienenschwarm aus unbekannter Ursache wie rasend über die Pferde her. Das eine wurde totgestochen, das andere starb am folgenden Tage. 2. Am 24. Mai 1854 hielt der Bauer Meier vor der Wohnung eines Bauern zu Wotersen auf der Landstraße mit einem Viergespann, als plötzlich die aus etwa sieben Stöcken kommenden Bienenschwärme sich gleichzeitig auf die Pferde warfen. Das erste erlag sogleich den Stichen, die übrigen starben teils an demselben Tage, teils am folgenden. Alle Versuche zur Vertreibung der Bienen durch Abschießen von Pulver und Uebergießen mit kaltem Wasser blieben erfolglos. Die Bienen desselben Bauern hatten schon früher an derselben Stelle zwei Pferde getötet.

Man versteht hiernach, daß unsere Vorfahren nicht so unrecht hatten, wenn sie die Biene als »wilden Wurm« bezeichneten. Vier Pferde auf einen Schlag zu verlieren, ist namentlich bei den heutigen Preisen für Pferde gewiß keine Kleinigkeit.

Die Fälle sind deshalb fast wörtlich angeführt, damit ersichtlich wird, daß die Pferde zu dem Angriff der Bienen nicht den geringsten Anlaß gegeben haben. Sie waren auf der Landstraße und haben, wie immer, ihren regelmäßigen Dienst getan. Bei der Schilderung der Fälle ist auch nicht einmal der Versuch gemacht worden, das Verhalten der Bienen zu erklären.

Ich komme auf meine bereits im Kap. 198 geäußerte Ansicht zurück. Das Pferd, das regelmäßig braun sein wird, erinnert die Bienen an ihren Todfeind, den Honigbären. Uebrigens gibt es in Europa Bären von der verschiedensten Färbung, wie mir die Felle, die mir ein bekannter Bärenjäger gezeigt hat, beweisen. Das Pferd ist also auch gefährdet, wenn es nicht braun ist.

Der Hund mit seinem zottigen Haar wäre auch gefährdet. Aber die Hundeartigen kennen aus früheren Zeiten die Gefahren durch Bienenstiche und ziehen sich rechtzeitig zurück. Ebenso kennen Wildrinder und Wildschafe in ihrer Heimat wilde Bienen und benehmen sich entsprechend. Auch scheinen die Bienen die Ungefährlichkeit der Wiederkäuer zu kennen.

Dagegen kennt das Pferd keine Wildbienen, weil es in der Steppe kaum Bienen gibt. Umgekehrt wissen die Bienen nicht, daß sie von den Pferden nichts zu fürchten haben.

Da die Pferde gewöhnlich angeschirrt sind, so sind sie wehrlos den Stichen der Bienen preisgegeben.

Die Bienen haben allen Grund, auf den Bären erbost zu sein. Ein Deutscher, der ein Menschenalter hindurch in Rußland Oberförster war, schildert die Angriffe des Bären auf Bienenstöcke in folgender Weise:

In Rußland hat gewöhnlich jeder Buschwächter einige Bienenstöcke, die im Laufe des Sommers auf großen, alten Kiefern angebracht werden, wo sie bis zum Spätherbst bleiben. Findet nun Meister Petz zufällig einen Baum und merkt, daß da oben etwas zu holen ist, so steigt er hinauf und fängt an, den Bienenstock zu bearbeiten, und wirtschaftet so lange, bis er ihn entweder öffnet oder losreißt und vom Baume wirft. Obgleich der ganze Bienenschwarm über ihn herfällt, kümmert er sich wenig darum, denn durch seinen Pelz dringt wohl selten ein fühlbarer Stich, die Augen drückt er zu, und über die Nase fährt er mit der Pranke; also arbeitet er unter dem Gesumme der Bienen, ohne besonders belästigt zu werden. Hat nun der Bär einmal den Honig geschmeckt, dann wehe allen Bienenstöcken, wenn er sie ausfindig macht. So lautet der Bericht unseres Gewährsmannes.

Der Name Honigbär für unseren braunen Bären ist also ganz zutreffend. Die Bienen sind machtlos gegen ihn, da er seine empfindliche Nase durch die vorgehaltene Pranke schützt.

Es kann also leicht sein, daß die Bienen das Pferd mit ihrem Erzfeinde, dem Bären, verwechseln. Dann wäre die Tötung von Pferden durch Bienen erklärlich.

Es würde sich für alle Pferdebesitzer daraus der wichtige Rat ergeben, vor Bienenstöcken lieber einen kleinen Umweg zu machen.

205. Die Biene in Redensarten und Sprichwörtern.

Erwähnt wurde bereits, daß die alten Deutschen die Biene einen wilden Wurm nannten. Ebenso ist der Spruch über das Schwärmen in den verschiedenen Monaten wiedergegeben. Sonst ist noch die Redensart üblich:

Der Bien muß.

Im Grimmschen Wörterbuch finde ich diese Redensart nicht angeführt. Gewöhnlich heißt es, daß in einem Lügenmärchen von Bienen erzählt wird, die so groß wie Schafe sind. Auf die erstaunte Frage, wie die Bienen bei dieser Größe durch das enge Flugloch in den Bienenstock gelangen, wird die vorstehende Redensart als Antwort erteilt.

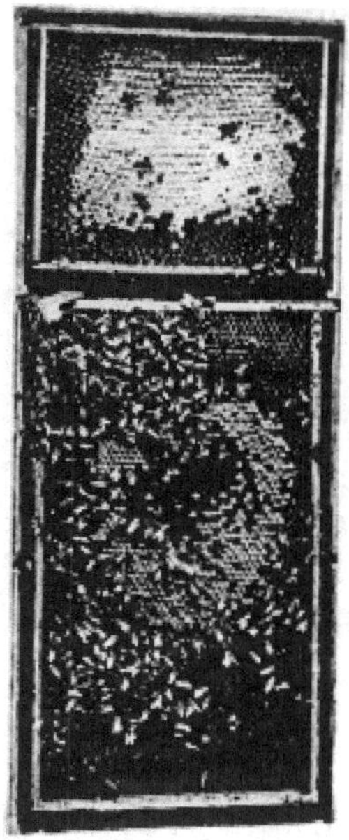

Bienenwabe mit Brut in verschiedenen Entwicklungszuständen

Die Geschlechter der Bienen
1 Königin 2 Arbeiterin 3 Drohne

Korbbienenstand

Die nähere Begründung der hier ausgesprochenen Ansichten ist in nachstehenden Büchern zu finden: 1. Ist das Tier unvernünftig? 2. Tierfabeln. 3. Straußenpolitik. 4. Streifzüge durch die Tierwelt. 5. Das Pferd als Steppentier. Sämtlich bei Franckh in Stuttgart erschienen. Ferner in 6. Diktatur der Liebe. Bei Hoffmann u. Campe, Berlin. 7. Welche Fingerzeige gibt uns die Lebensweise des Wildschweins für die Behandlung, Züchtung und Fütterung des Hausschweins? Verlag der Vereinigung deutscher Schweinezüchter, Berlin W., An der Apostelkirche 1. 8. Was können wir aus der Lebensweise der Wildschafe zur Hebung der Schafzucht lernen? Bei Hosang u. Co., Hannover.